工程预决算快学快用系列手册

钢结构工程预决算快学快用

（第2版）

刘 兵 主编

中国建材工业出版社

图书在版编目(CIP)数据

钢结构工程预决算快学快用/刘兵主编.—2版.—北京:中国建材工业出版社,2014.4
(工程预决算快学快用系列手册)
ISBN 978-7-5160-0788-4

Ⅰ.①钢… Ⅱ.①刘… Ⅲ.①钢结构-建筑工程-建筑经济定额-技术手册 Ⅳ.①TU723.3-62

中国版本图书馆 CIP 数据核字(2014)第 054725 号

钢结构工程预决算快学快用(第2版)
刘 兵 主编

出版发行:中国建材工业出版社
地　　址:北京市西城区车公庄大街 6 号
邮　　编:100044
经　　销:全国各地新华书店
印　　刷:北京紫瑞利印刷有限公司
开　　本:850mm×1168mm　1/32
印　　张:16
字　　数:508 千字
版　　次:2014 年 4 月第 2 版
印　　次:2014 年 4 月第 1 次
定　　价:45.00 元

本社网址:www.jccbs.com.cn　　微信公众号:zgjcgycbs
本书如出现印装质量问题,由我社营销部负责调换。电话:(010)88386906
对本书内容有任何疑问及建议,请与本书责编联系。邮箱:dayi51@sina.com

内容提要

本书第 2 版根据《建设工程工程量清单计价规范》(GB 50500—2013)及《房屋建筑与装饰工程工程量计算规范》(GB 50854—2013)编写,详细介绍了钢结构工程预决算编制的基础理论和方法。全书主要包括钢结构基础、钢结构施工图绘制与识读、工程造价基础知识、工程定额计价体系、工程定额计价编制与审查、清单计价体系、钢结构工程工程量计算、施工合同管理与索赔、工程价款约定与支付管理、钢结构工程工程量清单及计价编制实例等内容。

本书具有内容翔实、紧扣实际、易学易懂等特点,可供钢结构工程预决算编制与管理人员使用,也可供高等院校相关专业师生学习时参考。

第 2 版前言

　　建设工程预决算是决定和控制工程项目投资的重要措施和手段,是进行招标投标、考核工程建设施工企业经营管理水平的依据。建设工程预决算应有高度的科学性、准确性及权威性。本书第一版自出版发行以来,深受广大读者的喜爱,对提升广大读者的预决算编制与审核能力,从而更好地开展工作提供了力所能及的帮助,对此编者倍感荣幸。

　　随着我国工程建设市场的快速发展,招标投标制、合同制的逐步推行,工程造价计价依据的改革正不断深化,工程造价管理改革正日渐加深,工程造价管理制度日益完善,市场竞争也日趋激烈,特别是《建设工程工程量清单计价规范》(GB 50500—2013),及《房屋建筑与装饰工程工程量计算规范》(GB 50854—2013)等 9 本工程量计算规范由住房和城乡建设部颁布实施,对广大建设工程预决算工作者提出了更高的要求。对于《钢结构工程预决算快学快用》一书来说,其中部分内容已不能满足当前钢结构工程预决算编制与管理工作的需要。

　　为使《钢结构工程预决算快学快用》一书的内容更好地满足钢结构工程预决算工作的需要,符合钢结构工程预决算工作实际,帮助广大钢结构工程预决算工作者能更好地理解 2013 版清单计价规范和工程量计算规范的内容,掌握建标[2013]44 号文件的精神,我们组织钢结构工程预决算方面的专家学者,在保持第 1 版编写风格及体例的基础上,对本书进行了修订。

　　(1)此次修订严格按照《建设工程工程量清单计价规范》(GB 50500—2013)和《房屋建筑与装饰工程工程量计算规范》(GB 50854—2013)的内容,及建标[2013]44 号文件进行,修订后的图书将能更好地满足当前钢结构工程预决算编制与管理工作需要,对宣传贯彻 2013

版清单计价规范,使广大读者进一步了解定额计价与工程量清单计价的区别与联系提供很好的帮助。

(2)修订时进一步强化了"快学快用"的编写理念,集预决算编制理论与编制技能于一体,对部分内容进一步进行了丰富与完善,对知识体系进行除旧布新,使图书的可读性得到了增强,便于读者更形象、直观地掌握钢结构工程预决算编制的方法与技巧。

(3)根据《建设工程工程量清单计价规范》(GB 50500—2013)对工程量清单与工程量清单计价表格的样式进行了修订。为强化图书的实用性,本次修订时还依据《房屋建筑与装饰工程工程量计算规范》(GB 50854—2013),对已发生了变动的钢结构工程工程量清单项目,重新组织相关内容进行了介绍,并对照新版规范修改了其计量单位、工程量计算规则、工作内容等。

本书修订过程中参阅了大量钢结构工程预决算编制与管理方面的书籍与资料,并得到了有关单位与专家学者的大力支持与指导,在此表示衷心的感谢。书中错误与不当之处,敬请广大读者批评指正。

第 1 版前言

　　工程造价管理是工程建设的重要组成部分，其目标是利用科学的方法合理确定和控制工程造价，从而提高工程施工企业的经营效果。工程造价管理贯穿于建设项目的全过程，从工程施工方案的编制、优化、技术安全措施的选用、处理，施工程序的统筹、规划，劳动组织的部署、调配，工程材料的选购、贮存，生产经营的预测、判断，技术问题的研究、处理，工程质量的检测、控制，以及招投标活动的准备、实施，工程造价管理工作无处不在。

　　工程预算编制是做好工程造价管理工作的关键，也是一项艰苦细致的工作。所谓工程预算，是指计算工程从开工到竣工验收所需全部费用的文件，是根据工程建设不同阶段的施工图纸、各种定额和取费标准，预先计算拟建工程所需全部费用的文件。工程预算造价有两个方面的含义，一个是工程投资费用，即业主为建造一项工程所需的固定资产投资、无形资产投资；另一方面是指工程建造的价格，即施工企业为建造一项工程形成的工程建设总价。

　　工程预算造价有一套科学的、完整的计价理论与计算方法，不仅需要工程预算编制人员具有过硬的基本功，充分掌握工程定额的内涵、工作程序、子目包括的内容、工程量计算规则及尺度，同时也需要工程预算人员具备良好的职业道德和实事求是的工作作风，需要工程预算人员勤勤恳恳、任劳任怨，深入工程建设第一线收集资料、积累知识。

　　为帮助广大工程预算编制人员更好地进行工程预算造价的编制与管理，以及快速培养一批既懂理论，又懂实际操作的工程预算工作者，我们特组织有着丰富工程预算编制经验的专家学者，编写了这套《工程预决算快学快用系列手册》。

本系列丛书是编者多年实践工作经验的积累。丛书从最基础的工程预算造价理论入手,重点介绍了工程预算的组成及编制方法,既可作为工程预算工作者的自学教材,也可作为工程预算人员快速编制预算的实用参考资料。

　　本系列丛书作为学习工程预算的快速入门读物,在阐述工程预算基础理论的同时,尽量辅以必要的实例,并深入浅出、循序渐进地进行讲解说明。丛书集基础理论与应用技能于一体,收集整理了工程预算编制的技巧、经验和相关数据资料,使读者在了解工程造价主要知识点的同时,还可快速掌握工程预算编制的方法与技巧,从而达到"快学快用"的目的。

　　本系列丛书在编写过程中得到了有关领导和专家的大力支持和帮助,并参阅和引用了有关部门、单位和个人的资料,在此一并表示感谢。由于编者水平有限,书中错误及疏漏之处在所难免,敬请广大读者和专家批评指正。

目 录

第一章 钢结构基础 (1)

第一节 钢结构的概念及特点 (1)
一、钢结构的概念 (1)
二、钢结构的特点 (1)

第二节 钢结构工程常用材料 (2)
一、钢材 (2)
二、压型钢板 (6)
三、夹芯板 (11)
四、连接材料 (13)

第三节 钢结构连接 (14)
一、焊接连接 (14)
二、螺栓连接 (19)

第四节 钢结构工程防腐与防火 (20)
一、钢结构工程防腐 (20)
二、钢结构工程防火 (23)

第二章 钢结构施工图绘制与识读 (25)

第一节 钢结构施工图绘制基础 (25)
一、型钢表示方法 (25)
二、螺栓、孔、铆钉表示方法 (26)
三、建筑材料表示方法 (27)
四、钢结构焊缝图形符号 (29)
五、钢结构构件尺寸标注 (34)

第二节 钢结构施工图识读 (42)
一、钢结构施工图编排顺序 (42)
二、钢结构施工图识读步骤 (43)
三、钢结构施工图识读要点 (44)

四、钢结构施工图实例 …………………………………… (44)

第三章 工程造价基础知识 …………………………………… (51)

第一节 概述 …………………………………… (51)
一、工程造价概念 …………………………………… (51)
二、工程造价特点 …………………………………… (52)
三、工程造价分类 …………………………………… (53)
四、工程造价计价特征 …………………………………… (55)

第二节 工程造价构成及计算 …………………………………… (56)
一、建设项目投资和工程造价构成 …………………………………… (56)
二、工程造价各项费用组成及计算 …………………………………… (58)

第四章 工程定额计价体系 …………………………………… (83)

第一节 工程定额概述 …………………………………… (83)
一、工程定额的概念、特点及分类 …………………………………… (83)
二、基础定额编制内容及换算方法 …………………………………… (88)

第二节 人工、材料、施工机械台班单价确定 …………………………………… (106)
一、人工单价确定 …………………………………… (106)
二、影响人工单价的因素 …………………………………… (108)
三、材料单价的确定 …………………………………… (108)
四、影响材料价格变动的因素 …………………………………… (109)
五、施工机械台班单价的确定 …………………………………… (110)

第三节 人工、材料、施工机械台班定额消耗量确定 …………………………………… (114)
一、人工定额消耗量确定 …………………………………… (114)
二、材料定额消耗量确定 …………………………………… (121)
三、机械台班定额消耗量确定 …………………………………… (122)

第四节 工程单价和单位估价表 …………………………………… (124)
一、工程单价 …………………………………… (124)
二、单位估价表 …………………………………… (126)

第五章 工程定额计价编制与审查 …………………………………… (129)

第一节 设计概算编制与审查 …………………………………… (129)
一、设计概算的内容及作用 …………………………………… (129)

目 录

  二、设计概算的编制 …………………………………………… (130)
  三、设计概算的审查 …………………………………………… (139)
 第二节 施工图预算编制与审查 …………………………………… (142)
  一、施工图预算的内容及作用 ………………………………… (142)
  二、施工图预算文件的组成 …………………………………… (143)
  三、施工图预算的编制依据 …………………………………… (143)
  四、施工图预算的编制方法 …………………………………… (144)
  五、施工图预算审查 …………………………………………… (146)
 第三节 竣工结算与工程决算编制与审查 ……………………… (149)
  一、竣工结算的编制与审查 …………………………………… (149)
  二、工程决算的编制与审查 …………………………………… (157)

第六章 清单计价体系 ………………………………………… (161)

 第一节 工程量清单计价概述 ……………………………………… (161)
  一、实行工程量清单计价的目的和意义 ……………………… (161)
  二、2013版清单计价规范简介 ………………………………… (163)
 第二节 工程量清单计价相关规定 ……………………………… (165)
  一、计价方式 …………………………………………………… (165)
  二、发包人提供材料和机械设备 ……………………………… (166)
  三、承包人提供材料和工程设备 ……………………………… (167)
  四、计价风险 …………………………………………………… (168)
 第三节 工程量清单编制 …………………………………………… (169)
  一、一般规定 …………………………………………………… (169)
  二、工程量清单编制依据 ……………………………………… (170)
  三、工程量清单编制原则 ……………………………………… (170)
  四、工程量清单编制内容 ……………………………………… (171)
  五、工程量清单编制标准格式 ………………………………… (177)
 第四节 工程招标与招标控制价编制 …………………………… (191)
  一、工程招标概述 ……………………………………………… (191)
  二、招标控制价的编制 ………………………………………… (194)
  三、招标控制价编制标准格式 ………………………………… (198)
 第五节 工程投标报价编制与策略 ……………………………… (205)
  一、工程投标报价编制 ………………………………………… (205)

二、投标报价影响因素 ……………………………………… (208)
三、工程投标报价策略 ……………………………………… (214)
四、工程投标技巧 …………………………………………… (218)
五、投标报价编制标准格式 ………………………………… (220)
第六节　工程竣工结算编制 ……………………………………… (225)
一、一般规定 ………………………………………………… (225)
二、竣工结算编制与复核 …………………………………… (226)
三、竣工结算价编制标准格式 ……………………………… (227)
第七节　工程造价鉴定 …………………………………………… (241)
一、一般规定 ………………………………………………… (241)
二、取证 ……………………………………………………… (242)
三、鉴定 ……………………………………………………… (243)
四、造价鉴定标准格式 ……………………………………… (244)

第七章　钢结构工程工程量计算 ……………………………… (247)

第一节　钢网架工程量计算 ……………………………………… (247)
一、钢网架构造 ……………………………………………… (247)
二、钢网架工程量计算规则 ………………………………… (251)
第二节　钢屋架、钢托架、钢桁架、钢架桥工程量计算 ……… (253)
一、钢屋架 …………………………………………………… (253)
二、钢托架、钢桁架、钢架桥 ……………………………… (264)
第三节　钢柱工程量计算 ………………………………………… (273)
一、钢柱构造 ………………………………………………… (273)
二、钢柱用料规格要求及理论质量 ………………………… (279)
三、钢柱工程量计算规则 …………………………………… (293)
第四节　钢梁工程量计算 ………………………………………… (294)
一、钢梁构造 ………………………………………………… (294)
二、钢梁工程量计算规则 …………………………………… (300)
第五节　钢板楼板、墙板工程量计算 …………………………… (301)
一、钢板楼板、墙板构造 …………………………………… (301)
二、钢板楼板、墙板常用材料理论质量 …………………… (319)
三、钢板楼板、墙板工程量计算规则 ……………………… (322)
第六节　钢构件工程量计算 ……………………………………… (322)

一、钢构件构造 …………………………………………… (322)
　　二、钢构件参考质量 ……………………………………… (337)
　　三、钢构件工程量计算规则 ……………………………… (341)
　第七节　金属制品工程量计算 ………………………………… (343)
　第八节　保温、隔热、防腐工程工程量计算 ………………… (344)
　　一、保温、隔热、防腐工程相关知识 …………………… (344)
　　二、保温、隔热、防腐工程工程量计算规则 …………… (358)
　第九节　钢构件运输及安装工程工程量计算 ………………… (365)
　　一、钢构件运输及安装相关知识 ………………………… (365)
　　二、钢构件运输及安装工程量计算规则 ………………… (377)
　第十节　钢结构垂直运输工程工程量计算 …………………… (379)
　　一、钢结构垂直运输工程相关知识 ……………………… (379)
　　二、钢结构垂直运输工程量计算规则 …………………… (380)
　第十一节　建筑物超高增加人工、机械工程量计算 ………… (382)
　　一、建筑物超高增加人工、机械工程量相关知识 ……… (382)
　　二、建筑物超高增加人工、机械工程量计算规则 ……… (382)
　第十二节　钢结构房屋修缮工程工程量计算 ………………… (385)
　　一、钢结构房屋修缮定额内容 …………………………… (385)
　　二、钢结构房屋修缮工程量计算规则 …………………… (386)

第八章　施工合同管理与索赔 ……………………………………… (387)
　第一节　建设工程施工合同管理 ……………………………… (387)
　　一、建设工程合同管理基本内容 ………………………… (387)
　　二、建设工程施工合同基本内容 ………………………… (388)
　　三、建设工程施工合同文件的组成 ……………………… (390)
　　四、建设工程施工合同的类型 …………………………… (391)
　　五、建设工程施工合同文本主要条款 …………………… (392)
　第二节　工程索赔 ……………………………………………… (417)
　　一、索赔的概念与特点 …………………………………… (417)
　　二、索赔分类 ……………………………………………… (419)
　　三、索赔的基本原则 ……………………………………… (421)
　　四、索赔的基本任务 ……………………………………… (421)
　　五、索赔发生的原因 ……………………………………… (422)

  六、索赔证据 ……………………………………………… (423)
  七、承包人的索赔及索赔处理 …………………………… (425)
  八、发包人的索赔及索赔处理 …………………………… (430)
  九、索赔策略与技巧 ……………………………………… (431)

第九章 工程价款约定与支付管理 ………………………… (434)

 第一节 工程合同价款约定 …………………………………… (434)
  一、一般规定 ……………………………………………… (434)
  二、合同价款约定的内容 ………………………………… (435)
 第二节 合同价款调整 ………………………………………… (436)
  一、一般规定 ……………………………………………… (436)
  二、合同价款调整方法 …………………………………… (437)
 第三节 合同价款期中支付 …………………………………… (453)
  一、预付款 ………………………………………………… (453)
  二、安全文明施工费 ……………………………………… (454)
  三、进度款 ………………………………………………… (455)
 第四节 竣工结算价款支付 …………………………………… (458)
  一、结算款支付 …………………………………………… (458)
  二、质量保证金 …………………………………………… (459)
  三、最终结清 ……………………………………………… (460)
 第五节 合同解除的价款结算与支付 ………………………… (460)
 第六节 合同价款争议的解决 ………………………………… (462)
  一、监理或造价工程师暂定 ……………………………… (462)
  二、管理机构的解释和认定 ……………………………… (463)
  三、协商和解 ……………………………………………… (463)
  四、调解 …………………………………………………… (463)
  五、仲裁、诉讼 …………………………………………… (464)

第十章 钢结构工程工程量清单及计价编制实例 ……… (466)

 第一节 工程量清单编制实例 ………………………………… (466)
 第二节 竣工结算总价编制实例 ……………………………… (477)

参考文献 …………………………………………………………… (497)

第一章 钢结构基础

第一节 钢结构的概念及特点

一、钢结构的概念

钢结构在国民经济建设中的应用范围很广,主要体现在使用功能及结构组成方式不同,钢结构种类繁多、形式各异。例如房屋建筑中,有大量的钢结构厂房、高层钢结构建筑、大跨度钢网架建筑、悬索结构建筑等。在公路及铁路上,有各种形式的钢桥,如板梁桥、桁架桥、拱桥、悬索桥、斜张桥等。钢结构工程是我国建筑行业中蓬勃发展的一个既古老又新兴的行业,是绿色环保产品,是推动传统建筑业向高新技术发展的重要力量。

各种钢结构尽管用途、形式各不相同,但它们都是由钢板和型钢经过加工,制成各种基本构件,如拉杆(有时还包括钢索)、压杆、梁、柱及桁架等,然后将这些基本构件按一定方式通过焊接和螺栓连接等方式组成结构。

钢结构的组成应满足结构使用功能的要求,结构应形成空间整体(几何不变体系),才能有效并经济地承受荷载,同时,还要考虑材料供应条件及施工方便等因素。

二、钢结构的特点

与其他结构形式相比,钢结构的主要特点归为以下几类:

(1)钢材的抗拉、抗压、抗剪强度相对来说较高,故钢结构构件结构断面小、自重轻。与混凝土、木材相比,钢材的强度要高得多,其密度与强度的比值一般比混凝土和木材小,因此在同样受力的情况下,钢结构与钢筋混凝土结构和木结构相比,构件较小,质量较轻。

吊车起重量较大或工作较繁重的车间多采用钢骨架,如冶金厂房的平炉车间、转炉车间、混铁炉车间、初轧车间、重型机械厂的铸钢车间、水压机车间、锻压车间等。近年随着网架结构的大量应用,一般的工业车间也采用了钢结构。

(2)钢结构有较好的延性、抗震性,尤其在高烈度震区,使用钢结构更为有利。钢筋混凝土结构延性的保证在于结构的应力不太高,而钢结构的延性在于使部分构件进入塑性。钢结构在一般条件下不会因超载而突然断裂,只增大变形,故易于被发现。此外,还能将局部高峰应力重新分配,使应力变化趋于平缓。同时,钢结构韧性好,适宜在动力荷载下工作。

(3)钢结构制作简便,施工工期短。钢结构构件一般是在金属结构厂制作,施工机械化,准确度和精密度皆较高。钢构件较轻,连接简单,安装方便,施工工期短。小量钢结构和轻型钢结构还可在现场制作,简易吊装。采用钢结构可为施工提供较大的空间和较宽敞的施工作业面。钢结构由于连接的特性,易于加固、改建和拆迁。

商业、旅游业和建筑工地用活动房屋,多采用轻型钢结构,并用螺栓或扣件连接。

(4)钢结构的密闭性好,焊接的钢结构可以做到完全密闭,因此,适宜于建造要求气密性和水密性好的气罐、油罐和高压容器。

(5)钢结构可以做成大跨度、大空间的建筑。如飞机装配车间、飞机库、干煤棚、大会堂、体育馆、展览馆等皆需大跨结构,其结构体系可为网架、悬索、拱架以及框架等。开敞式的大平面办公室在20世纪60年代后得到较大发展,有的国家称之为"园林化办公室"。这种办公室要求较大尺寸的柱网布置,并且柱子断面越小越合适。目前,采用12~15m的柱网已经很普遍。钢结构正适合这种要求,可以形成较宽敞的无柱空间,便于内部灵活布置。

第二节 钢结构工程常用材料

一、钢材

1. 钢材的分类

钢材的分类方法很多,目前最常用的分类方法主要有以下几种:

(1)按建筑用途分类。钢材可分为碳素结构钢、焊接结构耐候钢、高耐候性结构钢和桥梁用结构钢等专用结构钢。在建筑结构中,较为常用的是碳素结构钢和桥梁用结构钢。

(2)按化学成分分类。钢材可分为碳素钢和合金钢两大类。

1)碳素钢。碳素钢是指含碳量在0.02%~2.11%的铁碳合金。碳素钢是最普通的工程用钢,按其含碳量的多少可分为低碳钢、中碳钢和高碳钢。通常把含碳量在 0.25% 以下的称为低碳钢;含碳量在 0.25%～0.60% 之间的称中碳钢;含碳量在 0.60% 以上的称高碳钢。

2)合金钢。在碳素钢中加入一定量的合金元素以提高钢材性能的钢,称为合金钢。根据钢中合金元素含量的多少,将合金元素总含量小于 5% 的钢称为低合金钢;合金元素总含量在 5%～10% 之间的钢称中合金钢;合金元素总含量大于 10% 的钢称高合金钢。

(3)按外形不同分类,型钢通常分为以下三类:

1)工字钢。工字钢是截面为工字形,腿部内侧有 1:6 斜度的长条钢材。其规格以腰高(h)×腿宽(b)×腰厚(d)的毫米数表示,也可用型号表示,型号为腰高的厘米数,如图 1-1 所示。

2)槽钢。槽钢是截面为凹槽形,腿部内侧有 1:10 斜度的长条钢材,如图 1-2 所示。

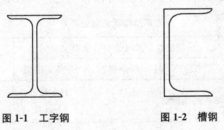

图 1-1　工字钢　　　　　　图 1-2　槽钢

3)角钢。角钢是两边互相垂直成直角形的长条钢材,有等边角钢和不等边角钢两大类。

①等边角钢的规格以边宽×边宽×边厚的毫米数表示,也可用型号(边宽的厘米数)表示,如图 1-3 所示。

②不等边角钢的规格以长边宽×短边宽×边厚的毫米数表示,也可用型号(长边宽/短边宽的厘米数)表示,如图 1-4 所示。

图 1-3　等边角钢　　　　　　图 1-4　不等边角钢

2. 钢材的牌号及性能

钢材的牌号也称钢号,其表示方法是按《钢铁产品牌号表示方法》(GB/T 221—2008)的规定进行标注的。牌号通常由四部分组成,示例见表 1-3。

第一部分:前缀符号+强度值(以 N/mm^2 或 MPa 为单位),其中通用结构钢前缀符号为代表屈服强度的拼音字母"Q",专用结构钢的前缀符号见表 1-1。

第二部分(必要时):钢的质量等级,用英文字母 A、B、C、D、E、F…表示。

第三部分(必要时):脱氧方式表示符号,即沸腾钢、半镇静钢、镇静钢、特殊镇静钢分别以"F"、"B"、"Z"、"TZ"表示。镇静钢、特殊镇静钢表示符号通常可以省略。

第四部分(必要时):产品用途、特性和工艺方法表示符号,见表 1-2。

表 1-1 专用结构钢的前缀符号

产品名称	采用的汉字及汉语拼音或英文单词			采用字母	位置
	汉字	汉语拼音	英文单词		
热轧光圆钢筋	热轧光圆钢筋	—	Hot Rolled Plain Bars	HPB	牌号头
热轧带肋钢筋	热轧带肋钢筋	—	Hot Rolled Ribbed Bars	HRB	牌号头
细晶粒热轧带肋钢筋	热轧带肋钢筋+细	—	Hot Rolled Ribbed Bars+Fine	HRBF	牌号头
冷轧带肋钢筋	冷轧带肋钢筋	—	Cold Rolled Ribbed Bars	CRB	牌号头
预应力混凝土用螺纹钢筋	预应力、螺纹、钢筋	—	Prestressing、Screw、Bars	PSB	牌号头
焊接气瓶用钢	焊瓶	HAN PING	—	HP	牌号头
管线用钢	管线	—	Line	L	牌号头
船用锚链钢	船锚	CHUAN MAO	—	CM	牌号头
煤机用钢	煤	MEI	—	M	牌号头

第一章 钢结构基础

表 1-2 产品用途、特性和工艺方法表示符号

产品名称	采用的汉字及汉语拼音或英文单词			采用字母	位置
	汉字	汉语拼音	英文单词		
锅炉和压力容器用钢	容	RONG	—	R	牌号尾
锅炉用钢(管)	锅	GUO	—	G	牌号尾
低温压力容器用钢	低容	DI RONG	—	DR	牌号尾
桥梁用钢	桥	QIAO	—	Q	牌号尾
耐候钢	耐候	NAI HOU	—	NH	牌号尾
高耐候钢	高耐候	GAO NAI HOU	—	GNH	牌号尾
汽车大梁用钢	梁	LIANG	—	L	牌号尾
高性能建筑结构用钢	高建	GAO JIAN	—	GJ	牌号尾
低焊接裂纹敏感性钢	低焊接裂纹敏感性	—	Grack Free	CF	牌号尾
保证淬透性钢	淬透性	—	Hardenability	H	牌号尾
矿用钢	矿	KUANG	—	K	牌号尾
船用钢	采用国际符号				

表 1-3 牌号示例

序号	产品名称	第一部分	第二部分	第三部分	第四部分	牌号示例
1	碳素结构钢	最小屈服强度 235N/mm^2	A级	沸腾钢	—	Q235AF
2	低合金高强度结构钢	最小屈服强度 345N/mm^2	D级	特殊镇静剂	—	Q345D
3	热轧光圆钢筋	屈服强度特征值 235N/mm^2	—	—	—	HPB235
4	热轧带肋钢筋	屈服强度特征值 335N/mm^2	—	—	—	HRB335
5	细晶粒热轧带肋钢筋	屈服强度特征值 335N/mm^2	—	—	—	HRBF335
6	冷轧带肋钢筋	最小抗拉强度 550N/mm^2	—	—	—	CRB550
7	预应力混凝土用螺纹钢筋	最小屈服强度 830N/mm^2	—	—	—	PSB830

3. 钢构件的代号

钢构件的名称可用代号表示,代号后标注的阿拉伯数字为该构件的型号或编号。如 GWJ-1 表示编号为 1 的钢屋架。构件的名称代号参见表 1-4。

表 1-4　　　　　　　　构件名称及代号

序号	名称	代号	序号	名称	代号
1	柱	Z	22	挡雨板	YB
2	框架柱	KZ	23	吊车走道板	DB
3	柱间支撑	ZC	24	墙板	QB
4	桩	ZH	25	天沟板	TGB
5	基础	J	26	轨道连接	DGL
6	设备基础	SJ	27	车挡	CD
7	承台	CT	28	檩条	LT
8	梁	L	29	屋架	WJ
9	屋面梁	WL	30	托架	TJ
10	吊车梁	DL	31	天窗架	CJ
11	单轨吊车梁	DDL	32	框架	KJ
12	基础梁	JL	33	刚架	GJ
13	楼梯梁	TL	34	支架	ZJ
14	框架梁	KL	35	垂直支撑	CC
15	框支梁	KZL	36	水平支撑	SC
16	屋面框架梁	WKL	37	预埋件	M
17	连系梁	LL	38	梯	T
18	板	B	39	雨篷	YP
19	屋面板	WB	40	阳台	YT
20	楼梯板	TB	41	梁垫	LD
21	盖板	GB	42	地沟	DG

二、压型钢板

压型钢板是指将厚度为 0.4~1.6mm 的薄板经成型机辊压冷弯加工

成为波纹形、V形、U形、W形及梯形或类似这些形状的轻型建筑板材。

1. 压型钢板的特点

(1)压型钢板自重轻、强度高、刚度大,具有很好的防水和抗震性能。

(2)压型钢板安装方便快捷,施工工期短,且适于工厂化生产,其造型美观新颖、颜色丰富多彩、装饰性强、组合灵活多变,可表达不同的建筑风格。

(3)采用压型钢板用作屋面及墙面,能够减少承重结构的材料用量,减少安装运输工作量,缩短工期,节省劳动力,综合经济效益好。

2. 压型钢板的类型

根据压型钢板外形的不同,大致可分为平面压型钢板、曲面压型钢板、拱型压型钢板和瓦型压型钢板。

(1)平面压型钢板。根据板面波高的不同,平面压型钢板又可分为低波板、中波板和高波板三种:

1)低波板的波高为 12~30mm,多用于墙面板及现场复合的保温屋面和墙面的内板。

2)中波板的波高为 30~50mm,多用于屋面板。

3)高波板的波高大于 50mm,多用于单坡长度较长的屋面,一般需配专用支架,造价较前两种高。

(2)曲面压型钢板。多用于曲线形屋面或曲线檐口。当屋面曲率半径较大时,可用平面板的长向自然弯曲成型,不需另成型。当自然弯曲不能达到所需曲率时,应用曲面压型钢板。

曲面压型钢板一般是将平面压型钢板通过曲面成型机侧立成型,其波型与平面压型板相同。

(3)拱型压型钢板。拱型压型钢板与曲面压型钢板的成型方法相似,但必须是全跨长度,通过板间咬合锁边形成整体拱形屋盖结构,无须另加屋盖承重结构。

(4)瓦型压型钢板。瓦型压型钢板是指彩色钢板经辊压成波型,再冲压成瓦型或直接冲压成瓦型的产品。成型后的形状类似常用的黏土瓦、筒型瓦等形状,多用于民用建筑。

3. 压型钢板的规格

常用压型钢板规格及形状见表 1-5。

表 1-5　　　　　　　　　常用压型钢板规格及形状

序号	板型	截面形状/mm	钢板厚度/mm
1	YX51—360 （角弛Ⅱ）	360，51 适用于：屋面板	0.6 0.8 1.0
2	YX51—380—760 （角弛Ⅱ）	760，240，51，80，76，380 适用于：屋面板	0.6 0.8 1.0
3	YX130—300—600 （W600）	600，55，130，70，300 适用于：屋面板	0.6 0.8 1.0
4	YX114—333—666	666，114，333 适用于：屋面板	0.6 0.8 1.0

第一章 钢结构基础

续表

序号	板 型	截 面 形 状/mm	钢板厚度/mm
5	YX35—190—760	适用于：屋面板	0.6 0.8 1.0
6	YX28—205—820	适用于：墙板	0.6 0.8 1.0
7	YX51—250—750	适用于：墙板	0.6 0.8 1.0
8	YX24—210—840	适用于：墙板	0.6 0.8 1.0

续表

序号	板型	截面形状/mm	钢板厚度/mm
9	YX15—225—900	适用于：墙板	0.6 0.8 1.0
10	YX15—118—826	适用于：墙板	0.6 0.8 1.0
11	YX35—125—750	适用于：屋面板（或墙板）	0.6 0.8 1.0
12	YX75—175—600 (AP600)	适用于：屋面板	0.47 0.53 0.65

续表

序号	板型	截面形状/mm	钢板厚度/mm
13	YX28—200—740（AP740）	740，170，200，200，170，28 适用于：屋面板	0.47 0.53
14	YX52—600（U600）	600，52 适用于：屋面板	0.5 0.6 1.0
15	YX28—150—750	110，150，30，28，750 适用于：墙板	0.6 0.8 1.0

三、夹芯板

夹芯板是指以彩色涂层钢板或其他金属板为面材，以阻燃型聚苯乙烯泡沫塑料、聚氨酯泡沫塑料、岩棉、矿渣棉等保温材料为芯材，经连续成型机将面材和芯材粘结复合而成的轻型建筑板材。夹芯板常用的有聚苯乙烯泡沫塑料（EPS）夹芯板、聚氨酯泡沫塑料（PU）夹芯板、岩板夹芯板。

常用夹芯板规格及形状见表1-6。

表 1-6　　　　　常用夹芯板规格及形状

序号	板型	截面形状	板厚 S /mm	面板厚 /mm
1	JXB45—500—1000	适用：屋面板	75 100 150	0.6
2	JXB42—333—1000	适用：屋面板	50 60 80	0.5
3	JXB—Qy—1000	适用：墙板	50 60 80	0.5
4	JXB—Q—1000	拼接式加芯墙板	50 60 80	0.5
		插接式加芯墙板	50 60 80	0.5

四、连接材料

1. 焊接材料

(1)材质。钢结构的焊接材料应与被连接构件所采用的钢材材质相适应。将两种不同强度的钢材相连接时,可采用与低强度钢材相适应的连接材料。对直接承受动力荷载或振动荷载且需要验算疲劳的结构,宜采用低氢型焊条。

1)焊接材料的品种、规格、性能等应符合现行国家产品标准和设计要求。

2)重要钢结构采用的焊接材料应进行抽样复验,复验结果应符合现行国家产品标准和设计要求。

3)焊钉焊接瓷环的规格、尺寸及允许偏差应符合现行国家标准《电弧螺柱焊用圆柱头焊钉》(GB/T 10433)的规定。

4)焊条外观不应有药皮脱落、焊芯生锈等缺陷,焊剂不应受潮结块。

5)实芯焊丝及熔嘴导管应无油污、锈蚀,镀铜层应完好无损。

(2)选用。目前焊接连接是钢结构最主要的连接方法,它具有不削弱杆件截面、构造简单和加工方便等优点。一般钢结构中主要采用电弧焊。电弧焊是利用电弧热熔化焊件及焊条(或焊丝)以形成焊缝。在选择焊条时,应尽量选用生产率高、成本低的焊条,以降低成本。目前应用的电弧焊方法有:手工焊、自动焊和半自动焊。在轻型钢结构中,由于焊件薄,焊缝少,故多数采用手工焊。手工焊施焊灵活,易于在不同位置施焊,但焊缝质量低于自动焊。

2. 螺栓

(1)材质。

1)普通螺栓可采用符合现行国家标准《碳素结构钢》(GB/T 700)规定的 Q235-A 级钢制成,并应符合现行国家标准《六角头螺栓 C 级》(GB/T 5780)和《六角头螺栓》(GB/T 5782)的规定。

2)高强度螺栓可采用 45 号钢、40Cr、40B 或 20MnTiB 钢制作并应符合现行国家标准《钢结构用高强度大六角头螺栓》(GB/T 1228)、《钢结构用高强度大六角头螺栓、大六角螺母、垫圈技术条件》(GB/T 1231)和《钢结构用扭剪型高强度螺栓连接副》(GB/T 3632)的规定。

(2)选用。

1)普通螺栓连接主要用在结构的安装连接以及可拆装的结构中。螺栓连接的优点是拆装便利,安装时不需要特殊设备,操作较简便。但由于普通螺栓连接传递剪力较差,而高强度螺栓连接在高空施工中要求又较高,因而轻型钢屋架与支撑连接一般采用普通螺栓C级,受力较大时可用螺栓定位、安装焊缝受力的连接方法。

2)高强度螺栓连接除能承受较大的拉力外,还能借其连接处构件接触面的摩擦能可靠地承受剪力,故在轻型门式刚架梁柱的连接点以及螺栓球网架的节点连接中广泛应用。

3. 圆柱头栓钉及锚栓

(1)材质。

1)圆柱头栓钉的规格、外形尺寸符合国家标准《电弧螺柱焊用圆柱头焊钉》(GB/T 10433)规定,公称直径有6~22mm共七种,钢结构及组合楼板中常用的栓钉直径有16mm、19mm和22mm三种。

2)锚栓用于柱脚时通常采用双螺母紧固,以防止松动。锚栓一般采用未经加工的圆钢制作而成,材料宜采用Q235钢或Q345钢。

(2)选用。

1)圆柱头栓钉适用于各类钢结构构件的抗剪件、埋设件和锚固件。

2)锚栓主要应用于屋架与混凝土柱顶的连接及门式刚架柱脚与基础的连接,锚栓可根据其受力情况用不同牌号的钢材制成。

第三节 钢结构连接

一、焊接连接

1. 焊接方法

钢结构常用的焊接方法有手工电弧焊、埋弧焊、熔嘴电渣焊、CO_2气体保护焊和焊钉焊接。施工中,根据具体施工条件、要求及相关情况进行选择。

(1)手工电弧焊。手工电弧焊是利用焊条与工件间产生的电弧热将金属熔化进行焊接的,在钢结构中应用较广泛,可在室内、室外及高空中平、横、立、仰的位置进行施焊。其工作原理如图1-5所示。

(2) 埋弧焊。埋弧焊是指在颗粒状的焊剂层下面,能使电弧在空腔中燃烧产生大量的热,从而使焊件自动焊接的方法。根据自动化程序的不同,埋弧焊又可分为自动埋弧焊和半自动埋弧焊,其区别在于自动埋弧焊的电弧移动是由专门机构控制完成的,而半自动埋弧焊的电弧移动是依靠手工操纵的,如图1-6所示。

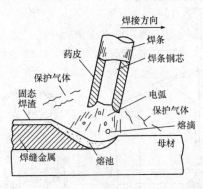

图1-5 手工电弧焊原理示意图

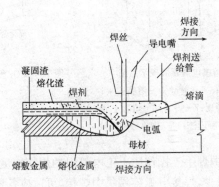

图1-6 埋弧焊原理示意图

(3) 熔嘴电渣焊。熔嘴电渣焊是利用电流通过熔渣所产生的电阻热作为热源,将填充金属和母材熔化凝固后使金属原子间牢固连接的一种焊接方法,如图1-7所示。

(4) CO_2 气体保护焊。CO_2 气体保护焊是用喷枪喷出 CO_2 气体作为电弧的保护介质,使熔化金属与空气隔热,以保持焊接过程的稳定。由于焊接时没有焊剂产生的熔渣,故便于观察焊缝的成型过程。它采用卷在焊丝盘上与母材相近材质的金属焊丝,起到填充材料的作用(图1-8)。为防止外界空气混入到电弧、熔池所组成的焊接区,采用了CO_2气体进行保护。气体从喷嘴中流出,能够完全覆盖电弧及熔池。

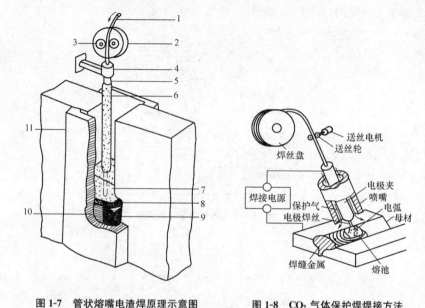

图1-7 管状熔嘴电渣焊原理示意图

1—焊丝;2—丝盘;3—送丝轮;4—熔嘴夹头;
5—熔嘴;6—熔嘴药皮;7—熔渣;8—熔融金属;
9—焊缝金属;10—凝固渣;11—铜水冷成形块

图1-8 CO_2气体保护焊焊接方法

CO_2气体保护焊手工操作比手工电弧焊的焊接速度快,热量集中,熔池较小,焊接层数少,焊接电弧容易集中焊接,可适应各种位置焊接。

(5)焊钉焊接(栓钉焊)。栓钉焊是在栓钉与母材之间通过电流,局部加热熔化栓钉和局部母材,并同时施加压力挤出液态金属,使栓钉整个截面与母材形成牢固结合的焊接方法。其可分为电弧焊钉焊和储能焊钉焊两种。

2. 焊接方式

根据钢结构焊接位置的不同,板材焊接大致可分为平焊、横焊、立焊和仰焊,如图1-9所示。

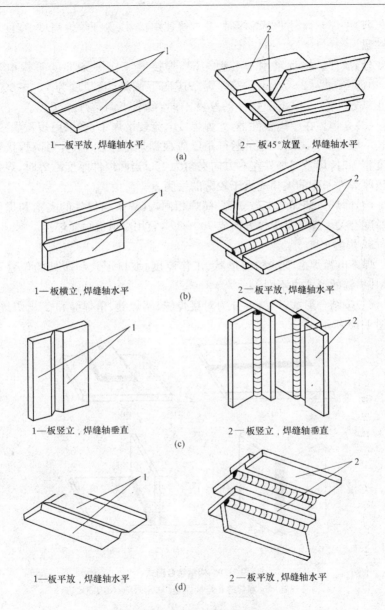

图1-9 板材对接接头焊接位置示意图
(a)平焊位置；(b)横焊位置；(c)立焊位置；(d)仰焊位置

(1) 平焊。板材平焊焊接时,要求等速焊接,以保证焊缝高度、宽度均匀一致。

(2) 横焊。横焊基本与平焊相同,焊接电流比同条件的平焊电流小,电弧长度为 2~4mm。横焊焊条应向下倾斜,其角度为 70°~80°,防止铁水下坠。根据两焊件的厚度不同,可适当调整焊条角度。

(3) 立焊。在相同条件下,立焊焊接电流较平焊小,多采用短弧焊接,弧长一般为 2~4mm。焊条运行角度应根据焊件厚度确定:当两焊接件厚度相等时,焊条与焊件左右方向夹角为 45°;当两焊件厚度不等时,焊条与较厚焊件一侧的夹角应大于较薄的一侧。

(4) 仰焊。仰焊基本与立焊、横焊相同,其焊条与焊件的夹角和焊件的厚度有关。焊条与焊接方向成 70°~80°,宜用小电流短弧焊接。

3. 焊缝形式

焊条电弧焊由于结构的形状、工作厚度、坡口形式和所处的位置不同,其焊缝的形式也不同。

(1) 按结合形式,焊缝可分为对接焊缝、塞焊缝、角焊缝和 T 形焊缝,如图 1-10 所示。

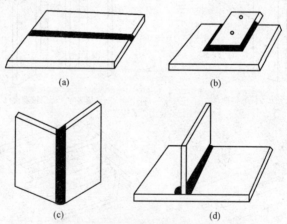

图 1-10 焊缝结合形式
(a) 对接焊缝;(b) 塞焊缝和搭接焊缝;(c) 角焊缝;(d) T 形焊缝

(2) 按焊缝断续情况,焊缝可分为连续焊缝和断续焊缝,如图 1-11 所示。

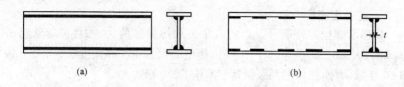

图 1-11　焊缝断续情况
(a)连续焊缝；(b)断续焊缝

二、螺栓连接

1. 普通螺栓

(1)普通螺栓分类。按普通螺栓的形式，大致可分为六角头螺栓、双头螺栓、沉头螺栓等；按制作精度可分为 A、B、C 三个等级，A、B 级为精制螺栓，C 级为粗制螺栓。钢结构用连接螺栓，除特别注明外，一般即为普通粗制 C 级。

在轻型钢结构中，所用螺栓的性能等级通常分为 3.6、4.6、4.8、5.6、5.8、6.8、8.8、9.8、10.9、12.9 十个等级，其中 8.8 级以上螺栓为低合金高强钢或中碳钢经过热处理而成的螺栓，称为高强度螺栓；8.8 级以下（不含 8.8 级）称为普通螺栓。

(2)普通螺栓装配。

1)螺栓头和螺母下面应放置平垫圈，以增大承压面积。

2)每个螺栓一端不得垫两个及两个以上的垫圈，不得采用大螺母代替垫圈。螺栓拧紧后，外露丝扣不应少于两扣。

3)对于设计有要求防松动的螺栓、锚固螺栓应采用有防松装置的螺母（即双螺母）或弹簧垫圈，或用人工方法采取防松措施（如将螺栓外露丝扣打毛）。

4)对于承受动荷载或重要部位的螺栓连接，应按设计要求放置弹簧垫圈，弹簧垫圈必须设置在螺母一侧。

5)对于工字钢、槽钢类型钢应尽量使用斜垫圈，使螺母和螺栓头部的支承面垂直于螺杆。

6)双头螺栓的轴心线必须与工件垂直，通常用角尺进行检验。

7)装配双头螺栓时，首先将螺纹和螺孔的接触面清理干净，然后用手轻轻地把螺母拧到螺纹的终止处，如果遇到拧不紧的情况，不能用扳手强行拧紧，以免损坏螺纹。

2. 高强度螺栓

高强度螺栓按外形可分为大六角头和扭剪型两种；按性能等级可分为 8.8、10.9、12.9 级等。目前，我国使用的大六角头高强度螺栓有 8.8 级和 10.9 级两种，扭剪型高强度螺栓只有 10.9 级一种。

高强度螺栓采用的是高强度钢材，其强度为普通螺栓的 3~4 倍，故对其栓杆可施加强大的紧固预拉力，使被连接的板叠压得很紧。因此，利用板叠间的摩擦力即可有效地传递剪力，这种连接类型称为摩擦型高强度螺栓连接，其特点是变形小、不松动、耐疲劳。

高强度螺栓可广泛应用于厂房、高层建筑和桥梁等钢结构重要部位的安装连接，但根据摩擦型和承压型的不同特点，其应用还应有所区别。摩擦型应用于直接承受动力荷载的结构最佳；承压型则应用于承受静力荷载或间接承受动力荷载的结构，且能发挥其高承载力的优点为宜。

第四节 钢结构工程防腐与防火

一、钢结构工程防腐

1. 防腐涂料组成

防腐涂料是一种以树脂或油为主，用有机溶剂或水调制而成的黏稠液体，将其涂覆或喷涂在钢构件表面上形成致密、牢固附着的连续膜，从而起到对钢构件的保护作用。

常用防腐涂料的基本成分主要包括：

（1）成膜基料。主要由树脂或油组成，是使涂料牢固附着于被涂物表面上形成致密、连续膜的主要物质，是构成涂料的基础，决定着涂料的基本特性。

（2）分散介质。指有机溶剂或水，主要作用是使成膜基料分散而形成黏稠液体。通常将成膜基料和分散介质的混合物称为漆料。

（3）颜料和填料。主要是着色颜料、防锈颜料和体质填料。它们本身不能构成涂层，但可改善涂层的性能，增强涂层的保护、装饰和防锈作用，亦可降低涂料的成本。

（4）辅助剂。指催干剂、流平剂、固化剂、防结皮剂、乳化剂、稳定剂、湿润剂等。这些助剂在涂料中用量很少，但对涂料的施工性能、储存性以及漆膜的物理性能却有明显作用。

2. 防腐涂料表示方法

涂料名称由三部分组成,即颜料或填料名称、成膜物质名称、基本名称。

为了区别同一类型的涂料名称,在名称之前必须有型号,涂料型号以一个汉语拼音字母和几个阿拉伯数字组成。字母表示涂料类别(表1-7),第一、二位数字表示涂料产品基本名称(表1-8);第三、四位数字表示同类涂料产品的品种序号。例如:

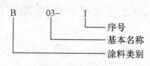

表 1-7　　　　　　　　涂料分类和代号

序号	代号	分类名称	序号	代号	分类名称
1	Y	油脂漆类	10	X	乙烯基树脂漆类
2	T	天然树脂漆类	11	B	丙烯酸漆类
3	F	酚醛树脂漆类	12	Z	聚酯漆类
4	L	沥青漆类	13	H	环氧树脂漆类
5	C	醇酸树脂漆类	14	S	聚氨酯漆类
6	A	氨基树脂漆类	15	W	元素有机漆类
7	Q	硝基漆类	16	J	橡胶漆类
8	M	纤维素漆类	17	E	其他漆类
9	G	过氯乙烯树脂漆类			

表 1-8　　　　　　　建筑常用涂料基本名称和代号

代号	基本名称	代号	基本名称	代号	基本名称
00	清油	09	大漆	52	防腐漆
01	清漆	12	乳胶漆	53	防锈漆
02	厚漆(浸渍)	13	其他水溶性漆	54	耐油漆
03	调和漆	14	透明漆	55	耐水漆
04	磁漆	40	防污漆	60	耐火漆
06	底漆	41	水线漆	61	耐热漆
07	腻子	50	耐酸漆	80	地板漆
08	水溶漆、乳胶漆	51	耐碱漆	83	烟囱漆

3. 防腐涂料作用原理

防腐涂料分底漆和面漆。底漆中含粉料多,基料少,成膜粗糙,与钢材表面的黏接附着力强,并与面漆结合好,主要功能是防锈,故称防锈底漆;而面漆则粉料少,基料多,成膜后有光泽,主要功能是保护下层底漆,对大气和湿气有高度的不渗透性,具有防锈性能。故防腐涂料的作用机理是:

(1)涂料具有坚实致密的连续膜,可使钢结构的构件同周围有害介质相隔离。

(2)含有碱性颜料的涂料(如红丹漆)具有钝化作用,使铁离子很难进入溶液,阻止钢铁的阴极反应。

(3)把含有大量锌粉的涂料(如富锌底漆)涂刷在钢铁表面,在发生电化学反应时,由于比钢铁活泼的锌粉成为阳极,而钢铁成为阴极,保护了钢铁。

(4)一般涂料都具有良好的绝缘性,能阻止铁离子的运动,故使腐蚀电流不易产生,起到保护钢铁的作用。

(5)用于特殊用途的涂料,通过添加特殊成分,可具有耐酸、耐碱、耐油、耐火、耐水等功能。

4. 防腐涂料涂装施工

(1)涂装工序。防腐涂料涂装工序如图1-12所示。

刷防锈漆 → 局部刮腻子 → 喷漆操作 → 漆膜质量检查

图1-12 防腐涂料涂装工序

(2)涂装方法。防腐涂料涂装方法主要有刷涂法、滚涂法、浸涂法、空气喷涂法和无气喷涂法。

1)刷涂法。刷涂法是一种古老的施工方法,它具有工具简单、施工方法简单、施工费用少、易于掌握、适应性强、节约涂料和溶剂等优点;它的缺点是劳动强度大、生产效率低、施工质量取决于操作者的技能等。

2)滚涂法。滚涂法是用多孔吸附材料制成的滚子进行涂料施工的方法。该方法的优点是施工用具简单、操作方便,施工效率比刷涂法高,适合用于大面积的构件;缺点是劳动强度大,生产效率较低。

3)浸涂法。浸涂法是将被涂物放入漆槽内浸渍,经过一段时间后取出,让多余涂料尽量滴净再晾干。其优点是施工方法简单、涂料损失少,适用于构造复杂构件；缺点是有流挂现象，溶剂易挥发。

4) 空气喷涂法。空气喷涂法是利用压缩空气的气流将涂料带入喷枪，经喷嘴吹散成雾状，并喷涂到物体表面上的涂装方法。其优点是可获得均匀、光滑的漆膜，施工效率高；缺点是消耗溶剂量大，污染现场，对施工人员有毒害。

5) 无气喷涂法。无气喷涂法是利用特殊的液压泵，将涂料增至高压，当涂料经喷嘴喷出时，高速分散在被涂物表面上形成漆膜。其优点是喷涂效率高，对涂料适应性强，能获得厚涂层；缺点是如要改变喷雾幅度和喷出量必须更换喷嘴，也会损失涂料，对环境有一定污染。

二、钢结构工程防火

1. 防火涂料分类

(1) 钢结构防火涂料按其涂层厚度及性能特点可分为：

1) 薄涂型钢结构防火涂料，涂层厚度一般为 2～7mm，又称为钢结构膨胀防火涂料。

2) 厚涂型钢结构防火涂料，涂层厚度一般为 8～50mm，又称为钢结构防火隔热涂料。

(2) 钢结构防火涂料按所用黏结剂的不同可分为：

1) 有机型钢结构防火涂料，具有难燃特点，又称为难燃型钢结构防火涂料。

2) 无机型钢结构防火涂料，为不可燃涂料，又称为不燃型钢结构防火涂料。

2. 防火涂料作用原理

(1) 防火涂料本身具有难燃烧或不燃性，使被保护的基材不直接与空气接触而延迟基材着火燃烧。

(2) 防火涂料具有较低导热系数，可以延迟火焰温度向基材的传递。

(3) 防火涂料遇火受热分解出不燃的惰性气体，可冲淡被保护基材受热分解出的可燃性气体，抑制燃烧。

(4) 燃烧被认为是游离基引起的连锁反应，而含氮的防火涂料受热分解出 NO、NH_3 等基团，与有机游离基化合，中断连锁反应，降低燃烧速度。

(5) 膨胀型防火涂料遇火膨胀发泡，形成泡沫隔热层，封闭被保护的基材，阻止基材燃烧。

3. 防火涂料涂装施工

(1)薄涂型钢结构防火涂料施工。底层喷涂时采用喷枪,面层可采用刷涂、喷涂或滚涂。底涂层厚度要符合设计要求,并基本干燥后,方可进行面涂层施工;面涂层一般涂 1~2 次,颜色应符合设计要求,并应全部覆盖底层,颜色均匀、轮廓清晰、搭接平整;底涂层表面有浮浆或裂纹的宽度不应大于 0.5mm。

(2)厚涂型钢结构防火涂料施工。一般采用喷涂施工,搅拌和调配涂料,使稠度适宜,喷涂后不会流淌和下坠。

施工时应分遍喷涂,每遍喷涂必须在前一遍基本干燥或固化后,再喷涂第二遍;喷涂保护方式、喷涂遍数与涂层厚度应根据施工工艺要求确定。厚涂型涂料喷涂后的涂层,应剔除乳突,表面应均匀平整。

第二章 钢结构施工图绘制与识读

第一节 钢结构施工图绘制基础

一、型钢表示方法

常用型钢表示方法见表 2-1。

表 2-1　　　　　常用型钢图例

序号	名称	截面	标注	说明
1	等边角钢	∟	∟$b \times t$	b 为肢宽 t 为肢厚
2	不等边角钢	∟	∟$B \times b \times t$	B 为长肢宽 b 为短肢宽 t 为肢厚
3	工字钢	I	IN　Q IN	轻型工字钢加注 Q 字 N 为工字钢的型号
4	槽钢	[	[N　Q[N	轻型槽钢加注 Q 字 N 为槽钢的型号
5	方钢		□b	如：□500 表示边长为 500mm 的方钢
6	扁钢		—$b \times t$	b 为宽度 t 为厚度
7	钢板	—	$\dfrac{-b \times t}{l}$	宽×厚 板长

续表

序号	名称	截面	标注	说明
8	圆钢		ϕd	d 为直径
9	薄壁方钢管		$B\square b \times t$	
10	薄壁等肢角钢		$B\llcorner b \times t$	
11	薄壁等肢卷边角钢		$B\llcorner b \times a \times t$	薄壁型钢加注 B 字 t 为壁厚
12	薄壁槽钢		$B[h \times b \times t$	
13	薄壁卷边槽钢		$B[h \times b \times a \times t$	
14	薄壁卷边 Z 型钢		$B[h \times b \times a \times t$	
15	T 型钢	T	TW×× TM×× TN××	TW 为宽翼缘 T 型钢 TM 为中翼缘 T 型钢 TN 为窄翼缘 T 型钢
16	H 型钢	H	HW×× HM×× HN××	HW 为宽翼缘 H 型钢 HM 为中翼缘 H 型钢 HN 为窄翼缘 H 型钢
17	起重机钢轨		↨QU××	×× 为起重机轨道型号
18	轻轨及钢轨		↨ ××kg/m 钢轨	

二、螺栓、孔、铆钉表示方法

常用螺栓、孔、铆钉表示方法见表 2-2。

表 2-2　　　　　　　　螺栓、孔、铆钉图例

序号	名称	图例	序号	名称	图例
1	永久螺栓		8	高强度螺栓	
2	安装螺栓		9	工厂连接的正背两面埋头铆钉	
3	螺栓、铆钉的圆孔		10	现场连接的正背两面半圆头铆钉	
4	椭圆形螺栓孔		11	现场连接的正面埋头铆钉	
5	工厂连接的正背两面半圆头铆钉		12	现场连接的背面埋头铆钉	
6	工厂连接的正面埋头铆钉		13	现场连接的正背两面埋头铆钉	
7	工厂连接的背面埋头铆钉		—	—	—

注：1. 细"十"线表示定位线。
　　2. 必须标注孔、螺栓、铆钉的直径。
　　3. 孔、螺栓、铆钉均以图例为主。

三、建筑材料表示方法

常用建筑材料表示方法见表 2-3。

表 2-3　　　　　　　　　常用建筑材料图例

序号	名称	图例	说明
1	自然土壤		包括各种自然土壤
2	夯实土壤		—
3	砂、灰土		靠近轮廓线点较密的点
4	砂砾石、碎砖三合土		
5	石材		—
6	毛石		—
7	普通砖		包括实心砖、多孔砖、砌块等砌体。断面较窄,不易画出图例线时,可涂红
8	耐火砖		包括耐酸砖等砌体
9	空心砖		指非承重砖砌体
10	饰面砖		包括铺地砖、马赛克、陶瓷锦砖、人造大理石等
11	混凝土		(1)本图例指能承重的混凝土及钢筋混凝土。 (2)包括各种强度等级、骨料、外加剂的混凝土。
12	钢筋混凝土		(3)在剖面图上画出钢筋时,不画图例线

续表

序号	名称	图例	说　　明
13	焦渣、矿渣		包括与水泥、石灰等混合而成的材料
14	多孔材料	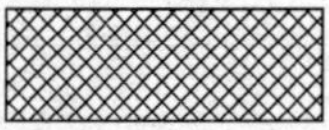	包括水泥、珍珠岩、沥青珍珠岩、泡沫混凝土、非承重加气混凝土、蛭石制品、软木等
15	纤维材料		包括矿棉、岩棉、玻璃棉、麻丝、木丝板、纤维板等
16	泡沫塑料材料	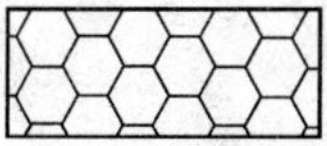	包括聚苯乙烯、聚乙烯、聚氨酯等多孔聚合物类材料
17	木材		(1)上图为横断面,上左图为垫木、木砖、木龙骨。 (2)下图为纵断面
18	胶合板	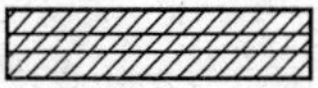	应注明×层胶合板
19	石膏板	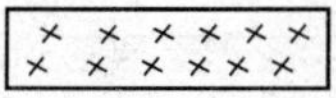	包括圆孔、方孔石膏板,防水石膏板等
20	金属	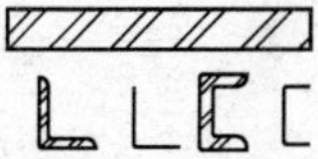	(1)包括各种金属。 (2)图形小时,可涂黑
21	网状材料		(1)包括金属、塑料等网状材料。 (2)应注明具体材料名称
22	液体	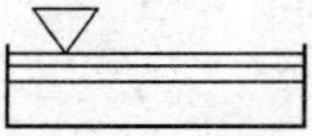	应注明具体液体名称

四、钢结构焊缝图形符号

(1)常用钢结构焊缝基本符号见表2-4。

表 2-4　　　　　　　　　焊缝代号的基本符号

序号	焊缝名称	焊缝形式	符号
1	I 形焊缝		‖
2	V 形焊缝		V
3	钝边 V 形焊缝		Y
4	单边 V 形焊缝		V
5	钝边单边 V 形焊缝		Y
6	U 形焊缝		U
7	封底焊缝		⌣

序号	焊缝名称	焊缝形式	符号
8	堆焊缝		⌒⌒
9	单边 U 形焊缝		⊔
10	喇叭形焊缝		⊓
11	单边喇叭形焊缝		∣⌒
12	角焊缝		△

续表

序号	焊缝名称	焊缝形式	符号
13	塞焊缝		⊔
14	点焊缝		○
15	缝焊缝		⊖

(2)焊缝辅助符号是表示对焊缝辅助要求的符号,见表2-5。

表 2-5　　　　　焊缝代号的辅助符号

序号	名称	形式	符号	说明
1	平面符号		——	表示焊缝表面齐平
2	凹陷符号		⌣	表示焊缝表面凹陷

续表

序号	名称	形式	符号	说　明
3	凸起符号		⌒	表示焊缝表面凸起
4	带垫板符号		▭	表示焊缝底部有垫板
5	三面焊缝符号		⊐	要求三面焊缝符号的开口方向与实际方向基本一致
6	周围焊缝符号		○	表示环绕工件周围焊缝
7	现场符号		▶	表示在现场或工地上进行焊接

（3）焊缝的基本符号、辅助符号和补充符号一起应用时的标注示例，见表 2-6。

表 2-6　　　　　　焊缝符号标注示例

序号	示意图	标注示例	说　明
1			对接焊缝表面齐平（一般需机加工或打磨）
2			对接焊缝上、下表面要求凸起

续表

序号	示意图	标注示例	说　明
3			凹面焊缝填角焊
4			反面清根补焊V形焊缝，上、下表面齐平
5			焊缝底部有垫板
6			工件三面带有焊缝，焊接方法为手工电弧焊
7			在现场沿工件周围施焊

五、钢结构构件尺寸标注

1. 常见钢结构构件的尺寸标注

(1)两构件的两条很近的重心线，应在交汇处将其各自向外错开(图 2-1)。

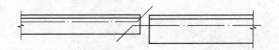

图2-1 两构件重心线不重合的表示方法

(2) 弯曲构件的尺寸,应沿其弧度的曲线标注弧的轴线长度(图2-2)。

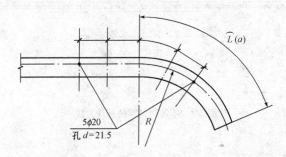

图2-2 弯曲构件尺寸的标注方法

(3) 切割的板材,应标注各线段的长度及位置(图2-3)。

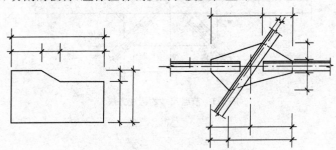

图2-3 切割板材尺寸的标注方法

(4) 不等边角钢的构件,必须标注出角钢一肢的尺寸(图2-4)。
(5) 节点尺寸,应注明节点板的尺寸和各杆件螺栓孔中心或中心距,以及杆件端部至几何中心线交点的距离(图2-5)。
(6) 双型钢组合截面的构件,应注明缀板的数量及尺寸(图2-6)。引出横线上方标注缀板的数量及缀板的宽度、厚度,引出横线下方标注缀板的长度尺寸。

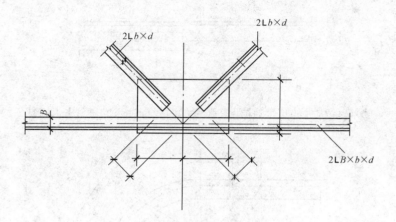

图 2-4　不等边角钢的标注方法

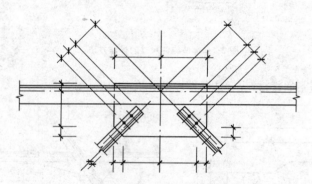

图 2-5　节点尺寸的标注方法

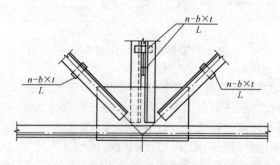

图 2-6　缀板的标注方法

(7)非焊接的节点板,应注明节点板的尺寸和螺栓孔中心与几何中心线交点的距离(图2-7)。

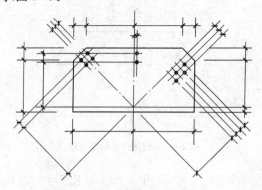

图 2-7 非焊接节点板尺寸的标注方法

(8)桁架式结构的几何尺寸可用单线图表示。杆件的轴线长度尺寸应标注在构件的上方(图2-8)。

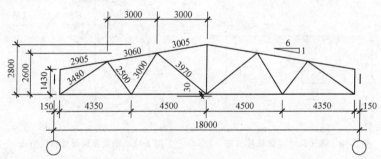

图 2-8 对称桁架几何尺寸标注方法

(9)在杆件布置和受力均对称的桁架单线图中,若需要时可在桁架的左半部分标注杆件的几何轴线尺寸,右半部分标注杆件的内力值和反力值;非对称的桁架单线图,可在上方标注杆件的几何轴线尺寸,下方标注杆件的内力值和反力值。竖杆的几何轴线尺寸可标注在左侧,内力值标注在右侧。

2. 钢结构构件尺寸的简化标注
(1)杆件或管线的长度,在单线图(桁架简图、钢筋简图、管线简图)

上，可直接将尺寸数字沿杆件或管线的一侧注写(图2-9)。

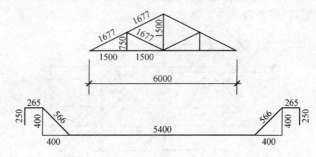

图2-9 单线图尺寸标注方法

(2)连续排列的等长尺寸,可用"个数×等长尺寸=总长"的形式标注(图2-10)。

(3)构配件内的构造因素(如孔、槽等)若相同,可仅标注其中一个要素的尺寸(图2-11)。

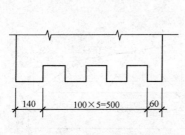 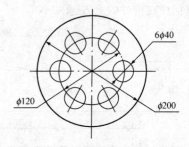

图2-10 等长尺寸简化标注方法　　图2-11 相同要素尺寸标注方法

(4)对称构配件采用对称省略画法时,该对称构配件的尺寸线应略超过对称符号,仅在尺寸线的一端画尺寸起止符号,尺寸数字应按整体全尺寸注写,其注写位置宜与对称符号对齐(图2-12)。

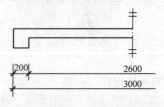

图2-12 对称构件尺寸标注方法

(5)两个构配件,如个别尺寸数字不同,可在同一图样中将其中一个构配件的不同尺寸数字注写在括号内,该构配件的名称也应注写在相应的括号内(图2-13)。

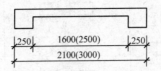

图2-13 相似构件尺寸标注方法

(6)数个构配件,如仅某些尺寸不同,这些有变化的尺寸数字,可用拉丁字母注写在同一图样中,另列表格写明其具体尺寸(图2-14)。

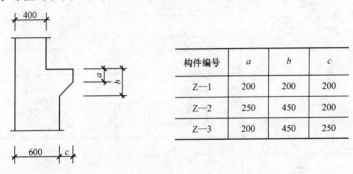

构件编号	a	b	c
Z—1	200	200	200
Z—2	250	450	200
Z—3	200	450	250

图2-14 相似构配件尺寸表格式标注方法

3. 钢结构焊缝的标注

(1)手工电弧焊对接接头的标注方法见表2-7。
(2)手工电弧焊角接接头的标注方法见表2-8。

表2-7　　　　　手工电弧焊常用焊接对接接头标注　　　　　mm

序号	基本形式	焊缝形式	标注方法
1		$s \geqslant 0.7\delta$	

续表

序号	基本形式	焊缝形式	标注方法
2	$50°\pm5°$, δ, b, p	$s\geq 0.7\delta$	$s\times p$, a, b
			p, a, b
3	a, δ, b, p		p, a, b
			p, a, b
4	$10°\pm2°$, R, δ_1, δ, 1.0, b, p		$P\times R$, α_1, b
			$P\times R$, α_1, b
5	$50°\pm5°$, δ_1, δ, b, p, $50°\pm5°$		p, α, b
6	$60°\pm5°$, δ_1, δ, b, p, $60°\pm5°$		p, b, H
			p, b, H

表 2-8　　　　　手工电弧焊常用焊接角接接头的标注　　　　　mm

序号	基本形式	焊缝形式	标注方法
1		$s \geq 0.7\delta$	$S\|b\|$
1		K	$K\|b\|$
2		K	—
2		K, K_1	—
3	$50°\pm5°$	$s \geq 0.7\delta$	$s \times p\|b\|\ \alpha$
3		K	$p\|b\|\ \alpha$ / k

续表

序号	基本形式	焊缝形式	标注方法
4	(60°±5°, b, δ, δ₁)	$s \geq 0.7\delta$; (K)	$s \times p \diagdown \stackrel{\alpha}{b}$; $p \diagdown \stackrel{\alpha}{b} / K$
5	(50°±5°, b, δ, δ₁, 50°±5°)		$p \diagdown \stackrel{\alpha}{b}$
6	(R, b, H, δ, δ₁)		$H \times R \mid b$

第二节 钢结构施工图识读

一、钢结构施工图编排顺序

根据《房屋建筑制图统一标准》(GB/T 50001)规定,工程图纸应按专业顺序编排。

对钢结构建筑来说,一般一套建筑施工图纸的排列程序是:图纸目录、设计总说明、建筑总平面图、建筑施工图、钢结构施工图、电气工程施工图、给水排水施工图、采暖通风施工图等。表 2-9 为一张普通施工图的目录。

表 2-9　　　　　　　　××工程图纸目录

建设单位:××公司　　　　　　　　　建筑造价:1760元/m²
工程名称:××工程　　　　　　　　　设计号:××
建筑面积:1850m²
　　　　　　　　　　　　　　　　　××年×月×日
　　　　　　　　　　　　　　　　　设计日期:

序号	图号	图名	序号	图号	图名
1	总施1	建筑设计总说明	7	电施1	电气系统图
2	总施2	建筑总平面图	8	电施2	首层电气平面图
3	建施1	首层平面图	9	设施1	给水透视图
4	建施2	二层平面图	10	设施2	首层给水平面图
5	结施1	基础平面图	11	设施3	排水平面图
6	结施2	基础剖面大样图	—	—	—

二、钢结构施工图识读步骤

看图步骤是先看设计总说明,以了解建筑概况、技术要求等,然后进行看图。一般按目录的排列逐张往下看。

(1)建筑总平面图。通过建筑总平面图,了解建筑物的地理位置、高程、坐标、朝向以及与建筑物有关的一些情况。

(2)建筑平面图。从建筑平面图中了解:

1)建筑物的平面形状,内部各房间包括走廊、楼梯、出入口的布置及朝向。

2)建筑物及其各部分的平面尺寸。

3)地面及各层楼面标高。

4)各种门、窗位置,代号和编号,以及门的开启方向。

5)其他各工种(工艺、水、暖、电)对土建的要求:各工程要求的坑、台、水池、地沟、电闸箱、消火栓、雨水管等及其在墙或楼板上的预留洞。

6)室内装修做法:包括室内地面、墙面及天棚等处的材料及做法。一般简单的装修,在平面图内有些用文字说明;较复杂的工程则另列房间明细表和材料做法表,或另画建筑装修图。

7)文字说明:平面图中不易表明的内容,如施工要求、砖及灰浆的强度等级等需用文字说明。

以上所列内容,可根据具体项目的实际情况取舍。

(3)立面图和剖面图。了解各部分结构的标高和高度方向尺寸。剖面图中应了解室内外地面、各层楼面、楼梯平台、檐口、女儿墙顶面等处的标高。其他结构则应知道高度尺寸。另外,也应看文字说明某些用料及楼、地面的做法等。

在看基础施工图时,还应结合看地质勘探图,了解土质情况,以便施工中核对土质构造,保证地基土的质量。

在图纸全部看完之后,可按不同的施工部分,将图纸再细读,钢结构工序要了解钢材、结构形式、节点做法、组装放样、施工顺序等。除了会看图外,还应该对照建筑图与结构图查看有无矛盾,构造上能否施工,支模时标高与砌砖高度能不能对口等。

三、钢结构施工图识读要点

(1)施工图是根据投影原理绘制的,用图纸表明房屋建筑的设计及构造做法。要看懂施工图,应掌握投影原理并熟悉房屋建筑的基本构造。

(2)施工图采用了一些图例符号以及必要的文字说明,共同把设计内容表现在图纸上。因此要看懂施工图,还必须记住常用的图例符号。

(3)读图应从粗到细,从大到小。先大概看一遍,了解工程的概貌,再细看。细看按照:基础——钢结构——建筑——结构设施(包括各类详图)施工程序逐项进行。

(4)一套施工图是由各工种的许多张图纸组成的,各图纸之间是互相配合、紧密联系的。因此要有联系地、综合地看图。

(5)结合实际看图。根据实践、认识、再实践、再认识的规律。看图时联系实践,就能比较快地掌握图纸的内容。

四、钢结构施工图实例

1. 三铰拱钢屋架施工图

图 2-15 和图 2-16 所示为三铰拱钢屋架施工图及节点详图,所有板材截面见表 2-10。

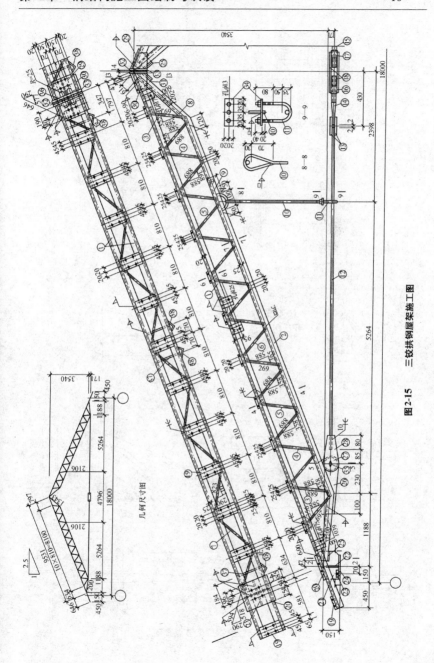

图 2-15 三铰拱钢屋架施工图

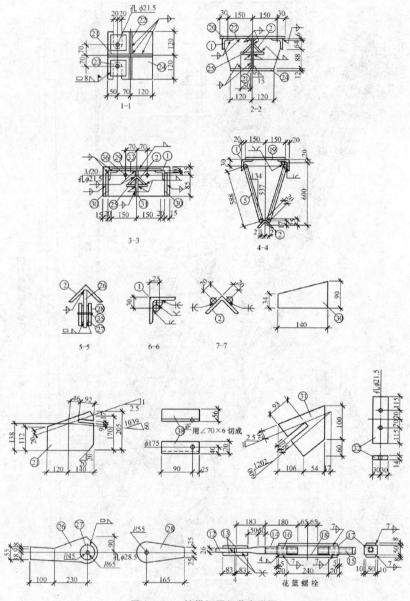

图 2-16 三铰拱钢屋架节点详图

表 2-10　　　　　　　　　　材料表

零件号	截面/mm	长度/mm	数量 正	数量 反	质量/kg 每个	质量/kg 共计	零件号	截面/mm	长度/mm	数量 正	数量 反	质量/kg 每个	质量/kg 共计
1	L70×7	10130	4		75.8	303.2	19	-140×6	300	24		2.0	48.0
2	L63×8	9725	2		72.7	145.4	20	-250×6	360	2		4.2	8.4
3	φ22	1485	8		4.4	35.2	21	-205×8	260	2		3.3	6.6
4	φ20	1466	8		3.6	28.8	22	-158×6	160	4		1.2	4.8
5	φ18	1466		8	2.9	23.2	23	-80×14	80	4		0.7	2.8
6	φ16	5858	4		9.3	37.2	24	-240×12	240	2		5.4	10.8
7	φ14	9990	2		12.3	24.6	25	-50×6	90	8		0.2	1.6
8	φ18	240	2		0.5	1.0	26	-155×6	395	2		3.8	7.6
9	φ12	280	2		0.2	0.4	27	-90×8	90	4		0.5	2.0
10	φ12	2100	2		1.9	3.8	28	-110×8	220	4		1.5	6.0
11	φ12	370	2		0.3	0.6	29	-245×6	300	2		3.5	7.0
12	φ28	6915	2		33.4	66.8	30	-90×6	140	4		0.6	2.4
13	φ20	170	4		0.4	1.6	31	-160×6	160	2		1.2	2.4
14	φ32	363	1		2.3	2.3	32	-60×14	370	1		2.4	2.4
15	φ32	363		1	2.3	2.3	33	-120×10	370	2		3.5	7.0
16	-70×50	70	1		1.9	1.9	34	-40×6	110	2		0.2	0.4
17	-70×50	70		1	1.9	1.9	35	M27×80	丝扣长40	2		0.5	1.0
18	-50×8	370	2		1.2	2.4	36	M20×70	丝扣长40	2		0.2	0.4
总计	—												804

说明：1. 钢材为 Q235F，焊条为 E43××型。
　　　2. 未注明的焊缝厚度，除圆钢的连接焊缝表面与其公切线齐平外，余均为6，满焊。
　　　3. 未注明的螺栓孔为 φ15。
　　　4. 零件⑭⑯与⑮⑰配套左、右螺纹。

2. 门式钢架结构图

门式钢架结构板件编号图如图 2-17 所示，节点详图如图 2-18 所示，所有板件截面见表 2-11。

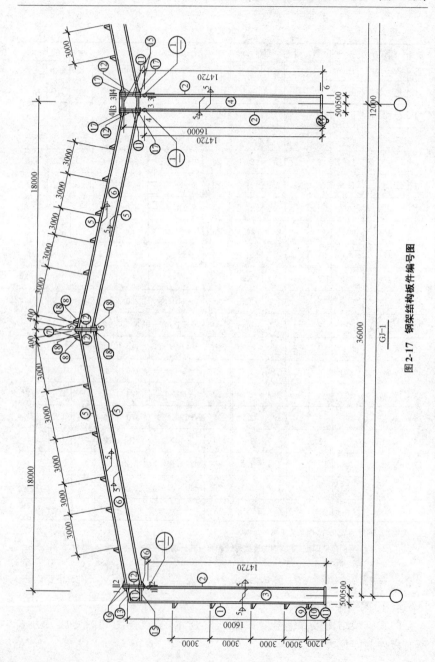

图 2-17 钢架结构板件编号图

第二章 钢结构施工图绘制与识读

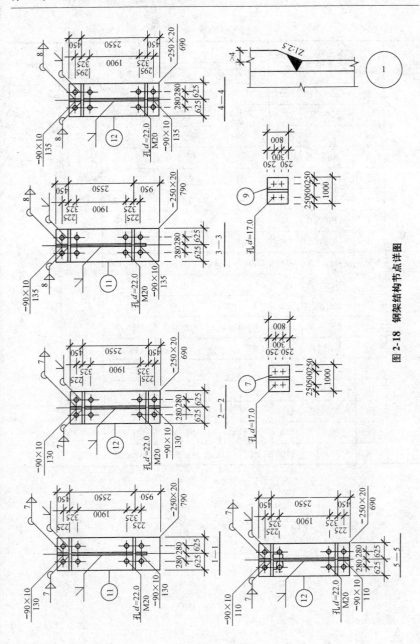

图 2-18 钢架结构节点详图

表 2-11　　　　　　　　　　材料表

构件编号	零件编号	规格	长度/mm	数量正	数量反	质量/kg 单重	质量/kg 共重	总重	注
GJ-1	1	−250×10	7922	2		155.5	310.9	4637.9	
	2	−250×10	7336	4		144.0	575.9		
	3	−480×8	8018	2		240.2	480.5		
	4	−480×8	8126	1		245.0	245.0		
	5	−250×10	8872	8		174.1	1393.0		
	6	−480×8	8968	4		267.4	1069.8		
	7	−160×6	200	24		1.5	36.2		
	8	−100×6	160	24		0.8	18.1		
	9	−160×6	200	10		1.5	15.1		
	10	−100×6	160	10		0.8	7.5		
	11	−250×20	790	4		31.0	124.0		
	12	−250×20	690	8		27.1	216.7		
	13	−250×10	500	2		9.8	19.6		
	14	−290×20	540	3		24.6	73.8		
	15	−121×10	480	8		4.6	36.5		
	16	−90×10	130	6		0.9	5.5		
	17	−90×10	135	4		1.0	3.8		
	18	−90×10	110	8		0.8	6.2		

第三章 工程造价基础知识

第一节 概　　述

一、工程造价概念

工程造价是工程项目按照确定的建设内容、建设规模、建设标准、功能要求和使用要求等全部建成并验收合格交付使用所需的全部费用。这是保证工程项目建造正常进行的必要资金，是建设项目投资中的最主要的部分。工程造价主要由工程费用和工程其他费用组成。

1. 工程费用

工程费用包括建筑工程费用、安装工程费用和设备及工器具购置费用。

(1)建筑工程费用内容。

1)工程项目设计范围内的建设场地平整、竖向布置土石方工程费。

2)各类房屋建筑及其附属的室内供水、供热、卫生、电气、燃气、通风空调、弱电等设备及管线安装费。

3)各类设备基础、地沟、水池、冷却塔、烟囱烟道、水塔、栈桥、管架、挡土墙、厂区道路、绿化等工程费。

4)铁路专用线、厂外道路、码头等工程费。

(2)安装工程费用内容。

1)主要生产、辅助生产、公用等单项工程中需要安装的工艺、电气、自动控制、运输、供热、制冷等设备、装置安装工程费。

2)各种工艺、管道安装及衬里、防腐、保温等工程费；供电、通信、自控等管线缆的安装工程费。

3)为测定安装工程质量，对单台设备进行单机试运转、对系统设备进行系统联动无负荷试运转工作的调试费。

(3)设备及工器具购置费用内容。

1)建设项目设计范围内的需要安装及不需要安装的设备、仪器、仪表等及其必要的备品备件购置费。

2)由设备购置费和工具、器具及生产家具购置费组成的,它是固定资产投资中的主要部分。

3)在生产性工程建设中,设备及工、器具购置费用占工程造价比重的增大,意味着生产技术的进步和资本有机构成的提高。

2. 工程其他费用

工程其他费用是指未纳入以上工程费用的、由项目投资支付的、为保证工程建设顺利完成和交付使用后能够正常发挥效用而必须开支的费用。它包括土地使用费、建设单位管理费、研究试验费、勘察设计费、建设单位临时设施费、工程监理费、工程保险费、引进技术和进口设备其他费用、工程承包费、联合试运转费、生产准备费、办公和生活家具购置费以及涉及固定资产投资的其他税费等。

二、工程造价特点

1. 个别性、差异性

任何一项工程都有特定的用途、功能、规模。因此,对每一项工程的结构、造型、空间分割、设备配置和内外装饰都有具体的要求,因而,使工程内容和实物形态都具有个别性、差异性。

2. 大额性

工程项目的造价动辄数百万、数千万、数亿、十几亿,特大型工程项目的造价可达百亿、千亿元。工程造价的大额性使其决定了工程造价的特殊地位及造价管理的重要意义。

3. 兼容性

工程造价的兼容性表现在工程造价构成因素的广泛性和复杂性。在工程造价中,首先说成本因素非常复杂。其中为获得建设工程用地支出的费用、项目可行性研究和规划设计费用、与政府一定时期政策(特别是产业政策和税收政策)相关的费用占有相当的份额。其次,盈利的构成也较为复杂,资金成本也较大。

4. 动态性

任何一项工程从决策到竣工交付使用,都有一个较长的建设工期,而且由于不可控因素的影响,在预计工期内,许多影响工程造价的动态因素,如工程变更、设备材料价格、工资标准及费率、利率、汇率会发生变化,这种变化必然会影响到造价的变动。所以,工程造价在整个建设期中处于不确定状态,直至竣工决算后才能最终确定工程的实际造价。

5. 层次性

造价的层次性取决于工程的层次性。一个建设项目往往含有多个能够独立发挥设计效能的单项工程(车间、写字楼、住宅楼等)。一个单项工程又是由能够各自发挥专业效能的多个单位工程(土建工程、电气安装工程等)组成。

工程造价有三个层次:建设项目总造价、单项工程造价和单位工程造价。如果专业分工更细,单位工程(如土建工程)的组成部分——分部分项工程也可以成为交换对象,如大型土方工程、基础工程、装饰工程等,这样工程造价的层次就增加分部工程和分项工程而成为五个层次。即使从造价的计算和工程管理的角度看,工程造价的层次性也是非常突出的。

三、工程造价分类

建筑工程造价的分类因分类标准的不同而有所不同。

(一)按用途分类

建筑工程造价按用途可分为招标控制价、投标价格、中标价格、直接发包价格、合同价格和竣工结算价格。

1. 招标控制价

招标控制价是招标人根据国家或省级、行业建设主管部门颁发的有关计价依据和办法,按设计施工图纸计算的,对招标工程限定的最高工程造价。它是在建设市场发展过程中对传统标底概念的性质进行的界定,通常也可称其为招标价、预算控制价或最高报价等。

2. 投标价格

投标人为了得到工程施工承包的资格,按照招标人在招标文件中的要求进行估价,然后根据投标策略确定投标价格,以争取中标并通过工程实施取得经济效益。因此投标报价是卖方的要价,如果中标,这个价格就是合同谈判和签订合同确定工程价格的基础。

3. 中标价格

《中华人民共和国招标投标法》(以下简称《招标投标法》)第四十条规定:"评标委员会应当按照招标文件确定的评标标准和方法,对投标文件进行评审和比较;设有标底的,应当参考标底"。所以评标的依据一是招标文件,二是标底(如果设有标底时)。

4. 直接发包价格

直接发包价格是由发包人与指定的承包人直接接触,通过谈判达成协议签订施工合同,而不需要像招标承包定价方式那样,通过竞争定价。直接发包方式计价只适用于不宜进行招标的工程,如军事工程、保密技术工程、专利技术工程及发包人认为不宜招标而又不违反《招标投标法》第三条(招标范围)的规定的其他工程。

直接发包方式计价首先提出协商价格意见的可能是发包人或其委托的中介机构,也可能是承包人提出价格意见交发包人或其委托的中介组织进行审核。无论由哪一方提出协商价格意见,都要通过谈判协商,签订承包合同,确定为合同价。

直接发包价格是以审定的施工图预算为基础,由发包人与承包人商定增减价的方式定价。

5. 合同价格

《建设工程施工发包与承包计价管理办法》(以下简称《办法》)第十二条规定:"合同价可采用以下方式:

(1)固定价。合同总价或者单价在合同约定的风险范围内不可调整。

(2)可调价。合同总价或者单价在合同实施期内,根据合同约定的办法调整。

(3)成本加酬金。"

《办法》第十三条规定:"发承包双方在确定合同价时,应当考虑市场环境和生产要素价格变化对合同价的影响"。

在工程实践中,采用哪一种合同计价方式,是选用总价合同、单价合同还是成本加酬金合同,采用固定价还是可调价方式,应根据工程的特点,业主对筹建工作的设想,对工程费用、工期和质量的要求等,综合考虑后进行确定。

(二)按计价方法分类

建筑工程造价按计价方法可分为投资估算造价、工程概算造价、施工图预算造价、工程结算造价、竣工决算造价等。

1. 投资估算

投资估算一般是指建设项目在可行性研究、立项阶段由进行可行性研究的单位或建设单位估计计算,用以确定建设项目的投资控制额的预算文件。

工程投资估算是建设项目规划与研究阶段各组成文件的重要内容。它可分为两类:一类是项目建议书投资估算;另一类是工程可行性研究投资估算。

2. 工程概算

工程概算是初步设计或技术设计阶段，由设计单位根据设计图纸进行计算的，用以确定建设项目概算投资，进行设计方案比较，进一步控制建设项目投资的预算文件。

工程概算又分为设计概算和修正概算。

3. 施工图预算

施工图预算是设计单位根据施工图纸及相关资料编制的，用以确定工程预算造价及工料的建设工程造价文件。由于施工图预算是根据施工图纸及相关资料编制的，施工图预算确定的工程造价更接近实际。对于按施工图预算承包的工程，它又是签订建筑安装工程合同，实行建设单位和施工单位投资包干和办理工程结算的依据；对于进行施工招标的工程，施工图预算是编制工程（招标控制价）标底的依据；同时，它也是施工单位加强经营管理，搞好经济核算的基础。

4. 工程结算

工程费用结算习惯上又称为工程价款结算，是项目结算中最重要和最关键的部分。一般以实际完成的工程量和有关合同单价以及施工过程中现场实际情况的变化资料（如工程变更通知、计日工使用记录等）计算当月应付的工程价款。

而实行 FIDIC 条款的合同，则明确规定了计量支付条款，对结算内容、结算方式、结算时间、结算程序给予了明确规定，一般是按月申报，期中支付，分段结算，最终结清。

5. 竣工决算

竣工决算是指在建设项目完工后的竣工验收阶段，由建设单位编制的建设项目从筹建到建成投产或使用的全部实际成本的技术经济文件。它是建设投资管理的重要环节，是工程验收、交付使用的重要依据，也是进行建设项目财务总结，银行对其实行监督的必要手段。

四、工程造价计价特征

1. 计价的单件性

建设工程都是固定在一定地点的，其结构、造型必须适应工程所在地的气候、地质、水文等自然客观条件，在建设这些不同的实物形态的工程时，必须采取不同的工艺、设备和建筑材料，因而，所消耗物化劳动和活劳动也必定是不同的,再加上不同地区的社会发展不同致使构成价格和费用的各种价值要素的差异,最终导致工程造价各不相同。任何两个项目其工程造价是不可能完全相同的,因此,对建设工程只能根据各个工程项目的具体投资料和当地的实际情况单独计算工程造价。

2. 计价的多次性

工程的施工周期较长,要经过可行性研究、设计、施工、竣工验收等多个阶段投资控制的需要,相应的要在不同阶段多次性计价,以保证工程造价的确定与控制的科学性。

多次性计价是逐步深化、逐步细化和逐步接近实际造价的过程,如图 3-1 所示。

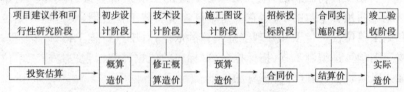

图 3-1 多次性计价深化过程

3. 计价的组合性

一个建设项目的总造价是由各个单项工程造价组成;而各个单项工程造价又是由各个单位工程造价组成。各个单位工程造价是按分部工程、分项工程及其相应定额、费用标准等进行计算得出的。可见,为确定一个建设项目的总造价,应首先计算各个单位工程造价,然后计算各单项工程造价(一般称为综合概预算造价),再汇总成总造价(又称为总概预算造价)。显然,这个计价过程充分体现了分部组合计价的特点。

4. 计价方法的多样性

计算概预算造价的方法有单价法和实物法等。计算投资估算的方法有设备系数法、生产能力指数估算法等。不同的方法利弊不同,适应条件也不同,计价时要根据具体情况加以选择。

第二节　工程造价构成及计算

一、建设项目投资和工程造价构成

1. 建设项目总投资构成

建设项目投资包含固定资产投资和流动资产投资两部分,是保证项目建设和生产经营活动正常进行的必要资金。

(1)固定资产投资。固定投资中形成固定资产的支出叫固定资产投资。固定资产是指使用期限超过一年的房屋、建筑物、机器、机械、运输工具以及与生产经营有关的设备、工具、器具等。这些资产的建造或购置过程中发生的全部费用都构成固定资产投资。建设项目总投资中的固定资产投资与建设项目的工程造价在量上相等。

(2)流动资产投资。流动资金是指为维持生产而占用的全部周转资金。它是流动资产与流动负债的差额。流动资产包括各种必要的现金、存款、应收及预付款项和存货；流动负债主要是指应付账款。值得指出的是，这里所说的流动资产是指为维持一定规模生产所需要的最低周转资金和存货；这里指的流动负债只含正常生产情况下平均的应付账款，不包括短期借款。

2. 我国现行工程造价的构成

我国现行工程造价的构成主要划分为设备及工、器具购置费，建筑安装工程费，工程建设其他费用，预备费，建设期贷款利息，固定资产投资方向调节税等。具体构成内容如图3-2所示。

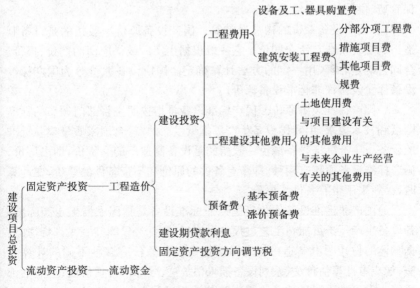

图3-2 我国现行建设项目总投资构成

注：图中列示的项目总投资主要是指在项目可行性研究阶段用于财务分析时的总投资构成，在"项目报批总投资"或"项目概算总投资"中只包括铺底流动资金，其金额通常为流动资金总额的30%。

二、工程造价各项费用组成及计算

(一)设备及工、器具购置费

设备及工、器具购置费是由设备购置费和工具、器具及生产家具购置费组成的，是固定资产投资中的积极部分。在生产性工程建设中，设备及工、器具购置费占工程造价比重的增大，意味着生产技术的进步和资本有机构成的提高。

1. 设备购置费

设备购置费是指为建设项目购置或自制的达到固定资产标准的各种国产或进口设备、工具、器具的购置费用。它由设备原价和设备运杂费构成。

$$设备购置费＝设备原价＋设备运杂费 \quad (3-1)$$

其中，设备原价是指国产标准设备、非标准设备的原价。设备运杂费是指设备原价中未包括的包装和包装材料费、运输费、装卸费、采购费及仓库保管费、供销部门手续费等。

(1)国产设备原价的构成及计算。国产设备原价一般指的是设备制造厂的交货价或订货合同价。它一般根据生产厂或供应商的询价、报价、合同价确定，或采用一定的方法计算确定。国产设备原价分为国产标准设备原价及国产非标准设备原价。

1)国产标准设备原价。国产标准设备是指按照主管部门颁布的标准图纸和技术要求，由我国设备生产厂批量生产的，符合国家质量检验标准的设备。国产标准设备原价一般指的是设备制造厂的交货价，即出厂价。国产标准设备原价有两种，即带有备件的原价和不带备件的原价，在计算时，一般采用带有备件的原价。

2)国产非标准设备原价。国产非标准设备是指国家尚无定型标准，各设备生产厂不可能在工艺过程中采用批量生产，只能按一次订货，并根据具体的设计图纸制造的设备。非标准设备原价有多种不同的计算方法，如成本计算估价法、系列设备插入估价法、分部组合估价法、定额估价法等。但无论采用哪种方法都应该使非标准设备计价接近实际出厂价，并且计算方法要简便。成本计算估价法是一种常用的估算非标准设备原

价的方法。按成本计算估价法,非标准设备的原价由以下各项组成:

①材料费。其计算公式如下:

$$材料费 = 材料净重 \times (1+加工损耗系数) \times 每吨材料综合价 \quad (3-2)$$

②加工费。包括生产工人工资和工资附加费、燃料动力费、设备折旧费、车间经费等。其计算公式如下:

$$加工费 = 设备总质量(t) \times 设备每吨加工费 \quad (3-3)$$

③辅助材料费(简称辅材费)。包括焊条、焊丝、氧气、氩气、氮气、油漆、电石等费用。其计算公式如下:

$$辅助材料费 = 设备总质量 \times 辅助材料费指标 \quad (3-4)$$

④专用工具费。按①~③项之和乘以一定百分比计算。

⑤废品损失费。按①~④项之和乘以一定百分比计算。

⑥外购配套件费。按设备设计图纸所列的外购配套件的名称、型号、规格、数量、质量,根据相应的价格加运杂费计算。

⑦包装费。按①~⑥项之和乘以一定百分比计算。

⑧利润。按①~⑤项加第⑦项之和乘以一定利润率计算。

⑨税金。主要指增值税。其计算公式如下:

$$增值税 = 当期销项税额 - 进项税额 \quad (3-5)$$

$$当期销项税额 = 销售额 \times 适用增值税率 \quad (3-6)$$

(销售额为①~⑧项之和)

⑩非标准设备设计费:按国家规定的设计费收费标准计算。

综上所述,单台非标准设备原价可用下面的公式表达:

$$\begin{aligned}单台非标准设备原价 = &\{[(材料费+加工费+辅助材料费) \times (1+专\\&用工具费率) \times (1+废品损失费率) + 外购配\\&套件费] \times (1+包装费率) - 外购配套件\\&费\} \times (1+利润率) + 销项税金 + 非标准设备\\&设计费 + 外购配套件费 \quad (3-7)\end{aligned}$$

(2)进口设备原价的构成及计算。进口设备的原价是指进口设备的抵岸价,即抵达买方边境港口或边境车站,且交完关税等税费后形成的价格。进口设备抵岸价的构成与进口设备的交货方式有关。

1)进口设备的交货方式。进口设备的交货方式可分为内陆交货类、目的地交货类、装运港交货类(表3-1)。

表 3-1　　　　　　　　　进口设备的交货类别

序号	交货类别	说　　明
1	内陆交货类	内陆交货类即卖方在出口国内陆的某个地点交货。在交货地点，卖方及时提交合同规定的货物和有关凭证，并负担交货前的一切费用和风险；买方按时接受货物，交付货款，负担接货后的一切费用和风险，并自行办理出口手续和装运出口。货物的所有权也在交货后由卖方转移给买方
2	目的地交货类	目的地交货类即卖方在进口国的港口或内地交货，有目的港船上交货价、目的港船边交货价(FOS)和目的港码头交货价(关税已付)及完税后交货价(进口国的指定地点)等几种交货价。它们的特点是：买卖双方承担的责任、费用和风险是以目的地约定交货点为分界线，只有当卖方在交货点将货物置于买方控制下才算交货，才能向买方收取货款。这种交货类别对卖方来说承担的风险较大，在国际贸易中卖方一般不愿采用
3	装运港交货类	装运港交货类即卖方在出口国装运港交货，主要有装运港船上交货价(FOB)，习惯称离岸价格，运费在内价(C&F)和运费、保险费在内价(CIF)，习惯称到岸价格。它们的特点是：卖方按照约定的时间在装运港交货，只要卖方把合同规定的货物装船后提供货运单据便完成交货任务，可凭单据收回货款。 　　装运港船上交货价(FOB)是我国进口设备采用最多的一种货价。采用船上交货价时卖方的责任是：在规定的期限内，负责在合同规定的装运港口将货物装上买方指定的船只，并及时通知买方；负担货物装船前的一切费用和风险，负责办理出口手续；提供出口国政府或有关方面签发的证件；负责提供有关装运单据。买方的责任是：负责租船或订舱，支付运费，并将船期、船名通知卖方；负担货物装船后的一切费用和风险；负责办理保险及支付保险费，办理在目的港的进口和收货手续；接受卖方提供的有关装运单据，并按合同规定支付货款

2) 进口设备采用最多的是装运港船上交货价(FOB)，其抵岸价的构成可概括为：

$$进口设备原价 = 货价 + 国际运费 + 运输保险费 + 银行财务费 + 外贸手续费 + 关税 + 增值税 + 消费税 + 海关监管手续费 + 车辆购置附加费 \qquad (3-8)$$

①货价。一般指装运港船上交货价(FOB)。设备货价分为原币货价和人民币货价,原币货价一律折算为美元表示,人民币货价按原币货价乘以外汇市场美元兑换人民币中间价确定。进口设备货价按有关生产厂商询价、报价、订货合同价计算。

②国际运费。即从装运港(站)到达我国抵达港(站)的运费。我国进口设备大部分采用海洋运输,小部分采用铁路运输,个别采用航空运输。进口设备国际运费计算公式如下:

$$国际运费(海、陆、空)=原币货价(FOB)\times 运费率 \quad (3-9)$$

$$国际运费(海、陆、空)=运量\times 单位运价 \quad (3-10)$$

其中,运费率或单位运价参照有关部门或进出口公司的规定执行。

③运输保险费。对外贸易货物运输保险是由保险人(保险公司)与被保险人(出口人或进口人)订立保险契约,在被保险人交付议定的保险费后,保险人根据保险契约的规定对货物在运输过程中发生的承保责任范围内的损失给予经济上的补偿。这是一种财产保险。其计算公式如下:

$$运输保险费=\frac{原币货价(FOB)+国外运费}{1-保险费率(\%)}\times 保险费率(\%) \quad (3-11)$$

其中,保险费率按保险公司规定的进口货物保险费率计算。

④银行财务费。一般是指在国际贸易结算中,中国银行为进出口商提供金融结算服务所收取的费用。可按下式简化计算:

$$银行财务费=人民币货价(FOB)\times 银行财务费率 \quad (3-12)$$

⑤外贸手续费。指按原对外经济贸易部规定的外贸手续费率计取的费用,外贸手续费率一般取 1.5%。其计算公式如下:

$$外贸手续费=到岸价格(CIF)\times 外贸手续费率 \quad (3-13)$$

其中,到岸价格(CIF)包括离岸价格(FDB)、国际运费、运输保险费等费用,通常作为关税完税价格。

⑥关税。由海关对进出国境或关境的货物和物品征收的一种税。其计算公式如下:

$$关税=到岸价格(CIF)\times 进口关税税率 \quad (3-14)$$

进口关税税率分为优惠和普通两种。优惠税率适用于与我国签订有关税互惠条款的贸易条约或协定的国家的进口设备。普通税率适用于与我国未订有关税互惠条款的贸易条约或协定的国家的进口设备。进口关税税率按我国海关总署发布的进口关税税率计算。

⑦消费税。对部分进口设备(如轿车、摩托车等)征收,一般计算公式

如下：

$$应纳消费税额 = \frac{到岸价(CIF) + 关税}{1 - 消费税税率} \times 消费税税率 \quad (3-15)$$

其中，消费税税率根据规定的税率计算。

⑧增值税。是对从事进口贸易的单位和个人，在进口商品报关进口后征收的税种。我国增值税条例规定，进口应税产品均按组成计税价格和增值税税率直接计算应纳税额。即：

$$进口产品增值税额 = 组成计税价格 \times 增值税税率 \quad (3-16)$$

$$组成计税价格 = 关税完税价格 + 关税 + 消费税 \quad (3-17)$$

增值税税率根据规定的税率计算。

⑨海关监管手续费。指海关对进口减税、免税、保税货物实施监督、管理、提供服务的手续费。对于全额征收进口关税的货物不计本项费用。其计算公式如下：

$$海关监管手续费 = 到岸价 \times 海关监管手续费率 \quad (3-18)$$

⑩车辆购置附加费：进口车辆需缴进口车辆购置附加费。其计算公式如下：

$$进口车辆购置附加费 = (到岸价 + 关税 + 消费税) \times 车辆购置税率 \quad (3-19)$$

(3)设备运杂费的构成和计算。

1)设备运杂费的构成。

①运费和装卸费。国产标准设备由设备制造厂交货地点起至工地仓库(或施工组织设计指定的需要安装设备的堆放地点)止所发生的运费和装卸费。

进口设备则由我国到岸港口、边境车站起至工地仓库(或施工组织设计指定的需要安装设备的堆放地点)止所发生的运费和装卸费。

②包装费。在设备出厂价格中没有包含的设备包装和包装材料器具费；在设备出厂价或进口设备价格中如已包括了此项费用，则不应重复计算。

③供销部门的手续费。按有关部门规定的统一费率计算。

④采购与仓库保管费。建设单位(或工程承包公司)的采购与仓库保管费，是指采购、验收、保管和收发设备所发生的各种费用，包括设备采购、保管和管理人员工资、工资附加费、办公费、旅游差旅交通费、设备供应部门办公和仓库所占固定资产使用费、工具用具使用费、劳动保护费、

检验试验费等。这些费用可按主管部门规定的采购保管费率计算。

一般来讲,沿海和交通便利的地区,设备运杂费率相对低一些;内地和交通不很便利的地区就要相对高一些,边远省份则要更高一些。对于非标准设备来讲,应尽量就近委托设备制造厂,以大幅度降低设备运杂费。进口设备由于原价较高,国内运距较短,因而运杂费比率应适当降低。

2) 设备运杂费的计算。设备运杂费按设备原价乘以设备运杂费率计算,其计算公式如下:

$$设备运杂费 = 设备原价 \times 设备运杂费率 \quad (3\text{-}20)$$

其中,设备运杂费率按各部门及省、市等的规定计取。

2. 工、器具及生产家具购置费

工、器具及生产家具购置费是指新建或扩建项目初步设计规定的,保证初期正常生产必须购置的没有达到固定资产标准的设备、仪器、工卡模具、器具、生产家具和备品备件等的购置费用。一般以设备购置费为计算基数,按照部门或行业规定的工、器具及生产家具费率计算。其计算公式如下:

$$工、器具及生产家具购置费 = 设备购置费 \times 定额费率 \quad (3\text{-}21)$$

(二) 建筑安装工程费

1. 建筑安装工程费用组成

(1) 建筑安装工程费用项目组成(按费用构成要素划分)。

建筑安装工程费按照费用构成要素划分:由人工费、材料(包含工程设备,下同)费、施工机具使用费、企业管理费、利润、规费和税金组成。其中人工费、材料费、施工机具使用费、企业管理费和利润包含在分部分项工程费、措施项目费、其他项目费中,如图 3-3 所示。

1) 人工费。人工费是指按工资总额构成规定,支付给从事建筑安装工程施工的生产工人和附属生产单位工人的各项费用。内容包括:

①计时工资或计件工资。指按计时工资标准和工作时间或对已做工作按计件单价支付给个人的劳动报酬。

②奖金。指对超额劳动和增收节支支付给个人的劳动报酬。如节约奖、劳动竞赛奖等。

③津贴补贴。指为了补偿职工特殊或额外的劳动消耗和因其他特殊原因支付给个人的津贴,以及为了保证职工工资水平不受物价影响支付给个人的物价补贴。如流动施工津贴、特殊地区施工津贴、高温(寒)作业临时津贴、高空津贴等。

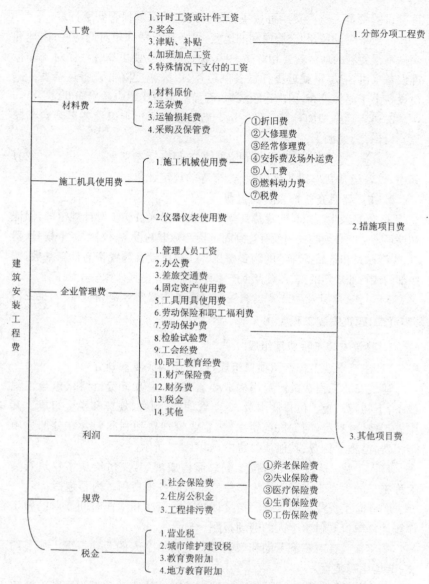

图 3-3 建筑安装工程费用组成(按照费用构成要素划分)

④加班加点工资。指按规定支付的在法定节假日工作的加班工资和在法定日工作时间外延时工作的加点工资。

⑤特殊情况下支付的工资。指根据国家法律、法规和政策规定,因病、工伤、产假、计划生育假、婚丧假、事假、探亲假、定期休假、停工学习、执行国家或社会义务等原因按计时工资标准或计时工资标准的一定比例支付的工资。

2)材料费。指施工过程中耗费的原材料、辅助材料、构配件、零件、半成品或成品、工程设备的费用。内容包括:

①材料原价。指材料、工程设备的出厂价格或商家供应价格。

②运杂费。指材料、工程设备自来源地运至工地仓库或指定堆放地点所发生的全部费用。

③运输损耗费。指材料在运输装卸过程中不可避免的损耗。

④采购及保管费。指为组织采购、供应和保管材料、工程设备的过程中所需要的各项费用。包括采购费、仓储费、工地保管费、仓储损耗。

工程设备是指构成或计划构成永久工程一部分的机电设备、金属结构设备、仪器装置及其他类似的设备和装置。

3)施工机具使用费。施工机具使用费是指施工作业所发生的施工机械、仪器仪表使用费或其租赁费。

①施工机械使用费。施工机械使用费以施工机械台班耗用量乘以施工机械台班单价表示,施工机械台班单价应由下列七项费用组成:

a. 折旧费。指施工机械在规定的使用年限内,陆续收回其原值的费用。

b. 大修理费。指施工机械按规定的大修理间隔台班进行必要的大修理,以恢复其正常功能所需的费用。

c. 经常修理费。指施工机械除大修理以外的各级保养和临时故障排除所需的费用。包括为保障机械正常运转所需替换设备与随机配备工具附具的摊销和维护费用,机械运转中日常保养所需润滑与擦拭的材料费用及机械停滞期间的维护和保养费用等。

d. 安拆费及场外运费。安拆费是指施工机械(大型机械除外)在现场进行安装与拆卸所需的人工、材料、机械和试运转费用以及机械辅助设施的折旧、搭设、拆除等费用;场外运费指施工机械整体或分体自停放地点运至施工现场或由一施工地点运至另一施工地点的运输、装卸、辅助材料及架线等费用。

e. 人工费。指机上司机(司炉)和其他操作人员的人工费。

f. 燃料动力费。指施工机械在运转作业中所消耗的各种燃料及水、电等。

  g. 税费。指施工机械按照国家规定应缴纳的车船使用税、保险费及年检费等。

  ②仪器仪表使用费。指工程施工所需使用的仪器仪表的摊销及维修费用。

  4) 企业管理费。企业管理费是指建筑安装企业组织施工生产和经营管理所需的费用。内容包括：

  ①管理人员工资。指按规定支付给管理人员的计时工资、奖金、津贴补贴、加班加点工资及特殊情况下支付的工资等。

  ②办公费。指企业管理办公用的文具、纸张、账表、印刷、邮电、书报、办公软件、现场监控、会议、水电、烧水和集体取暖降温(包括现场临时宿舍取暖降温)等费用。

  ③差旅交通费。指职工因公出差、调动工作的差旅费、住勤补助费，市内交通费和误餐补助费，职工探亲路费，劳动力招募费，职工退休、退职一次性路费，工伤人员就医路费，工地转移费以及管理部门使用的交通工具的油料、燃料等费用。

  ④固定资产使用费。指管理和试验部门及附属生产单位使用的属于固定资产的房屋、设备、仪器等的折旧、大修、维修或租赁费。

  ⑤工具用具使用费。指企业施工生产和管理使用的不属于固定资产的工具、器具、家具、交通工具和检验、试验、测绘、消防用具等的购置、维修和摊销费。

  ⑥劳动保险和职工福利费。指由企业支付的职工退职金、按规定支付给离休干部的经费，集体福利费、夏季防暑降温、冬季取暖补贴、上下班交通补贴等。

  ⑦劳动保护费。指企业按规定发放的劳动保护用品的支出。如工作服、手套、防暑降温饮料以及在有碍身体健康的环境中施工的保健费用等。

  ⑧检验试验费。指施工企业按照有关标准规定，对建筑以及材料、构件和建筑安装物进行一般鉴定、检查所发生的费用，包括自设试验室进行试验所耗用的材料等费用。不包括新结构、新材料的试验费，对构件做破坏性试验及其他特殊要求检验试验的费用和建设单位委托检测机构进行检测的费用，对此类检测发生的费用，由建设单位在工程建设其他费用中

列支。但对施工企业提供的具有合格证明的材料进行检测不合格的,该检测费用由施工企业支付。

⑨工会经费。指企业按《工会法》规定的全部职工工资总额比例计提的工会经费。

⑩职工教育经费。指按职工工资总额的规定比例计提,企业为职工进行专业技术和职业技能培训、专业技术人员继续教育、职工职业技能鉴定、职业资格认定以及根据需要对职工进行各类文化教育所发生的费用。

⑪财产保险费。指施工管理用财产、车辆等的保险费用。

⑫财务费。指企业为施工生产筹集资金或提供预付款担保、履约担保、职工工资支付担保等所发生的各种费用。

⑬税金。指企业按规定缴纳的房产税、车船使用税、土地使用税、印花税等。

⑭其他。包括技术转让费、技术开发费、投标费、业务招待费、绿化费、广告费、公证费、法律顾问费、审计费、咨询费、保险费等。

5)利润。利润是指施工企业完成所承包工程获得的盈利。

6)规费。规费是指依据国家法律、法规规定,由省级政府和省级有关权力部门规定必须缴纳或计取的费用。包括:

①社会保险费。

a. 养老保险费。指企业按照规定标准为职工缴纳的基本养老保险费。

b. 失业保险费。指企业按照规定标准为职工缴纳的失业保险费。

c. 医疗保险费。指企业按照规定标准为职工缴纳的基本医疗保险费。

d. 生育保险费。指企业按照规定标准为职工缴纳的生育保险费。

e. 工伤保险费。指企业按照规定标准为职工缴纳的工伤保险费。

②住房公积金。指企业按规定标准为职工缴纳的住房公积金。

③工程排污费。指按规定缴纳的施工现场工程排污费。

其他应列而未列入的规费,按实际发生计取。

7)税金。税金是指国家税法规定的应计入建筑安装工程造价内的营业税、城市维护建设税、教育费附加以及地方教育附加。

(2)建筑安装工程费用项目组成(按造价形成划分)。建筑安装工程费按照工程造价形成由分部分项工程费、措施项目费、其他项目费、规费、税金组成,分部分项工程费、措施项目费、其他项目费包含人工费、材料费、施工机具使用费、企业管理费和利润,如图3-4所示。

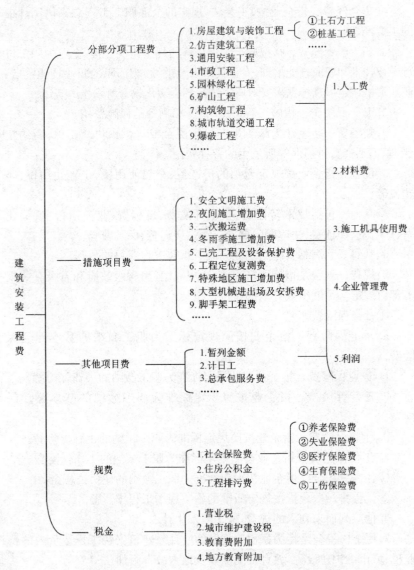

图3-4 建筑安装工程费用组成(按照工程造价形成划分)

1)分部分项工程费。分部分项工程费是指各专业工程的分部分项工程应予列支的各项费用。

①专业工程。指按现行国家计量规范划分的房屋建筑与装饰工程、仿古建筑工程、通用安装工程、市政工程、园林绿化工程、矿山工程、构筑物工程、城市轨道交通工程、爆破工程等各类工程。

②分部分项工程。指按现行国家计量规范对各专业工程划分的项目。如房屋建筑与装饰工程划分的土石方工程、地基处理与桩基工程、砌筑工程、钢筋及钢筋混凝土工程等。

各类专业工程的分部分项工程划分见现行国家或行业计量规范。

2)措施项目费。措施项目费是指为完成建设工程施工,发生于该工程施工前和施工过程中的技术、生活、安全、环境保护等方面的费用。内容包括:

①安全文明施工费。

a. 环境保护费。指施工现场为达到环保部门要求所需要的各项费用。

b. 文明施工费。指施工现场文明施工所需要的各项费用。

c. 安全施工费。指施工现场安全施工所需要的各项费用。

d. 临时设施费。指施工企业为进行建设工程施工所必须搭设的生活和生产用的临时建筑物、构筑物和其他临时设施费用。包括临时设施的搭设、维修、拆除、清理费或摊销费等。

②夜间施工增加费。指因夜间施工所发生的夜班补助费、夜间施工降效、夜间施工照明设备摊销及照明用电等费用。

③二次搬运费。指因施工场地条件限制而发生的材料、构配件、半成品等一次运输不能到达堆放地点,必须进行二次或多次搬运所发生的费用。

④冬雨季施工增加费。指在冬季或雨季施工需增加的临时设施、防滑、排除雨雪,人工及施工机械效率降低等费用。

⑤已完工程及设备保护费。指竣工验收前,对已完工程及设备采取的必要保护措施所发生的费用。

⑥工程定位复测费。指工程施工过程中进行全部施工测量放线和复测工作的费用。

⑦特殊地区施工增加费。指工程在沙漠或其边缘地区、高海拔、高

寒、原始森林等特殊地区施工增加的费用。

⑧大型机械设备进出场及安拆费。指机械整体或分体自停放场地运至施工现场或由一个施工地点运至另一个施工地点，所发生的机械进出场运输及转移费用及机械在施工现场进行安装、拆卸所需的人工费、材料费、机械费、试运转费和安装所需的辅助设施的费用。

⑨脚手架工程费。指施工需要的各种脚手架搭、拆、运输费用以及脚手架购置费的摊销（或租赁）费用。

措施项目及其包含的内容详见各类专业工程的现行国家或行业计量规范。

3）其他项目费。

①暂列金额。指建设单位在工程量清单中暂定并包括在工程合同价款中的一笔款项。用于施工合同签订时尚未确定或者不可预见的所需材料、工程设备、服务的采购，施工中可能发生的工程变更、合同约定调整因素出现时的工程价款调整以及发生的索赔、现场签证确认等的费用。

②计日工。指在施工过程中，施工企业完成建设单位提出的施工图纸以外的零星项目或工作所需的费用。

③总承包服务费。指总承包人为配合、协调建设单位进行的专业工程发包，对建设单位自行采购的材料、工程设备等进行保管以及施工现场管理、竣工资料汇总整理等服务所需的费用。

4）规费。定义同(1)。

5）税金。定义同(1)。

2. 建筑安装工程费用计算方法

(1)费用构成计算方法。

1）人工费。

$$人工费 = \sum (工日消耗量 \times 日工资单价) \quad (3\text{-}22)$$

$$日工资单价 = \frac{生产工人平均月工资(计时、计件) + 平均月(奖金+津贴补贴) + 特殊情况下支付的工资}{年平均每月法定工作日}$$

(3-23)

注：式(3-22)主要适用于施工企业投标报价时自主确定人工费，也是工程造价管理机构编制计价定额确定定额人工单价或发布人工成本信息的参考依据。

$$人工费 = \sum (工程工日消耗量 \times 日工资单价) \quad (3-24)$$

注:式(3-24)适用于工程造价管理机构编制计价定额时确定定额人工费,是施工企业投标报价的参考依据。

式(3-24)中日工资单价是指施工企业平均技术熟练程度的生产工人在每工作日(国家法定工作时间内)按规定从事施工作业应得的日工资总额。

工程造价管理机构确定日工资单价应通过市场调查,根据工程项目的技术要求,参考实物工程量人工单价综合分析确定,最低日工资单价不得低于工程所在地人力资源和社会保障部门所发布的最低工资标准的:普工1.3倍、一般技工2倍、高级技工3倍。

工程计价定额不可只列一个综合工日单价,应根据工程项目技术要求和工种差别适当划分多种日人工单价,确保各分部工程人工费的合理构成。

2)材料费。
①材料费。

$$材料费 = \sum (材料消耗量 \times 材料单价) \quad (3-25)$$

$$材料单价 = [(材料原价 + 运杂费) \times [1 + 运输损耗率(\%)]] \times [1 + 采购保管费率(\%)] \quad (3-26)$$

②工程设备费。

$$工程设备费 = \sum (工程设备量 \times 工程设备单价) \quad (3-27)$$

$$工程设备单价 = (设备原价 + 运杂费) \times [1 + 采购保管费率(\%)] \quad (3-28)$$

3)施工机具使用费。
①施工机械使用费。

$$施工机械使用费 = \sum (施工机械台班消耗量 \times 机械台班单价) \quad (3-29)$$

$$机械台班单价 = 台班折旧费 + 台班大修费 + 台班经常修理费 + 台班安拆费及场外运费 + 台班人工费 + 台班燃料动力费 + 台班车船税费 \quad (3-30)$$

注:工程造价管理机构在确定计价定额中的施工机械使用费时,应根据《建筑施工机械台班费用计算规则》结合市场调查编制施工机械台班单

价。施工企业可以参考工程造价管理机构发布的台班单价,自主确定施工机械使用费的报价,如租赁施工机械,公式为:施工机械使用费=∑(施工机械台班消耗量×机械台班租赁单价)。

②仪器仪表使用费。

$$仪器仪表使用费=工程使用的仪器仪表摊销费+维修费 \quad (3-31)$$

4) 企业管理费费率。

①以分部分项工程费为计算基础。

$$企业管理费费率(\%)=\frac{生产工人年平均管理费}{年有效施工天数×人工单价}×人工费占分部分项工程费比例(\%) \quad (3-32)$$

②以人工费和机械费合计为计算基础。

$$企业管理费费率(\%)=\frac{生产工人年平均管理费}{年有效施工天数×(人工单价+每一工日机械使用费)}×100\% \quad (3-33)$$

③以人工费为计算基础。

$$企业管理费费率(\%)=\frac{生产工人年平均管理费}{年有效施工天数×人工单价}×100\% \quad (3-34)$$

注:上述公式适用于施工企业投标报价时自主确定管理费,是工程造价管理机构编制计价定额确定企业管理费的参考依据。

工程造价管理机构在确定计价定额中企业管理费时,应以定额人工费或(定额人工费+定额机械费)作为计算基数,其费率根据历年工程造价积累的资料,辅以调查数据确定,列入分部分项工程和措施项目中。

5) 利润。

①施工企业根据企业自身需求并结合建筑市场实际自主确定,列入报价中。

②工程造价管理机构在确定计价定额中利润时,应以定额人工费或(定额人工费+定额机械费)作为计算基数,其费率根据历年工程造价积累的资料,并结合建筑市场实际确定,以单位(单项)工程测算,利润在税前建筑安装工程费的比重可按不低于5%且不高于7%的费率计算。利润应列入分部分项工程和措施项目中。

6) 规费。

①社会保险费和住房公积金。社会保险费和住房公积金应以定额人

工费为计算基础,根据工程所在地省、自治区、直辖市或行业建设主管部门规定费率计算。

$$社会保险费和住房公积金 = \sum (工程定额人工费 \times 社会保险费和住房公积金费率) \quad (3\text{-}35)$$

式(3-35)中,社会保险费和住房公积金费率可以每万元发承包价的生产工人人工费和管理人员工资含量与工程所在地规定的缴纳标准综合分析取定。

②工程排污费。工程排污费等其他应列而未列入的规费应按工程所在地环境保护等部门规定的标准缴纳,按实计取列入。

7)税金

$$税金 = 税前造价 \times 综合税率(\%) \quad (3\text{-}36)$$

其中,综合税率的计算方法如下:

①纳税地点在市区的企业。

$$综合税率(\%) = \frac{1}{1 - 3\% - 3\% \times 7\% - 3\% \times 3\% - 3\% \times 2\%} - 1$$

$$(3\text{-}37)$$

②纳税地点在县城、镇的企业。

$$综合税率(\%) = \frac{1}{1 - 3\% - 3\% \times 5\% - 3\% \times 3\% - 3\% \times 2\%} - 1$$

$$(3\text{-}38)$$

③纳税地点不在市区、县城、镇的企业。

$$综合税率(\%) = \frac{1}{1 - 3\% - 3\% \times 1\% - 3\% \times 3\% - 3\% \times 2\%} - 1$$

$$(3\text{-}39)$$

④实行营业税改增值税的,按纳税地点现行税率计算。

(2)建筑安装工程计价参考公式。

1)分部分项工程费。

$$分部分项工程费 = \sum (分部分项工程量 \times 综合单价) \quad (3\text{-}40)$$

式(3-40)中综合单价包括人工费、材料费、施工机具使用费、企业管理费和利润以及一定范围的风险费用(下同)。

2)措施项目费。

①国家计量规范规定应予计量的措施项目,其计算公式如下:

$$措施项目费 = \sum (措施项目工程量 \times 综合单价) \quad (3\text{-}41)$$

②国家计量规范规定不宜计量的措施项目计算方法如下：

a. 安全文明施工费。

$$安全文明施工费 = 计算基数 \times 安全文明施工费费率(\%) \quad (3\text{-}42)$$

计算基数应为定额基价(定额分部分项工程费＋定额中可以计量的措施项目费)、定额人工费或(定额人工费＋定额机械费)，其费率由工程造价管理机构根据各专业工程的特点综合确定。

b. 夜间施工增加费。

$$夜间施工增加费 = 计算基数 \times 夜间施工增加费费率(\%) \quad (3\text{-}43)$$

c. 二次搬运费。

$$二次搬运费 = 计算基数 \times 二次搬运费费率(\%) \quad (3\text{-}44)$$

d. 冬雨季施工增加费。

$$冬雨季施工增加费 = 计算基数 \times 冬雨季施工增加费费率(\%)$$
$$(3\text{-}45)$$

e. 已完工程及设备保护费。

$$已完工程及设备保护费 = 计算基数 \times 已完工程及设备保护费费率(\%)$$
$$(3\text{-}46)$$

上述 b.～e. 项措施项目的计费基数应为定额人工费或(定额人工费＋定额机械费)，其费率由工程造价管理机构根据各专业工程特点和调查资料综合分析后确定。

3) 其他项目费。

①暂列金额由建设单位根据工程特点，按有关计价规定估算，施工过程中由建设单位掌握使用、扣除合同价款调整后如有余额，归建设单位。

②计日工由建设单位和施工企业按施工过程中的签证计价。

③总承包服务费由建设单位在招标控制价中根据总包服务范围和有关计价规定编制，施工企业投标时自主报价，施工过程中按签约合同价执行。

4) 规费和税金。建设单位和施工企业均应按照省、自治区、直辖市或行业建设主管部门发布标准计算规费和税金，不得作为竞争性费用。

(三) 工程建设其他费用

工程建设其他费用是指从工程筹建到工程竣工验收交付使用止的整个建设期间，除建筑安装工程费用和设备、工器具购置费以外的，为保证工程建设顺利完成和交付使用后能够正常发挥效用而发生的各项费用。

工程建设其他费用,按其内容可分三类:土地使用费、与项目建设有关的费用、与未来企业生产和经营活动有关的费用。

1. 土地使用费

任何一个建设项目都固定于一定地点与地面相连接,必须占用一定量的土地,也就必然要发生为获得建设用地而支付的费用,这就是土地使用费。它是指通过划拨方式取得土地使用权而支付的土地征用及迁移补偿费,或者通过土地使用权出让方式取得土地使用权而支付的土地使用权出让金。

(1)土地征用及迁移补偿费。土地征用及迁移补偿费,是指建设项目通过划拨方式取得无限期的土地使用权,依照《中华人民共和国土地管理法》等规定所支付的费用。其总和一般不得超过被征土地年产值的30倍,土地年产值则按该地被征用前3年的平均产量和国家规定的价格计算。内容包括:

1)土地补偿费。征用耕地(包括菜地)的补偿标准,按政府规定,为该耕地被征用前三年平均年产值的 6~10 倍,具体补偿标准由省、自治区、直辖市人民政府在此范围内制定。征用园地、鱼塘、藕塘、苇塘、宅基地、林地、牧场、草原等的补偿标准,由省、自治区、直辖市参照征用耕地的土地补偿费制定。征收无收益的土地,不予补偿。土地补偿费归农村集体经济组织所有。

2)青苗补偿费和被征用土地上的房屋、水井、树木等附着物补偿费。这些补偿费的标准由省、自治区、直辖市人民政府制定。征用城市郊区的菜地时,还应按照有关规定向国家缴纳新菜地开发建设基金。地上附着物及青苗补偿费归地上附着物及青苗的所有者所有。

3)安置补助费。征用耕地、菜地的,每个农业人口的安置补助费为该地被征用前三年平均年产值的 4~6 倍,每亩耕地的安置补助费最高不得超过其年产值的 15 倍。

4)缴纳的耕地占用税或城镇土地使用税、土地登记费及征地管理费等。县市土地管理机关从征地费中提取土地管理的比率,要按征地工作量大小,视不同情况,在 1%~4% 幅度内提取。

5)征地动迁费。包括征用土地上的房屋及附属构筑物、城市公共设施等拆除、迁建补偿费、搬迁运输费,企业单位因搬迁造成的减产、停工损失补贴费,拆迁管理费等。

6)水利水电工程水库淹没处理补偿费。包括农村移民安置迁建费,城市迁建补偿费,库区工矿企业、交通、电力、通信、广播、管网、水利等的恢复、迁建补偿费,库底清理费,防护工程费,环境影响补偿费用等。

(2)土地使用权出让金。土地使用权出让金,是指建设工程通过土地使用权出让方式,取得有限期的土地使用权,依照《中华人民共和国城镇国有土地使用权出让和转让暂行条例》规定,支付的土地使用权出让金。

1)明确国家是城市土地的唯一所有者,并分层次、有偿、有限期地出让、转让城市土地。第一层次是城市政府将国有土地使用权出让给用地者,该层次由城市政府垄断经营。出让对象可以是有法人资格的企事业单位,也可以是外商。第二层次及以下层次的转让则发生在使用者之间。

2)城市土地的出让和转让可采用协议、招标、公开拍卖等方式。

①协议方式是由用地单位申请,经市政府批准同意后双方洽谈具体地块及地价。该方式适用于市政工程、公益事业用地以及需要减免地价的机关、部队用地和需要重点扶持、优先发展的产业用地。

②招标方式是在规定的期限内,由用地单位以书面形式投标,市政府根据投标报价、所提供的规划方案以及企业信誉综合考虑,择优而取。该方式适用于一般工程建设用地。

③公开拍卖是指在指定的地点和时间,由申请用地者叫价应价,价高者得。这完全是由市场竞争决定,适用于盈利高的行业用地。

3)在有偿出让和转让土地时,政府对地价不作统一规定,但应坚持以下原则:

①地价对目前的投资环境不产生大的影响。

②地价与当地的社会经济承受能力相适应。

③地价要考虑已投入的土地开发费用、土地市场供求关系、土地用途和使用年限。

4)关于政府有偿出让土地使用权的年限,各地可根据时间、区位等各种条件作不同的规定,居住用地 70 年,工业用地 50 年,教育、科技、文化、卫生、体育用地 50 年,商业、旅游、娱乐用地 40 年,综合或其他用地 50 年。

5)土地有偿出让和转让,土地使用者和所有者要签约,明确使用者对土地享有的权利和对土地所有者应承担的义务。

①有偿出让和转让使用权,要向土地受让者征收契税。
②转让土地如有增值,要向转让者征收土地增值税。
③在土地转让期间,国家要区别不同地段、不同用途向土地使用者收取土地占用费。

(3)城市建设配套费。指因进行城市公共设施的建设而分摊的费用。

(4)拆迁补偿费与临时安置补助费。

1)拆迁补偿费。指拆迁人对被拆迁人,按照有关规定予以补偿所需的费用。拆迁补偿的形式可分为产权调换和货币补偿两种形式。产权调换的面积按照所拆迁房屋的建筑面积计算;货币补偿的金额按照被拆迁人或者房屋承租人支付搬迁补助费。

2)临时安置补助费或搬迁补助费。指在过渡期内,被拆迁人或者房屋承租人自行安排住处的,拆迁人应当支付临时安置补助费。

2. 与项目建设有关的其他费用

根据项目的不同,与项目建设有关的其他费用的构成也不尽相同,一般包括以下各项,在进行工程估算及概算中可根据实际情况进行计算:

(1)建设单位管理费。建设单位管理费是指建设项目从立项、筹建、建设、联合试运转、竣工验收、交付使用及后评估等全过程管理所需的费用。内容包括:

1)建设单位开办费。指新建项目为保证筹建和建设工作正常进行所需办公设备、生活家具、用具、交通工具等购置费用,主要是建设项目管理过程中的费用。

2)建设单位经费。包括工作人员的基本工资、工资性补贴、职工福利费、劳动保护费、劳动保险费、办公费、差旅交通费、工会经费、职工教育经费、固定资产使用费、工具用具使用费、技术图书资料费、生产人员招募、工程招标费、合同契约公证费、工程质量监督检测费、工程咨询费、法律顾问费、审计费、业务招待费、排污费、竣工交付使用清理及竣工验收费、后评估等费用。不包括应计入设备、材料预算价格的建设单位采购及保管设备材料所需的费用。主要是日常经营管理的费用。

建设单位管理费按照单项工程费用之和(包括设备、工器具购置费和建筑安装工程费用)乘以建设单位管理费率计算。

建设单位管理费率按照建设项目的不同性质、不同规模确定。有的建设项目按照建设工期和规定的金额计算建设单位管理费。

(2)勘察设计费。勘察设计费是指为本建设项目提供项目建议书、可行性研究报告及设计文件等所需费用,内容包括：

1)编制项目建议书、可行性研究报告及投资估算、工程咨询、评价以及为编制上述文件所进行勘察、设计、研究试验等所需费用。

2)委托勘察、设计单位进行初步设计、施工图设计及概预算编制等所需费用。

3)在规定范围内由建设单位自行完成的勘察、设计工作所需费用。勘察设计费中,项目建议书、可行性研究报告按国家颁布的收费标准计算,设计费按国家颁布的工程设计收费标准计算；勘察费一般民用建筑6层以下的按 $3\sim 5$ 元$/m^2$ 计算,高层建筑按 $8\sim 10$ 元$/m^2$ 计算,工业建筑按 $10\sim 12$ 元$/m^2$ 计算。

(3)研究试验费。研究试验费是指为建设项目提供和验证设计参数、数据、资料等所进行的必要的试验费用以及设计规定在施工中必须进行试验、验证所需费用。包括自行或委托其他部门研究试验所需人工费、材料费、试验设备及仪器使用费等。这项费用按照设计单位根据本工程项目的需要提出的研究试验内容和要求计算。

(4)建设单位临时设施费。建设单位临时设施费是指建设期间建设单位所需临时设施的搭设、维修、摊销费用或租赁费用。临时设施包括临时宿舍、文化福利及公用事业房屋与构筑物、仓库、办公室、加工厂以及规定范围内的道路、水、电、管线等临时设施和小型临时设施。

(5)工程监理费。工程监理费是指建设单位委托工程监理单位对工程实施监理工作所需费用。根据原国家物价局、建设部文件规定,选择下列方法之一计算：

1)一般情况应按工程建设监理收费标准计算,即按所监理工程概算或预算的百分比计算。

2)对于单工种或临时性项目可根据参与监理的年度平均人数计算。

(6)工程保险费。工程保险费是指建设项目在建设期间根据需要实施工程保险所需的费用。包括以各种建筑工程及其在施工过程中的物料、机器设备为保险标的的建筑工程一切险,以安装工程中的各种机器、机械设备为保险标的的安装工程一切险,以及机器损坏保险等。

工程保险费根据不同的工程类别,分别以其建筑、安装工程费乘以建筑、安装工程保险费率计算。民用建筑(住宅楼、综合性大楼、商场、旅馆、医院、学校)占建筑工程费的 0.2%～0.4%;其他建筑(工业厂房、仓库、道路、码头、水坝、隧道、桥梁、管道等)占建筑工程费的 0.3%～0.6%;安装工程(农业、工业、机械、电子、电器、纺织、矿山、石油、化学及钢铁工业、钢结构桥梁)占建筑工程费的 0.3%～0.6%。

(7)引进技术和进口设备其他费用。

1)出国人员费用。指为引进技术和进口设备派出人员在国外培训和进行设计联络、设备检验等差旅费、制装费、生活费等。这项费用根据设计规定的出国培训和工作的人数、时间及派往国家,按财政部、外交部规定的临时出国人员费用开支标准及中国民用航空公司现行国际航线票价等进行计算,其中使用外汇部分应计算银行财务费用。

2)国外工程技术人员来华费用。指为安装进口设备,引进国外技术等聘用外国工程技术人员进行技术指导工作所产生的费用。包括技术服务费、外国技术人员的在华工资、生活补贴、差旅费、医药费、住宿费、交通费、宴请费、参观游览等招待费用。这项费用按每人每月费用指标计算。

3)技术引进费。指为引进国外先进技术而支付的费用。包括专利费、专有技术费(技术保密费)、国外设计及技术资料费、计算机软件费等。这项费用根据合同或协议的价格计算。

4)分期或延期付款利息。指利用出口信贷引进技术或进口设备采取分期或延期付款的办法所支付的利息。

5)担保费。指国内金融机构为买方出具保函的担保费。这项费用按有关金融机构规定的担保费率计算(一般可按承保金额的 5‰计算)。

6)进口设备检验鉴定费用。指进口设备按规定付给商品检验部门的进口设备检验鉴定费。这项费用按进口设备货价的 3‰～5‰计算。

(8)工程承包费。工程承包费是指具有总承包条件的工程公司,对工程建设项目从开始建设至竣工投产全过程的总承包所需的管理费用。具体内容包括组织勘察设计、设备材料采购、非标设备设计制造与销售、施工招标、发包、工程预决算、项目管理、施工质量监督、隐蔽工程检查、验收和试车直至竣工投产的各种管理费用。该费用按国家主管部门或省、自治区、直辖市协调规定的工程总承包费取费标准计算。如无规定时,一般工业建设项目为投资估算的 6%～8%,民用建筑(包括住宅建设)和市政项目为 4%～6%。不实行工程承包的项目不计算本项费用。

3. 与未来企业生产经营有关的其他费用

(1)联合试运转费。联合试运转是指新建企业或改扩建企业在工程竣工验收前，按照设计的生产工艺流程和质量标准对整个企业进行联合试运转所产生的费用支出与联合试运转期间的收入部分的差额部分。联合试运转费用一般根据不同性质的项目按需进行试运转的工艺设备购置费的百分比计算。

(2)生产准备费。生产准备费是指新建企业或新增生产能力的企业，为保证竣工交付使用进行必要的生产准备所产生的费用。内容包括：

1)生产人员培训费，包括自行培训、委托其他单位培训的人员的工资、工资性补贴、职工福利费、差旅交通费、学习资料费、学习费、劳动保护费等。

2)生产单位提前进厂参加施工、设备安装、调试等以及熟悉工艺流程及设备性能等人员的工资、工资性补贴、职工福利费、差旅交通费、劳动保护费等。

生产准备费一般根据需要培训和提前进厂人员的人数及培训时间，按生产准备费指标进行估算。

应该指出，生产准备费在实际执行中是一笔在时间上、人数上、培训深度上很难划分的、活口很大的支出，尤其要严格掌握。

(3)办公和生活家具购置费。办公和生活家具购置费是指为保证新建、改建、扩建项目初期正常生产、使用和管理所必须购置的办公和生活家具、用具的费用。改、扩建项目所需的办公和生活用具购置费，应低于新建项目。这项费用按照设计定员人数乘以综合指标计算，一般为600~800元/人。

(四)预备费

按我国现行规定，预备费包括基本预备费和涨价预备费。

1. 基本预备费

基本预备费是指在初步设计及概算内难以预料的工程费用，费用内容包括：

(1)在批准的初步设计范围内，技术设计、施工图设计及施工过程中所增加的工程费用；设计变更、局部地基处理等增加的费用。

(2)一般自然灾害造成的损失和预防自然灾害所采取的措施费用。实行工程保险的工程项目费用应适当降低。

(3)竣工验收时为鉴定工程质量对隐蔽工程进行必要的挖掘和修复费用。

基本预备费是按设备及工器具购置费,建筑安装工程费用和工程建设其他费用三者之和为计取基础,乘以基本预备费率进行计算。

$$\begin{matrix}\text{基本预}\\\text{备费}\end{matrix} = \left(\begin{matrix}\text{设备及工器}\\\text{具购置费}\end{matrix} + \begin{matrix}\text{建筑安装}\\\text{工程费用}\end{matrix} + \begin{matrix}\text{工程建设}\\\text{其他费用}\end{matrix}\right) \times \begin{matrix}\text{基本预}\\\text{备费率}\end{matrix} \quad (3\text{-}47)$$

基本预备费率的取值应执行国家及部门的有关规定。

2. 涨价预备费

涨价预备费是指建设项目在建设期间内由于价格等变化引起工程造价变化的预测预留费用。费用内容包括:人工、预备、材料、施工机械的价差费,建筑安装工程费及工程建设其他费用调整,利率、汇率调整等增加的费用。

涨价预备费的测算方法,一般根据国家规定的投资综合价格指数,按估算年份价格水平的投资额为基数,采用复利方法计算。其计算公式如下:

$$PF = \sum_{t=1}^{n} I_t \left[(1+f)^t - 1 \right] \quad (3\text{-}48)$$

式中 PF——涨价预备费;

n——建设期年份数;

I_t——建设期中第 t 年的投资计划额,包括设备及工器具购置费、建筑安装工程费、工程建设其他费用及基本预备费;

f——年均投资价格上涨率。

【例 3-1】 某建设项目,建设期为 3 年,各年投资计划额如下,第一年投资 8000 万元,第二年 12000 万元,第三年 4000 万元,年均投资价格上涨率为 3%,求建设项目建设期间涨价预备费。

【解】 第一年涨价预备费为:

$$PF_1 = I_1[(1+f)-1] = 8000 \times 0.03 = 240 \text{ 万元}$$

第二年涨价预备费为:

$$PF_2 = I_2[(1+f)^2 - 1] = 12000 \times (1.03^2 - 1) = 730.8 \text{ 万元}$$

第三年涨价预备费为:

$$PF_3 = I_3[(1+f)^3 - 1] = 4000 \times (1.03^3 - 1) = 370.91 \text{ 万元}$$

所以,建设期的涨价预备费为:

$$PF = 240 + 730.8 + 370.91 = 1341.71 \text{ 万元}$$

(五)建设期贷款利息

建设期投资贷款利息是指建设项目使用银行或其他金融机构的贷

款,在建设期应归还的借款的利息。

当总贷款是分年均衡发放时,建设期利息的计算可按当年借款在年中支用考虑,即当年贷款按半年计息,上年贷款按全年计息。其计算公式如下:

$$q_j = \left(P_{j-1} + \frac{1}{2}A_j\right) \cdot i \tag{3-49}$$

式中　q_j——建设期第 j 年应计利息;

P_{j-1}——建设期第 $j-1$ 年末贷款累计金额与利息累计金额之和;

A_j——建设期第 j 年贷款金额;

i——年利率。

国外贷款利息的计算中,还应包括国外贷款银行根据贷款协议向贷款方以年利率的方式收取的手续费、管理费、承诺费;以及国内代理机构经国家主管部门批准的以年利率的方式向贷款单位收取的转贷费、担保费、管理费等。

【例 3-2】　某新建项目,建设期为 3 年,分年均衡进行贷款,第一年贷款 300 万元,第二年贷款 500 万元,第三年贷款 600 万元,年利率为 10%,建设期内利息只计息不支付,计算建设期贷款利息。

【解】　建设期各年利息计算如下:

$$q_1 = \frac{1}{2}A_1 \cdot i = \frac{1}{2} \times 300 \times 10\% = 15 \text{ 万元}$$

$$q_2 = \left(P_1 + \frac{1}{2}A_2\right) \cdot i = \left(300 + 15 + \frac{1}{2} \times 500\right) \times 10\% = 56.5 \text{ 万元}$$

$$q_3 = \left(P_2 + \frac{1}{2}A_3\right) \cdot i = \left(315 + 500 + 56.5 + \frac{1}{2} \times 600\right) \times 10\%$$
$$= 117.15 \text{ 万元}$$

所以建设期贷款利息 $= q_1 + q_2 + q_3 = 15 + 56.5 + 117.15 = 188.65$ 万元

第四章 工程定额计价体系

第一节 工程定额概述

一、工程定额的概念、特点及分类

1. 定额的概念

定额是一种规定的额度,广义地说,也是处理特定事物的数量界限。工程建设定额作为众多定额中的一类,就是对消耗量的数量规定,即在一定生产力水平下,在工程建设中单位产品上人工、材料、机械、资金消耗的规定额度,这种数量关系体现出正常施工条件、合理的施工组织设计、合格产品下各种生产要素消耗的社会平均合理水平。

所谓定额,就是进行生产经营活动时,在人力、物力、财力消耗方面所应遵守或达到的数量标准。在建筑生产中,为了完成建筑产品,必须消耗一定数量的劳动力、材料和机械台班以及相应的资金,在一定的生产条件下,用科学方法制定出的生产质量合格的单位建筑产品所需要的劳动力、材料和机械台班等的数量标准,就称为建筑工程定额。

2. 定额的特点

(1)科学性。工程建设定额的科学性表现在:反映出工程建设定额和生产力发展水平相适应,同时,也反映了工程建设中生产消费的客观规律;工程建设定额管理在理论、方法和手段上适应现代科学技术和信息社会发展的需要。

工程建设定额的科学性首先表现在定额是在认真研究客观规律的基础上,自觉地遵守客观规律的要求,实事求是地制定的。

定额的科学性还表现在制定定额所采用的方法上,通过不断吸收现代科学技术的新成就,不断完善,形成一套严密的确定定额水平的科学方法。

(2)系统性。工程建设定额是相对独立的系统。它是由多种定额结合而成的有机整体。它的结构复杂、层次鲜明、目标明确。

工程建设定额的系统性是由工程建设的特点决定的。按照系统论的观点，工程建设就是庞大的实体系统。工程建设定额是为这个实体系统服务的。因而，工程建设本身的多种类、多层次就决定了以它为服务对象的工程建设定额的多种类、多层次。从整个国民经济来看，进行固定资产生产和再生产的工程建设，是一个有多项工程集合体的整体。其中包括农林水利、轻纺、机械、煤炭、电力、石油、冶金、化工、建材工业、交通运输、邮电工程，以及商业物资、科学教育文化、卫生体育、社会福利和住宅工程等等。这些工程的建设都有严格的项目划分，如建设项目、单项工程、单位工程、分部分项工程；在计划和实施过程中有严密的逻辑阶段，如规划、可行性研究、设计、施工、竣工交付使用，以及投入使用后的维修。与此相适应必然形成工程建设定额的多种类、多层次。

（3）统一性。工程建设定额的统一性，主要是由国家对经济发展的有计划的宏观调控职能决定的。为了使国民经济按照既定的目标发展，就需要借助于某些标准、定额、参数等，对工程建设进行规划、组织、调节、控制。

工程建设定额的统一性按照其影响力和执行范围来看，有全国统一定额、地区统一定额和行业统一定额等；按照定额的制定、颁布和贯彻使用来看，有统一的程序、统一的原则、统一的要求和统一的用途。

（4）权威性。工程建设定额具有很大权威性，这种权威性在一些情况下具有经济法规性质。权威性反映统一的意志和统一的要求，也反映信誉和信赖程度以及反映定额的严肃性。

工程建设定额权威性的客观基础是定额的科学性。只有科学的定额才具有权威，但是在社会主义市场经济条件下，它必然涉及各有关方面的经济关系和利益关系。赋予工程建设定额以一定的权威性，就意味着在规定的范围内，对于定额的使用者和执行者来说，不论主观上愿意或是不愿意，都必须按定额的规定执行。

在社会主义市场经济条件下，对定额的权威性不应该绝对化。定额毕竟是主观对客观的反映，定额的科学性会受到人们认识的局限。与此相关，定额的权威性也就会受到削弱核心的挑战。更为重要的是，随着投资体制的改革和投资主体多元化格局的形成，随着企业经营机制的转换，它们都可以根据市场的变化和自身的情况，自主地调整自己的决策行为。

（5）稳定性与时效性。工程建设定额中的任何一种都是一定时期技术发展和管理水平的反映,因而,在一段时间内都表现出稳定的状态。稳定的时间有长有短,一般在5~10年之间。保持定额的稳定性是维护定额的权威性所必需的,更是有效的贯彻定额所必要的。如果某种定额处于经常修改变动之中,那么必然造成执行中的困难和混乱,使人们感到没有必要去认真对待它,很容易导致定额权威性的丧失。工程建设定额的不稳定也会给定额的编制工作带来极大的困难。

但是工程建设定额的稳定性是相对的。当生产力向前发展了,定额就会与已经发展了的生产力不相适应。这样,它原有的作用就会逐步减弱以至消失,需要重新编制或修订。

3. 定额的分类

(1)按定额反映的生产要素消耗内容,把工程建设定额划分为劳动消耗定额、机械消耗定额和材料消耗定额三种。

1)劳动消耗定额。简称劳动定额,也称为人工定额。指完成一定数量的合格产品(工程实体或劳务)规定活劳动消耗的数量标准。劳动定额大多采用工作时间消耗量来计算劳动消耗的数量。劳动定额的主要表现形式是时间定额,但同时也表现为产量定额。时间定额与产量定额互为倒数。

2)机械消耗定额。又称为机械台班定额,是以一台机械一个工作台班为计量单位,机械消耗定额是指为完成一定数量的合格产品(工程实体或劳务)所规定的施工机械消耗的数量标准。机械消耗定额的主要表现形式是机械时间定额,同时也表现为产量定额。

3)材料消耗定额。简称材料定额,是指完成一定数量的合格产品所需消耗材料的数量标准。

材料是工程建设中使用的原材料、成品、半成品、构配件、燃料以及水、电等动力资源的统称。材料作为劳动对象构成工程的实体,需用数量很大,种类很多。所以材料消耗量的多少,消耗是否合理,对建设工程的项目投资、建筑产品的成本控制都起着决定性的影响。

(2)按定额的编制程序和用途,把工程建设定额划分为施工定额、预算定额、概算定额、概算指标、投资估算指标五种。

1)施工定额。施工定额是以同一性质的施工过程或工序为测定对象,确定建筑安装工人在正常施工条件下,为完成单位合格产品所需劳动、机械、材料消耗的数量标准。建筑安装企业定额一般称为施工定额。

施工定额是施工企业直接用于建筑工程施工管理的一种定额。施工定额是由劳动定额、材料消耗定额和机械台班定额组成,是最基本的定额,也是施工企业进行科学管理的基础。主要用于工程的直接施工管理,以及作为编制工程施工设计、施工预算、施工作业计划、签发施工任务单、限额领料卡及结算计件工资或计量奖励工资的依据,也是编制预算定额的基础。

2)预算定额。预算定额是以分项工程和结构构件为对象编制的定额。其内容包括劳动定额、机械台班定额、材料消耗定额三个基本部分,是一种计价性定额。从编制程序上看,预算定额是以施工定额为基础综合扩大编制的,它是编制概算定额的基础,是招标投标活动中合理编制招标控制价(标底)、投标报价的基础,同时,也是编制建筑安装工程施工图预算和确定工程造价的依据,起着控制劳动消耗、材料消耗和机械台班使用的作用。

3)概算定额。概算定额是以扩大分项工程或扩大结构构件为对象编制的,计算和确定劳动、机械台班、材料消耗量所使用的定额,也是一种计价性定额。其是在预算定额的基础上,根据有代表性的建筑工程通用图和标准图等资料,进行综合、扩大和合并而成。因此,建筑工程概算定额,亦称"扩大结构定额"。概算定额是编制扩大初步设计概算、确定建设项目投资额的依据。概算定额的项目划分粗细,与扩大初步设计的深度相适应,一般是在预算定额的基础上综合扩大而成的,每一综合分项概算定额都包含了数项预算定额。

4)概算指标。概算指标是概算定额的扩大与合并,它是以整个建筑物和构筑物为对象,以更为扩大的计量单位来编制的。概算指标的内容包括劳动、机械台班、材料定额三个基本部分,同时,还列出了各结构分部的工程量及单位建筑工程(以体积计或面积计)的造价,是一种计价定额。是在概算定额的基础上进一步综合扩大,以 $100m^2$ 建筑面积为单位,构筑物以座为单位,规定所需人工、材料及机械台班消耗数量及资金的定额指标。故称为扩大结构定额。概算指标作为编制投资估算的参考,是设计单位进行设计方案比较,建设单位选址的一种依据;是编制固定资产投资计划、确定投资额和主要材料计划的主要依据。其中主要材料指标可以作为匡算主要材料用量的依据。

5)投资估算指标。它是在项目建议书和可行性研究阶段编制投资估算、计算投资需要量时使用的一种定额。它非常概略,往往以独立的单项工程或完整的工程项目为计算对象,编制内容是所有项目费用之和。它的概略程度与可行性研究阶段相适应。投资估算指标往往根据历史的预、决算资料和价格变动等资料编制,但其编制基础仍然离不开预算定额、概算定额。其主要作用是为项目决策和投资控制提供依据。投资估算指标比其他各种计价定额具有更大的综合性和概括性。

上述各种定额的相互关系可参见表4-1。

表4-1 各种定额间的关系比较

定额分类	施工定额	预算定额	概算定额	概算指标	投资估算指标
对象	工序	分项工程	扩大的分项工程	整个建筑物或构筑物	独立的单项工程或完整的工程项目
用途	编制施工预算	编制施工图预算	编制扩大初步设计概算	编制初步设计概算	编制投资估算
项目划分	最细	细	较粗	粗	很粗
定额水平	平均先进	平均	平均	平均	平均
定额性质	生产性定额	计价性定额			

(3)按专业性质,把工程建设定额分为全国通用定额、行业通用定额和专业专用定额三种。全国通用定额是指在部门间和地区间都可以使用的定额;行业通用定额是指具有专业特点在行业部门内可以通用的定额;专业专用定额是特殊专业的定额,只能在指定的范围内使用。

(4)按主编单位和管理权限,把工程建设定额分为全国统一定额、行业统一定额、地区统一定额、企业定额、补充定额五种。

1)全国统一定额是由国家建设行政主管部门综合全国工程建设中技术和施工组织管理的情况编制,在全国范围内执行的定额。

2)行业统一定额是结合各行业部门专业工程技术特点以及施工生产的管理水平编制的,只在本行业和相同专业性质的范围内使用的定额。

3)地区统一定额主要是考虑地区性特点和全国统一定额水平作适当调整和补充编制的,包括省、自治区、直辖市定额。

4)企业定额是由施工企业考虑本企业具体情况,参照国家、部门或地区定额的水平制定的定额。企业定额指在企业内部使用，是企业素质的一个标志。企业定额水平一般应高于国家现行定额，才能满足生产技术发展、企业管理和市场竞争的需要。在工程量清单方式下，企业定额正发挥着越来越大的作用。

5) 补充定额是指随着设计、施工技术的发展，现行定额不能满足需要的情况下，为了补充缺陷所编制的定额。补充定额只能在指定的范围内使用，可以作为以后修订定额的基础。

二、基础定额编制内容及换算方法

《全国统一建筑工程基础定额》（土建工程）（GJD—101—1995）（以下简称基础定额），由原建设部发布，自1995年12月15日起在全国执行。

基础定额内容包括：总说明、14个分部工程（土石方、桩基础、脚手架、砌筑、混凝土及钢筋混凝土、构件运输及安装、门窗及木结构、楼地面、屋面及防水、防腐保温隔热、装饰、金属结构制作、建筑工程垂直运输、建筑物超高降效）的基础定额表（综合工日、材料耗用、机械台班定额）以及附表。

(一) 总说明阐述内容

1. 基础定额的功能

基础定额是完成规定计量单位分项工程计价的人工、材料、施工机械台班消耗量标准；是统一全国建筑工程预算工程量计算规则、项目划分、计量单位的依据；是编制建筑工程（土建部分）地区单位估价表确定工程造价、编制概算定额及投资估算指标的依据；也可作为制定招标工程招标控制价（标底）、企业定额和投标报价的基础。

2. 基础定额的适用范围

基础定额适用于工业与民用建筑的新建、扩建、改建工程。

3. 基础定额编制遵循的施工条件及工艺

基础定额是按照正常的施工条件，目前多数建筑企业的施工机械装备程度，合理的施工工期、施工工艺、劳动组织为基础编制的，反映了社会平均消耗水平。

4. 基础定额编制依据标准及资料

基础定额是依据现行有关国家产品标准、设计规范和施工质量验收规范、安全操作规程编制的，并参考了行业、地方标准以及有代表性的工

第四章　工程定额计价体系

程设计、施工资料和其他资料。

5. 人工工日消耗量的确定原则

（1）基础定额人工工日不分工种、技术等级，一律以综合工日表示。内容包括基本用工、超运距用工、人工幅度差、辅助用工。其中基本用工，参照现行《全国建筑安装工程统一劳动定额》为基础计算，缺项部分参考地区现行定额及实际调查资料计算。凡依据劳动定额计算的，均按规定计入人工幅度差；根据施工实际需要计算的，未计人工幅度差。

（2）机械土、石方、桩基础、构件运输及安装等工程，人工随机械产量计算的，人工幅度差按机械幅度差计算。

（3）现行劳动定额允许各省、自治区、直辖市调整的部分，基础定额内未予考虑。

6. 材料消耗量的确定原则

（1）基础定额中的材料消耗包括主要材料、辅助材料、零星材料等，凡能计量的材料、成品、半成品均按品种、规格逐一列出数量，并计入了相应损耗，其内容和范围包括：从工地仓库、现场集中堆放地点或现场加工地点至操作或安装地点的运输损耗、施工操作损耗、施工现场堆放损耗。其他材料费以该项目材料费之和的百分率表示。

（2）混凝土、砌筑砂浆、抹灰砂浆及各种胶泥等均按半成品消耗量以体积（m^3）表示，其配合比是按现行规范规定计算的，各省、自治区、直辖市可按当地材料质量情况调整其配合比和材料用量。

（3）施工措施性消耗部分，周转性材料按不同施工方法、不同材质分别列出一次使用量（在相应章后以附录列出）和一次摊销量。

（4）施工工具用具性消耗材料，归入建筑安装工程费用定额中工具用具使用费项下，不再列入定额消耗量之内。

7. 施工机械台班消耗量的确定原则

（1）挖掘机械、打桩机械、吊装机械、运输机械（包括推土机、铲运机及构件运输机械等）分别按机械、容量或性能及工作物对象，按单机或主机与配合辅助机械，分别以台班消耗量表示。

（2）随施人班组配备的中小型机械，其台班消耗量列入相应的定额项目内。

（3）基础定额中的机械类型、规格是按常用机械类型确定的，各省、自治区、直辖市、国务院有关部门如需重新选用机型、规格时，可按选用的机型、规格调整台班消耗量。

(4)基础定额中均已包括材料、成品、半成品从工地仓库、现场集中堆放地点或现场加工地点至操作安装地点的水平和垂直运输，所需的人工和机械消耗量。如发生再次搬运的，应在建筑安装工程费用定额中二次搬运费项下列支。预制钢筋混凝土构件和钢构件安装是按机械回转半径15m以内运距考虑的。

8. 建筑物超高时人工、机械降效计算

基础定额除脚手架、垂直运输机械台班定额已注明其适用高度外，均按建筑物檐口高度20m以下编制的；檐口高度超过20m时，另按基础定额建筑物超高增加人工、机械台班定额项目计算。

9. 基础定额适用的地区海拔高度及地震烈度规定

基础定额适用海拔高程2000m以下，地震烈度7度以下地区，超过上述情况时，可结合高原地区的特殊情况和地震烈度要求，由各省、自治区、直辖市或国务院有关部门制定调整办法。

10. 各种材料、构配件检验试验开支

各种材料、构件及配件所需的检验试验应在建筑安装工程费用定额中的检验试验费项下列支，不计入基础定额。

11. 工程内容的包括范围

基础定额的工程内容中已说明了主要的施工工序，次要工序虽未说明，均已考虑在定额内。

12. 其他

基础定额中注有"×××以内"或"×××以下"者均包括×××本身，"×××以外"或"×××以上"者，则不包括×××本身。

(二)分章定额表说明

分章定额表包括说明及分项子目定额表等。

说明部分主要简述本章包括内容、定额换算、有关材料、施工等方面的规定。

分项子目定额表上列有分项工程名称、工作内容、计量单位；子目名称及编号；各子目的人工费、材料费、机械费；各子目的材料名称、机械名称等。无单价的材料所需费用，要从当地材料单价表中查出，再乘以数量，得出该材料所需费用后，加入定额表中的材料费内。

查取分项子目定额表，必须看清分项及子目名称、工作内容、计量单

第四章 工程定额计价体系

位、施工条件等,切不可乱查乱套。

1. 土石方工程定额内容

(1)人工土石方。

1)人工挖土方淤泥流砂工作内容包括:

①挖土、装土、修理边底。

②挖淤泥、装砂、装淤泥、流砂、修理边底。

2)人工挖沟槽基坑工作内容包括:人工挖沟槽、基坑土方,将土置于槽、坑边 1m 以外自然堆放,沟槽、基坑底夯实。

3)人工挖孔桩工作内容包括:挖土方、凿枕石、积岩地基处理,修整边、底、壁,运土、石 100m 以内以及孔内照明、安全架子搭拆等。

4)人工挖冻土工作内容包括:挖、抛冻土、修整底边、弃土于槽、坑两侧 1m 以外。

5)人工爆破挖冻土工作内容包括:打眼、装药、填充填塞物、爆破、清理、弃土于槽、坑边 1m 以外。

6)回填土、打夯、平整场地工作内容包括:

①回填土 5m 以内取土。

②原土打夯包括碎土、平土、找平、洒水。

③平整场地,标高在+(一)30cm 以内的挖土找平。

7)土方运输工作内容包括:人工运土方、淤泥,包括装、运、卸土、淤泥及平整。

8)支挡土板工作内容包括:制作、运输、安装及拆除。

9)人工凿石的工作内容包括:

①平基:开凿石方、打碎、修边检底。

②沟槽凿石:包括打单面槽子、碎石、槽壁打直、底检平、石方运出槽边 1m 以外。

③基坑凿石:包括打两面槽子、碎石、坑壁打直、底检平、将石方运出坑边 1m 以外。

④摊座:在石方爆破的基底上进行摊座、清除石渣。

10)人工打眼爆破石方工作内容包括:布孔、打眼、准备炸药及装药、准备及添充填塞物、安爆破线、封锁爆破区、爆破前后的检查、爆破、清理岩石、撬开及破碎不规则的大石块、修理工具。

11)机械打眼爆破石方工作内容包括:布孔、打眼、准备炸药及装药、准备及添充填塞物、安爆破线、封锁爆破区、爆破前后的检查、爆破、清理岩石、撬开及破碎不规则的大石块、修理工具。

12)石方运输工作内容包括:装、运、卸石方。

(2)机械土石方。

1)推土机推土方工作内容包括:

①推土机推土、弃土、平整。

②修理边坡。

③工作面内排水。

2)铲运机铲运土方工作内容包括:

①铲土、运土、卸土及平整。

②修理边坡。

③工作面内排水。

3)挖掘机挖土方工作内容包括:

①挖土、将土堆放到一边。

②清理机下余土。

③工作面内的排水。

④修理边坡。

4)挖掘机挖土自卸汽车运土方工作内容包括:

①挖土、装车、运土、卸土、平整。

②修理边坡、清理机下余土。

③工作面内的排水及场内汽车行驶道路的养护。

5)装载机装运土方工作内容包括:

①装土、运土、卸土。

②修整边坡。

③清理机下余土。

6)自卸汽车运土方工作内容包括:

①运土、卸土、平整。

②场内汽车行驶道路的养护。

7)地基强夯工作内容包括:

①机具准备。

②按设计要求布置锤位线。

③夯击。

④夯锤位移。
⑤施工道路平整。
⑥资料记载。
8)场地平整、碾压工作内容包括：
①推平、碾压。
②工作面内排水。
9)推土机推碴工作内容包括：
①推碴、弃碴、平整。
②集碴、平碴。
③工作面内的道路养护及排水。
10)挖掘机挖碴自卸汽车运碴工作内容包括：
①挖碴、集碴。
②挖碴、装碴、卸碴。
③工作面内的排水及场内汽车行驶道路的养护。
11)井点排水工作内容包括：
①打拔井点管。
②设备安装拆除。
③场内搬运。
④临时堆放。
⑤降水。
⑥填井点坑等。
12)抽水机降水工作内容包括：
①设备安装拆除。
②场内搬运。
③降排水。
④排水井点维护等。
13)井点降水：
①井点降水工作内容包括：
a. 安装包括井点装配成型、地面试管铺总管、装水泵、水箱、冲水沉管、灌砂、孔口封土、连接试抽。
b. 拆除包括拆管、清洗、整理、堆放。
c. 使用包括抽水、值班、井管堵漏。

②电渗井点阳极工作内容包括：

a. 制作包括圆钢画线、切断、车制、堆放。

b. 安装包括阳极圆钢埋高、弧焊、整流器就位安装，阴阳极电路连接。

c. 拆除包括拆除井点、整理、堆放。

d. 使用包括值班及检查用电安全。

③水平井点工作内容包括：

a. 安装包括托架、顶进设备、井管等就位、井点顶进、排管连接。

b. 拆除包括托架、顶进设备及总管等拆除、井点拔除、清理、堆放。

c. 使用包括抽水值班、井管堵漏。

2. 桩基础工程定额内容

(1)柴油打桩机打预制钢筋混凝土桩。柴油打桩机打预制钢筋混凝土桩工作内容包括准备打桩机具、移动打桩机及其轨道、吊装定位、安卸桩帽校正、打桩。

(2)预制钢筋混凝土桩接桩。预制钢筋混凝土桩接桩工作内容包括：准备接桩工具，对接上、下节桩，桩顶垫平，旋转接桩、筒铁、钢板、焊接、焊制、安放、拆卸夹箍等。

(3)液压桩机具。液压桩机具工作内容包括：移动压桩机就位，捆桩身，吊桩找位，安卸桩帽，校正，压桩。

(4)打拔钢板桩。打拔钢板桩工作包括：准备打桩机具、移动打桩机及其轨道、吊桩定位、安卸桩帽、校正打桩、系桩、拔桩、15cm以内临时堆放安装及拆除导向夹具。

(5)打孔灌注混凝土桩。打孔灌注混凝土桩工作内容包括：准备打桩机具，移动打桩机及其轨道，用钢管打桩孔安放钢筋笼，运砂石料，过磅、搅拌、运输灌注混凝土、拔钢管、夯实、混凝土养护。

(6)长螺旋钻孔灌注混凝土桩。长螺旋钻孔灌注混凝土桩工作内容包括：

1)准备机具、移动桩机、桩位校测、钻孔。

2)安放钢筋骨架，搅拌和灌注混凝土。

3)清理钻孔余土，并运至50m以外指定地点。

(7)潜水钻机钻孔灌注混凝土桩。潜水钻机钻孔灌注混凝土桩工作内容包括：护筒埋高及拆除、准备钻孔机具、钻孔出渣；加泥浆和泥浆制作；清桩孔泥浆；导管准备及安拆，搅拌及灌注混凝土。

(8)泥浆运输。泥浆运输工作内容包括：装卸泥浆、运输、清理场地。

(9)打孔灌注砂(碎石或砂石)桩。打孔灌注砂(碎石或砂石)桩工作内容包括：准备打桩机具，移动打桩机及其轨道，安放桩尖，沉管打孔，运砂(碎石或砂石)灌注、拔管、振实。

(10)灰土挤密桩。灰土挤密桩工作内容包括：准备机具、移动桩机、打拔桩管成孔、灰土、过筛拌和、30m以内运输、填充、夯实。

(11)桩架90°调面、超运距移动。桩架90°调面、超运距移动工作内容包括：铺设轨道、桩架90°整体调面、桩机整体移动。

3. 砌筑工程定额内容

(1)砌砖。

1)砖基础、砖墙工作内容。

①砖基础工作内容包括调运砂浆、铺砂浆、运砖、清理基槽坑、砌砖等。

②砖墙工作内容包括调、运、铺砂浆，运砖；砌砖包括窗台虎头砖、腰线、门窗套；安放木砖、铁件等。

2)空斗墙、空花墙工作内容包括调、运、铺砂浆，运砖；砌砖包括窗台虎头砖、腰线、门窗套；安放木砖、铁件等。

3)填充墙、贴砌砖工作内容包括调、运、铺砂浆，运砖；砌砖包括窗台虎头砖、腰线、门窗套；安放木砖、铁件等。

4)砌块墙工作内容包括调、运、铺砂浆，运砖；砌砖包括窗台虎头砖、腰线、门窗套；安放木砖、铁件等。

5)围墙工作内容包括调、运、铺砂浆，运砖。

6)砖柱工作内容包括调、运、铺砂浆，运砖；砌砖；安放木砖、铁件等。

7)砖烟囱、水塔工作内容。

①砖烟囱筒身工作内容包括调运砂浆、砍砖、砌砖、原浆勾缝、支模出檐、安爬梯、烟囱帽抹灰等。

②砖烟囱内衬、砖烟道工作内容包括调、运砂浆、砍砖、砌砖、内部灰缝刮平及填充隔热材料等。

③砖水塔工作内容包括调运砂浆、砍砖、砌砖及原浆勾缝；制作安装及拆除门窗、胎模等。

8)其他工作内容。

①砖平碹、钢筋砖过梁工作内容包括调、运砂浆、铺砂浆、运砂、砌砖、模板制作安装、拆除、钢筋制作安装。

②挖孔桩砖护壁工作内容包括调、运、铺砂浆，运砖、砌砖。

(2)砌石。

1)基础、勒脚工作内容包括运石，调、运、铺砂浆，砌筑。

2)墙、柱工作内容包括运石，调、运铺砂浆；砌筑、平整墙角及门窗洞口处的石料加工等；毛石墙身包括墙角、门窗洞口处的石料加工。

3)护坡工作内容包括调、运砂浆、砌石、铺砂、勾缝等。

4)其他工作内容包括翻楞子、天地座打平、运石，调、运铺砂浆，安铁梯及清理石渣；洗石料；基础夯实、扁钻缝、安砌等；剔缝、洗刷、调运砂浆、勾缝等；画线、扁光、打钻路、钉麻石等。

4. 混凝土及钢筋混凝土工程定额内容

(1)现浇混凝土模板。现浇混凝土模板工作内容包括：木模板制作；模板安装、拆除、整理堆放及场内外运输；清理模板粘结物及模内杂物、刷隔离剂等。

(2)预制混凝土模板。预制混凝土模板工作内容包括：工具式钢模板、复合木模板安装；木模板制作、安装；清理模板、刷隔离剂；拆除模板、整理堆放，装箱运输。

(3)构筑物混凝土模板。

1)烟囱工作内容包括安装拆除平台、模板、液压、供电通信设备、中间改模、激光对中、设置安全网、滑模拆除后清洗、刷油、堆放及场内外运输。

2)水塔工作内容包括制作、清理、刷隔离剂、拆除、整理及场内外运输。

3)倒锥壳水塔工作内容包括安装拆除钢平台、模板及液压、供电、供水设备；制作、安装、清理、刷隔离剂，拆除、整理、堆放及场内外运输；水箱吊升。

4)贮水(油)池工作内容包括木模板制作；模板安装、拆除、整理堆放及场内外运输；清理模板粘结物及模内杂物、刷隔离剂等。

5)贮仓工作内容包括制作、安装、清理、刷隔离剂，拆除、整理、堆放及场内外运输。

6)筒仓工作内容包括安装拆除平台、模板、液压、供电通信设备、中间改模、激光对中、设备安全网，滑模拆除后清洗、刷油、堆放及场内外运输。

(4)钢筋。

1)现浇(预制)构件钢筋工作内容包括钢筋制作、绑扎、安装。

2)先(后)张法预应力钢筋工作内容包括钢筋制作、张拉、放张、切断等。

3)铁件及电渣压力焊接工作内容包括安装埋设、焊接固定。

(5)混凝土。混凝土工作内容包括:混凝土水平(垂直)运输;混凝土搅拌、捣固、养护;成品堆放。

(6)集中搅拌、运输、泵输送混凝土。

1)混凝土搅拌站工作内容包括筛洗石子,砂石运至搅拌点,混凝土搅拌,装运输车。

2)混凝土搅拌输送车工作内容包括将搅拌好混凝土在运输中进行搅拌,并运送到施工现场、自动卸车。

3)混凝土(搅拌站)输送泵工作内容包括将搅拌好的混凝土输送浇灌点,进行捣固、养护。输送高度 30m 时,输送泵台班用量乘以 1.10,输送高度超过 50m 时,输送泵台班用量乘以 1.25。

5. 木窗及木结构工程定额内容

(1)木屋架工作内容包括:屋架制作、拼装、安装、装配钢铁件、锚定、梁端刷防腐油。

(2)屋面木基层工作内容包括:制作安装檩木、檩托木(或垫木),伸入墙内部分及垫木刷防腐油;屋面板制作;檩木上钉屋面板;檩木上钉椽板。

(3)木楼梯、木柱、木梁工作内容包括:

1)制作:放样、选料、运料、鏧剥、刨光、划绕、起线、凿眼、挖底拔灰、锯榫。

2)安装:安装、吊线、校正、临时支撑、伸入墙内部分刷水柏油。

(4)其他工作内容包括:门窗贴脸、披水条、盖口条、明式暖气罩、木搁板、木格踏板等项目,均包括制作、安装。

6. 屋面及防水工程定额内容

(1)屋面。

1)瓦屋面项目包括铺瓦、调制砂浆、安脊瓦、檐口梢头坐灰。水泥瓦或黏土瓦如果穿铁丝、钉铁钉,每 100m 檐瓦增加 2.2 工日,20 号铁丝 0.7kg,铁钉 0.49kg。

2)小波、大波石棉瓦项目包括檩条上铺钉石棉瓦、安脊瓦。

3)金属压型板屋面项目包括构件变形修理、临时加固、吊装、就位、找正、螺栓固定。

4) 油毡卷材屋面项目包括熬制沥青玛琋脂、配制冷底子油、贴附加层、铺贴卷材收头。

5) 三元乙丙橡胶卷材冷贴、再生橡胶卷材冷贴、氯丁橡胶卷材冷贴、氯化聚乙烯—橡胶共混卷材冷贴、氯磺化聚乙烯卷材冷贴等高分子卷材屋面项目均包括：清理基层、找平层分格缝嵌油膏、防水薄弱处刷涂膜附加层；刷底胶、铺贴卷材、接缝嵌油膏、做收头；涂刷着色剂保护层两遍。

6) 热贴满铺防水柔毡项目包括清理基层、熔化粘胶、涂刷粘胶、铺贴柔毡、做收头、铺撒白石子保护层。

7) 聚氯乙烯防水卷材铝合金压条项目包括清理基层、铺卷材、钉压条及射钉、嵌密封膏、收头。

8) 冷贴满铺 SBC120 复合卷材项目包括找平层嵌缝、刷聚氨酯涂膜附加层；用掺胶水泥浆贴卷材、聚氨酯胶接缝搭接。

9) 屋面满涂塑料油膏项目包括油膏加热、屋面满涂油膏。

10) 屋面板塑料油膏嵌缝项目包括油膏加热、板缝嵌油膏。嵌缝取定纵缝断面；空心板 $7.5cm^2$，大形屋面板 $9cm^2$；如果断面不同于定额取定断面，以纵缝断面比例调整人工、材料数量。

11) 塑料油膏玻璃纤维布屋面项目包括刷冷底子油、找平层分格缝嵌油膏、贴防水附加层、铺贴玻璃纤维布、表面撒粒砂保护层。

12) 屋面分格缝项目包括支座处干铺油毡一层、清理缝、熬制油膏、油膏灌缝、沿缝上做二毡三油一砂。

13) 塑料油膏贴玻璃布盖缝项目包括熬制油膏、油膏灌缝、缝上铺贴玻璃纤维布。

14) 聚氨酯涂膜防水屋面项目包括涂刷聚氨酯底胶、刷聚氨酯防水层两遍、撒石渣做保护层(或刚性连接层)。聚氨酯如果掺缓凝剂，应增加磷酸 0.30kg；如果掺促凝剂，应增加二月桂酸二丁基锡 0.25kg。

15) 防水砂浆、镇水粉隔离层等项目包括清理基层、调制砂浆、铺抹砂浆养护、筛铺镇水粉、铺隔离纸。

16) 氯丁冷胶涂膜防水屋面项目包括涂刷底胶、做一布一涂附加层于防水薄弱处、冷贴聚酯布防水层、最表层撒细砂保护层。

17) 铁皮排水项目包括铁皮截料、制作安装。

18)铸铁落水管项目包括切管、埋管卡、安水管、合灰捻口。

19)铸铁雨水口、铸铁水斗(或称接水口)、铸铁弯头(含箅子板)等项目均包括:就位、安装。

20)单屋面玻璃钢排水管系统项目包括埋设管卡箍、截管、涂胶、接口。

21)屋面阳台玻璃钢排水管系统项目包括埋设管卡箍、截管、涂胶、安三通、伸缩节、管等。

22)玻璃钢水斗(带罩)项目包括细石混凝土填缝、涂胶、接口。

23)玻璃钢弯头(90°)、短管项目包括涂胶、接口。

(2)防水。

1)玛琋脂卷材防水项目包括配制、涂刷冷底子油、熬制玛琋脂、防水薄弱处贴附加层、铺贴玛琋脂卷材。

2)玛琋脂(或沥青)玻璃纤维布防水等项目包括基层清理、配制、涂刷冷底子油、熬制玛琋脂、防水薄弱处贴附加层、铺贴玛琋脂(或沥青)玻璃纤维布。

3)高分子卷材项目包括涂刷基层处理剂、防水薄弱处涂聚氨酯涂膜加强、铺贴卷材、卷材接缝贴卷材条加强、收头。

4)苯乙烯涂料、刷冷底子油等涂膜防水项目包括基层清理、刷涂料。

5)焦油玛琋脂、塑料油膏等涂膜防水项目包括配制、涂刷冷底子油、熬制玛琋脂或油膏、涂刷油膏或玛琋脂。

6)氯偏共聚乳胶涂膜防水项目包括成品涂刷。

7)聚氨酯涂膜防水项目包括涂刷底胶及附加层、刷聚氨酯两道、盖石渣保护层(或刚性连接层)。聚氨酯如果掺缓凝剂,应增加磷酸 0.30kg;如果掺促凝剂,应增加二月桂酸二丁基锡 0.25kg。

8)石油沥青(或石油沥青玛琋脂)涂膜防水等项目包括熬制石油沥青(或石油沥青玛琋脂),配制、涂刷冷底子油,涂刷沥青(或石油沥青玛琋脂)。

9)防水砂浆涂膜防水项目包括基层清理、调制砂浆、抹水泥砂浆。

10)水乳型普通乳化沥青涂料、水乳型水性石棉质沥青、水乳型再生胶沥青聚酯布、水乳型阴离子合成胶乳化沥青聚酯布、水乳型阳离子氯丁胶乳化沥青聚酯布、溶剂型再生胶沥青聚酯布涂膜防水等项目均包括:基层清理、调配涂料、铺贴附加层、贴布(聚酯布或玻璃纤维布)刷涂料(最后两遍掺水泥作保护层)。

(3)变形缝。

1)油浸麻丝填变形缝项目包括熬制沥青、配制沥青麻丝、填塞沥青麻丝。

2)油浸木丝板填变形缝项目包括熬制沥青、浸木丝板、油浸木丝板嵌缝。

3)石灰麻刀填变形缝项目包括调制石灰麻刀、石灰麻刀嵌缝、缝上贴二毡二油条一层。

4)建筑油膏、沥青砂浆填变形缝等项目包括熬制油膏、沥青、拌和沥青砂浆、沥青砂浆或建筑油膏嵌缝。

5)氯丁橡胶片止水带项目包括清理用乙酸乙酯洗缝、隔纸、用氯丁胶粘剂贴氯丁橡胶片,最后在氯丁橡胶片上涂胶铺砂。

6)预埋式紫铜板止水带项目包括铜板剪裁、焊接成形、铺设。

7)聚氯乙烯胶泥变形缝项目包括清缝、水泥砂浆勾缝、垫牛皮纸、熬灌聚氯乙烯胶泥。

8)涂刷式一布二涂氯丁胶贴玻璃纤维布止水片项目包括基层清理、刷底胶、缝上粘贴 350mm 宽一布二涂氯丁胶贴玻璃纤维布、在缝中心贴 150mm 宽一布二涂氯丁胶贴玻璃纤维布、止水片干后表面涂胶并黏性砂。

9)预埋式橡胶、塑料止水带项目包括止水带制作、接头及安装。

10)木板盖缝板项目包括平面板材加工、板缝一侧涂胶粘、立面埋木砖、钉木盖板。

11)铁皮盖缝板项目包括平面(屋面)埋木砖、钉木条、木条上钉铁皮;立面埋木砖、木砖上钉铁皮。

7. 防腐、保温隔热工程定额内容

(1)耐酸防腐。

1)水玻璃耐酸混凝土、耐酸沥青砂浆整体防腐面层项目包括清扫基层、底层或施工缝刷稀胶泥、调运砂浆胶泥、混凝土、浇灌混凝土。

2)耐酸沥青混凝土、碎土灌沥青整体防腐面层项目包括清扫基层、熬沥青、填充料加热、调运胶泥、刷胶泥、搅拌沥青混凝土、摊铺并压实沥青混凝土。

3)硫磺混凝土、环氧砂浆整体防腐面层项目包括清扫基层、熬制硫

第四章 工程定额计价体系

磺、烘干粉集料、调运混凝土、砂浆、胶泥。

4) 环氧稀胶泥、环氧煤焦油砂浆整体防腐面层项目包括清扫基层、调运胶泥、刷稀胶泥。

5) 环氧呋喃砂浆、邻苯型不饱和聚酯砂浆、双酚A型不饱和聚酯砂浆、邻苯型聚酯稀胶泥、铁屑砂浆等整体防腐面层项目包括清扫基层、打底料、调运砂浆、摊铺砂浆。

6) 不发火沥青砂浆、重晶石混凝土、重晶石砂浆、酸化处理等整体防腐面层项目包括清扫基层、调运砂浆、摊铺砂浆。

7) 玻璃钢防腐面层底漆、刮腻子项目包括材料运输、填料干燥、过筛、胶浆配制、涂刷、配制腻子及嵌刮。

8) 玻璃钢防腐面层项目包括清扫基层、调运胶泥、胶浆配制、涂刷、贴布一层。

9) 软聚氯乙烯塑料防腐地面项目包括清扫基层、配料、下料、涂胶、铺贴、滚压、养护、焊接缝、整平、安装压条、铺贴踢脚板。

10) 耐酸沥青胶泥卷材、耐酸沥青胶泥玻璃布等隔离层项目包括清扫基层、熬沥青、填充料加热、调运胶泥、基层涂冷底子油、铺设油毡。

11) 沥青胶泥、一道冷底子油二道热沥青等隔离层项目包括清扫基层、熬沥青胶泥、铺设沥青胶泥。

12) 树脂类胶泥平面砌块料面层项目包括清扫基层、运料、清洗块料、调制胶泥、砌块料。

13) 水玻璃胶泥平面砌块料面层项目包括清扫基层、运料、清洗块料、调制胶泥、砌块料。

14) 硫磺胶泥平面砌块料面层项目包括清扫基层、运料、清洗块料、调制胶泥、砌块料。

15) 耐酸沥青胶泥平面砌块料面层项目包括清扫基层、运料、清洗块料、调制胶泥、砌块料。

16) 水玻璃胶泥结合层、树脂胶泥勾缝平面砌块料面层项目包括清扫基层、运料、清洗块料、调制胶泥、砌块料、树脂胶泥勾缝。

17) 耐酸沥青胶泥结合层、树脂胶泥勾缝平面砌块料面层项目包括清扫基层、运料、清洗块料、调制胶泥、砌块料、树脂胶泥勾缝。

18) 树脂类胶泥池、沟、槽砌块料面层项目包括清扫基层、洗运块料、调制胶泥、打底料、砌块料。

19)水玻璃胶泥、耐酸沥青胶泥等池、沟、槽砌块料面层项目包括清扫基层、洗运块料、调制胶泥、砌块料。

20)过氯乙烯漆、沥青漆、漆酚树脂漆、酚醛树脂漆、氯磺化聚乙烯漆、聚氨酯漆等耐酸防腐涂料项目包括清扫基层、配制油漆、油漆涂刷。

(2)保温隔热。

1)泡沫混凝土块、沥青玻璃棉毡、沥青矿渣棉毡、沥青珍珠岩块等屋面保温项目均包括清扫基层、拍实、平整、找坡、铺砌。

2)水泥蛭石块、现浇水泥珍珠岩、现浇水泥蛭石、干铺蛭石、干铺珍珠岩、铺细砂等屋面保温项目均包括清扫基层、铺砌保温层。

3)混凝土板下铺贴聚苯乙烯塑料板、沥青贴软木等天棚保温(带木龙骨)项目均包括熬制沥青、铺贴隔热层、清理现场。

4)聚苯乙烯塑料板、沥青贴软木等墙体保温项目均包括木框架制作安装、熬制沥青、铺贴隔热层、清理现场。

5)砌加气混凝土块、沥青珍珠岩板墙、水泥珍珠岩板墙等墙体保温项目均包括搬运材料、熬制沥青、加气混凝土块锯制铺砌、铺贴隔热层。

6)沥青玻璃棉、沥青矿渣棉、松散稻壳等墙体保温项目均包括搬运材料、玻璃棉袋装、填装玻璃棉、矿渣棉、清理现场。

7)聚苯乙烯塑料板、沥青贴软木、沥青铺加气混凝土块等楼地面隔热项目均包括场内搬运材料、熬制沥青、铺贴隔热层、清理现场。

8)聚苯乙烯塑料板、沥青贴软木等柱子保温及沥青稻壳板铺贴墙或柱子保温项目均包括熬制沥青、铺贴隔热层、清理现场。

8. 金属结构制作工程定额内容

(1)钢柱、钢屋架、钢托架、钢吊车梁、钢制动梁、钢吊车轨道、钢支撑、钢檩条、钢墙架、钢平台、钢梯子、钢栏杆、钢漏斗、H型钢等制作项目均包括放样、画线、截料、平直、钻孔、拼装、焊接、成品矫正、除锈、刷防锈漆一遍及成品编号堆放。H型钢项目未包括超声波探伤及X射线拍片。

(2)球节点钢网架制作包括定位、放样、放线、搬运材料、制作拼装、油漆等。

(三)基础定额各项内容换算

1. 土石方工程定额换算

(1)人工土石方。人工挖土方深度超过1.5m时,每挖100m³土方应按表4-2在原项目的综合工日额上增加工日。

第四章 工程定额计价体系

表 4-2　　　　　　　　土方深度超过 1.5m 时增加工日

挖方深度	深 1.5～2m	深 2～4m	深 4～6m
增加工日	5.55 工日	17.60 工日	26.16 工日

挖湿土时,综合工日定额乘以系数 1.18。地下水位以下的土为湿土。在有挡土板支撑下挖土方时,综合工日定额乘以系数 1.43。

挖桩间土方时,综合工日定额乘以系数 1.5。

人工挖孔桩,孔深在 12～16m,按 12m 项目的综合工日定额乘以系数 1.3;孔深 16～20m 时,按 12m 项目的综合工日定额乘以系数 1.5。同一孔内土壤类别不同时,按定额加权平均计算。

石方爆破,如采用火雷管爆破时,雷管应换算,数量不变。扣除定额中的胶质导线,换为导火索,导火索的长度按每个雷管 2.12m 计算。

(2)机械土石方。机械挖土工程量,按机械挖土方 90%,人工挖土方 10% 计算,人工挖土部分按相应综合工日定额乘以系数 2。

土壤含水率大于 25% 时,相应综合工日定额、机械台班定额均乘以系数 1.15。土壤含水率大于 40% 时另按补充定额执行。

推土机推土或铲运机铲土,土层平均厚度小于 300mm 时,推土机台班定额乘以系数 1.25;铲运机台班定额乘以系数 1.17。

挖掘机在垫板上进行作业时,综合工日定额、机械台班定额均乘以系数 1.25。垫板铺设的人工、材料、机械消耗另计。

推土机、铲运机推、铲未经压实的积土时,综合工日定额、机械台班定额均乘以系数 0.73。

土壤类别为一类、二类时,推土机、铲运机、挖掘机的台班定额均乘以系数 0.84(自行铲运机的机械台班定额应乘以系数 0.86)。

土壤类别为四类时,推土机台班定额乘以系数 1.18,铲运机台班系数乘以 1.26,自行铲运机台班系数乘以 1.09,挖掘机台班系数乘以 1.14。

2. 桩基础工程定额换算

钢筋混凝土方桩工程量在 150m³ 以内,钢筋混凝土管桩、板桩工程量在 50m³ 以内,钢板桩工程量在 50t 以内,挖孔灌注混凝土桩、挖灌注砂、石桩工程量在 60m³ 以内,钻孔灌注混凝土土桩、潜水钻孔灌注混凝土桩工程量在 100m³ 以内,其相应项目的综合工日定额、机械台班定额均乘以系数 1.25。

打试验桩按相应项目的综合工日定额、机械台班定额均乘以系数2。

打桩、打孔，桩间净距小于4倍桩径（桩边长）的，按相应项目的综合工日定额、机械台班定额均乘以系数1.13。

打斜桩，桩斜度在1∶6以内者，按相应项目的综合工日定额、机械台班定额均乘以系数1.25；如桩斜度大于1∶6者，按相应项目的综合工日定额、机械台班定额均乘以系数1.43。

在堤坡上（坡度大于15°）打桩时，按相应项目的综合工日定额、机械台班定额均乘以系数1.15。如在基坑内（基坑深度大于1.5mm）打桩或在地坪上打坑槽内（坑槽深度大于1m）桩时，按相应项目的综合工日定额、机械台班定额均乘以系数1.11。

在桩间补桩或强夯后的地基上打桩时，按相应项目的综合工日定额、机械台班定额乘以系数1.15。

打逆桩时，逆桩深度在2m以内的综合工日定额、机械台班定额均乘以系数1.25，逆桩深度在4m以内的综合工日定额、机械台班定额均乘以系数1.43，逆桩深度在4m以上的，综合工日定额、机械台班定额均乘以系数1.67。

3. 砌筑工程定额换算

（1）砌砖、砌块。砌块、多孔砖的规格如与定额中所示规格不同时，可以换算。只换算材料耗用定额，其他不变。

硅酸盐砌块墙、加气混凝土砌块墙如使用水玻璃矿渣等为胶合料时，可以换算，即去掉定额表中水泥混合砂浆，换上水玻璃矿渣等胶合料，其耗用定额不变。

圆形烟囱基础按砖基础定额执行，其综合工日定额乘以系数1.2。

砖砌挡土墙，两砖厚以上执行砖基础定额；两砖以上厚执行砖墙定额。

砂浆品种、强度等级如与定额表中不同时，可以换算，只换砂浆品种或强度等级，砂浆、耗用定额不变。

填充墙中如不填炉渣、炉渣混凝土，而改用其他材料时，可以换算。如填轻质散料，则换算定额表上炉渣一项的材料，只换材料名称，不换其耗用定额；如填轻质混凝土，则换算定额表上轻混凝土（炉渣混凝土）一项的材料，只换材料名称，不换其耗用定额，其他不变。

（2）砌石。毛石护坡高度超过4m时，综合工日定额乘以系数1.15。

砌筑圆弧形石基础、石墙（含砖石混合砌体），综合工日定额乘以系数1.1。

4. 混凝土及钢筋混凝土工程定额换算

（1）钢筋。预制构件钢筋，如用不同直径钢筋点焊在一起时，按直径最小的定额项目计算。如粗细钢筋直径比在两倍以上时，其综合工日定额乘以系数1.25。

预制拱（梯）型尾架的钢筋，其综合工日定额、机械台班定额，均乘以系数1.16。托架梁的钢筋，其综合工日定额、机械台班定额均乘以系数1.05。

现浇小型构件的钢筋，其综合工日定额、机械台班定额均乘以系数2.00，小型池槽的钢筋，其综合工日定额、机械台班定额均乘以系数2.52。

烟囱、水塔的钢筋，其综合工日定额、机械台班定额均乘以系数1.70。

矩形贮仓的钢筋，其综合工日定额、机械台班定额均乘以系数1.25，圆形贮仓的钢筋，其综合工日定额、机械台班定额均乘以系数1.50。

（2）混凝土。混凝土的设计强度等级与定额表上所示强度等级不同时，可以换算，只换混凝土强度等级，其耗用定额不变。

毛石混凝土中毛石体积如不是20%，可以换算，只换算毛石及混凝土耗用定额。换算公式如下：

$$换算毛石耗用定额 = 2.72 \times \frac{设计毛石体积百分比}{20\%} \tag{4-1}$$

$$换算混凝土耗用定额 = 8.63 \times \frac{设计混凝土体积百分比}{80\%} \tag{4-2}$$

5. 厂库房大门、特种门、木结构工程定额换算

木材如采用三、四类木种时，木门窗制作按相应项目的综合工日定额和机械台班定额乘以系数1.3；木门窗安装按相应项目的综合工日定额和机械台班定额乘以系数1.16；其他项目按相应项目的综合工日定额和机械台班定额乘系数1.35。

铝合金门窗、彩板组角门窗、塑料门窗和钢门窗成品安装，如每100m² 门窗实际用量超过定额用量的1%以上时，可以换算，但综合工日定额、机械台班定额不变。

钢门的钢材用量与定额不同时，钢材用量可以换算，其他不变。

保温门的填充料与定额不同时，可以换算，只换填充料名称，其耗用定额不变。

6. 屋面及防水工程定额换算

水泥瓦、黏土瓦、小青瓦、石棉瓦的规格与定额不同时,瓦材数量可以换算,其他不变。

变形缝填缝定额中,建筑油膏、聚氯乙烯胶泥断面为 30mm×20mm;油浸木丝板断面为 25mm×150mm;紫铜板止水带厚度为 2mm;展开宽度 450mm;氯丁橡胶片止水带厚度为 2mm,展开宽度 300mm;涂刷式氯丁胶贴玻璃纤维布宽度为 350mm;预埋式橡胶、塑料止水带断面 150mm×30mm。如设计断面或宽度不同时,用料可以换算,但综合工日定额不变。

变形缝盖缝定额中,木板盖缝断面为 200mm×25mm,如设计断面不同时,用料可以换算,综合工日定额不变。

7. 防腐保温隔热工程定额换算

耐酸防腐块料面层砌立面者,按平面砌相应项目的综合工日定额乘以系数 1.38,踢脚板综合工日定额乘以系数 1.56,其他不变。

各种砂浆、胶泥、混凝土材料的种类、配合比及各种整体面层的厚度,如设计与定额不同时,可以换算,但各种块料面层的结合层砂浆或胶泥厚度不变。

花岗岩板以六面剁斧的板材为准。如底面为毛面者,每 $100m^2$ 花岗岩板,水玻璃耐酸砂浆增加 $0.387m^3$;耐酸沥青砂浆增加 $0.44m^3$。

稻壳中如需增加药物防虫时,材料另行计算,综合工日定额不变。

8. 金属结构制作工程定额换算

定额编号 12-1 至 12-45 项,其他材料费(以 * 表示)均由以下材料组成:木脚手板 $0.03m^3$;木垫板 $0.01m^3$;铁丝(8 号)0.40kg;砂轮片 0.2 片;铁砂布 0.07 张;机油 0.04kg;洗油 0.03kg;铅油 0.80kg;棉纱头 0.11kg。

定额编号 12-1 至 12-45 项,其他机械费(以 * 表示)由下列机械组成:座式砂轮机 0.56 台班;手动砂机 0.56 台班;千斤顶 0.56 台班;手动葫芦 0.56 台班;手电钻 0.56 台班。

第二节 人工、材料、施工机械台班单价确定

一、人工单价确定

人工单价是指一个生产工人一个工作日在工程估价中应计入的全部人工费用。其中人工单价是指生产工人的人工费用,而企业经营管理人

第四章 工程定额计价体系

员的人工费用不属于人工单价的概念范围,人工单价一般是以工日来计量的。当前,生产工人的工日单价组成如下:

(1) 基本工资。是指发放给生产工人的基本工资。生产工人的基本工资应执行岗位工资和技能工资制度。工人岗位工资标准设 8 个岗次。技能工资分初级工、中级工、高级工、技师和高级技师五类,工资标准分 33 档。

$$基本工资(G_1) = \frac{生产工人平均月工资}{年平均每月法定工作日} \tag{4-3}$$

其中,年平均每月法定工作日=(全年日历日-法定假日)/12

(2) 工资性补贴。是指为了补偿工人额外或特殊的劳动消耗及为了保证工人的工资水平不受特殊条件影响,而以补贴形式支付给工人的劳动报酬,它包括按规定标准发放的物价补贴、煤、燃气补贴、交通费补贴、住房补贴、流动施工津贴及地区津贴等。

$$工资性补贴(G_2) = \frac{\sum 年发放标准}{全年日历日-法定假日} + \frac{\sum 月发放标准}{年平均每月法定工作日} + 每工作日发放标准 \tag{4-4}$$

其中法定假日指双休日和法定节日。

(3) 辅助工资。是指生产工人年有效施工天数以外非作业天数的工资,包括职工学习、培训期间的工资,调动工作、探亲、休假期间的工资,因气候影响的停工工资、女工哺乳时间的工资、病假在六个月以内的工资及产、婚、丧假期的工资。

$$生产工人辅助工资(G_3) = \frac{全年无效工作日 \times (G_1 + G_2)}{全年日历日-法定假日} \tag{4-5}$$

(4) 职工福利费。是指按规定标准计提的职工福利费。

$$职工福利费(G_4) = (G_1 + G_2 + G_3) \times 福利费计提比例(\%)$$

(5) 生产工人劳动保护费。是指按规定标准发放的劳动保护用品等的购置费及修理费,徒工服装补贴、防暑降温费、在有碍身体健康环境中的施工保健费用等。

$$生产工人劳动保护费(G_5) = \frac{生产工人年平均支出劳动保护费}{全年日历日-法定假日} \tag{4-6}$$

养老保险、医疗保险、住房公积金、失业保险等社会保障的改革措施,新的工资标准会将上述内容逐步纳入人工预算单价之中。

二、影响人工单价的因素

(1)政策因素。如政府指定的有关劳动工资制度、最低工资标准、有关保险的强制规定等。政府推行的社会保障和福利政策也会影响人工单价的变动。

(2)市场因素。如市场供求关系对劳动力价格的影响、不同地区劳动力价格的差异、雇佣工人的不同方式(如当地临时雇佣与长期雇佣的人工单价可能不一样)以及不同的雇佣合同条款等。包括劳动力市场供需变化、生活消费指数及社会平均工资水平等。

(3)管理因素。如生产效率与人工单价的关系、不同的支付系统对人工单价的影响等。

(4)人工单价的组成内容。例如,住房消费、养老保险、医疗保险、失业保险等列入人工单价,会使人工单价提高。

三、材料单价的确定

材料价格是指材料(包括构件、成品及半成品等)从其来源地(或交货地点、供应者仓库提货地点)到达施工工地仓库(施工地点内存放材料的地点)后出库的综合平均价格。材料价格一般由材料原价(或供应价格)、材料运杂费、运输损耗费、采购及保管费、包装费组成。凡由生产厂负责包装,其包装费已计入材料原价者,不再另行计算,但包装品有回收价值应扣回包装回收价值。上述各项构成材料基价,另外在计价时,材料费中还应包括单独列项计算的检验试验费。

(1)材料基价。

1)材料原价。材料原价是指材料的出厂价格,或者是销售部的批发牌价和市场采购价格(或信息价)。预算价格中,材料原价宜按出厂价、批发价、市场价综合考虑。

2)材料运杂费。材料运杂费是指材料自来源地运至工地仓库或指定堆放地点所产生的全部费用。含外埠中转运输过程中所产生的一切费用和过境过桥费用,包括调车和驳船费、装卸费、运输费及附加工作费等。

3)运输损耗费。在材料的运输中应考虑一定的场外运输损耗费用。这是指材料在运输装卸过程中不可避免的损耗。其计算公式如下:

$$运输损耗费 = (材料原价 + 运杂费) \times 相应材料损耗率 \qquad (4-7)$$

4)采购及保管费。采购及保管费是指材料供应部门(包括工地仓库及以上各级材料主管部门)在组织采购、供应和保管材料过程中所需的

第四章 工程定额计价体系

各项费用,包含采购费、仓储费、工地管理费和仓储损耗。其计算公式如下:

$$采购及保管费=(材料原价+运杂费+运输损耗费)\times 采购及保管费率 \tag{4-8}$$

5)包装费。包括费是指为了便于材料运输或为保护材料而进行包装所需要的费用,包括水运、陆运中的支撑、篷布等。

①简易包装应按下式计算:

$$包装材料回收价值=包装材料原价\times 回收量比例\times 回收价值比例 \tag{4-9}$$

$$包装费=包装材料原价-包装材料回收价值 \tag{4-10}$$

②容器包装应按下式计算:

$$包装材料回收价值=\frac{包装材料原价\times 回收量比例\times 回收价值比例}{包装容器标准容重} \tag{4-11}$$

$$包装费=\frac{包装材料原价\times \left(1-\dfrac{回收量}{比例}\times \dfrac{回收价}{值比例}\right)+使用期间维修费}{周转使用次数\times 包装容器标准容重} \tag{4-12}$$

综上所述,材料基价的一般计算公式如下:

$$材料基价=\{(材料原价+运杂费+包装费)\times [1+运输损耗率(\%)]\}\times [1+采购及保管费率(\%)] \tag{4-13}$$

(2)检验试验费。检验试验费是指对建筑材料、构件和建筑安装物进行一般鉴定、检查所发生的费用,包括自设试验室进行试验所耗用的材料和化学药品等费用。不包括新结构、新材料的试验费和建设单位对具有出厂合格证明的材料进行检验,对构件做破坏性试验及其他特殊要求检验试验的费用。其计算公式如下:

$$检验试验费=\sum(单位材料量检验试验费\times 材料消耗量) \tag{4-14}$$

四、影响材料价格变动的因素

(1)市场供需变化。材料原价是材料价格中最基本的组成部分。市场供大于求价格就会下降;反之,价格就会上升,从而也就会影响材料价格的涨落。

(2)材料生产成本的变动直接涉及材料价格的波动。

(3)流通环节的多少和材料供应体制也会影响材料价格。

(4) 运输距离和运输方法的改变会影响材料运输费用的增减,从而也会影响材料价格。

(5) 国际市场行情会对进口材料价格产生影响。

五、施工机械台班单价的确定

施工机械使用费是根据施工中耗用的机械台班数量和机械台班单价确定的。施工机械台班耗用量按预算定额规定计算;施工机械台班单价是指一台施工机械,在正常运转条件下,一个工作班中所发生的全部费用,每台班按 8h 工作制计算。

施工机械台班单价由七项费用组成,包括折旧费、大修理费、经常修理费、安拆费及场外运费、燃料动力费、人工费及车船使用税等。

(1) 折旧费。折旧费是指机械在规定的寿命期(使用年限或耐用总台班)内,陆续收回其原值的费用及支付贷款利息的费用。其计算公式如下:

$$台班折旧费 = \frac{机械预算价格 \times (1-残值率) \times 贷款利息系数}{耐用总台班} \quad (4-15)$$

1) 机械预算价格。

① 国产机械预算价格:是指机械出厂价格加上从生产厂家(或销售单位)交货地点运至使用单位的机械管理部门并验收入库的全部费用。对于少量无法取到实际价格的机械,可用同类机械或相近机械的价格采用内插法和比例法取定。

② 进口机械预算价格:是指进口机械到岸完税价格(即包括机械出厂价格和到达我国口岸之前的运费、保险费等一切费用)加上关税、外贸部门手续费、银行财务费以及由口岸运至使用单位的机械管理部门并验收入库的全部费用。其计算公式如下:

$$\begin{aligned}进口机械预算价格 = &到岸价格 \times (1+关税税率+增值税税率) \times (1 \\ &+购置附加费率+外贸部门手续费率+银行财 \\ &务费率+国内一次运杂费费率) \quad (4-16)\end{aligned}$$

2) 残值率。残值率是指机械报废时回收的残值占机械原值的百分比。残值率按目前有关规定执行:运输机械 2%,特大型机械 3%,中小型机械 4%,掘进机械 5%。

3) 贷款利息系数。为补偿企业贷款购置机械设备所支付的利息,从而合理反映资金的时间价值,以大于 1 的贷款利息系数,将贷款利息(单利)分摊在台班折旧费中。其计算公式如下:

第四章 工程定额计价体系

$$贷款利息系数 = 1 + \frac{(折旧年限+1)}{2} \times 贷款年利率 \quad (4-17)$$

4)耐用总台班。耐用总台班是指机械在正常施工作业条件下,从投入使用起到报废止达到的使用总台班数。其计算公式如下:

$$耐用总台班 = 折旧年限 \times 年工作台班 = 大修间隔台班 \times 大修周期$$
$$(4-18)$$

①年工作台班是根据有关部门对各类主要机械最近三年的统计资料分析确定。

②大修间隔台班是指机械自投入使用起至第一次大修止或自上一次大修后投入使用起至下一次大修止,应达到的使用台班数。

③大修周期是指机械正常的施工作业条件下,将其寿命期(即耐用总台班)按规定的大修理次数划分为若干个周期。其计算公式如下:

$$大修周期 = 寿命期大修理次数 + 1 \quad (4-19)$$

(2)大修理费。大修理费是指机械设备按规定的大修间隔台班进行必要的大修理,以恢复机械正常功能所需的全部费用。台班大修理费则是机械寿命期内全部大修理费之和在台班费用中的分摊额。其计算公式如下:

$$台班大修理费 = \frac{一次大修理费 \times 寿命期大修理次数}{耐用总台班} \quad (4-20)$$

1)一次大修理费。指机械设备按规定的大修范围和修理工作内容,进行一次全面修理所需消耗的工时、配件、辅助材料、油燃料以及送修运输等全部费用。

2)寿命期大修理次数。指机械设备为恢复原机功能按规定在使用期限内需要进行的大修理次数。

(3)经常修理费。经常修理费是指机械设备除大修以外必须进行的各级保养(包括一、二、三级保养)以及临时故障排除和机械停置期间的维护保养等所需各项费用;为保障机械正常运转所需替换设备、随机工具附具的摊销及维护费用;机械运转及日常保养所需润滑、擦拭材料费用。

在机械寿命期内,上述各项费用之和分摊到台班费中,即为台班经常修理费。其计算公式如下:

$$台班经常修理费 = \frac{\sum \left(\begin{array}{c} 各级保养 \\ 一次费用 \end{array} \times \begin{array}{c} 寿命期各级 \\ 保养总次数 \end{array} \right) + \begin{array}{c} 临时故障 \\ 排除费用 \end{array}}{耐用总台数} + 替换$$

设备台班摊销费＋工具附具台班摊销费＋例保辅料费

(4-21)

为简化计算,也可采用下列公式:

$$台班经常修理费=台班大修费×K \quad (4-22)$$

$$K=\frac{机械台班经常修理费}{机械台班大修理费} \quad (4-23)$$

式中　K——台班经常修理费系数。

1)各级保养一次费用。机械在各个使用周期内为保证机械处于完好状况,必须按规定的各级保养间隔周期保养范围和内容进行的一、二、三级保养或定期保养所消耗的工时、配件、辅料、油燃料等费用。应以《全国统一施工机械保养修理技术经济定额》为基础,结合编制期市场价格综合确定。

2)寿命期各级保养总次数。指一、二、三级保养或定期保养在寿命期内各个使用周期中保养次数之和。应按照《全国统一施工机械保养修理技术经济定额》确定。

3)临时故障排除费。指机械除规定的大修理及各级保养以外,排除临时故障所需费用以及机械在工作日以外的保养维护所需润滑擦拭材料费。可按各级保养(不包括例保辅料费)费用之和的3‰计算。

4)替换设备及工具附具台班摊销费。指轮胎、电缆、蓄电池、运输皮带、钢丝绳、胶皮管、履带板等消耗性设备和按规定随机配备的全套工具附具的台班摊销费用。

5)例保辅料费。即机械日常保养所需润滑擦拭材料的费用。替换设备及工具附具台班摊销费、例保辅料费的计算应以《全国统一施工机械保养修理技术经济定额》为基础,结合编制期市场价格综合确定。

(4)安拆费及场外运费。安拆费是指机械在施工现场进行安装、拆卸所需的人工、材料、机械费及试运转费,以及安装所需要的辅助设施的费用。场外运费是指机械整体或分件自停放地运至施工现场所发生的费用,包括机械的装卸、运输、辅助材料费和机械在现场使用期需回基地大修理的运费。

1)工地间移动较为频繁的小型机械及部分中型机械,其安拆费及场外运费应计入台班单价。台班安拆费及场外运费应按下列公式计算:

$$台班安拆费及场外运费 = \frac{一次安拆费及场外运费 \times 年平均安拆次数}{年工作台班}$$

(4-24)

一次安拆费应包括施工现场机械安装和拆卸一次所需的人工费、材料费、机械费及试运转费。

一次场外运费应包括运输、装卸、辅助材料和架线等费用。

年平均安拆次数应以《全国统一施工机械保养修理技术经济定额》为基础,由各地区(部门)结合具体情况确定。

2)移动有一定难度的特、大型(包括少数中型)机械,其安拆费及场外运费应单独计算。

单独计算的安拆费及场外运费除应计算安拆费、场外运费外,还应计算辅助设施(包括基础、底座、固定锚桩、行走轨道枕木等)的折旧、搭设和拆除等费用。

3)不需安装、拆卸且自身又能开行的机械和固定在车间不需安装、拆卸及运输的机械,其安拆费及场外运费不计算。

4)自升式塔式起重机安装、拆卸费用的超高起点及其增加费,各地区(部门)可根据具体情况确定。

(5)燃料动力费。燃料动力费是指机械设备在运转施工作业中所耗用的固体燃料(煤炭、木材)、液体燃料(汽油、柴油)、电力、水和风力等费用。

燃料动力消耗量的确定方法有实测方法、现行定额燃料动力消耗量平均法及调查数据平均法。

为了准确地确定施工机械台班燃料动力的消耗量,在实际工作中,往往将三种办法结合起来,以取得各种数据,然后取其平均值。其计算公式如下:

$$台班燃料动力消耗量 = \frac{实测数 \times 4 + 定额平均值 + 调查平均值}{6}$$

(4-25)

《全国统一施工机械台班费用定额》的燃料动力消耗量就是采取这种方法确定的。

$$台班燃料动力费 = 台班燃料动力消耗量 \times 各省、市、自治区规定的相应单价$$

(4-26)

(6)人工费。施工机械台班费中的人工费,是指机上司机、司炉和其他操作人员的工作日工资,以及上述人员在规定的机械年工作台班以外的基本工资和工资性质的津贴。

$$台班人工费 = 人工消耗量 \times \left(\frac{1 + 年制度工作日 - 年工作台班}{年工作台班} \right) \times 人工单价$$

(4-27)

1) 人工消耗量指机上司机(司炉)和其他操作人员工日消耗量。
2) 年制度工作日应执行编制期国家有关规定。
3) 人工单价应执行编制期工程造价管理部门的有关规定。

(7) 车船使用税。车船使用税是指按照国家有关规定应交纳的车船使用税,按各省、自治区、直辖市规定标准计算后列入定额。其计算公式如下:

$$\frac{台班}{车船使用税} = \frac{年车船使用税 + 年保险费 + 年检费用}{年工作台班}$$

(4-28)

1) 年车船使用税、年检费用应执行编制期有关部门的规定。
2) 年保险费执行编制期有关部门强制性保险的规定,非强制性保险不应计算在内。

第三节 人工、材料、施工机械台班定额消耗量确定

一、人工定额消耗量确定

1. 工作时间分类

研究施工中的工作时间最主要的目的是确定施工的时间定额和产量定额,其前提是对工作时间按其消耗性质进行分类,以便研究工时消耗的数量及其特点。

工作时间,指的是工作班延续时间。对工作时间消耗的研究,可以分为两个系统进行,即工人工作时间的消耗和工人所使用的机器工作时间消耗。

(1) 工人工作时间消耗的分类。工人在工作班内消耗的工作时间,按其消耗的性质,分为定额时间和非定额时间两部分。

1) 定额时间。定额时间指必须消耗的时间,即工人在正常施工条件下,为完成一定产品所消耗的时间。定额时间由有效工作时间、休息时间及不可避免的中断时间组成。

①有效工作时间。有效工作时间是从生产效果来看与产品生产直接有关的时间消耗。其中包括基本工作时间、辅助工作时间、准备与结束工作时间的消耗。基本工作时间是工人直接完成一定产品的施工工艺过程所消耗的时间,包括这一施工过程所有工序的工作时间,也就是劳动借助于劳动手段,直接改变劳动对象的性质、形状、位置、外表、结构等所消耗的时间;辅助工作时间是为了保证基本工作的正常进行所必需的辅助性工作的消耗时间。在辅助工作时间内,劳动者不能使产品的形状、大小、性质或位置等发生变化;准备与结束工作时间是执行任务前或任务完成后所消耗的工作时间。准备和结束工作时间的长短与所担负的工作量大小无关,但往往和工作内容有关。这项时间消耗又可以分为班内的准备与结束工作时间和任务的准备与结束工作时间。

②休息时间。休息时间是工人在工作过程中为恢复体力所必需的短暂休息和生理需要的时间消耗。这种时间是为了保证工人精力充沛地进行工作,所以在定额时间中必须进行计算。休息时间长短和劳动条件有关,劳动越繁重紧张、劳动条件越差,则休息时间需越长。

③不可避免的中断时间。其是由施工工艺特点引起的工作中断所必需的时间,应包括在定额时间内,但应尽量缩短此项时间消耗。

2)非定额时间。非定额时间即非生产所必需的工作时间,也就是工时损失,它与产品生产无关,而和施工组织及技术上的缺点有关,与工人在施工过程中的过失或某些偶然因素有关。

非定额时间也即损失时间,它由多余和偶然的工作时间、停工时间及违反劳动纪律所损失的时间三部分组成。

①多余和偶然工作时间。指在正常施工条件下不应发生或因意外因素所造成的时间消耗。例如:对已磨光的水磨石进行多余磨光,不合格产品的返工,抹灰工补上电工偶然遗留的墙洞等。

②停工时间。指在工作班内停止工作所造成的工时损失。停工时间按其性质可分为施工本身造成的停工时间和非施工本身造成的停工时间。施工本身造成的停工时间是指由于施工组织不当、材料供应不及时等引起的停工时间;非施工本身造成的定额时间是指由于气候条件以及水、电中断等引起的停工时间。

③违反劳动纪律的损失时间。指由于工人迟到、早退、聊天、擅自离开工作岗位等所造成的时间损失。

(2)机器工作时间消耗的分类。在机械化施工过程中,除了要对工人工作时间的消耗进行分类研究之外,还需要分类研究机器工作时间的消耗。机器工作时间也分为定额时间和非定额时间两大类。

1)定额时间。包括有效工作、不可避免的无负荷工作和不可避免的中断三项时间消耗。而在有效工作的时间消耗中又包括正常负荷下,有根据地降低负荷下工作的工时消耗。

正常负荷下的工作时间,是机器在与机器说明书规定的计算负荷相符的情况下进行工作的时间。

有根据地降低负荷下的工作时间,是在个别情况下由于技术上的原因,机器在低于其计算负荷下工作的时间。

不可避免的无负荷工作时间,是由施工过程的特点和机械结构的特点造成的机械无负荷工作时间。例如筑路机在工作区末端调头等,都属于此项工作时间的消耗。

不可避免的中断时间,是与工艺过程的特点、机器的使用和保养、工人休息有关的中断时间。

2)非定额时间。包括多余工作、停工、违反劳动纪律所消耗的工作时间和低负荷下的工作时间。

机器的多余工作时间,是机器完成任务内和工艺过程内未包括的工作而延续的时间。

机器的停工时间,按其性质也可分为施工本身造成和非施工本身造成的停工。前者是由于施工组织不当而引起的停工现象。后者是由于气候条件等所引起的停工现象。

违反劳动纪律引起的机器的时间损失,是指由于工人迟到、早退或擅离岗位等原因引起的机器停工时间。

低负荷下的工作时间,是由于工人或技术人员的过错所造成的施工机械在降低负荷的情况下工作的时间。

2. 影响工时消耗的因素

根据施工过程影响因素的产生和特点,可以将其分为技术因素和组织因素两类。

(1)技术因素。包括完成产品的类别,材料、构配件的种类和型号等级,机械和机具的种类、型号和尺寸,产品质量等。

(2)组织因素。包括操作方法和施工的管理与组织,工作地点的组

第四章 工程定额计价体系

织、人员组成和分工，工资与奖励制度，原材料和构配件的质量及供应的组织，气候条件等。

另外，根据施工过程影响因素对工时消耗数值的影响程度和性质，还可将其分为系统性因素和偶然性因素两类。

（1）系统性因素。是指对工时消耗数值引起单一方面的（只是降低或增高）、重大影响的因素。这类因素在定额的测定中应该加以控制。

（2）偶然性因素。是指对工时消耗数值可能引起双向的（可能降低，也可能增高）、微小影响的因素。

3. 确定人工定额消耗量的方法

时间定额和产量定额是人工定额的两种表现形式。拟定出时间定额，也就可以计算出产量定额，时间定额是在拟定基本工作时间、辅助工作时间、不可避免的中断时间、准备与结束的工作时间，以及休息时间的基础上制定的。

（1）拟定基本工作时间。基本工作时间在必需消耗的工作时间中占的比重最大。基本工作时间消耗一般应根据计时观察资料来确定。确定方法如下：

1）若组成部分的产品计量单位和工作过程的产品计量单位相符，首先确定工作过程每一组成部分的工时消耗，然后综合出工作过程的工时消耗。

2）若组成部分的产品计量单位和工作过程的产品计量单位不符，需先求出不同计量单位的换算系数，进行产品计量单位的换算，然后相加，求得工作过程的工时消耗。

（2）拟定辅助工作时间和准备与结束工作时间。辅助工作时间和准备与结束工作时间的确定方法与基本工作时间相同。但是，如果这两项工作时间在整个工作班工作时间消耗中所占比重不超过 5%～6%，则可归纳为一项，以工作过程的计量单位表示，确定出工作过程的工时消耗。如果在计时观察时不能取得足够的资料，也可采用工时规范或经验数据来确定。如具有现行的工时规范，可以直接利用工时规范中规定的辅助和准备与结束工作时间的百分比来计算。

（3）拟定不可避免的中断时间。在确定不可避免中断时间的定额时，只有由工艺特点所引起的不可避免中断时间才可列入工作过程的时间定额。不可避免中断时间需要根据测时资料通过整理分析获得，也可以根据经验数据或工时规范,以占工作日的百分比表示此项工时消耗的时间定额。

(4)拟定休息时间。休息时间应根据工作班作息制度、经验资料、计时观察资料,以及对工作的疲劳程度作全面分析来确定。同时,应考虑尽可能利用不可避免中断时间作为休息时间。

从事不同工种、不同工作的工人,疲劳程度有很大差别。为了合理确定休息时间,往往要对从事各种工作的工人进行观察、测定,以及进行生理和心理方面的测试,以便确定其疲劳程度。划分出疲劳程度的等级,就可以合理规定需要休息的时间。表 4-3 为疲劳程度的等级划分。

表 4-3　　　　　　　　休息时间占工作日的比重

疲劳程度	轻便	较轻	中等	较重	沉重	最沉重
等级	1	2	3	4	5	6
占工作日比重/(%)	4.16	6.25	8.33	11.45	16.7	22.9

(5)拟定定额时间。确定的基本工作时间、辅助工作时间、准备与结束工作时间,不可避免的中断时间与休息时间之和,就是劳动定额的时间定额。根据时间定额可计算出产量定额,时间定额和产量定额互成倒数。

利用工时规范,可以计算劳动定额的时间定额。其计算公式如下:

$$\text{工序作业时间} = \text{基本工作时间} + \text{辅助工作时间} \quad (4\text{-}29)$$

$$\text{规范时间} = \text{准备与结束工作时间} + \text{不可避免的中断时间} + \text{休息时间}$$
$$(4\text{-}30)$$

$$\begin{aligned}\text{工序作业时间} &= \text{基本工作时间} + \text{辅助工作时间}\\ &= \text{基本工作时间}/(1 - \text{辅助工作时间}\%)\end{aligned}$$
$$(4\text{-}31)$$

$$\text{定额时间} = \frac{\text{工序作业时间}}{1 - \text{规范时间}\%} \quad (4\text{-}32)$$

4. 计时观察法

计时观察法是测定时间消耗的基本方法,测定时间消耗定额是一个用科学的方法观察、记录、整理、分析的过程,为制定工程定额提供可靠依据。

(1)计时观察法的用途。

1)取得编制施工的劳动定额和机械定额所需要的基础资料和技术

根据。

2)研究先进工作法和先进技术操作对提高劳动生产率的具体影响,并应用和推广先进工作法及先进技术操作。

3)研究减少工时消耗的潜力。

4)研究定额执行情况,包括研究大面积、大幅度超额和达不到定额的原因,做到积累资料、反馈信息。

(2)计时观察前的准备工作。

1)确定需要进行计时观察的施工过程。计时观察之前的第一个准备工作,是研究并确定有哪些施工过程需要进行计时观察,对于需要进行计时观察的施工过程要编出详细的目录,拟定工作进度计划,制定组织技术措施。

2)对施工过程进行预研究。对于已确定的施工过程的性质应进行充分的研究。研究的方法,是全面地对各个施工过程及其所处的技术组织条件进行实际调查和分析,以便设计正常的(标准的)施工条件和分析研究测时数据。

3)选择施工的正常条件。绝大多数企业和施工队、组,在合理组织施工的条件下所处的施工条件,称之为施工的正常条件。选择施工的正常条件是技术测定中的一项重要内容,也是确定定额的依据。

4)选择观察对象。观察对象是对其进行计时观察的施工过程和完成该施工过程的工人。选择计时观察对象必须注意所选择的施工过程要完全符合正常施工条件,以及所选择的建筑安装工人应具有与技术等级相符的工作技能和熟练程度。

5)调查所测定施工过程的影响因素。施工过程的影响因素包括技术、组织及自然因素。

(3)计时观察法分类。对施工过程进行观察、测时,计算实物和劳务产量,记录施工过程所处的施工条件和确定影响工时消耗的因素,是计时观察法的三项主要内容和要求。计时观察法种类很多,最主要的有三种,即测时法、写实记录法及工作日写实法。

1)测时法。测时法主要适用于测定定时重复的循环工作的工时消耗,是精确度比较高的一种计时观察法,一般可达到 $0.2\sim15s$。测时法有选择法和接续法两种。

①选择测时法也称为间隔测时法,是间隔选择施工过程中非紧密连

接的组成部分(工序或操作)测定工时,精确度达0.5s。

②接续测时法也称作连续测时法,是连续测定一个施工过程各工序或操作的延续时间。接续测时法每次要记录各工序或操作的终止时间,并计算出本工序的延续时间。

接续测时法比选择测时法准确、完善,但观察技术也较之复杂。

2) 写实记录法。写实记录法是一种研究各种性质的工作时间消耗的方法。采用这种方法,可以获得分析工作时间消耗的全部资料,是一种值得提倡的方法。写实记录法的观察对象,可以是一个工人,也可以是一个工人小组。测时用普通表进行,详细记录在一段时间内观察对象的各种活动及其时间消耗(起止时间),以及完成的产品数量。

3) 工作日写实法。工作日写实法是一种研究整个工作班内的各种工时消耗的方法,是利用写实记录表记录观察资料。记录时间时不需要将有效工作时间分为各个组成部分,只需划分适合于技术水平和不适合于技术水平两类。但是工时消耗还需按性质分类记录。

工作日写实法与测时法、写实记录法相比较,具有技术简便、费力不多、应用面广和资料全面的优点,在我国是一种采用较广的编制定额的方法。

5. 人工工日消耗量计算

在预算定额中,人工工日消耗量是指在正常施工条件下,生产单位合格产品所必需消耗的人工工日数量,由基本用工和其他用工两部分组成。

(1) 基本用工。基本用工指完成单位合格产品所必需消耗的技术工种用工。按技术工种相应劳动定额工时定额计算,以不同工种列出定额工日。基本用工包括:

1) 完成定额计量单位的主要用工。按综合取定的工程量和相应劳动定额进行计算。其计算公式如下:

$$基本用工 = \sum (综合取定的工程量 \times 劳动定额) \qquad (4-33)$$

2) 按劳动定额规定应增加计算的用工量。例如砖基础埋深超过2m,超过部分要增加用工,预算定额中应按一定比例给予增加。

(2) 其他用工。

1) 超运距用工。超运距是指劳动定额中已包括的材料、半成品场内水平搬运距离与预算定额所考虑的现场材料、半成品堆放地点到操作地点的水平运输距离之差。其计算公式如下:

第四章 工程定额计价体系

$$超运距=预算定额取定运距-劳动定额已包括的运距 \quad (4-34)$$

$$超运距用工=\sum(超运距材料数量\times 相应的时间定额) \quad (4-35)$$

需要指出,实际工程现场运距超过预算定额取定运距时,可另行计算现场二次搬运费。

2)辅助用工。辅助用工是指技术工种劳动定额内不包括而在预算定额内又必须考虑的用工。其计算公式如下:

$$辅助用工=\sum(材料加工数量\times 相应的加工劳动定额) \quad (4-36)$$

3)人工幅度差。即预算定额与劳动定额的差额,主要是指在劳动定额中未包括而在正常施工情况下不可避免但又很难准确计量的用工和各种工时损失。内容包括:各工种间的工序搭接及交叉作业相互配合或影响所发生的停歇用工、施工机械在单位工程之间转移及临时水电线路移动所造成的停工、质量检查和隐蔽工程验收工作的影响、班组操作地点转移用工、工序交接时对前一工序不可避免的修整用工及施工中不可避免的其他零星用工。

人工幅度差计算公式如下:

$$人工幅度差=(基本用工+辅助用工+超运距用工)\times 人工幅度差系数 \quad (4-37)$$

人工幅度差系数一般为 10%~15%。在预算定额中,人工幅度差的用工量列入其他用工量中。

二、材料定额消耗量确定

(1)材料消耗定额。材料消耗定额(即总消耗量)包括直接消耗在建筑产品实体上的净用量和在施工现场内运输及操作过程中不可避免的损耗量(不包括二次搬运、场外运输等损耗)。

用公式表示如下:

$$材料总消耗量=材料净用量+材料损耗量 \quad (4-38)$$

$$材料损耗量=材料净用量\times 材料损耗率 \quad (4-39)$$

将上述公式整理后得:

$$材料总消耗量=材料净用量\times(1+材料损耗率) \quad (4-40)$$

材料的损耗率是通过观测和统计,由国家有关部门确定的。

(2)确定材料消耗量的基本方法。确定实体材料的净用量定额和材料损耗定额的计算数据,是通过现场技术测定、实验室试验、现场统计和理论计算等方法获得的。

1)现场技术测定法。主要是编制材料损耗定额,也可以提供编制材料净用量定额的参考数据。其优点是能通过现场观察、测定,了解产品产量和材料消耗的情况,为编制材料定额提供技术根据。

2)实验室试验法。主要是编制材料净用量定额。通过试验,能够对材料的结构、化学成分和物理性能,以及按强度等级控制的混凝土、砂浆配比做出科学的结论,给编制材料消耗定额提供有技术根据的、比较精确的计算数据。

实验室试验法的不足之处是不能取得施工现场实际条件下的多种客观因素对材料耗用量的影响。因此,在最终确定材料消耗量时还要进行具体分析。

3)现场统计法。是以现场积累的分部分项工程拨付材料数量、剩余材料数量以及总共完成产品数量的统计资料为基础,经过分析,计算出单位产品的材料消耗标准的方法。

4)理论计算法。是运用一定的数学公式计算材料消耗定额。

【例 4-1】 某工程有 300m^2 地面砖,规格为 150mm×150mm,灰缝为 1mm,损耗率为 1.5%,试计算 300m^2 地面砖的消耗量是多少?

【解】

$$100m^2 \text{ 地面砖净用量} = \frac{100}{(0.15+0.001) \times (0.15+0.001)} \approx 4386 \text{ 块}$$

$100m^2$ 地面砖消耗量 $=4386 \times (1+1.5\%)=4452$ 块

$300m^2$ 地面砖消耗量 $=3 \times 4452=13356$ 块

三、机械台班定额消耗量确定

机械台班消耗定额,是指在正常施工条件、合理劳动组织和合理使用机械的条件下,完成单位合格产品所必须消耗机械台班数量的标准,简称机械台班定额。

机械台班定额以台班为单位,每一个台班按 8h 计算。

机械台班定额按其表现形式不同,可分为机械时间定额和机械产量定额。

$$\text{机械台班产量定额} = \frac{1}{\text{机械台班时间定额}} \qquad (4-41)$$

(1)确定机械纯工作 1h 正常生产率。确定机械正常生产率时,必须首先确定出机械纯工作 1h 的正常生产率。

机械纯工作时间指机械的必需消耗时间。机械纯工作 1h 正常生产率就是在正常施工组织条件下,具备必需的知识和技能的技术工人操纵机械 1h 的生产率。

根据机械工作特点的不同,机械纯工作 1h 正常生产率的确定方法也有所不同。

1)对于循环动作机械,确定机械纯工作 1h 正常生产率的计算公式如下:

$$机械一次循环的正常延续时间 = \sum \left(\begin{array}{c} 循环各组成部分 \\ 正常延续时间 \end{array} \right) - 交叠时间 \tag{4-42}$$

$$机械纯工作 1h 循环次数 = \frac{60 \times 60(s)}{一次循环的正常延续时间} \tag{4-43}$$

$$循环动作机械纯工作 1h 正常生产率 = \begin{array}{c} 机械纯工作 1h \\ 循环次数 \end{array} \times \begin{array}{c} 一次循环生产 \\ 的产品数量 \end{array} \tag{4-44}$$

2)对于连续动作机械,确定机械纯工作 1h 正常生产率要根据机械的类型和结构特征,以及工作过程的特点来进行。其计算公式如下:

$$连续动作机械纯工作 1h 正常生产率 = \frac{工作时间内生产的产品数量}{工作时间(h)} \tag{4-45}$$

(2)确定施工机械的正常利用系数。机械的正常利用系数是指机械在工作班内对工作时间的利用率。机械的利用系数和机械在工作班内的工作状况有着密切的关系。机械正常利用系数的计算公式如下:

$$\begin{array}{c} 机械正常 \\ 利用系数 \end{array} = \frac{机械在一个工作班内纯工作时间}{一个工作班延续时间(8h)} \tag{4-46}$$

(3)计算施工机械台班定额。在确定了机械纯工作 1h 正常生产率和机械正常利用系数之后,采用下列公式计算施工机械台班产量定额:

$$\begin{array}{c} 施工机械台班 \\ 产量定额 \end{array} = \begin{array}{c} 机械纯工作 1h \\ 正常生产率 \end{array} \times \begin{array}{c} 工作班纯 \\ 工作时间 \end{array} \tag{4-47}$$

或

$$\begin{array}{c} 施工机械台班 \\ 产量定额 \end{array} = \begin{array}{c} 机械纯工作 1h \\ 正常生产率 \end{array} \times \begin{array}{c} 工作班 \\ 延续时间 \end{array} \times \begin{array}{c} 机械正常 \\ 利用系数 \end{array} \tag{4-48}$$

$$施工机械台班时间定额 = \frac{1}{施工机械台班产量定额} \tag{4-49}$$

(4)计算机械台班消耗量。机械台班消耗量等于施工定额或劳动定额中的机械台班产量加机械幅度差。

机械台班幅度差包括:
1) 正常施工组织条件下不可避免的机械空转时间。
2) 施工技术原因的中断及合理停滞时间。
3) 因供电供水故障及水电线路移动检修而发生的运转中断时间。
4) 因气候变化或机械本身故障影响工时利用的时间。
5) 施工机械转移及配套机械相互影响损失的时间。
6) 配合机械施工的工人因与其他工种交叉造成的间歇时间。
7) 因检查工程质量造成的机械停歇的时间。
8) 工程收尾和工作量不饱满造成的机械停歇时间。大型机械幅度差系数为:土方机械25%,打桩机械33%,吊装机械30%。砂浆、混凝土搅拌机由于按小组配用,以小组产量计算机械台班产量,不另增加机械幅度差。其他分部工程中如钢筋加工、木材、水磨石等各项专用机械的幅度差为10%。

综上所述,预算定额的机械台班消耗量按下式计算:

$$\text{预算定额机械耗用台班} = \text{施工定额机械耗用台班} \times (1 + \text{机械幅度差系数}) \quad (4\text{-}50)$$

第四节　工程单价和单位估价表

一、工程单价

工程单价,是指单位假定建筑安装产品的不完全价格,通常是指建筑安装工程的预算单价和概算单价。

工程单价与完整的建筑产品(如单位产品、最终产品)价值在概念上完全不同。完整的建筑产品价值,是建筑物或构筑物在真实意义上的全部价值,即完全成本加利税。单位假定建筑安装产品单价,不仅不是可以独立体现建筑物或构筑物价值的价格,甚至也不是单位假定建筑产品的完整价格,因为这种工程单价仅仅是某一单位工程的人工费、材料费和施工机具使用费。

1. 工程单价的作用

(1) 确定和控制工程造价。工程单价是确定和控制概预算造价的基本依据。由于它的编制依据和编制方法规范,在确定和控制工程造价方面有不可忽视的作用。

(2)利用编制统一性地区工程单价，可以简化编制预算和概算的工作量和缩短工作周期，同时也为投标报价提供依据。

(3)利用工程单价可以对结构方案进行经济比较，优选设计方案。

(4)利用工程单价进行工程款的期中结算。

2. 工程单价编制的依据

(1)预算定额和概算定额。编制预算单价或概算单价，主要依据之一是预算定额或概算定额。首先，工程单价的分项是根据定额的分项划分的，所以，工程单价的编号、名称、计量单位的确定均以相应的定额为依据。其次，分部分项工程的人工、材料和机械台班消耗的种类和数量，也是依据相应的定额。

(2)人工单价、材料预算价格和机械台班单价。工程单价除了要依据概、预算定额确定分部分项工程的工、料、机的消耗数量外，还必须依据上述三项"价"的因素，才能计算出分部分项工程的人工费、材料费和机械费，进而计算出工程单价。

(3)措施费和间接费的取费标准。这是计算综合单价的必要依据。

3. 工程单价的种类

(1)按工程单价的适用对象划分，可分为建筑工程单价和安装工程单价。

(2)按用途划分。

1)预算单价。预算单价是通过编制单位估价表、地区单位估价表及设备安装价目表所确定的单价，用于编制施工图预算。

2)概算单价。概算单价是通过编制扩大的单位估价表所确定的单价，用于编制设计概算。

(3)按适用范围划分。

1)地区单价。编制地区单价的意义，主要是简化工程造价的计算，同时，也有利于工程造价的正确计算和控制。因为一个建设工程，所包括的分部分项工程多达数千项，为确定预算单价所编制的单位估价表就要有数千张。要套用不同的定额和预算价格，要经过多次运算。不仅需要大量的人力、物力，也不能保证预算编制的及时性和准确性。所以，编制地区单价不仅十分必要，而且也很有意义。

2)个别单价。这是为适应个别工程编制概算或预算的需要而计算出的工程单价。

(4) 按单价的综合程度划分。

1) 工料单价。也称为直接工程费单价,即预算定额中的"基价",只包括人工费、材料费和机械台班使用费。

2) 综合单价。根据《建设工程工程量清单计价规范》(GB 50500—2013)的规定,综合单价包括完成一个规定清单项目所需的人工费、材料和工程设备费、施工机具使用费和企业管理费、利润以及一定范围内的风险费用。

4. 工程单价的编制方法

工程单价的编制方法,简单说就是工、料、机的消耗量和工、料、机单价的结合过程。其计算公式如下:

(1) 分部分项工程基本直接费单价(基价):

$$\text{分部分项工程基本直接费单价(基价)} = \frac{\text{单位分部分项工程人工费}}{} + \text{材料费} + \text{机械使用费} \quad (4\text{-}50)$$

其中

$$\text{人工费} = \sum (\text{人工工日用量} \times \text{人工日工资单价}) \quad (4\text{-}51)$$

$$\text{材料费} = \sum (\text{各种材料耗用量} \times \text{材料预算价格}) \quad (4\text{-}52)$$

$$\text{机械使用费} = \sum (\text{机械台班用量} \times \text{机械台班单价}) \quad (4\text{-}53)$$

(2) 分部分项工程全费用单价:

$$\text{分部分项工程全费用单价} = \frac{\text{单位分部分项工程直接工程费}}{} + \text{措施费} + \text{间接费} \quad (4\text{-}54)$$

其中,措施费、间接费,一般按规定的费率及其计算基础计算,或按综合费率计算。

二、单位估价表

单位估价表又称工程预算单价表,是以货币形式确定定额计量单位某分部分项工程或结构构件直接工程费用的文件。它是根据预算定额所确定的人工、材料和机械台班消耗数量乘以人工工资单价、材料价格和机械台班单价汇总而成。

1. 单位估价表的作用

(1) 单位估价表是确定工程预算造价的基本依据之一,按设计图纸计算出分项工程量后,分别乘以相应的定额单价(单位估价表)得出分项直接费,汇总各分部分项直接费,按规定计取各项费用,即得出单位工程全部预算造价。

(2)单位估价表是对设计方案进行技术经济分析的基础资料,即每个分项工程,如各种墙体、地面、装修等,各部位选择什么样的设计方案,除考虑生产、功能、坚固、美观等条件外,还必须考虑经济条件。这就需要采用单位估价表进行衡量、比较,在同样条件下当然要选择一种经济合理的方案。

(3)单位估价表是进行已完工程结算的依据,即建设单位和施工企业按单位估价表核对已完工程的单价是否正确,以便进行分部分项工程结算。

(4)单位估价表是施工企业进行经济分析的依据,即企业为了考核成本执行情况,必须按单位估价表中所定的单价和实际成本进行比较。通过对两者的比较,算出降低成本的多少并找出原因。

2. 单位估价表的分类

按定额性质可分为建筑工程单位估价表和设备安装工程单位估价表;按使用范围可分为全国统一定额单位估价表、地区单位估价表及专业工程单位估价表;按编制依据不同可分为定额单位估价表和补充单位估价表。

3. 单位估价表的编制

单位估价表的内容由两大部分组成:一是预算定额规定的工、料、机数量,即合计用工量、各种材料消耗量、施工机械台班消耗量;二是地区预算价格,即与上述三种"量"相适应的人工工资单价、材料预算价格和机械台班预算价格。

编制单位估价表就是把三种"量"与三种"价"分别结合起来,得出各分项工程人工费、材料费和施工机械使用费,三者汇总起来就是工程预算单价。

单位估价表、单位估价汇总表分别见表4-4和表4-5。

表4-4　　　　　　　　　　单位估价表

序号	项　目	单　位	单　价	数　量	合　计
1	综合人工	工日	×××	12.45	××××
2	水泥混合砂浆 M5	m³	×××	1.39	××××

续表

序号	项 目	单 位	单 价	数 量	合 计
3	普通黏土砖	千块	×××	4.34	××××
4	水	m³	×××	0.87	××××
5	灰浆搅拌机 200L	台班	×××	0.23	××××
	合计				××××

表 4-5　　　　　　　　　单位估价汇总表　　　　　　　　　元

定额编号	工程名称	计量单位	单位价值	其中			附注
				工资	材料费	机械费	
4—23	空斗墙一眠一斗	10m³	××××				
4—24	空斗墙一眠二斗	10m³	××××				
4—25	空斗墙一眠三斗	10m³	××××				

注:表格内容摘自《全国统一建筑工程基础定额》上册。

第五章 工程定额计价编制与审查

第一节 设计概算编制与审查

一、设计概算的内容及作用

1. 设计概算的内容

设计概算是初步设计概算的简称,是指在初步设计或扩大初步设计阶段,由设计单位根据初步设计图纸、定额、指标、其他工程费用定额等,对工程投资进行的概略计算,这是初步设计文件的重要组成部分,是确定工程设计阶段的投资依据,经过批准的设计概算是控制工程建设投资的最高限额。设计概算分为三级概算,即单位工程概算、单项工程综合概算、建设项目总概算。其编制内容及相互关系如图5-1所示。

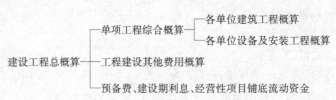

图 5-1 设计概算的编制内容及相互关系

2. 设计概算的作用

(1)设计概算是确定建设项目、各单项工程及各单位工程投资的依据。按照规定报请有关部门或单位批准的初步设计及总概算,一经批准即作为建设项目静态总投资的最高限额,不得任意突破,必须突破时须报原审批部门(单位)批准。

(2)设计概算是编制投资计划的依据。计划部门根据批准的设计概算编制建设项目年固定资产投资计划,并严格控制投资计划的实施。若建设项目实际投资数额超过了总概算,那么必须在原设计单位和建设单位共同提出追加投资的申请报告基础上,经上级计划部门审核批准后,方能追加投资。

(3)设计概算是进行拨款和贷款的依据。建设银行根据批准的设计概算和年度投资计划,进行拨款和贷款,并严格实行监督控制。对超出概算的部分,未经计划部门批准,建行不得追加拨款和贷款。

(4)设计概算是实行投资包干的依据。在进行概算包干时,单项工程综合概算及建设项目总概算是投资包干指标商定和确定的基础,尤其经上级主管部门批准的设计概算或修正概算,是主管单位和包干单位签订包干合同,控制包干数额的依据。

(5)设计概算是考核设计方案的经济合理性和控制施工图预算的依据。设计单位根据设计概算进行技术经济分析和多方案评价,以提高设计质量和经济效果。同时,保证施工图预算在设计概算的范围内。

(6)设计概算是进行各种施工准备、设备供应指标、加工订货及落实各项技术经济责任制的依据。

(7)设计概算是控制项目投资,考核建设成本,提高项目实施阶段工程管理和经济核算水平的必要手段。

二、设计概算的编制

(一)编制依据

(1)批准的可行性研究报告。
(2)设计工程量。
(3)项目涉及的概算指标或定额。
(4)国家、行业和地方政府有关法律、法规或规定。
(5)资金筹措方式。
(6)正常的施工组织设计。
(7)项目涉及的设备、材料供应及价格。
(8)项目的管理(含监理)、施工条件。
(9)项目所在地区有关的气候、水文、地质地貌等自然条件。
(10)项目所在地区有关的经济、人文等社会条件。
(11)项目的技术复杂程度,以及新技术、专利使用情况等。
(12)有关文件、合同、协议等。

(二)设计概算文件组成

(1)三级编制(总概算、综合概算、单位工程概算)形式设计概算文件的组成:

1)封面、签署页及目录。

2)编制说明。

3)总概算表。

4)其他费用表。

5)综合概算表。

6)单位工程概算表。

7)附件:补充单位估价表。

(2)二级编制(总概算、单位工程概算)形式设计概算文件的组成:

1)封面、签署页及目录。

2)编制说明。

3)总概算表。

4)其他费用表。

5)单位工程概算表。

6)附件:补充单位估价表。

(三)建设项目总概算及单项工程综合概算编制

(1)概算编制说明应包括以下主要内容:

1)项目概况:简述建设项目的建设地点、设计规模、建设性质(新建、扩建或改建)、工程类别、建设期(年限)、主要工程内容、主要工程量、主要工艺设备及数量等。

2)主要技术经济指标:项目概算总投资(有引进的给出所需外汇额度)及主要分项投资、主要技术经济指标(主要单位工程投资指标)等。

3)资金来源:按资金来源不同渠道分别说明,发生资产租赁的说明租赁方式及租金。

4)编制依据,参见上述"(一)编制依据"。

5)其他需要说明的问题。

6)总说明附表。

①建筑、安装工程工程费用计算程序表。

②引进设备、材料清单及从属费用计算表。

③具体建设项目概算要求的其他附表及附件。

(2)总概算表。概算总投资由工程费用、其他费用、预备费及应列入项目概算总投资中的几项费用组成:

第一部分 工程费用;

第二部分　其他费用；
第三部分　预备费；
第四部分　应列入项目概算总投资中的几项费用：
①建设期利息。
②固定资产投资方向调节税。
③铺底流动资金。

(3)第一部分　工程费用。按单项工程综合概算组成编制,采用二级编制的按单位工程概算组成编制。

1)市政民用建设项目一般排列顺序：主体建(构)筑物、辅助建(构)筑物、配套系统。

2)工业建设项目一般排列顺序：主要工艺生产装置、辅助工艺生产装置、公用工程、总图运输、生产管理服务性工程、生活福利工程、厂外工程。

(4)第二部分　其他费用。一般按其他费用概算顺序列项,具体见下述"(四)其他费用、预备费、专项费用概算编制"。

(5)第三部分　预备费。包括基本预备费和价差预备费,具体见下述"(四)其他费用、预备费、专项费用概算编制"。

(6)第四部分　应列入项目概算总投资中的几项费用。一般包括建设期利息、铺底流动资金、固定资产投资方向调节税(暂停征收)等,具体见下述"其他费用、预备费、专项费用概算编制"。

(7)综合概算以单项工程所属的单位工程概算为基础,采用"综合概算表"进行编制,分别按各单位工程概算汇总成若干个单项工程综合概算。

(8)对单一的、具有独立性的单项工程建设项目,按二级编制形式编制,直接编制总概算。

(四)其他费用、预备费、专项费用概算编制

(1)一般建设项目其他费用包括建设用地费、建设管理费、勘察设计费、可行性研究费、环境影响评价费、劳动安全卫生评价费、场地准备及临时设施费、工程保险费、联合试运转费、生产准备及开办费、特殊设备安全监督检验费、市政公用设施建设及绿化补偿费、引进技术和引进设备材料其他费、专利及专有技术使用费、研究试验费等。

1)建设管理费。

①以建设投资中的工程费用为基数乘以建设管理费费率计算。

$$建设管理费＝工程费用×建设管理费费率 \quad (5-1)$$

②工程监理是受建设单位委托的工程建设技术服务，属建设管理范畴。如采用监理，建设单位部分管理工作量会转移至监理单位。监理费应根据委托的监理工作范围和监理深度在监理合同中商定或按当地或所属行业部门有关规定计算。

③如建设管理采用工程总承包方式，其总包管理费由建设单位与总包单位根据总包工作范围在合同中商定，从建设管理费中支出。

④改扩建项目的建设管理费费率应比新建项目适当降低。

⑤建设项目建成后，应及时组织验收，移交生产或使用。已超过批准的试运行期，并已符合验收条件但未及时办理竣工验收手续的建设项目，视同项目已交付生产，其费用不得从基建投资中支付，所实现的收入作为生产经营收入，不再作为基建收入。

2) 建设用地费。

①根据征用建设用地面积、临时用地面积，按建设项目所在省、市、自治区人民政府制定颁发的土地征用补偿费、安置补助费标准和耕地占用税、城镇土地使用税标准计算。

②建设用地上的建(构)筑物如需迁建，其迁建补偿费应按迁建补偿协议计列或按新建同类工程造价计算。

③建设项目采用"长租短付"方式租用土地使用权，在建设期间支付的租地费用计入建设用地费，在生产经营期间支付的土地使用费应进入营运成本中核算。

3) 可行性研究费。

①依据前期研究委托合同计列，或参照《国家计委关于印发〈建设项目前期工作咨询收费暂行规定〉的通知》（计投资[1999]1283号）规定计算。

②编制预可行性研究报告参照编制项目建议书收费标准并可适当调增。

4) 研究试验费。

①按照研究试验内容和要求进行编制。

②研究试验费不包括以下项目：

a. 应由科技三项费用(即新产品试制费、中间试验费和重要科学研究补助费)开支的项目。

b. 应在建筑安装费用中列支的施工企业对建筑材料、构件和建筑物进行一般鉴定、检查所发生的费用及技术革新的研究试验费。

c. 应由勘察设计费或工程费用中开支的项目。

5) 勘察设计费。依据勘察设计委托合同计列,或参照原国家计委、建设部《关于发布〈工程勘察设计收费管理规定〉的通知》(计价格[2002]10号)规定计算。

6) 环境影响评价及验收费、水土保持评价及验收费、劳动安全卫生评价及验收费。环境影响评价及验收费依据委托合同计列,或按照原国家计委、国家环境保护总局《关于规范环境影响咨询收费有关问题的通知》(计价格[2002]125号)规定及建设项目所在省、市、自治区环境保护部门有关规定计算;水土保持评价及验收费、劳动安全卫生评价及验收费依据委托合同以及按照国家和建设项目所在省、市、自治区劳动和国土资源等行政部门规定的标准计算。

7) 职业病危害评价费等。依据职业病危害评价、地震安全性评价、地质灾害评价委托合同计列,或按照建设项目所在省、市、自治区有关行政部门规定的标准计算。

8) 场地准备及临时设施费。

① 场地准备及临时设施费应尽量与永久性工程统一考虑。建设场地的大型土石方工程应进入工程费用中的总图运输费用中。

② 新建项目的场地准备和临时设施费应根据实际工程量估算,或按工程费用的比例计算。改扩建项目一般只计拆除清理费。

$$场地准备和临时设施费 = 工程费用 \times 费率 + 拆除清理费 \quad (5-2)$$

③ 发生拆除清理费时可按新建同类工程造价或主材费、设备费的比例计算。凡可回收材料的拆除工程采用以料抵工方式冲抵拆除清理费。

④ 此项费用不包括已列入建筑安装工程费用中的施工单位临时设施费用。

9) 引进技术和引进设备其他费。

① 引进项目图纸资料翻译复制费:根据引进项目的具体情况计列或按引进货价(FOB)的比例估列;引进项目发生备品备件测绘费时按具体情况估列。

② 出国人员费用:依据合同或协议规定的出国人次、期限以及相应的

费用标准计算。生活费按照财政部、外交部规定的现行标准计算,旅费按中国民航公布的票价计算。

③来华人员费用:依据引进合同或协议有关条款及来华技术人员派遣计划进行计算。来华人员接待费用可按每人次费用指标计算。引进合同价款中已包括的费用内容不得重复计算。

④银行担保及承诺费:应按担保或承诺协议计取。投资估算和概算编制时可以担保金额或承诺金额为基数乘以费率计算。

⑤引进设备材料的国外运输费、国外运输保险费、关税、增值税、外贸手续费、银行财务费、国内运杂费、引进设备材料国内检验费等,按照引进货价(FOB 或 CIF)计算后进入相应的设备、材料费中。

⑥单独引进软件,不计关税只计增值税。

10)工程保险费。

①不投保的工程不计取此项费用。

②不同的建设项目可根据工程特点选择投保险种,根据投保合同计列保险费用。编制投资估算和概算时可按工程费用的比例估算。

③不包括已列入施工企业管理费中的施工管理用财产、车辆保险费。

11)联合试运转费。

①不发生试运转或试运转收入大于(或等于)费用支出的工程,不列此项费用。

②当联合试运转收入小于试运转支出时:

$$联合试运转费=联合试运转费用支出-联合试运转收入 \qquad (5-3)$$

③联合试运转费不包括应由设备安装工程费用开支的调试及试车费用,以及在试运转中暴露出来的因施工原因或设备缺陷等发生的处理费用。

④试运行期按照以下规定确定:引进国外设备项目按建设合同中规定的试运行期执行;国内一般性建设项目试运行期原则上按照批准的设计文件所规定的期限执行。个别行业的建设项目试运行期需要超过规定试运行期的,应报项目设计文件审批机关批准。试运行期一经确定,各建设单位应严格按规定执行,不得擅自缩短或延长。

12)特殊设备安全监督检验费。按照建设项目所在省、市、自治区安全监察部门的规定标准计算。无具体规定的,在编制投资估算和概算时可按受检设备现场安装费的比例估算。

13)市政公用设施费。按工程所在地人民政府规定标准计列;不发生或按规定免征项目不计算。

14)专利及专有技术使用费。

①按专利使用许可协议和专有技术使用合同的规定计列。

②专有技术的界定应以省、部级鉴定批准为依据。

③项目投资中只计需要在建设期支付的专利及专有技术使用费。协议或合同规定在生产支付的使用费应在生产成本中核算。

④一次性支付的商标权、商誉及特许经营权费按协议或合同规定计列。协议或合同规定在生产期支付的商标权或特许经营权费应在生产成本中核算。

⑤为项目配套的专用设施投资,包括专用铁路线、专用公路、专用通信设施、变送电站、地下管道、专用码头等,如由项目建设单位负责投资但产权不归属本单位的,应作无形资产处理。

15)生产准备及开办费。

①新建项目按设计定员为基数计算,改扩建项目按新增设计定员为基数计算:

$$\text{生产准备费} = \text{设计定员} \times \text{生产准备费用指标(元/人)} \quad (5-4)$$

②可采用综合的生产准备费用指标进行计算,也可以按费用内容的分类指标计算。

(2)引进工程其他费用中的国外技术人员现场服务费、出国人员旅费和生活费折合人民币列入,用人民币支付的其他几项费用直接列入其他费用中。

(3)预备费包括基本预备费和价差预备费,基本预备费以总概算第一部分"工程费用"和第二部分"其他费用"之和为基数的百分比计算;价差预备费一般按下式计算:

$$P = \sum_{t=1}^{n} I_t [(1+f)^m (1+f)^{0.5} (1+f)^{t-1} - 1] \quad (5-5)$$

式中　P——价差预备费;

　　　n——建设期(年)数;

　　　I_t——建设期第 t 年的投资;

　　　f——投资价格指数;

　　　t——建设期第 t 年;

　　　m——建设前年数(从编制概算到开工建设年数)。

(4)应列入项目概算总投资中的几项费用:

1)建设期利息:根据不同资金来源及利率分别计算。

$$Q = \sum_{j=1}^{n}(P_{j-1} + A_j/2)i \quad (5-6)$$

式中 Q——建设期利息;

P_{j-1}——建设期第($j-1$)年末贷款累计金额与利息累计金额之和;

A_j——建设期第 j 年贷款金额;

i——贷款年利率;

n——建设期年数。

2)铺底流动资金按国家或行业有关规定计算。

3)固定资产投资方向调节税(暂停征收)。

(五)单位工程概算编制

(1)单位工程概算是编制单项工程综合概算(或项目总概算)的依据,单位工程概算项目根据单项工程中所属的每个单体按专业分别编制。

(2)单位工程概算一般分建筑工程、设备及安装工程两大类,建筑工程单位工程概算按下述"(3)"的要求编制,设备及安装工程单位工程概算按"(4)"的要求编制。

(3)建筑工程单位工程概算。

1)建筑工程概算费用内容及组成见建标[2013]44号《建筑安装工程费用项目组成》。

2)建筑工程概算要采用"建筑工程概算表"编制,按构成单位工程的主要分部分项工程编制,根据初步设计工程量按工程所在省、市、自治区颁发的概算定额(指标)或行业概算定额(指标),以及工程费用定额计算。

3)对于通用结构建筑可采用"造价指标"编制概算;对于特殊或重要的建(构)筑物,必须按构成单位工程的主要分部分项工程编制,必要时结合施工组织设计进行详细计算。

(4)设备及安装工程单位工程概算。

1)设备及安装工程概算费用由设备购置费和安装工程费组成。

2)设备购置费。

定型或成套设备费=设备出厂价格+运输费+采购保管费 (5-7)

非标准设备原价有多种不同的计算方法,如综合单价法、成本计算估价法、系列设备插入估价法、分部组合估价法、定额估价法等。一般采用

不同种类设备综合单价法计算,计算公式如下:

$$设备费 = \sum 综合单价(元/吨) \times 设备单重(吨) \quad (5-8)$$

工具、器具及生产家具购置费一般以设备购置费为计算基数,按照部门或行业规定的工具、器具及生产家具费率计算。

3)安装工程费。安装工程费用内容组成,以及工程费用计算方法见建标[2013]44号《建筑安装工程费用项目组成》。其中,辅助材料费按概算定额(指标)计算,主要材料费以消耗量按工程所在地当年预算价格(或市场价)计算。

4)引进材料费用计算方法与引进设备费用计算方法相同。

5)设备及安装工程概算采用"设备及安装工程概算表"形式,按构成单位工程的主要分部分项工程编制,要据初步设计工程量按工程所在省、市、自治区颁发的概算定额(指标)或行业概算定额(指标),以及工程费用定额计算。

6)概算编制深度可参照《建设工程工程量清单计价规范》(GB 50500)深度执行。

(5)当概算定额或指标不能满足概算编制要求时,应编制"补充单位估价表"。

(六)调整概算编制

(1)设计概算批准后一般不得调整。由于特殊原因需要调整概算时,由建设单位调查分析变更原因,报主管部门审批同意后,由原设计单位核实编制、调整概算,并按有关审批程序报批。

(2)调整概算的原因。

1)超出原设计范围的重大变更。

2)超出基本预备费规定范围内不可抗拒的重大自然灾害引起的工程变动和费用增加。

3)超出工程造价调整预备费的国家重大政策性的调整。

(3)影响工程概算的主要因素已经清楚,工程量完成了一定量后方可进行调整,一个工程只允许调整一次概算。

(4)调整概算编制深度与要求、文件组成及表格形式同原设计概算,调整概算还应对工程概算调整的原因做详尽分析说明,所调整的内容在调整概算总说明中要逐项与原批准概算对比,并编制调整前后概算对比表,分析主要变更原因。

(5)在上报调整概算时,应同时提供有关文件和调整依据。

(七)设计概算文件的编制程序和质量控制

(1)设计概算文件编制的有关单位应当一起制定编制原则、方法,以及确定合理的概算投资水平,对设计概算的编制质量、投资水平负责。

(2)项目设计负责人和概算负责人对全部设计概算的质量负责;概算文件编制人员应参与设计方案的讨论;设计人员要树立以经济效益为中心的观念,严格按照批准的工程内容及投资额度设计,提出满足概算文件编制深度的技术资料;概算文件编制人员对投资的合理性负责。

(3)概算文件需要经编制单位自审,建设单位(项目业主)复审,工程造价主管部门审批。

(4)概算文件的编制与审查人员必须具有国家注册造价工程师资格,或者具有省市(行业)颁发的造价员资格证,并根据工程项目大小按持证专业承担相应的编审工作。

(5)各造价协会(或者行业)、造价主管部门可根据所主管的工程特点制定概算编制质量的管理办法,并对编制人员采取相应的措施进行考核。

三、设计概算的审查

1. 设计概算审查的内容

(1)审查设计概算的编制依据。包括国家综合部门的文件,国务院主管部门和各省、市、自治区根据国家规定或授权制定的各种规定及办法,以及建设项目的设计文件等重点审查。

1)审查编制依据的合法性。采用的各种编制依据必须经过国家或授权机关的批准,符合国家的编制规定,未经批准的不能采用。也不能强调情况特殊,擅自提高概算定额、指标或费用标准。

2)审查编制依据的时效性。各种依据,如定额、指标、价格、取费标准等,都应根据国家有关部门的现行规定进行,注意有无调整和新的规定。有的虽然颁发时间较长,但不能全部适用;有的应按有关部门作的调整系数执行。

3)审查编制依据的适用范围。各种编制依据都有规定的适用范围,如各主管部门规定的各种专业定额及其取费标准,只适用于该部门的专业工程;各地区规定的各种定额及其取费标准,只适用于该地区的范围以内。特别是地区的材料预算价格区域性更强,如某市有该市区的材料预算价格,又编制了郊区内一个矿区的材料预算价格,如在该市的矿区建设时，其概算采用的材料预算价格，则应用矿区的价格，而不能采用该市的价格。

(2)审查概算编制深度。

1)审查概算编制说明。审查编制说明可以检查概算的编制方法、深度和编制依据等重大原则问题。

2)审查概算编制深度。一般大中型项目的设计概算，应有完整的编制说明和"三级概算"（即总概算表、单项工程综合概算表、单位工程概算表），并按有关规定的深度进行编制。审查是否有符合规定的"三级概算"，各级概算的编制、校对、审核是否按规定签署。

3)审查概算的编制范围。审查概算编制范围及具体内容是否与主管部门批准的建设项目范围及具体工程内容一致；审查分期建设项目的建筑范围及具体工程内容有无重复交叉，是否重复计算或漏算；审查其他费用所列的项目是否都符合规定，静态投资、动态投资和经营性项目铺底流动资金是否分部列出等。

(3)审查概算建设规模、标准。审查概算的投资规模、生产能力、设计标准、建设用地、建筑面积、主要设备、配套工程、设计定员等是否符合原批准可行性研究报告或立项批文的标准。如概算总投资超过原批准投资估算10%以上，应进一步审查超估算的原因。

(4)审查设备规格、数量和配置。工业建设项目设备投资比重大，一般占总投资的30%~50%，要认真审查。审查所选用的设备规格、台数是否与生产规模一致，材质、自动化程度有无提高标准，引进设备是否配套、合理，备用设备台数是否适当，消防、环保设备是否计算等。还要重点审查价格是否合理、是否符合有关规定，如国产设备应按当时询价资料或有关部门发布的出厂价、信息价，引进设备应依据询价或合同价编制概算。

(5)审查工程费。建筑安装工程投资是随工程量增加而增加的，要认真审查。要根据初步设计图纸、概算定额及工程量计算规则、专业设备材料表、建构筑物和总图运输一览表进行审查，有无多算、重算、漏算。

(6)审查计价指标。审查建筑工程采用工程所在地区的计价定额、费用定额、价格指数和有关人工、材料、机械台班单价是否符合现行规定；审查安装工程所采用的专业部门或地区定额是否符合工程所在地区的市场价格水平，概算指标调整系数、主材价格、人工、机械台班和辅材调整系数是否按当地最新规定执行;审查引进设备安装费率或计取标准、部分行业专业设备安装费率是否按有关规定计算等。

(7)审查其他费用。工程建设其他费用投资占项目总投资25%以上,必须认真逐项审查。审查费用项目是否按国家统一规定计列,具体费率或计取标准、部分行业专业设备安装费率是否按有关规定计算等。

2. 设计概算审查的方法

(1)对比分析法。对比分析法主要是通过建设规模、标准与立项批文对比;工程数量与设计图纸对比;综合范围、内容与编制方法、规定对比;各项取费与规定标准对比;材料、人工单价与市场住处对比;引进设备、技术投资与报价要求对比;技术经济指标与同类工程对比等。通过以上对比,容易发现设计概算存在的主要问题和偏差。

(2)查询核实法。查询核实法是对一些关键设备和设施、重要装置、引进工程图纸不全、难以核算的较大投资进行多方查询核对、逐项落实的方法。主要设备的市场价向设备供应部门或招标代理公司查询核实;重要生产装置、设施向同类企业(工程)查询了解;引进设备价格及有关税费向进出口公司调查落实;复杂的建安工程向同类工程的建设、承包、施工单位征求意见;深度不够或不清楚的问题直接向原概算编制人员、设计者询问清楚。

(3)联合会审法。联合会审前,可先采取多种形式分头审查,包括设计单位自审,主管、建设、承包单位初审,工程造价咨询公司评审,邀请同行专家预审,审批部门复审等,经层层审查把关后,由有关单位和专家进行联合会审。在会审会上,由设计单位介绍概算编制情况及有关问题,各有关单位、专家汇报初审和预审意见。然后进行认真分析、讨论,结合对各专业技术方案的审查意见所产生的投资增减,逐一核实原概算出现的问题。经过充分协商,认真听取设计单位意见后,实事求是地处理、调整。通过以上复审后,对审查中发现的问题和偏差,按照单项、单位工程的顺序,先按设备费、安装费、建筑费和工程建设其他费用分类整理;然后按照静态投资部分、动态投资部分和铺底流动资金三大类,汇总核增或核减的项目及其投资额;最后将具体审核数据,按照"原编"、"审核结果"、"增减投资"、"增减幅度"四栏列表,并按照原总概算表汇总顺序,将增减项目逐一列出,相应调整所属项目投资合计数,再依次汇总审核后的总投资及增减投资额。对于差错较多、问题较大或不能满足要求的,责成按会审意见修改返工后,重新报批;对于无重大原则问题,深度基本满足要求,投资增减不多的,当场核定概算投资额,并提交审批部门复核后,正式下达审批概算。

3. 设计概算审查的步骤

设计概算审查是一项复杂而细致的技术经济工作,审查人员既应懂得有关专业技术知识,又应具有熟练编制概算的能力,一般情况下可按如下步骤进行:

(1)概算审查的准备。概算审查的准备工作包括了解设计概算的内容组成、编制依据和方法;了解建设规模、设计能力和工艺流程;熟悉设计图纸和说明书;掌握概算费用的构成和有关技术经济指标;明确概算各种表格的内涵;收集概算定额、概算指标、取费标准等有关规定的文件资料等。

(2)进行概算审查。根据审查的主要内容,分别对设计概算的编制依据、单位工程设计概算、综合概算、总概算进行逐级审查。

(3)进行技术经济对比分析。利用规定的概算定额或指标以及有关技术经济指标与设计概算进行分析对比,根据设计和概算列明的工程性质、结构类型、建设条件、费用构成、投资比例、占地面积、生产规模、设备数量、造价指标、劳动定员等与国内、外同类型工程规模进行对比分析,从大的方面找出和同类型工程的距离,为审查提供线索。

(4)研究、定案、调整概算。对概算审查中出现的问题要在对比分析、找出差距的基础上深入现场进行实际调查研究。了解设计是否经济合理、概算编制依据是否符合现行规定和施工现场实际、有无扩大规模、多估算投资或预留缺口等情况,并及时核实概算投资。对于当地没有同类型的项目而不能进行对比分析时,可向国内同类型企业进行调查,收集资料,作为审查的参考。经过会审决定的定案问题应及时调整概算,并经原批准单位下发文件。

第二节 施工图预算编制与审查

一、施工图预算的内容及作用

施工图预算是由设计单位以施工图为依据,根据预算定额、费用标准以及工程所在地区的人工、材料、施工机械设备台班的预算价格编制的,是确定建筑工程、安装工程预算造价的文件。

施工图预算的作用主要体现在以下几个方面：

(1)是工程实行招标、投标的重要依据。

(2)是签订建设工程施工合同的重要依据。

(3)是办理工程财务拨款、工程贷款和工程结算的依据。

(4)是施工单位进行人工和材料准备、编制施工进度计划、控制工程成本的依据。

(5)是落实或调整年度进度计划和投资计划的依据。

(6)是施工企业降低工程成本、实行经济核算的依据。

二、施工图预算文件的组成

1. 三级预算编制形式的工程预算文件组成

(1)封面、签署页及目录。

(2)编制说明[包括工程概况、主要技术经济指标、编制依据、工程费用计算表(建筑、设备、安装工程费用计算方法和其他费用计取的说明)、其他有关说明的问题]。

(3)总预算表。

(4)综合预算表。

(5)单位工程预算表。

(6)附件。

2. 二级预算编制形式的工程预算文件组成

(1)封面、签署页及目录。

(2)编制说明[包括工程概况、主要技术经济指标、编制依据、工程费用计算表(建筑、设备、安装工程费用计算方法和其他费用计取的说明)、其他有关说明的问题]。

(3)总预算表。

(4)单位工程预算表。

(5)附件。

三、施工图预算的编制依据

(1)国家、行业、地方政府发布的计价依据、有关法律法规或规定。

(2)建设项目有关文件、合同、协议等。

(3)批准的设计概算。

(4)批准的施工图设计图纸及相关标准图集和规范。

(5)相应预算定额和地区单位估价表。
(6)合理的施工组织设计和施工方案等文件。
(7)项目有关的设备、材料供应合同、价格及相关说明书。
(8)项目所在地区有关的气候、水文、地质地貌等的自然条件。
(9)项目的技术复杂程度,以及新技术、专利使用情况等。
(10)项目所在地区有关的经济、人文等社会条件。

四、施工图预算的编制方法

建设项目施工图预算由总预算、综合预算和单位工程预算组成。

施工图预算总投资包含建筑工程费,设备及工具、器具购置费,安装工程费,工程建设其他费用,预备费,建设期贷款利息,固定资产投资方向调节税及铺底流动资金。

1. 总预算编制

建设项目总预算由综合预算汇总而成。

总预算造价由组成该建设项目的各个单项工程综合预算以及经计算的工程建设其他费、预备费、建设期贷款利息、固定资产投资方向调节税汇总而成。

施工图总预算应控制在已批准的设计总概算投资范围以内。

2. 综合预算编制

综合预算由组成本单项工程的各单位工程预算汇总而成。

综合预算造价由组成该单项工程的各个单位工程预算造价汇总而成。

3. 单位工程预算编制

单位工程预算包括建筑工程预算和设备安装工程预算。

单位工程预算的编制应根据施工图设计文件、预算定额(或综合单价)以及人工、材料及施工机械台班等价格资料进行编制。主要编制方法有单价法和实物量法。

(1)单价法。分为定额单价法和工程量清单单价法。

1)定额单价法使用事先编制好的分项工程的单位估价表来编制施工图预算的方法。

2)工程量清单单价法是指根据招标人按照国家统一的工程量计算规则提供工程数量,采用综合单价的形式计算工程造价的方法。

(2)实物量法。是依据施工图纸和预算定额的项目划分及工程量计算规则,先计算出分部分项工程量,然后套用预算定额(实物量定额)来编制施工图预算的方法。

4. 建筑工程预算编制

建筑工程预算费用内容及组成,应符合住房和城乡建设部、财政部印发的《建筑安装工程费用项目组成》(建标〔2013〕44号)的有关规定。

建筑工程预算按构成单位工程本部分项工程编制,根据设计施工图纸计算各分部分项工程量,按工程所在省(自治区、直辖市)或行业颁发的预算定额或单位估价表,以及建筑安装工程费用定额进行编制。

5. 安装工程预算编制

安装工程预算费用组成应符合《建筑安装工程费用项目组成》(住房和城乡建设部建标〔2013〕44号)的有关规定。

安装工程预算按构成单位工程的分部分项工程编制,根据设计施工图计算各分部分项工程工程量,按工程所在省(自治区、直辖市)或行业颁发的预算定额或单位估价表,以及建筑安装工程费用定额进行编制。

6. 设备及工具、器具购置费组成

设备购置费由设备原价和设备运杂费构成;工具、器具购置费一般以设备购置费为计算基数,按照规定的费率计算。

进口设备原价即该设备的抵岸价,引进设备费用分外币和人民币两种支付方式,外币部分按美元或其他国际主要流通货币计算。

国产标准设备原价即其出厂价,国产非标准设备原价有多种不同的计算方法,如综合单价法、成本计算估价法、系列设备插入估价法、分部组合估价法、定额估价法等。

工具、器具及生产家具购置费,是指按项目初步设计要求,保证初期正常生产必须购置的没有达到固定资产标准的设备、仪器、生产家具和备品备件的购置费用。

7. 工程建设其他费用、预备费等编制

工程建设其他费用、预备费及应列入建设项目施工图总预算中的几项费用的计算方法与计算顺序,应参照前述"第一节二、(四)其他费用、预备费、专项费用概算编制"的相关内容编制。

8. 调整预算编制

工程预算批准后,一般情况下不得调整。由于重大设计变更、政策性调整及不可抗力等原因造成的可以调整。

调整预算编制深度与要求、文件组成及表格形式同原施工图预算。调整预算还应对工程预算调整的原因做详尽分析说明,所调整的内容调整预算总说明中要逐项与原批准预算对比,并编制调整前后预算对比表[参见《建设项目施工图预算编审规程》(CECA/GC 5—2010)附录 B],分析主要变更原因。在上报调整预算时,应同时提供有关文件和调整依据。需要进行分部工程、单位工程,人工、材料等分析的参见《建设项目施工图预算编审规程》(CECA/GC 5—2010)附录 B。

五、施工图预算审查

施工图预算文件的审查,应当委托具有相应资质的工程造价咨询机构进行。

从事建设工程施工图预算审查的人员,应具备相应的执业(从业)资格,需在施工图预算审查文件上签署注册造价工程师执业资格专用章或造价员从业资格专用章,并出具施工图预算审查意见报告,报告要加盖工程造价咨询企业的公章和资质专用章。

(一)施工图预算审查的作用

(1)对降低工程造价具有现实意义。

(2)有利于节约工程建设资金。

(3)有利于发挥领导层、银行的监督作用。

(4)有利于积累和分析各项技术经济指标。

(5)有利于加强固定资产投资管理,节约建设资金。

(6)有利于施工承包合同价的合理确定和控制。因为,施工图预算,对于招标的工程,它是编制招标控制价(标底)的依据;对于不宜招标工程,它是合同价款结算的基础。

(二)施工图预算审查的内容

审查施工图预算的重点是:工程量计算是否准确;分部、分项单价套用是否正确;各项取费标准是否符合现行规定等方面。

(1)审查定额或单价的套用。具体审查内容包括:

1)预算中所列各分项工程单价是否与预算定额的预算单价相符;其名称、规格、计量单位和所包括的工程内容是否与预算定额一致。

2)有单价换算时应审查换算的分项工程是否符合定额规定及换算是否正确。

3)使用补充定额和单位计价表时应审查补充定额是否符合编制原则、单位计价表计算是否正确。

(2)审查其他有关费用。其他有关费用包括的内容各地不同,具体审查时应注意是否符合当地规定和定额的要求。

1)是否按本项目的工程性质计取费用、有无高套取费标准。

2)间接费的计取基础是否符合规定。

3)预算外调增的材料差价是否计取分部分项工程费、措施费,有关费用是否做了相应调整。

4)有无将不需安装的设备计取在安装工程的间接费中。

5)有无巧立名目、乱摊费用的情况。利润和税金的审查,重点应放在计取基础和费率是否符合当地有关部门的现行规定、有无多算或重算方面。

(三)施工图预算审查的步骤

(1)做好审查前的准备工作。

1)熟悉施工图纸。施工图纸是编制预算分项工程数量的重要依据,必须全面熟悉了解。一是核对所有的图纸,清点无误后,依次识读;二是参加技术交底,解决图纸中的疑难问题,直至完全掌握图纸。

2)了解预算包括的范围。根据预算编制说明,了解预算包括的工程内容。例如,配套设施、室外管线、道路以及会审图纸后的设计变更等。

3)弄清编制预算采用的单位工程估价表。任何单位估价表或预算定额都有一定的适用范围。根据工程性质,搜集熟悉相应的单价、定额资料,特别是市场材料单价和取费标准等。

(2)选择合适的审查方法,按相应内容审查。由于工程规模、繁简程度不同,施工企业情况也不同,所编工程预算繁简和质量也不同,因此需针对情况选择相应的审查方法进行审核。

(3)综合整理审查资料,编制调整预算。经过审查,如发现有差错,需要进行增加或核减的,经与编制单位逐项核实,统一意见后,修正原施工图预算,汇总核增减量。

(四)施工图预算审查的方法

(1)逐项审查法。逐项审查法又称全面审查法,即按定额顺序或施工顺序,对各分项工程中的工程细目逐项全面详细审查的一种方法。该方法的优点是全面、细致,审查质量高、效果好;缺点是工作量大,时间较长。

这种方法适合于一些工程量较小、工艺比较简单的工程。

（2）标准预算审查法。标准预算审查法就是对利用标准图纸或通用图纸施工的工程，先集中力量编制标准预算，以此为准来审查工程预算的一种方法。按标准设计图纸或通用图纸施工的工程，一般上部结构和做法相同，只是根据现场施工条件或地质情况不同，仅对基础部分做局部改变。凡这样的工程，以标准预算为准，对局部修改部分单独审查即可，不需逐一详细审查。该方法的优点是时间短、效果好、易定案；缺点是适用范围小，仅适用于采用标准图纸的工程。

（3）分组计算审查法。分组计算审查法就是把预算中有关项目按类别划分若干组，利用同组中的一组数据审查分项工程量的一种方法。这种方法首先将若干分部分项工程按相邻且有一定内在联系的项目进行编组，利用同组分项工程间具有相同或相近计算基数的关系，审查一个分项工程数量，由此判断同组中其他几个分项工程的准确程度。该方法特点是审查速度快、工作量小。

（4）对比审查法。对比审查法是当工程条件相同时，用已完工程的预算或未完但已经过审查修正的工程预算对比审查拟建工程的同类工程预算的一种方法。

（5）"筛选"审查法。"筛选"审查法是能较快发现问题的一种方法。建筑工程虽面积和高度不同，但其各分部分项工程的单位建筑面积指标变化却不大。将这样的分部分项工程加以汇集、优选，找出其单位建筑面积工程量、单价、用工的基本数值，归纳为工程量、价格、用工三个单方基本指标，并注明基本指标的适用范围。这些基本指标用来筛分各分部分项工程，对不符合条件的应进行详细审查，若审查对象的预算标准与基本指标的标准不符，就应对其进行调整。该方法的优点是简单易懂，便于掌握，审查速度快，便于发现问题。但问题出现的原因尚需继续审查。该方法适用于审查住宅工程或不具备全面审查条件的工程。

（6）重点审查法。重点审查法就是抓住工程预算中的重点进行审核的方法。审查的重点一般是工程量大或者造价较高的各种工程、补充定额、计取的各项费用（计取基础、取费标准）等。重点审查法的优点是突出重点、审查时间短、效果好。

第三节　竣工结算与工程决算编制与审查

一、竣工结算的编制与审查

(一)工程价款的主要结算方式

我国现行工程价款结算根据不同情况,可采取多种方式。

1. 按月结算

实行旬末或月中预支,月终结算,竣工后清算的方法。跨年度竣工的工程,在年终进行工程盘点,办理年度结算。我国现行建筑安装工程价款结算中,相当一部分是实行这种按月结算。

2. 竣工后一次结算

建设项目或单项工程全部建筑安装工程建设期在 12 个月以内,或者工程承包合同价值在 100 万元以下的,可以实行工程价款每月月中预支,竣工后一次结算。

3. 分段结算

即当年开工,当年不能竣工的单项工程或单位工程按照工程形象进度,划分不同阶段进行结算。分段结算可以按月预支工程款。分段的划分标准,由各部门、自治区、直辖市、计划单列市规定。

4. 目标结款方式

即在工程合同中,将承包工程的内容分解成不同的控制界面,以业主验收控制界面作为支付工程价款的前提条件。也就是说,将合同中的工程内容分解成不同的验收单元,当承包商完成单元工程内容并经业主(或其委托人)验收后,业主支付构成单元工程内容的工程价款。目标结款方式下,承包商要想获得工程价款,必须按照合同约定的质量标准完成界面内的工程内容;要想尽早获得工程价款,承包商必须充分发挥自己组织实施能力,在保证质量前提下,加快施工进度。这意味着承包商拖延工期时,则业主推迟付款,增加承包商的财务费用、运营成本,降低承包商的收益,客观上使承包商因延迟工期而遭受损失。同样,当承包商积极组织施工,提前完成控制界面内的工程内容,则承包商可提前获得工程价款,增加承包收益,客观上承包商因提前工期而增加了有效利润。同时,因承包商在界面内质量达不到合同约定的标准而业主不予验收,承包商也会因此而遭受损失。可见,目标结款方式实质上是运用合同手段、财务手段对工程的完成进行主动控制。目标结款方式中,对控制界面的设定应明确描述,便于量化和质量控制,同时,要适应项目资金的供应周期和支付频率。

5. 结算双方约定的其他结算方式

施工企业在采用按月结算工程价款方式时,要先取得各月实际完成的工程数量,并计算出已完工程造价。实际完成的工程数量,由施工单位根据有关资料计算,并编制"已完工程月报表",然后按照发包单位编制"已完工程月报表",将各个发包单位的本月已完工程造价汇总反映。再根据"已完工程月报表"编制"工程价款结算账单",与"已完工程月报表"一起,分送发包单位和经办银行,据以办理结算。施工企业在采用分段结算工程价款方式时,要在合同中规定工程部位完工的月份,根据已完工程部位的工程数量计算已完工程造价,按发包单位编制"已完工程月报表"和"工程价款结算账单"。对于工期较短、能在年度内竣工的单项工程或小型建设项目,可在工程竣工后编制"工程价款结算账单",按合同中工程造价一次结算。"工程价款结算账单"是办理工程价款结算的依据。工程价款结算账单中所列应收工程款应与随同附送的"已完工程月报表"中的工程造价相符,"工程价款结算账单"除了列明应收工程款外,还应列明应扣预收工程款、预收备料款、发包单位供给材料价款等应扣款项,算出本月实收工程款。为了保证工程按期收尾竣工,工程在施工期间,不论工程长短,其结算工程款,一般不得超过承包工程价值的95%,结算双方可以在5%的幅度内协商确定尾款比例,并在工程承包合同中说明。施工企业如已向发包单位出具履约保函或有其他保证的,可以不留工程尾款。

(二)竣工结算编制依据

(1)国家有关法律、法规、规章制度和相关的司法解释。

(2)国务院建设行政主管部门以及各省、自治区、直辖市和有关部门发布的工程造价计价标准、计价办法、有关规定及相关解释。

(3)施工发承包合同、专业分包合同及补充合同,有关材料、设备采购合同。

(4)招投标文件,包括招标答疑文件、投标承诺、中标报价书及其组成内容。

(5)工程竣工图或施工图、施工图会审记录,经批准的施工组织设计,以及设计变更、工程洽商和相关会议纪要。

(6)经批准的开、竣工报告或停、复工报告。

(7)建设工程工程量清单计价规范或工程预算定额、费用定额及价格信息、调价规定等。

(8)工程预算书。

(9)影响工程造价的相关资料。

(10)结算编制委托合同。

(三)竣工结算编制要求

(1)竣工结算一般经过发包人或有关单位验收合格且点交后方可进行。

(2)竣工结算应以施工发承包合同为基础,按合同约定的工程价款调整方式对原合同价款进行调整。

(3)竣工结算应核查设计变更、工程洽商等工程资料的合法性、有效性、真实性和完整性。对有疑义的工程实体项目,应视现场条件和实际需要核查隐蔽工程。

(4)建设项目由多个单项工程或单位工程构成的,应按建设项目划分标准的规定,将各单项工程或单位工程竣工结算汇总,编制相应的工程结算书,并撰写编制说明。

(5)实行分阶段结算的工程,应将各阶段工程结算汇总,编制工程结算书,并撰写编制说明。

(6)实行专业分包结算的工程,应将各专业分包结算汇总在相应的单位工程或单项工程结算内,并撰写编制说明。

(7)竣工结算编制应采用书面形式,有电子文本要求的应一并报送与书面形式内容一致的电子版本。

(8)竣工结算应严格按工程结算编制程序进行编制,做到程序化、规范化,结算资料必须完整。

(四)竣工结算编制程序

(1)竣工结算应按准备、编制和定稿三个工作阶段进行,并实行编制人、校对人和审核人分别署名盖章确认的内部审核制度。

(2)结算编制准备阶段。

1)收集与工程结算编制相关的原始资料。

2)熟悉工程结算资料内容,进行分类、归纳、整理。

3)召集相关单位或部门的有关人员参加工程结算预备会议,对结算内容和结算资料进行核对与充实完善。

4)收集建设期内影响合同价格的法律和政策性文件。

(3)结算编制阶段。

1)根据竣工图及施工图以及施工组织设计进行现场踏勘,对需要调整的工程项目进行观察、对照、必要的现场实测和计算,做好书面或影像记录。

2)按既定的工程量计算规则计算需调整的分部分项、施工措施或其他项目工程量。

3)按招投标文件、施工发承包合同规定的计价原则和计价办法对分部分项、施工措施或其他项目进行计价。

4)对于工程量清单或定额缺项以及采用新材料、新设备、新工艺的,应根据施工过程中的合理消耗和市场价格,编制综合单价或单位估价分析表。

5)工程索赔应按合同约定的索赔处理原则、程序和计算方法,提出索赔费用,经发包人确认后作为结算依据。

6)汇总计算工程费用,包括编制分部分项工程费、施工措施项目费、其他项目费、零星工作项目费等表格,初步确定工程结算价格。

7)编写编制说明。

8)计算主要技术经济指标。

9)提交结算编制的初步成果文件待校对、审核。

(4)结算编制定稿阶段。

1)由结算编制受托人单位的部门负责人对初步成果文件进行检查、校对。

2)由结算编制受托人单位的主管负责人审核批准。

3)在合同约定的期限内,向委托人提交经编制人、校对人、审核人和受托人单位盖章确认的正式的结算编制文件。

(五)竣工结算编制方法

(1)竣工结算的编制应区分施工发承包合同类型,采用相应的编制方法。

1)采用总价合同的,应在合同价基础上对设计变更、工程洽商以及工程索赔等合同约定可以调整的内容进行调整。

2)采用单价合同的,应计算或核定竣工图或施工图以内的各个分部分项工程量,依据合同约定的方式确定分部分项工程项目价格,并对设计变更、工程洽商、施工措施以及工程索赔等内容进行调整。

3)采用成本加酬金合同的,应依据合同约定的方法计算各个分部分项工程以及设计变更、工程洽商、施工措施等内容的工程成本,并计算酬金及有关税费。

(2)竣工结算中涉及工程单价调整时,应当遵循以下原则:

1)合同中已有适用于变更工程、新增工程单价的,按已有的单价结算。

2)合同中有类似变更工程、新增工程单价的,可以参照类似单价作为结算依据。

3)合同中没有适用或类似变更工程、新增工程单价的,结算编制受托人可商洽承包人或发包人提出适当的价格,经对方确认后作为结算依据。

(3)竣工结算编制中涉及的工程单价应按合同要求分别采用综合单价或工料单价。工程量清单计价的工程项目应采用综合单价;定额计价的工程项目可采用工料单价。

(六)竣工结算审查

1. 竣工结算审查依据

(1)工程结算审查委托合同和完整、有效的工程结算文件。

(2)工程结算审查依据主要有以下几个方面:

1)建设期内影响合同价格的法律、法规和规范性文件。

2)工程结算审查委托合同。

3)完整、有效的工程结算书。

4)施工发承包合同、专业分包合同及补充合同,有关材料、设备采购合同。

5)与工程结算编制相关的国务院建设行政主管部门以及各省、自治区、直辖市和有关部门发布的建设工程造价计价标准、计价方法、计价定额、价格信息、相关规定等计价依据。

6)招标文件、投标文件。

7)工程竣工图或施工图、经批准的施工组织设计、设计变更、工程洽商、索赔与现场签证,以及相关的会议纪要。

8)工程材料及设备中标价、认价单。

9)双方确认追加(减)的工程价款。

10)经批准的开、竣工报告或停、复工报告。

11)工程结算审查的其他专项规定。

12)影响工程造价的其他相关资料。

2. 竣工结算审查要求

(1)严禁采取抽样审查、重点审查、分析对比审查和经验审查的方法,避免审查疏漏现象发生。

(2)应审查结算文件和与结算有关的资料的完整性和符合性。

(3)按施工发承包合同约定的计价标准或计价方法进行审查。

(4)对合同未作约定或约定不明的,可参照签订合同时当地建设行政主管部门发布的计价标准进行审查。

(5)对工程结算内多计、重列的项目应予以扣减;对少计、漏项的项目应予以调增。

(6)对工程结算与设计图纸或事实不符的内容,应在掌握工程事实和真实情况的基础上进行调整。工程造价咨询单位在工程结算审查时发现的工程结算与设计图纸或与事实不符的内容应约请各方履行完善的确认手续。

(7)对由总承包人分包的工程结算,其内容与总承包合同主要条款不相符的,应按总承包合同约定的原则进行审查。

(8)竣工结算审查文件应采用书面形式,有电子文本要求的应采用与书面形式内容一致的电子版本。

(9)竣工审查的编制人、校对人和审核人不得由同一人担任。

(10)竣工结算审查受托人与被审查项目的发承包双方有利害关系,可能影响公正的,应予以回避。

3. 竣工结算审查程序

工程结算审查应按准备、审查和审定三个工作阶段进行,并实行编制人、校对人和审核人分别署名盖章确认的内部审核制度。

(1)结算审查准备阶段。

1)审查工程结算手续的完备性、资料内容的完整性,对不符合要求的应退回限时补正。

2)审查计价依据及资料与工程结算的相关性、有效性。

3)熟悉招投标文件、工程发承包合同、主要材料设备采购合同及相关文件。

4)熟悉竣工图纸或施工图纸、施工组织设计、工程状况,以及设计变更、工程洽商和工程索赔情况等。

(2)结算审查阶段。

1)审查结算项目范围、内容与合同约定的项目范围、内容的一致性。

2)审查工程量计算准确性、工程量计算规则与计价规范或定额保持一致性。

3)审查结算单价时应严格执行合同约定或现行的计价原则、方法。对于清单或定额缺项以及采用新材料、新工艺的,应根据施工过程中的合理消耗和市场价格审核结算单价。

4)审查变更身份证凭据的真实性、合法性、有效性,核准变更工程费用。

5)审查索赔是否依据合同约定的索赔处理原则、程序和计算方法以及索赔费用的真实性、合法性、准确性。

6)审查取费标准时,应严格执行合同约定的费用定额标准及有关规定,并审查取费依据的时效性、相符性。

7)编制与结算相对应的结算审查对比表。

(3)结算审定阶段。

1)工程结算审查初稿编制完成后,应召开由结算编制人、结算审查委托人及结算审查受托人共同参加的会议,听取意见,并进行合理的调整。

2)由结算审查受托人单位的部门负责人对结算审查的初步成果文件进行检查、校对。

3)由结算审查受托人单位的主管负责人审核批准。

4)发承包双方代表人和审查人应分别在"结算审定签署表"上签认并加盖公章。

5)对结算审查结论有分歧的,应在出具结算审查报告前,至少组织两次协调会;凡不能共同签认的,审查受托人可适时结束审查工作,并做出必要说明。

6)在合同约定的期限内,向委托人提交经结算审查编制人、校对人、审核人和受托人单位盖章确认的正式的结算审查报告。

4. 竣工结算审查方法

(1)竣工结算的审查应依据施工发承包合同约定的结算方法进行,根据施工发承包合同类型,采用不同的审查方法。本节审查方法主要适用于采用单价合同的工程量清单单价法编制竣工结算的审查。

(2)审查工程结算,除合同约定的方法外,对分部分项工程费用的审查应按照规定。

(3)竣工结算审查时,对原招标工程量清单描述不清或项目特征发生变化,以及变更工程、新新增工程中的综合单价应按下列方法确定:

1)合同中已有使用的综合单价,应按已有的综合单价确定。

2)合同中有类似的综合单价,可参照类似的综合单价确定。

3)合同中没有适用或类似的综合单价,由承包人提出综合单价,经发包人确认后执行。

(4)竣工结算审查中设计措施项目费用的调整时,措施项目费应依据合同约定的项目和金额计算,发生变更、新增的措施项目,以发承包双方合同约定的计价方式计算,其中措施项目清单中的安全文明措施费用应审查是否按国家或省级、行业建设主管部门的规定计算。施工合同中未约定措施项目费结算方法时,审查措施项目费按以下方法审查:

1)审查与分部分项实体消耗相关的措施项目,应随该分部分项工程的实体工程量的变化是否依据双方确定的工程量、合同约定的综合单价进行结算。

2)审查独立性的措施项目是否按合同价中相应的措施项目费用进行结算。

3)审查与整个建设项目相关的综合取定的措施项目费用是否参照投标报价的取费基数及费率进行结算。

(5)竣工结算审查中涉及其他项目费用的调整时,按下列方法确定:

1)审查即日工是否按发包人实际签证的数量、投标时的计日工单价,以及确认的事项进行结算。

2)审查暂估价中的材料单价是否按发承包双方最终确认价在分部分项工程费中对相应综合单件进行调整,计入相应分部分项工程费用。

3)对专业工程结算价的审查应按中标价或发包人、承包人与分包人最终确定的分包工程价进行结算。

4)审查总承包服务费是否依据合同约定的结算方式进行结算,以总价形式的固定地总承包服务费不予调整,以费率形式确定的总包服务费,应按专业分包工程中标价或发包人、承包人与分包人最终确定的分包工程价为基数和总承包单位的投标费率计算总承包服务费。

5)审查计算金额是否按合同约定计算实际发生的费用,并分别列入相应的分部分项工程费、措施项目费中。

(6)投标工程量清单的漏项、设计变更、工程洽商等费用应依据施工图以及发承包双方签证资料确认的数量和合同约定的计价方式进行结算,其费用列入相应的分部分项工程费或措施项目费中。

(7)竣工结算审查中涉及索赔费用的计算时,应依据发承包双发确认的索赔事项和合同约定的计价方式进行结算,其费用列入相应的分部分项工程费或措施项目费中。

(8)竣工结算审查中涉及规费和税金时的计算时,应按国家、省级或行业建设主管部门的规定计算并调整。

二、工程决算编制与审查

(一)工程决算的概念

工程决算是建设工程经济效益的全面反映,是项目法人核定各类新增资产价值、办理其交付使用的依据。一方面,竣工决算能够正确反映建设工程的实际造价和投资结果;另一方面,可以通过竣工决算与概算、预算的对比分析,考核投资控制的工作成效,总结经验教训,积累技术经济方面的基础资料,提高未来建设工程的投资效益。

(二)工程决算的作用

(1)工程竣工决算是综合、全面地反映竣工项目建设成果及财务情况的总结性文件,它采用货币指标、实物数量、建设工期和种种技术经济指标综合、全面地反映建设项目自开始建设到竣工为止的全部建设成果和财物状况。

(2)工程竣工决算是办理交付使用资产的依据,也是竣工验收报告的重要组成部分。建设单位与使用单位在办理交付资产的验收交接手续时,通过竣工决算反映了交付使用资产的全部价值,包括固定资产、流动资产、无形资产和递延资产的价值。同时,它还详细提供了交付使用资产的名称、规格、数量、型号和价值等明细资料,是使用单位确定各项新增资产价值并登记入账的依据。

(3)工程竣工决算是分析和检查设计概算的执行情况、考核投资效果的依据。竣工决算反映了竣工项目计划、实际的建设规模、建设工期以及设计和实际的生产能力,反映了概算总投资和实际的建设成本,同时,还反映了所达到的主要技术经济指标。通过对这些指标计划数、概算数与实际数进行对比分析,不仅可以全面掌握建设项目计划和概算执行情况,而且可以考核建设项目投资效果,为今后制订基建计划,降低建设成本,提高投资效果提供必要的资料。

(三)工程竣工决算的编制

1. 工程竣工决算的编制内容

工程决算是建设工程从筹建到竣工投产全过程中发生的所有实际支出,包括设备工器具购置费、建筑安装工程费和其他费用等。竣工决算由竣工财务决算报表、竣工财务决算说明书、竣工工程平面示意图、工程造价比较分析四部分组成。其中竣工财务决算报表和竣工财务决算说明书属于竣工财务决算的内容。竣工财务决算是竣工决算的组成部分,是正确核定新增资产价值、反映竣工项目建设成果的文件,是办理固定资产交付使用手续的依据。

(1)竣工财务决算说明书。竣工财务决算说明书主要反映竣工工程建设成果和经验,是对竣工决算报表进行分析和补充说明的文件,是全面考核分析工程投资与造价的书面总结,其内容主要包括:

1)建设项目概况,对工程总的评价。一般从进度、质量、安全和造价、施工方面进行分析说明。进度方面主要说明开工和竣工时间,对照合理工期和要求工期分析是提前还是延期;质量方面主要根据竣工验收委员会或相当一级质量监督部门的验收评定等级、合格率和优良品率;安全方面主要根据劳动工资和施工部门的记录,对有无设备和人身事故进行说明;造价方面主要对照概算造价,说明节约还是超支,用金额和百分率进行分析说明。

2)资金来源及运用等财务分析。主要包括工程价款结算、会计账务的处理、财产物资情况及债权债务的清偿情况。

3)基本建设收入、投资包干结余、竣工结余资金的上交分配情况。通过对基本建设投资包干情况的分析,说明投资包干数、实际支用数和节约额、投资包干节余的有机构成和包干节余的分配情况。

4)各项经济技术指标的分析。概算执行情况分析,根据实际投资完成额与概算进行对比分析;新增生产能力的效益分析,说明支付使用财产占总投资额的比例、占支付使用财产的比例,不增加固定资产的造价占投资总额的比例,分析有机构成和成果。

5)工程建设的经验及项目管理和财务管理工作以及竣工财务决算中有待解决的问题。

6)需要说明的其他事项。

(2)竣工财务决算报表。建设项目竣工财务决算报表要根据大、中型建设项目和小型建设项目分别制定。大、中型建设项目竣工决算报表包括:建设项目竣工财务决算审批表,大、中型建设项目概况表,大、中型建设项目竣工财务决算表,大、中型建设项目交付使用资产总表。小型建设项目竣工财务决算报表包括:建设项目竣工财务决算审批表,竣工财务决算总表,建设项目交付使用资产明细表。

2. 工程竣工决算的编制依据

(1)经批准的可行性研究报告及其投资估算。

(2)经批准的初步设计或扩大初步设计及其概算或修正概算。

(3)经批准的施工图设计及其施工图预算。

(4)设计交底或图纸会审纪要。

(5)招标投标的招标控制价(标底)、承包合同、工程结算资料。

(6)施工记录或施工签证单,以及其他施工中发生的费用记录,如索赔报告与记录、停(交)工报告等。

(7)竣工图及各种竣工验收资料。

(8)历年基建资料、历年财务决算及批复文件。

(9)设备、材料调价文件和调价记录。

(10)有关财务核算制度、办法和其他有关资料、文件等。

3. 工程竣工决算的编制步骤

(1)收集、整理、分析原始资料。从建设工程开始就按编制依据的要求,收集、清点、整理有关资料,主要包括建设工程档案资料,如设计文件、施工记录、上级批文、概(预)算文件、工程结算的归集整理,财务处理、财产物资的盘点核实及债权债务的清偿,做到账账、账证、账实、账表相符。对各种设备、材料、工具、器具等要逐项盘点核实并填列清单,妥善保管,或按照国家有关规定处理,不准任意侵占和挪用。

(2)对照、核实工程变动情况,重新核实各单位工程、单项工程造价。将竣工资料与原设计图纸进行查对、核实,必要时可实地测量,确认实际变更情况;根据经审定的施工单位竣工结算等原始资料,按照有关规定对原概(预)算进行增减调整,重新核定工程造价。

(3)将审定后的待摊投资、设备工器具投资、建筑安装工程投资、工程建设其他投资严格划分和核定后,分别计入相应的建设成本栏目内。

(4)编制竣工财务决算说明书,力求内容全面、简明扼要、文字流畅、说明问题。

(5)填报竣工财务决算报表。

(6)做好工程造价对比分析。

(7)清理、装订好竣工图。

(8)按国家规定上报、审批、存档。

第六章 清单计价体系

第一节 工程量清单计价概述

一、实行工程量清单计价的目的和意义

(1)实行工程量清单计价是深化工程造价管理改革,推进建设市场化的重要途径。

长期以来,工程预算定额是我国承发包计价、定价的主要依据。现预算定额中规定的消耗量和有关施工措施性费用是按社会平均水平编制的,以此为依据形成的工程造价基本上也属于社会平均价格。这种平均价格可作为市场竞争的参考价格,但不能反映参与竞争企业的实际消耗水平和技术管理水平,在一定程度上限制了企业的公平竞争。

20世纪90年代我国提出了"控制量、指导价、竞争费"的改革措施,将工程预算定额中的人工、材料、机械消耗量和相应的量价分离,国家控制量以保证质量、价格逐步走向市场化,这一措施走出了向传统工程预算定额改革的第一步。但是,这种做法难以改变工程预算定额中国家指令性内容较多的状况,难以满足招标投标竞争定价和经评审的合理低价中标的要求。因为国家定额的控制量是社会平均消耗量,不能反映企业的实际消耗量,不能全面体现企业的技术装备水平、管理水平和劳动生产率,不能体现公平竞争的原则,社会平均水平不能代表社会先进水平,因此,改变以往的工程预算定额的计价模式,适应招标投标的需要,实行工程量清单计价办法是十分必要的。

工程量清单计价是建设工程招标投标中,按照国家统一的工程量清单计价规范,由招标人提供工程数量,投标人自主报价,经评审低价中标的工程造价计价模式。采用工程量清单计价能反映工程个别成本,有利于企业自主报价和公平竞争。

(2)在建设工程招标投标中实行工程量清单计价是规范建筑市场秩序的治本措施之一,应适应社会主义市场经济的需要。

工程造价是工程建设的核心,也是市场运行的核心内容,建筑市场存在着许多不规范的行为,大多数与工程造价有直接联系。建筑产品是商品,具有商品的共性,它受价值规律、货币流通规律和供求规律的支配。但是,建筑产品与一般的工业产品价格构成不一样,建筑产品具有某些特殊性。

1)它竣工后一般不在空间发生物理运动,可以直接移交用户,立即进入生产消费或生活消费,因而价格中不含商品使用价值运动发生的流通费用,即因生产过程在流通领域内继续进行而支付的商品包装运输费、保管费。

2)它是固定在某地方的。

3)由于施工人员和施工机具围绕着建设工程流动,因而,有的建设工程构成还包括施工企业远离基地的费用,甚至包括成建制转移到新的工地所增加的费用等。

建筑产品价格随建设时间和地点而变化,相同结构的建筑物在同一地段建造,施工的时间不同造价就不相同;同一时间、不同地段造价也不相同;即使时间和地段相同,施工方法、施工手段、管理水平不同工程造价也有所差别。所以说,建筑产品的价格,既有它的同一性,又有它的特殊性。

为了推动社会主义市场经济的发展,国家颁发了相应的有关法律,如《中华人民共和国价格法》第三条规定:"我国实行并逐步完善宏观经济调控下主要由市场形成价格的机制。价格的制定应当符合价格规律,对多数商品和服务价格实行市场调节价,极少数商品和服务价格实行政府指导价或政府定价。"市场调节价是指由经营者自主定价,通过市场竞争形成价格。中华人民共和国建设部第107号令《建设工程施工发包与承包计价管理办法》第七条规定:"投标报价应依据企业定额和市场信息,并按国务院和省、自治区、直辖市人民政府建设行政主管部门发布的工程造价计价办法编制。"建筑产品市场形成价格是社会主义市场经济的需要。过去工程预算定额在调节承发包双方利益和反映市场价格、需求方面存在着不相适应的地方,特别是公开、公正、公平竞争方面,还缺乏合理的机制,甚至出现了一些漏洞,如高估冒算,相互串通,从中回扣。发挥市场规律"竞争"和"价格"的作用是治本之策。尽快建立和完善市场形成工程造价的机制,是当前规范建筑市场的需要。通过推行工程量清单计价有利于发挥企业自主报价的能力,同时,也有利于规范业主在工程招标中的计价行为,有效改变招标单位在招标中盲目压价的行为,从而真正体现公开、公平、公正的原则,反映市场经济规律。

(3)实行工程量清单计价,有利于促进建设市场有序竞争和企业健康发展。

工程量清单是招标文件的重要组成部分,由招标单位编制或委托有资质的工程造价咨询单位编制,工程量清单编制得准确、详尽、完整,有利于提高招标单位的管理水平,减少索赔事件的发生。由于工程量清单是公开的,有利于防止招标工程中弄虚作假、暗箱操作等不规范行为。投标单位通过对单位工程成本、利润进行分析,统筹考虑,精心选择施工方案,根据企业的定额合理确定人工、材料、机械等要素投入量的合理配置,优化组合,合理控制现场经费和施工技术措施费,在满足招标文件需要的前提下,合理确定自己的报价,让企业有自主报价权。改变了过去依赖建设行政主管部门发布的定额和规定的取费标准进行计价的模式,有利于提高劳动生产率,促进企业技术进步,节约投资和规范建设市场。采用工程量清单计价后,将使招标活动的透明度增加,在充分竞争的基础上降低了造价,提高了投资效益,且便于操作和推行,业主和承包商都将会接受这种计价模式。

(4)实行工程量清单计价,有利于我国工程造价政府职能的转变。

按照政府部门真正履行起"经济调节、市场监督、社会管理和公共服务"的职能要求,政府对工程造价管理的模式要进行相应的改变,将推行政府宏观调控、企业自主报价、市场形成价格、社会全面监督的工程造价管理思路。实行工程量清单计价,将会有利于我国工程造价政府职能的转变,由过去的政府控制的指令性定额转变为制定适应市场经济规律需要的工程量清单计价方法,由过去的行政干预转变为对工程造价进行依法监管,有效地强化政府对工程造价的宏观调控。

二、2013 版清单计价规范简介

2012 年 12 月 25 日,住房和城乡建设部发布了《建设工程工程量清单计价规范》(GB 50500—2013)(以下简称"13 计价规范")和《房屋建筑与装饰工程工程量计算规范》(GB 50854—2013)、《仿古建筑工程工程量计算规范》(GB 50855—2013)、《通用安装工程工程量计算规范》(GB 50856—2013)、《市政工程工程量计算规范》(GB 50857—2013)、《园林绿化工程工程量计算规范》(GB 50858—2013)、《矿山工程工程量计算规范》(GB 50859—2013)、《构筑物工程工程量计算规范》(GB 50860—2013)、《城市轨道交通工程工程量计算规范》(GB 50861—2013)、《爆破工程工量计算规范》(GB 50862—2013)等 9 本计量规范(以下简称"13 工程计量规范"),全部 10 本规范于 2013 年 7 月 1 日起实施。

"13 计价规范"及"13 工程计量规范"是在《建设工程工程量清单计价规范》(GB 50500—2008)(以下简称"08 计价规范")基础上,以原建设部发布的工程基础定额、消耗量定额、预算定额以及各省、自治区、直辖市或行业建设主管部门发布的工程计价定额为参考,以工程计价相关的国家或行业的技术标准、规范、规程为依据,收集近年来新的施工技术、工艺和新材料的项目资料,经过整理,在全国广泛征求意见后编制而成。

"13 计价规范"共设置 16 章、54 节、329 条,各章名称为:总则、术语、一般规定、工程量清单编制、招标控制价、投标报价、合同价款约定、工程计量、合同价款调整、合同价款期中支付、竣工结算与支付、合同解除的价款结算与支付、合同价款争议的解决、工程造价鉴定、工程计价资料与档案和工程计价表格。相比"08 计价规范"而言,分别增加了 11 章、37 节、192 条。

"13 计价规范"适用于建设工程发承包及实施阶段的招标工程量清单、招标控制价、投标报价的编制,工程合同价款的约定,竣工结算的办理以及施工过程中的工程计量、合同价款支付、施工索赔与现场签证、合同价款调整和合同价款争议的解决等计价活动。相对于"08 计价规范","13 计价规范"将"建设工程工程量清单计价活动"修改为"建设工程发承包及实施阶段的计价活动",从而对清单计价规范的适用范围进一步进行了明确,表明了不分何种计价方式,建设工程发承包及实施阶段的计价活动必须执行"13 计价规范"。之所以规定"建设工程发承包及实施阶段的计价活动",主要是因为工程建设具有周期长、金额大、不确定因素多的特点,从而决定了建设工程计价具有分阶段计价的特点,建设工程决策阶段、设计阶段的计价要求与发承包及实施阶段的计价要求是有区别的,这就避免了因理解上的歧义而发生纠纷。

"13 计价规范"规定:"建设工程发承包及实施阶段的工程造价应由分部分项工程费、措施项目费、其他项目费、规费和税金组成。"这说明了不论采用什么计价方式,建设工程发承包及实施阶段的工程造价均由这五部分组成,这五部分也称之为建筑安装工程费。

根据原人事部、原建设部《关于印发(造价工程师执业制度暂行规定)的通知》(人发[1996]77 号)、《注册造价工程师管理办法》(建设部第 150

号令)以及《全国建设工程造价员管理办法》(中价协[2011]021号)的有关规定,"13计价规范"规定:"招标工程量清单、招标控制价、投标报价、工程计量、合同价款调整、合同价款结算与支付以及工程造价鉴定等工程造价文件的编制与核对,应由具有专业资格的工程造价人员承担。""承担工程造价文件的编制与核对的工程造价人员及其所在单位,应对工程造价文件的质量负责。"

另外,由于建设工程造价计价活动不仅要客观反映工程建设的投资,更应体现工程建设交易活动的公正、公平的原则,因此"13计价规范"规定,工程建设双方,包括受其委托的工程造价咨询方,在建设工程发承包及实施阶段从事计价活动均应遵循客观、公正、公平的原则。

第二节 工程量清单计价相关规定

一、计价方式

(1)使用国有资金投资的建设工程发承包,必须采用工程量清单计价。国有投资的资金包括国家融资资金、国有资金为主的投资资金。

1)国有资金投资的工程建设项目包括:

①使用各级财政预算资金的项目。

②使用纳入财政管理的各种政府性专项建设资金的项目。

③使用国有企事业单位自有资金,并且国有资产投资者实际拥有控制权的项目。

2)国家融资资金投资的工程建设项目包括:

①使用国家发行债券所筹资金的项目。

②使用国家对外借款或者担保所筹资金的项目。

③使用国家政策性贷款的项目。

④国家授权投资主体融资的项目。

⑤国家特许的融资项目。

3)国有资金为主的工程建设项目是指国有资金占投资总额50%以上,或虽不足50%但国有投资者实质上拥有控股权的工程建设项目。

(2)非国有资金投资的建设工程,"13计价规范"鼓励采用工程量清单计价方式,但是否采用,由项目业主自主确定。

(3)不采用工程量清单计价的建设工程,应执行"13计价规范"中除工程量清单等专门性规定外的其他规定。

（4）实行工程量清单计价应采用综合单价法，不论分部分项工程项目、措施项目、其他项目，还是以单价形式或以总价形式表现的项目，其综合单价的组成内容均包括完成该项目所需的、除规费和税金以外的所有费用。

（5）根据《中华人民共和国安全生产法》、《中华人民共和国建筑法》、《建设工程安全生产管理条例》、《安全生产许可证条例》等法律、法规的规定，建设部办公厅印发了《建筑工程安全防护、文明施工措施费及使用管理规定》（建办[2005]89号），将安全文明施工费纳入国家强制性标准管理范围，其费用标准不予竞争，并规定"投标方安全防护、文明施工措施的报价不得低于依据工程所在地工程造价管理机构测定费率计算所需费用总额的90%"。2012年2月14日，财政部、国家安全生产监督管理总局印发的《企业安全生产费用提取和使用管理办法》（财企[2012]16号）规定："建设工程施工企业提取的安全费用列入工程造价，在竞标时，不得删减，列入标外管理"。

"13计价规范"规定措施项目清单中的安全文明施工费必须按国家或省级、行业建设主管部门的规定费用标准计算，招标人不得要求投标人对该项费用进行优惠，投标人也不得将该项费用参与市场竞争。此处的安全文明施工费包括《建筑安装工程费用项目组成》（建标[2013]44号）中措施费的文明施工费、环境保护费、临时设施费、安全施工费。

（6）根据住房和城乡建设部、财政部印发的《建筑安装工程费用项目组成》（建标[2013]44号）的规定，规费是政府和有关权力部门规定必须缴纳的费用。税金是国家按照税法预先规定的标准，强制地、无偿地要求纳税人缴纳的费用。它们都是工程造价的组成部分，但是其费用内容和计取标准都不是发、承包人能自主确定的，更不是由市场竞争决定的。因而"13计价规范"规定："规费和税金必须按国家或省级、行业建设主管部门的规定计算，不得作为竞争性费用"。

二、发包人提供材料和机械设备

《建设工程质量管理条例》第14条规定："按照合同约定，由建设单位采购建筑材料、建筑构配件和设备的，建设单位应当保证建筑材料、建筑构配件和设备符合设计文件和合同要求"；《中华人民共和国合同法》第283条规定："发包人未按照约定的时间和要求提供原材料、设备、场地、资金、技术资料的，承包人可以顺延工程日期，并有权要求赔偿停工、窝工等损失"。"13计价规范"根据上述法律条文对发包人提供材料和机械设备的情况进行了如下约定：

（1）发包人提供的材料和工程设备（以下简称甲供材料）应在招标文件中按照规定填写《发包人提供材料和工程设备一览表》，写明甲供材料的名称、规格、数量、单价、交货方式、交货地点等。承包人投标时，甲供材料价格应计入相应项目的综合单价中，签约后，发包人应按合同约定扣除甲供材料款，不予支付。

（2）承包人应根据合同工程进度计划的安排，向发包人提交甲供材料交货的日期计划。发包人应按计划提供。

（3）发包人提供的甲供材料如规格、数量或质量不符合合同要求，或由于发包人原因发生交货日期延误、交货地点及交货方式变更等情况的，发包人应承担由此增加的费用和（或）工期延误，并应向承包人支付合理利润。

（4）发承包双方对甲供材料的数量发生争议不能达成一致的，应按照相关工程的计价定额同类项目规定的材料消耗量计算。

（5）若发包人要求承包人采购已在招标文件中确定为甲供材料的，材料价格应由发承包双方根据市场调查确定，并应另行签订补充协议。

三、承包人提供材料和工程设备

《建设工程质量管理条例》第29条规定："施工单位必须按照工程设计要求、施工技术标准和合同约定，对建筑材料、建筑构配件、设备和商品混凝土进行检验，检验应当有书面记录和专人签字；未经检验或者检验不合格的，不得使用"。"13计价规范"根据此法律条文对承包人提供材料和机械设备的情况进行了如下约定：

（1）除合同约定的发包人提供的甲供材料外，合同工程所需的材料和工程设备应由承包人提供，承包人提供的材料和工程设备均应由承包人负责采购、运输和保管。

（2）承包人应按合同约定将采购材料和工程设备的供货人及品种、规格、数量和供货时间等提交发包人确认，并负责提供材料和工程设备的质量证明文件，满足合同约定的质量标准。

（3）对承包人提供的材料和工程设备经检测不符合合同约定的质量标准，发包人应立即要求承包人更换，由此增加的费用和（或）工期延误应由承包人承担。对发包人要求检测承包人已具有合格证明的材料、工程设备，但经检测证明该项材料、工程设备符合合同约定的质量标准，发包人应承担由此增加的费用和(或)工期延误,并向承包人支付合理利润。

四、计价风险

(1)建设工程发承包必须在招标文件、合同中明确计价中的风险内容及其范围,不得采用无限风险、所有风险或类似语句规定计价中的风险内容及范围。

风险是一种客观存在的、会带来损失的、不确定的状态。它具有客观性、损失性和不确定性,并且风险始终是与损失相联系的。工程施工发包是一种期货交易行为,工程建设本身又具有单件性和建设周期长的特点。在工程施工过程中影响工程施工及工程造价的风险因素很多,但并非所有的风险都是承包人能预测、能控制和应承担其造成损失的。

工程施工招标发包是工程建设交易方式之一,一个成熟的建设市场应是一个体现交易公平性的市场。在工程建设施工发包中实行风险共担和合理分摊原则是实现建设市场交易公平性的具体体现,是维护建设市场正常秩序的措施之一。其具体体现则是应在招标文件或合同中对发、承包双方各自应承担的风险内容及其风险范围或幅度进行界定和明确,而不能要求承包人承担所有风险或无限度风险。

根据我国工程建设特点,投标人应完全承担的风险是技术风险和管理风险,如管理费和利润;应有限度承担的是市场风险,如材料价格、施工机械使用费等的风险;应完全不承担的是法律、法规、规章和政策变化的风险。

(2)由于下列因素出现,影响合同价款调整的,应由发包人承担:

1)由于国家法律、法规、规章或有关政策出台导致工程税金、规费等发生变化的。

2)对于我国目前工程建设的实际情况,各省、自治区、直辖市建设行政主管部门均根据当地人力资源和社会保障行政主管部门的有关规定发布人工成本信息或人工费调整,对此关系职工切身利益的人工费进行调整的,但承包人对人工费或人工单价的报价高于发布的除外。

3)按照《中华人民共和国合同法》第 63 条规定:"执行政府定价或者政府指导价的,在合同约定的交付期限内价格调整时,按照交付的价格计价。逾期交付标的物的,遇价格上涨时,按照原价格执行;价格下降时,按照新价格执行。逾期提取标的物或者逾期付款的,遇价格上涨时,按照新价格执行;价格下降时,按照原价格执行"。因此,对政府定价或政府指导价管理的原材料价格按照相关文件规定进行合同价款调整的。

因承包人原因导致工期延误的,应按本书后叙第九章中"合同价款调整"中"法律法规变化"和"物价变化"中的有关规定进行处理。

(3)对于主要由市场价格波动导致的价格风险,如工程造价中的建筑材料、燃料等价格风险,应由发承包双方合理分摊,并按规定填写《承包人提供主要材料和工程设备一览表》作为合同附件;当合同中没有约定,发承包双方发生争议时,应按"13计价规范"的相关规定调整合同价款。

"13计价规范"中提出承包人所承担的材料价格的风险宜控制在5%以内,施工机械使用费的风险可控制在10%以内,超过者予以调整。

(4)由于承包人使用机械设备、施工技术以及组织管理水平等自身原因造成施工费用增加的,应由承包人全部承担。

(5)当不可抗力发生影响合同价款时,应按本书后叙第九章中"合同价款调整"中"不可抗力"的相关规定处理。

第三节 工程量清单编制

工程量清单是载明建设工程分部分项工程项目、措施项目、其他项目的名称和相应数量以及规费、税金项目等内容的明细清单。其中由招标人依据国家标准、招标文件、设计文件以及施工现场实际情况编制的,随招标文件发布供投标报价的工程量清单(包括其说明和表格)称为招标工程量清单。构成合同文件组成部分的投标文件中已标明价格,经算术性错误修正(如有)且承包人已确认的工程量清单(包括其说明和表格)称为已标价工程量清单。

一、一般规定

(1)招标工程量清单应由招标人负责编制,若招标人不具有编制工程量清单的能力,则可根据《工程造价咨询企业管理办法》(建设部第149号令)的规定,委托具有工程造价咨询性质的工程造价咨询人编制。

(2)招标工程量清单必须作为招标文件的组成部分,其准确性(数量不算错)和完整性(不缺项漏项)应由招标人负责。招标人应将工程量清单连同招标文件一起发(售)给投标人。投标人依据工程量清单进行投标报价时,对工程量清单不负有核实的义务,更不具有修改和调整的权力。如招标人委托工程造价咨询人编制工程量清单,其责任仍由招标人负责。

(3)招标工程量清单是工程量清单计价的基础,应作为编制招标控制价、投标报价、计算或调整工程量以及工程索赔等的依据之一。

(4)招标工程量清单应以单位(项)工程为单位编制,应由分部分项工程项目清单、措施项目清单、其他项目清单、规费和税金项目清单组成。

二、工程量清单编制依据

(1)"13 计价规范"和相关专业工程的国家计量规范。
(2)国家或省级、行业建设主管部门颁发的计价定额和办法。
(3)建设工程设计文件及相关资料。
(4)与建设工程有关的标准、规范、技术资料。
(5)拟定的招标文件。
(6)施工现场情况、地勘水文资料、工程特点及常规施工方案。
(7)其他相关资料。

三、工程量清单编制原则

工程量清单的编制必须遵循"四个统一、三个自主、两个分离"的原则。

1. 四个统一

工程量清单编制必须满足项目编码统一、项目名称统一、计量单位统一、工程量计算规则统一。

项目编码是"13 计价规范"和相关专业工程国家计量规范规定的内容之一,编制工程量清单时必须严格执行;项目名称基本上按照形成工程实体命名,工程量清单项目特征是按不同的工程部位、施工工艺或材料品种、规格等分别列项,必须对项目进行描述,是各项清单计算的依据,描述得详细、准确与否是直接影响项目价格的一个主要因素;计量单位是按照能够准确地反映该项目工程内容的原则确定的;工程量数量的计算是按照相关专业工程量计算规范中工程量计算规则计算的,比以往采用预算定额增加了多项组合步骤,所以,在计算前一定要注意计算规则的变化,还要注意新组合后项目名称的计量单位。

2. 三个自主

三个自主是指投标人在投标报价时自主确定工料机消耗量,自主确定工料机单价,自主确定措施项目费及其他项目的内容和费率。

3. 两个分离

两个分离即量与价的分离、清单工程量与计价工程量分离。

量与价分离是从定额计价方式的角度来表达的。定额计价的方式采用定额基价计算分部分项工程费,工程机消耗量是固定的,量价没有分离;而工程量清单计价由于自主确定工料机消耗量、自主确定工料机单价,量价是分离的。

清单工程量与定额计价工程量分离是从工程量清单报价方式来描述的。清单工程量是根据"13计价规范"和相关专业工程国家计量规范编制的,定额计价工程量是根据所选定的消耗量定额计算的,一项清单工程量可能要对应几项消耗量定额,两者的计算规则也不一定相同。因此,一项清单量可能要对应几项定额计价工程量,其清单工程量与定额计价工程量要分离。

四、工程量清单编制内容

(一)分部分项工程项目清单

分部分项工程项目清单必须载明项目编码、项目名称、项目特征、计量单位和工程量。这是构成一个分部分项工程项目清单的五个要件,在分部分项工程项目清单的组成中缺一不可。

分部分项工程项目清单应根据"13计价规范"和相关专业工程国家计量规范附录中规定的项目编码、项目名称、项目特征、计量单位和工程量计算规则进行编制。

分部分项工程项目清单项目编码栏应根据相关专业工程国家计量规范项目编码栏内规定的9位数字另加3位顺序码共12位阿拉伯数字填写。各位数字的含义为:一、二位为专业工程代码,房屋建筑与装饰工程为01,仿古建筑为02,通用安装工程为03,市政工程为04,园林绿化工程为05,矿山工程为06,构筑物工程为07,城市轨道交通工程为08,爆破工程为09;三、四位为专业工程附录分类顺序码;五、六位为分部工程顺序码;七、八、九位为分项工程项目名称顺序码;十至十二位为清单项目名称顺序码。

在编制工程量清单时应注意对项目编码的设置不得有重码,特别是当同一标段(或合同段)的一份工程量清单中含有多个单项或单位工程,且工程量清单是以单项或单位工程为编制对象时,应注意项目编码中的十至十二位的设置不得重码。例如一个标段(或合同段)的工程量清单中含有三个单项或单位工程,每一单项或单位工程中都有项目特征相同的钢管柱,在工程量清单中又需反映三个不同单项或单位工程的钢管柱工程量时,此时工程量清单应以单项或单位工程为编制对象,第一个单项或单位工程的钢管柱的项目编码为010603003001,第二个单项或单位工程的钢管柱的项目编码为010603003002,第三个单项或单位工程的钢管柱的项目编码为010603003003,并分别列出各单项或单位工程钢管柱的工程量。

分部分项工程量清单项目名称栏应按相关专业国家工程量计算规范的规定,根据拟建工程实际填写。在实际填写过程中,"项目名称"有两种填写方法:一是完全保持相关专业国家工程量计算规范的项目名称不变;二是根据工程实际在工程量计算规范项目名称下另行确定详细名称。

分部分项工程量清单项目特征栏应按相关专业工程国家计量规范的规定,根据拟建工程实际进行描述。

分部分项工程量清单的计量单位应按相关专业工程国家计量规范规定的计量单位填写。有些项目工程量计算规范中有两个或两个以上计量单位,应根据拟建工程项目的实际,选择最适宜表现该项目特征并方便计量的单位。如钢屋架项目,工程量计算规范以"榀"和"t"两个计量单位表示,此时就应根据工程项目的特点,选择其中一个即可。

"工程量"应按相关工程国家工程量计算规范规定的工程量计算规则计算填写。

工程量的有效位数应遵守下列规定:

(1)以"t"为单位,应保留小数点后三位小数,第四位小数四舍五入。

(2)以"m"、"m^2"、"m^3"、"kg"为单位,应保留小数点后两位小数,第三位小数四舍五入。

(3)以"台"、"个"、"件"、"套"、"根"、"组"、"系统"等为单位,应取整数。

分部分项工程量清单编制应注意的问题:

(1)不能随意设置项目名称,清单项目名称一定要按相关专业工程国家计量规范附录的规定设置。

(2)正确对项目进行描述,一定要将完成该项目的全部内容完整地体现在清单上,不能有遗漏,以便投标人报价。

(二)措施项目清单

措施项目清单是指为完成工程项目施工,发生于该工程施工准备和施工过程中的技术、生活、安全、环境保护等方面的项目。相关专业工程国家计量规范中有关措施项目的规定和具体条文比较少。投标人可根据施工组织设计中采取的措施增加项目。

措施项目清单的设置,首先要参考拟建工程的施工组织设计,以确定安全文明施工、材料的二次搬运等项目。其次参阅施工技术方案,以确定夜间施工增加费、大型机械进出场及安拆费、脚手架工程费等项目。参阅相关专业工程施工规范及工程质量验收规范,可以确定施工技术方案没有表达的,但是为了实现施工规范及工程验收规范要求而必须发生的技术措施。

(1)措施项目清单应根据拟建工程的实际情况列项。

(2)措施项目中可以计算工程量的项目清单宜采用分部分项工程量清单的方式编制,列出项目编码、项目名称、项目特征、计量单位和工程量计算规则;不能计算工程量的项目清单,以"项"为计量单位。

(3)相关专业工程国家计量规范将实体性项目划分为分部分项工程量清单,非实体性项目划分为措施项目。所谓非实体性项目,一般来说,其费用的发生和金额的大小与使用时间、施工方法或者两个以上工序相关,与实际完成的实体工程量的多少关系不大,典型的是大中型施工机械、文明施工和安全防护、临时设施等。但有的非实体性项目,则是可以计算工程量的项目,典型的建筑工程是混凝土浇筑的模板工程,用分部分项工程量清单的方式采用综合单价,更有利于措施费的确定和调整,更有利于合同管理。

(三)其他项目清单

其他项目清单是指分部分项工程量清单、措施项目清单所包含的内容以外,因招标人的特殊要求而发生的与拟建工程有关的其他费用项目和相应数量的清单。工程建设标准的高低、工程的复杂程度、工程的工期长短、工程的组成内容、发包人对工程管理要求等都直接影响其他项目清单的具体内容。其他项目清单包括暂列金额、暂估价(包括材料暂估单价、工程设备暂估单价、专业工程暂估价)、计日工、总承包服务费。

1. 暂列金额

暂列金额是招标人在工程量清单中暂定并包括在合同价款中的一笔款项。清单计价规范中明确规定暂列金额用于施工合同签订时尚未确定或者不可预见的所需材料、设备、服务的采购,施工中可能发生的工程变更、合同约定调整因素出现时的工程价款调整以及发生的索赔、现场签证确认等的费用。

不管采用何种合同形式,工程造价理想的标准是,一份合同的价格就是其最终的竣工结算价格,或者至少两者应尽可能接近。我国规定对政府投资工程实行概算管理,经项目审批部门批复的设计概算是工程投资控制的刚性指标,即使商业性开发项目也有成本的预先控制问题,否则,无法相对准确预测投资的收益和科学合理地进行投资控制。但工程建设自身的特性决定了工程的设计需要根据工程进展不断地进行优化和调整,业主需求可能会随工程建设进展出现变化,工程建设过程还会存在一些不能预见、不能确定的因素。消化这些因素必然会影响合同价格的调整,暂列金额正是为这类不可避免的价格调整而设立,以便达到合理确定和有效控制工程造价的目标。

另外,暂列金额列入合同价格不等于就属于承包人所有了,即使是总价包干合同,也不等于列入合同价格的所有金额就属于承包人,是否属于承包人应得金额取决于具体的合同约定,只有按照合同约定程序实际发生后,才能成为承包人的应得金额,纳入合同结算价款中。扣除实际发生金额后的暂列金额余额仍属于发包人所有。设立暂列金额并不能保证合同结算价格就不会再出现超过合同价格的情况,是否超出合同价格完全取决于工程量清单编制人暂列金额预测的准确性,以及工程建设过程是否出现了其他事先未预测到的事件。

2. 暂估价

暂估价是指招标阶段直至签订合同协议时,招标人在招标文件中提供的用于支付必然发生但暂时不能确定价格的材料以及专业工程的金额。暂估价包括材料暂估单价、工程设备暂估单价和专业工程暂估价。暂估价类似于 FIDIC 合同条款中的 Prime Cost Items,在招标阶段预见肯定要发生,只是因为标准不明确或者需要由专业承包人完成,暂时无法确定价格。暂估价数量和拟用项目应当结合工程量清单中的"暂估价表"予以补充说明。

为方便合同管理,需要纳入分部分项工程项目清单综合单价中的暂估价应只是材料费、工程设备费,以方便投标人组价。

专业工程的暂估价一般应是综合暂估价,应当包括除规费和税金以外的管理费、利润等取费。总承包招标时,专业工程设计深度往往是不够的,一般需要交由专业设计人设计,国际上,出于提高可建造性考虑,一般由专业承包人负责设计,以发挥其专业技能和专业施工经验的优势。这类专业工程交由专业分包人完成是国际工程的良好实践,目前在我国工程建设领域也已经比较普遍。公开透明地、合理地确定这类暂估价的实际开支金额的最佳途径,就是通过施工总承包人与工程建设项目招标人共同组织的招标。

3. 计日工

计日工是为解决现场发生的零星工作的计价而设立的,其为额外工作和变更的计价提供了一个方便快捷的途径。计日工适用的所谓零星工作一般是指合同约定之外的或者因变更而产生的、工程量清单中没有相应项目的额外工作,尤其是那些时间不允许事先商定价格的额外工作。计日工以完成零星工作所消耗的人工工时、材料数量、机械台班进行计量,并按照计日工表中填报的适用项目的单价进行计价支付。

国际上常见的标准合同条款中,大多数都设立了计日工(Daywork)计价机制。但在我国以往的工程量清单计价实践中,由于计日工项目的单价水平一般要高于工程量清单项目的单价水平,因而经常被忽略。从理论上讲,由于计日工往往是用于一些突发性的额外工作,缺少计划性,承包人在调动施工生产资源方面难免不影响已经计划好的工作,生产资源的使用效率也有一定的降低,客观上造成超出常规的额外投入。另外,其他项目清单中计日工往往是一个暂定的数量,其无法纳入有效的竞争。所以合理的计日工单价水平一定是要高于工程量清单的价格水平的。为获得合理的计日工单价,发包人在其他项目清单中对计日工一定要给出暂定数量,并需要根据经验尽可能估算一个较接近实际的数量。

4. 总承包服务费

总承包服务费是为了解决招标人在法律、法规允许的条件下进行专业工程发包,以及自行供应材料、设备,并需要总承包人对发包的专业工程提供协调和配合服务,对供应的材料、设备提供收、发和保管服务以及进行施工现场管理时发生,并向总承包人支付的费用。招标人应预计该项费用并按投标人的投标报价向投标人支付该项费用。

为保证工程施工建设的顺利实施,投标人在编制招标工程量清单时应对施工过程中可能出现的各种不确定因素对工程造价的影响进行估算,列出一笔暂列金额。暂列金额可根据工程的复杂程度、设计深度、工程环境条件(包括地质、水文、气候条件等)进行估算,一般可按分部分项工程费的10%~15%作为参考。

暂估价中的材料、工程设备暂估单价应根据工程造价信息或参照市场价格估算,列出明细表;专业工程暂估价应分不同专业,按有关计价规定估算,列出明细表。

计日工应列出项目名称、计量单位和暂估数量。

总承包服务费应列出服务项目及其内容等。

出现未列的项目,应根据工程实际情况补充。如办理竣工结算时就需将索赔及现场鉴证列入其他项目中。

(四)规费项目清单

规费是根据省级政府或省级有关权力部门规定必须缴纳的,应计入建筑安装工程造价的费用。根据住房和城乡建设部、财政部印发《建筑安装工程费用项目组成》(建标[2013]44号)的规定,规费主要包括社会保险费、住房公积金、工程排污费,其中社会保险费包括养老保险费、医疗保险费、失业保险费、工伤保险费和生育保险费;税金主要包括营业税、城市维护建设税、教育费附加和地方教育附加。规费作为政府和有关权力部门规定必须缴纳的费用,政府和有关权力部门可根据形势发展的需要,对规费项目进行调整,因此,清单编制人对《建筑安装工程费用项目组成》(建标[2013]44号)中未包括的规费项目,在编制规费项目清单时,应根据省级政府或省级有关权力部门的规定列项。

规费项目清单应按照下列内容列项:

(1)社会保险费:包括养老保险费、失业保险费、医疗保险费、工伤保险费、生育保险费。

(2)住房公积金。

(3)工程排污费。

相对于"08计价规范","13计价规范"对规费项目清单进行了以下调整:

(1)根据《中华人民共和国社会保险法》的规定,将"08计价规范"使用的"社会保障费"更名为"社会保险费",将"工伤保险费、生育保险费"列入社会保险费。

(2)根据十一届全国人大常委会第20次会议将《中华人民共和国建筑法》第四十八条由"建筑施工企业必须为从事危险作业的职工办理意外伤害保险,支付保险费"修改为"建筑施工企业应当依法为职工参加工伤保险缴纳工伤保险费。鼓励企业为从事危险作业的职工办理意外伤害保险,支付保险费"。由于建筑法将意外伤害保险由强制改为鼓励,因此,"13计价规范"中规费项目增加了工伤保险费,删除了意外伤害保险,将其列入企业管理费中列支。

(3)根据《财政部、国家发展改革委关于公布取消和停止征收 100 项行政事业性收费项目的通知》(财综[2008]78 号)的规定,工程定额测定费从 2009 年 1 月 1 日起取消,停止征收。因此,"13 计价规范"中规费项目取消了工程定额测定费。

(五)税金

根据住房和城乡建设部、财政部印发《建筑安装工程费用项目组成》(建标[2013]44 号)的规定,目前我国税法规定应计入建筑安装工程造价的税种包括营业税、城市建设维护税、教育费附加和地方教育附加。如国家税法发生变化,税务部门依据职权增加了税种,应对税金项目清单进行补充。

税金项目清单应按下列内容列项:
(1)营业税。
(2)城市维护建设税。
(3)教育费附加。
(4)地方教育附加。

根据《财政部关于统一地方教育政策有关内容的通知》(财综[2011]98 号)的有关规定,"13 计价规范"相对于"08 计价规范",在税金项目增列了地方教育附加项目。

五、工程量清单编制标准格式

工程量清单编制使用的表格包括:招标工程量清单封面(封-1),招标工程量清单扉页(扉-1),工程计价总说明表(表-01),分部分项工程和单价措施项目清单与计价表(表-08),总价措施项目清单与计价表(表-11),其他项目清单与计价汇总表(表-12)[暂列金额明细表(表-12-1),材料(工程设备)暂估单价及调整表(表-12-2),专业工程暂估价及结算价表(表-12-3),计日工表(表-12-4),总承包服务费计价表(表-12-5)],规费、税金项目计价表(表-13),发包人提供材料和工程设备一览表(表-20),承包人提供主要材料和工程设备一览表(适用于造价信息差额调整法)(表-21),承包人提供主要材料和工程设备一览表(适用于价格指数差额调整法)(表-22)。

1. 招标工程量清单封面

招标工程量清单封面(封-1)上应填写招标工程项目的具体名称,招标人应盖单位公章,如委托工程造价咨询人编制,还应加盖工程造价咨询人所在单位公章。

招标工程量清单封面的样式见表6-1。

表6-1　　　　　　　　招标工程量清单封面

_____工程

招标工程量清单

招　标　人：_____
（单位盖章）

造价咨询人：_____
（单位盖章）

年　月　日

封-1

2. 招标工程量清单扉页

招标工程量清单扉页（扉-1）由招标人或招标人委托的工程造价咨询人编制招标工程量清单时填写。

招标人自行编制工程量清单的，编制人员必须是在招标人单位注册的造价人员，由招标人盖单位公章，法定代表人或其授权人签字或盖章；当编制人是注册造价工程师时，由其签字盖执业专用章；当编制人是造价员时，由其在编制人栏签字盖专用章，并应由注册造价工程师复核，在复核人栏签字盖执业专用章。

招标人委托工程造价咨询人编制工程量清单的,编制人必须是在工程造价咨询人单位注册的造价人员,由工程造价咨询人盖单位资质专用章,法定代表人或其授权人签字或盖章;当编制人是注册造价工程师时,由其签字盖执业专用章;当编制人是造价员时,由其在编制人栏签字盖专用章,并应由注册造价师复核,在复核人栏签字盖执业专用章。

招标工程量清单扉页的样式见表6-2。

表6-2　　　　　　　　　招标工程量清单扉页

_____工程

招标工程量清单

招 标 人：_____　　造价咨询人：_____
　　（单位盖章）　　　　　　　（单位资质专用章）

法定代表人　　　　　　法定代表人
或其授权人：_____　或其授权人：_____
　　（签字或盖章）　　　　　　（签字或盖章）

编 制 人：_____　　复 核 人：_____
（造价人员签字盖专用章）　（造价工程师签字盖专用章）

编制时间：　年　月　日　复核时间：　年　月　日

扉-1

3. 总说明

工程计价总说明表（表-01）适用于工程计价的各个阶段。对工程计价的不同阶段，总说明表中说明的内容是有差别的，要求也有所不同。

(1)工程量清单编制阶段。工程量清单中总说明应包括的内容有：①工程概况，如建设地址、建设规模、工程特征、交通状况、环保要求等；②工程招标和专业工程发包范围；③工程量清单编制依据；④工程质量、材料、施工等的特殊要求；⑤其他需要说明的问题。

(2)招标控制价编制阶段。招标控制价中总说明应包括的内容有：①采用的计价依据；②采用的施工组织设计；③采用的材料价格来源；④综合单价中风险因素、风险范围（幅度）；⑤其他等。

(3)投标报价编制阶段。投标报价总说明应包括的内容有：①采用的计价依据；②采用的施工组织设计；③综合单价中包含的风险因素，风险范围（幅度）；④措施项目的依据；⑤其他有关内容的说明等。

(4)竣工结算编制阶段。竣工结算中总说明应包括的内容有：①工程概况；②编制依据；③工程变更；④工程价款调整；⑤索赔；⑥其他等。

(5)工程造价鉴定阶段。工程造价鉴定书总说明应包括的内容有：①鉴定项目委托人名称、委托鉴定的内容；②委托鉴定的证据材料；③鉴定的依据及使用的专业技术手段；④对鉴定过程的说明；⑤明确的鉴定结论；⑥其他需说明的事宜等。

工程计价总说明的样式见表6-3。

表 6-3　　　　　　　　　　　　总说明

工程名称：　　　　　　　　　　　　　　　　　　　　　　　第　页共　页

表-01

4. 分部分项工程和单价措施项目清单与计价表

分部分项工程和单价措施项目清单与计价表（表-08）是依据"08计价规范"中《分部分项工程量清单与计价表》和《措施项目清单与计价表（二）》合并而来。单价措施项目和分部分项工程项目清单编制与计价均使用本表。

第六章 清单计价体系

分部分项工程和单价措施项目清单与计价表不只是编制招标工程量清单的表式,也是编制招标控制价、投标报价和竣工结算的最基本用表。在编制工程量清单时,在"工程名称"栏应填写详细具体的工程称谓,对于房屋建筑而言,习惯上并无标段划分,可不填写"标段"栏,但相对于管道敷设、道路施工,则往往以标段划分,此时,应填写"标段"栏,其他各表涉及此类设置,道理相同。

由于各省、自治区、直辖市以及行业建设主管部门对规费计取基础的不同设置,为了计取规费等的使用,使用分部分项工程和单价措施项目清单与计价表时,可在表中增设其中:"定额人工费"。编制招标控制价时,使用"综合单价"、"合计"以及"其中:暂估价"按"13计价规范"的规定填写。编写投标报价时,投标人对表中的"项目编码"、"项目名称"、"项目特征"、"计量单位"、"工程量"均不应进行改动。"综合单价"、"合价"自主决定填写,对其中的"暂估价"栏,投标人应将招标文件中提供了暂估材料单价的暂估价计入综合单价,并应计算出暂估单价的材料在"综合单价"及其"合价"中的具体数额,因此,为更详细反应暂估价情况,也可在表中增设一栏"综合单价"其中的"暂估价"。

编制竣工结算时,使用分部分项工程和单价措施项目清单与计价表可取消"暂估价"。

分部分项工程和单价措施项目清单与计价表的样式见表6-4。

表6-4　　　　分部分项工程和单价措施项目清单与计价表

工程名称:　　　　　　　　标段:　　　　　　第　页共　页

序号	项目编码	项目名称	项目特征描述	计量单位	工程量	金额/元		
						综合单价	合价	其中
								暂估价
本页小计								
合　　计								

注:为计取规费等使用,可在表中增设其中:"定额人工费"。

表-08

5. 总价措施项目清单与计价表

在编制招标工程量清单时,总价措施项目清单与计价表(表-11)中的项目可根据工程实际情况进行增减。在编制招标控制价时,计费基础、费率应按省级或行业建设主管部门的规定计取。编制投标报价时,除"安全文明施工费"必须按"13 计价规范"的强制性规定,按省级、行业建设主管部门的规定计取外,其他措施项目均可根据投标施工组织设计自主报价。

总价措施项目清单与计价表见表 6-5。

表 6-5　　　　　　　　　总价措施项目清单与计价表

工程名称:　　　　　　　　　标段:　　　　　　　　　第　页共　页

序号	项目编码	项目名称	计算基础	费率/(%)	金额/元	调整费率(%)	调整后金额/元	备注
		安全文明施工费						
		夜间施工增加费						
		二次搬运费						
		冬雨季施工增加费						
		已完工程及设备保护费						
		合　计						

编制人(造价人员):　　　　　　　复核人(造价工程师):

注:1. "计算基础"中安全文明施工费可为"定额基价"、"定额人工费"或"定额人工费+定额机械费",其他项目可为"定额人工费"或"定额人工费+定额机械费"。
　　2. 按施工方案计算的措施费,若无"计算基础"和"费率"的数值,也可只填"金额"数值,但应在备注栏说明施工方案出处或计算方法。

表-11

6. 其他项目清单与计价汇总表

编制招标工程量清单,应汇总"暂列金额"和"专业工程暂估价",以提供给投标人报价。

编制招标控制价,应按有关计价规定估算"计日工"和"总承包服务费"。如招标工程量清单中未列"暂列金额",应按有关规定编列。编制投标报价,应按招标文件工程量提供的"暂列金额"和"专业工程暂估价"填写金额,不得变动。"计日工"、"总承包服务费"自主确定报价。编制或核对竣工结算时,"专业工程暂估价"按实际分包结算价填写,"计日工"、"总承包服务费"按双方认可的费用填写,如发生"索赔"或"现场签证"费用,按双方认可的金额计入其他项目清单与计价汇总表(表-12)。其他项目清单与计价汇总表的样式见表6-6。

表6-6　　　　　　　　　其他项目清单与计价汇总表

工程名称：　　　　　　　　标段：　　　　　　　　第　页共　页

序号	项目名称	金额/元	结算金额/元	备注
1	暂列金额			明细详见表-12-1
2	暂估价			
2.1	材料(工程设备)暂估价/结算价	—		明细详见表-12-2
2.2	专业工程暂估价/结算价			明细详见表-12-3
3	计日工			明细详见表-12-4
4	总承包服务费			明细详见表-12-5
5	索赔与现场签证	—		明细详见表-12-6
	合　　计			

注：材料(工程设备)暂估单价计入清单项目综合单价,此处不汇总。

表-12

7. 暂列金额明细表

暂列金额在实际履约过程中可能发生,也可能不发生。暂列金额明细表(表-12-1)要求招标人能将暂列金额与拟用项目列出明细,但如确实不能详列也可只列暂定金额总额,投标人应将上述暂列金额计入投标总价中。

暂列金额明细表的样式见表6-7。

表 6-7　　　　　　　　　　暂列金额明细表

工程名称：　　　　　　　　　　标段：　　　　　　　　　第　页共　页

序号	项目名称	计量单位	暂定金额/元	备注
1				
2				
3				
4				
5				
6				
7				
8				
9				
10				
11				
合　计				—

注：此表由招标人填写，如不能详列，也可只列暂定金额总额，投标人应将上述暂列金额计入投标总价中。

表-12-1

8. 材料(工程设备)暂估单价及调整表

暂估价是在招标阶段预见肯定要发生，只是因为标准不明确或者需要由专业承包人完成，暂时无法确定材料、工程设备的具体价格而采用的一种临时性计价方式。暂估价的材料、工程设备数量应在材料(工程设备)暂估单价及调整表(表-12-2)内填写，拟用项目应在备注栏给予补充说明。

"13计价规范"要求招标人针对每一类暂估价给出相应的拟用项目，即按照材料、工程设备的名称分别给出，这样的材料、工程设备暂估价能够纳入到清单项目的综合单价中。

材料(工程设备)暂估单价及调整表的样式见表 6-8。

表 6-8　　　　　　材料(工程设备)暂估单价及调整表

序号	材料(工程设备)名称、规格、型号	计量单位	数量		暂估/元		确认/元		差额±/元		备注
			暂估	确认	单价	合价	单价	合价	单价	合价	
合　计											

注：此表由招标人填写"暂估单价"，并在备注栏说明暂估单价的材料、工程设备拟用在哪些清单项目上，投标人应将上述材料、工程设备暂估单价计入工程量清单综合单价报价中。

表-12-2

9. 专业工程暂估价及结算价表

专业工程暂估价表(表-12-3)内应填写工程名称、工程内容、暂估金额,投标人应将上述金额计入投标总价中。专业工程暂估价项目及其表中列明的专业工程暂估价,是指分包人实施专业工程的含税金后的完整价,除了合同约定的发包人应承担的总包管理、协调、配合和服务责任所对应的总承包服务费以外,承包人为履行其总包管理、配合、协调和服务所需产生的费用应该包括在投标报价中。

专业工程暂估价表的样式见表6-9。

表6-9 专业工程暂估价及结算价表

工程名称: 标段: 第 页共 页

序号	工程名称	工程内容	暂估金额/元	结算金额/元	差额±/元	备注
	合 计					

注:此表"暂估金额"由招标人填写,招标人应将"暂估金额"计入投标总价中。结算时按合同约定结算金额填写。

表-12-3

10. 计日工表

编制工程量清单时,计日工表(表-12-4)中"项目名称"、"单位"、"暂定数量"由招标人填写。编制招标控制价时,人工、材料、机械台班单价由招标人按有关计价规定填写并计算合价。编制投标报价时,人工、材料、机械台班单价由投标人自主确定,按已给暂定数量计算合计计入投标总价中。

计日工表的样式见表6-10。

表 6-10　　　　　　　　　　　　计日工表

工程名称：　　　　　　　　标段：　　　　　　　　第　页共　页

编号	项目名称	单位	暂定数量	实际数量	综合单价/元	合价/元	
						暂定	实际
一	人工						
1							
2							
3							
4							
	人工小计						
二	材料						
1							
2							
3							
4							
5							
	材料小计						
三	施工机械						
1							
2							
3							
4							
	施工机械小计						
四、企业管理费和利润							
总　计							

注：此表项目名称、暂定数量由招标人填写，编制招标控制价时，单价由招标人按有关计价规定确定；投标时，单价由投标人自主确定，按暂定数量计算合价计入投标总价中；结算时，按发承包双方确定的实际数量计算合价。

表-12-4

11. 总承包服务费计价表

编制招标工程量清单时，招标人应将拟定进行专业分包的专业工程、

第六章　清单计价体系

自行采购的材料设备等决定清楚,填写项目名称、服务内容,以便投标人决定报价。编制招标控制价时,招标人按有关计价规定计价。编制投标报价时,由投标人根据工程量清单中的总承包服务内容,自主决定报价。办理竣工结算时,发承包双方应按承包人已标价工程量清单中的报价计算,如发承包双方确定调整的,按调整后的金额计算。

总承包服务费计价表的样式见表6-11。

表6-11　　　　　　　　　总承包服务费计价表

工程名称：　　　　　　　　标段：　　　　　　　　第　页共　页

序号	项目名称	项目价值/元	服务内容	计算基础	费率/(%)	金额/元
1	发包人发包专业工程					
2	发包人提供材料					
	合　计	—			—	

注：此表项目名称、服务内容由招标人填写,编制招标控制价时,费率及金额由招标人按有关计价规定确定；投标时,费率及金额由投标人自主报价,计入投标总价中。

表-12-5

12. 规费、税金项目计价表

规费、税金项目计价表(表-13)应按住房和城乡建设部、财政部印发的《建筑安装工程费用项目组成》(建标[2013]44号)列举的规费项目列项,在施工实践中,有的规费项目,如工程排污费,并非每个工程所在地都要征收,实践中可作为按实计算的费用处理。

规费、税金项目计价表的样式见表6-12。

表 6-12　　　　　　　　规费、税金项目计价表

工程名称：　　　　　　　　标段：　　　　　　　第 页共 页

序号	项目名称	计算基础	计算基数	计算费率（%）	金额/元
1	规费	定额人工费			
1.1	社会保险费	定额人工费			
(1)	养老保险费	定额人工费			
(2)	失业保险费	定额人工费			
(3)	医疗保险费	定额人工费			
(4)	工伤保险费	定额人工费			
(5)	生育保险费	定额人工费			
1.2	住房公积金	定额人工费			
1.3	工程排污费	按工程所在地环境保护部门收取标准，按实计入			
2	税金	分部分项工程费＋措施项目费＋其他项目费＋规费－按规定不计税的工程设备金额			
		合　计			

编制人(造价人员)：　　　　　　　复核人(造价工程师)：

表-13

13. 发包人提供主要材料和工程设备一览表

发包人提供主要材料和工程设备一览表的样式见表 6-13。

表 6-13　　　　　　发包人提供材料和工程设备一览表

工程名称：　　　　　　　　标段：　　　　　　　第 页共 页

序号	材料(工程设备)名称、规格、型号	单位	数量	单价/元	交货方式	送达地点	备注

注：此表由招标人填写，供投标人在投标报价、确定总承包服务费时参考。

表-20

14. 承包人提供主要材料和工程设备一览表(适用于造价信息差额调整法)

承包人提供主要材料和工程设备一览表(适用于造价信息差额调整法)的样式见表 6-14。

表 6-14 **承包人提供主要材料和工程设备一览表**
(适用于造价信息差额调整法)

工程名称:　　　　　　　标段:　　　　　　　第　页共　页

序号	名称、规格、型号	单位	数量	风险系数/(%)	基准单价/元	投标单价/元	发承包人确认单价/元	备注

注:1. 此表由招标人填写除"投标单价"栏的内容,投标人在投标时自主确定投标单价。
　　2. 招标人应优先采用工程造价管理机构发布的单价作为基准单价,未发布的,通过市场调查确定其基准单价。

表-21

15. 承包人提供主要材料和工程设备一览表(适用于价格指数差额调整法)

承包人提供主要材料和工程设备一览表(适用于价格指数差额调整

法)的样式见表6-15。

表 6-15　　承包人提供主要材料和工程设备一览表

(适用于价格指数差额调整法)

工程名称：　　　　　　　　　标段：　　　　　　　第　页共　页

序号	名称、规格、型号	变值权重 B	基本价格指数 F_0	现行价格指数 F_t	备注
	定值权重 A		—	—	
	合　计	1	—	—	

注：1. "名称、规格、型号"、"基本价格指数"栏由招标人填写，基本价格指数应首先采用工程造价管理机构发布的价格指数，没有时，可采用发布的价格代替。如人工、机械费也采用本法调整，由招标人在"名称"栏填写。

2. "变值权重"栏由投标人根据该项人工、机械费和材料、工程设备价值在投标总报价中所占比例填写，1减去其比例为定值权重。

3. "现行价格指数"按约定付款证书相关周期最后一天的前42天的各项价格指数填写，该指数应首先采用工程造价管理机构发布的价格指数，没有时，可采用发布的价格代替。

表-22

第四节 工程招标与招标控制价编制

一、工程招标概述

(一)工程招标的含义及范围

工程招标是指招标单位就拟建的工程发布公告或通知,以法定方式吸引施工单位参加竞争,招标单位从中选择条件优越者完成工程建设任务的法定行为。进行工程招标时,招标人必须根据工程项目的特点,结合自身的管理能力,确定工程的招标范围。

1. 必须招标的范围

根据《招标投标法》的规定,在中华人民共和国境内进行的下列工程项目必须进行招标:

(1)大型基础设施、公用事业等关系社会公共利益、公众安全的项目。

(2)全部或部分使用国有资金或者国家融资的项目。

(3)使用国际组织或者外国政府贷款、援助资金的项目。

2. 可以不进行招标的范围

根据《招标投标法》和有关规定,属于下列情形之一的,经县级以上地方人民政府建设行政主管部门批准,可以不进行招标:

(1)涉及国家安全、国家秘密的工程。

(2)抢险救灾工程。

(3)利用扶贫资金实行以工代赈、需要使用农民工等特殊情况。

(4)建筑造型有特殊要求的设计。

(5)采用特定专利技术、专有技术进行设计或施工。

(6)停建或者缓建后恢复建设的单位工程,且承包人未发生变更的。

(7)施工企业自建自用的工程,且施工企业资质等级符合工程要求的。

(8)在建工程追加的附属小型工程或者主体加层工程,且承包人未发生变更的。

(9)法律、法规、规章规定的其他情形。

(二)工程招标的方式

1. 公开招标

公开招标是指招标人以招标公告的方式邀请不特定的法人或者其他

组织投标。公开招标是一种无限制的竞争方式,按竞争程度又可以分为国际竞争性招标和国内竞争性招标。这种招标方式可为所有的承包商提供一个平等竞争的机会,业主有较大的选择余地,有利于降低工程造价,提高工程质量和缩短工期,但由于参与竞争的承包商可能很多,会增加资格预审和评标的工作量。还有可能出现故意压低投标报价的投机承包商以低价挤掉对报价严肃认真而报价较高的承包商。

因此,采用公开招标方式时,业主要加强资格预审,认真评标。

2. 邀请招标

邀请招标是指招标人以投标邀请书的方式邀请其他的法人或者其他组织投标。这种招标方式的优点是经过选择的投标单位在施工经验、技术力量、经济和信誉上都比较可靠,一般能保证工程进度和质量要求。此外,参加投标的承包商数量少,因此招标时间相对缩短,招标费用也较少。

由于邀请招标在价格、竞争的公平方面仍存在一些不足之处,因此《招标投标法》规定,国家重点项目和省、自治区、直辖市的地方重点项目不宜进行公开招标的,经过批准后可以进行邀请招标。

(三)工程招标的程序

(1)招标单位自行办理招标事宜,应当建立专门的招标机构。建设单位招标应当具备如下条件:

1)建设单位必须是法人或依法成立的其他组织。

2)有与招标工程相适应的经济、技术管理人员。

3)有组织编制招标文件的能力。

4)有审查投标单位资质的能力。

5)有组织开标、评标、定标的能力。

建设单位应据此组织招标工作机构,负责招标的技术性工作。若建设单位不具备上述相应的条件,则必须委托具有相应资质的咨询单位代理招标。

(2)提出招标申请书。招标申请书的内容包括招标单位的资质、招标工程具备的条件、拟采用的招标方式和对投标单位的要求等。

(3)编制招标文件。招标文件应包括如下内容:

1)工程综合说明。包括工程名称、地址、招标项目、占地范围及现场条件、建筑面积和技术要求、质量标准、招标方式、要求开工和竣工时间、对投标单位的资质等级要求等。

2)投标人须知。

3)合同的主要条款。

4)工程设计图纸和技术资料及技术说明书,通常称之为设计文件。

5)工程量清单。以单位工程为对象,遵照"13计价规范"和相关专业工程国家计量规范,按分部分项工程列出工程数量。

6)主要材料与设备的供应方式、加工订货情况和材料、设备价差的处理方法。

7)特殊工程的施工要求以及采用的技术规范。

8)投标文件的编制要求及评标、定标原则。

9)投标、开标、评标、定标等活动的日程安排。

10)要求交纳的投标保证金额度。

招标单位在发布招标公告或发出投标邀请书5日前,向工程所在地县级以上地方人民政府建设行政主管部门备案。

(4)编制招标控制价,报招标投标管理部门备案。如果招标文件设定为有标底评标,则必须编制标底。如果是国有资金投资建设的工程则应编制招标控制价。

(5)发布招标公告或招标邀请书。若采用公开招标方式,应根据工程性质和规模在当地或全国性报纸、专业网站或公开发行的专业刊物上发布招标公告,其内容应包括:招标单位和招标工程的名称、招标工程简介、工程承包方式、投标单位资格、领取招标文件的地点、时间和应缴费用等。若采用邀请招标方式,应由招标单位向预先选定的承包商发出招标邀请书。

(6)招标单位审查申请投标单位的资格,并将审查结果通知申请投标单位。招标单位对报名参加投标的单位进行资格预审,并将审查结果报当地建设行政主管部门备案后再通知各申请投标单位。

(7)向合格的投标单位分发招标文件。招标文件一经发出,招标单位不得擅自变更其内容或增加附加条件;确需变更和补充的,应在投标截止日期15天前书面通知所有投标单位,并报当地建设行政主管部门备案。

(8)组织投标单位勘查现场,召开答疑会,解答投标单位对招标文件提出的问题。通常投标单位提出的问题应由招标单位书面答复,并以书面形式发给所有投标单位作为招标文件的补充和组成。

(9)接受投标。自发出招标文件之日起到投标截止日,最短不得少于20天。招标人可以要求投标人提交投标担保。投标保证金一般不超过投标报价的2%,且最高不得超过80万元。

(10)召开招标会,当场开标。遵照中华人民共和国国家发展计划委员会等七个部门于2001年7月5日颁布的《评标委员会和评标方法暂行规定》执行。

提交有效投标文件的投标人少于三个或所有投标被否决的,招标人必须重新组织招标。

评标的专家委员会应向招标人推荐不超过三名有排序的合格的中标候选人。

(11)招标单位与中标单位签订施工投标合同。招标人在评标委员会推荐的中标候选人中确定中标人,签发中标通知书,并在中标通知书签发后的30天内与中标人签订工程承包协议。

(四)实行工程量清单招标的优点

(1)淡化了预算定额的作用。招标方确定工程量,承担工程量误差的风险,投标方确定单价,承担价格风险,真正实现了量价分离,风险分担。

(2)节约工程投资。实行工程量清单招标,合理、适度地增加投标的竞争性,特别是经评审低价中标的方式,有利于控制工程建设项目总投资,降低工程造价,为建设单位节约资金,以最少的投资达到最大的经济效益。

(3)有利于工程管理信息化。统一的计算规则,有利于统一计算口径,也有利于统一划项口径;而统一的划项口径又有利于统一信息编码,进而实现统一的信息管理。

(4)提高了工作效率。由招标人向各投标人提供建设项目的实物工程量和技术性措施项目的数量清单,各投标人不必再花费大量的人力、物力和财力去重复做测算,节约了时间,降低了社会成本。

二、招标控制价的编制

(一)一般规定

招标控制价是招标人根据国家或省级、行业建设主管部门颁发的有关计价依据和办法,按设计施工图纸计算的,对招标工程限定的最高工程造价。国有资金投资的工程建设项目必须实行工程量清单招标,并必须编制招标控制价。

1. 招标控制价的作用

(1)我国对国有资金投资项目的投资控制实行的是投资概算审批制度,国有资金投资的工程原则上不能超过批准的投资概算。因此,在工程招标发包时,当编制的招标控制价超过批准的概算,招标人应当将其报原概算审批部门重新审核。

(2)根据《招标投标法》的规定,国有资金投资的工程进行招标,招标人可以设标底。当招标人不设标底时,为有利于客观、合理地评审投标报价和避免哄抬标价,造成国有资产流失,招标人必须编制招标控制价。

(3)国有资金投资的工程,招标人编制并公布的招标控制价相当于招标人的采购预算,同时要求其不能超过批准的概算,因此,招标控制价是招标人在工程招标时能接受投标人报价的最高限价。

2. 招标控制价的编制人员

招标控制价应由具有编制能力的招标人编制,当招标人不具有编制招标控制价的能力时,可委托具有相应资质的工程造价咨询人编制。工程造价咨询人接受招标人委托编制招标控制价,不得再就同一工程接受投标人委托编制投标报价。

所谓具有相应工程造价咨询资质的工程造价咨询人是指根据《工程造价咨询企业管理办法》(建设部令第149号)的规定,依法取得工程造价咨询企业资质,并在其资质许可的范围内接受招标人的委托,编制招标控制价的工程造价咨询企业。即取得甲级工程造价咨询资质的咨询人可承担各类建设项目的招标控制价编制,取得乙级(包括乙级暂定)工程造价咨询资质的咨询人,则只能承担5000万元以下的招标控制价的编制。

3. 其他规定

(1)招标控制价的作用决定了招标控制价不同于标底,无须保密。为体现招标的公平、公正,防止招标人有意抬高或压低工程造价,招标人应在招标文件中如实公布招标控制价,不得对所编制的招标控制价进行上浮或下调。招标人在招标文件中公布招标控制价时,应公布招标控制价各组成部分的详细内容,不得只公布招标控制价总价。

(2)招标人应将招标控制价及有关资料报送工程所在地或有该工程管辖权的行业管理部门工程造价管理机构备查。

(二)招标控制价编制与复核

1. 招标控制价编制依据

(1)13 计价规范。

(2)国家或省级、行业建设主管部门颁发的计价定额和计价办法。

(3)建设工程设计文件及相关资料。

(4)拟定的招标文件及招标工程量清单。

(5)与建设项目相关的标准、规范、技术资料。

(6)施工现场情况、工程特点及常规施工方案。

(7)工程造价管理机构发布的工程造价信息,当工程造价信息没有发布时,参照市场价。

(8)其他的相关资料。

按上述依据进行招标控制价编制,应注意以下事项:

(1)使用的计价标准、计价政策应是国家或省、自治区、直辖市建设行政主管部门或行业建设主管部门颁布的计价定额和计价方法。

(2)采用的材料价格应是工程造价管理机构通过工程造价信息发布的材料单价,工程造价信息未发布材料单价的材料,其材料价格应通过市场调查确定。

(3)国家或省、自治区、直辖市建设行政主管部门或行业建设主管部门对工程造价计价中费用或费用标准有规定的,应按规定执行。

2. 招标控制价的编制

(1)综合单价中应包括招标文件中划分的应由投标人承担的风险范围及其费用。招标文件中没有明确的,如是工程造价咨询人编制,应提请招标人明确;如是招标人编制,应予明确。

(2)分部分项工程和措施项目中的单价项目,应根据拟定的招标文件和招标工程量清单项目中的特征描述及有关要求确定综合单价计算。招标文件中提供了暂估单价的材料,按暂估的单价计入综合单价。

(3)措施项目中的总价项目应根据拟定的招标文件和常规施工方案采用综合单价计价。措施项目中的安全文明施工费必须按国家或省级、行业建设主管部门的规定计算,不得作为竞争性费用。

(4)其他项目费应按下列规定计价:

1)暂列金额。暂列金额应按招标工程量清单中列出的金额填写。

2)暂估价。暂估价包括材料暂估单价、工程设备暂估单价和专业工程暂估价。暂估价中的材料、工程设备单价应根据招标工程量清单列出的单价计入综合单价。

3)计日工。计日工包括计日工人工、材料和施工机械。在编制招标控制价时,计日工中的人工单价和施工机械台班单价应按省级、行业建设主管部门或其授权的工程造价管理机构公布的单价计算;材料应按工程造价管理机构发布的工程造价信息中的材料单价计算,工程造价信息未发布材料单价的材料,其价格应按市场调查确定的单价计算。

4)总承包服务费。招标人编制招标控制价时,总承包服务费应根据招标文件中列出的内容和向总承包人提出的要求,按照省级或行业建设主管部门的规定或参照下列标准计算:

①招标人仅要求对分包的专业工程进行总承包管理和协调时,按分包的专业工程估算造价的1.5%计算。

②招标人要求对分包的专业工程进行总承包管理和协调,并同时要求提供配合服务时,根据招标文件中列出的配合服务内容和提出的要求,按分包的专业工程估算造价的3%~5%计算。

③招标人自行供应材料的,按招标人供应材料价值的1%计算。

(5)招标控制价的规费和税金必须按国家或省级、行业建设主管部门的规定计算。

(三)投诉与处理

(1)投标人经复核认为招标人公布的招标控制价未按照"13计价规范"的规定进行编制的,应在招标控制价公布后5天内向招投标监督机构和工程造价管理机构投诉。

(2)投诉人投诉时,应当提交由单位盖章和法定代表人或其委托人签名或盖章的书面投诉书。投诉书应包括下列内容:

1)投诉人与被投诉人的名称、地址及有效联系方式。

2)投诉的招标工程名称、具体事项及理由。

3)投诉依据及有关证明材料。

4)相关的请求及主张。

(3)投诉人不得进行虚假、恶意投诉,阻碍招投标活动的正常进行。

(4)工程造价管理机构在接到投诉书后应在2个工作日内进行审查,对有下列情况之一的,不予受理:

1)投诉人不是所投诉招标工程招标文件的收受人。

2)投诉书提交的时间不符合上述第(1)条规定的。

3)投诉书不符合上述第(2)条规定的。

4)投诉事项已进入行政复议或行政诉讼程序的。

(5)工程造价管理机构应在不迟于结束审查的次日将是否受理投诉的决定书面通知投诉人、被投诉人以及负责该工程招投标监督的招投标管理机构。

(6)工程造价管理机构受理投诉后,应立即对招标控制价进行复查,组织投诉人、被投诉人或其委托的招标控制价编制人等单位人员对投诉问题逐一核对。有关当事人应当予以配合,并应保证所提供资料的真实性。

(7)工程造价管理机构应当在受理投诉的10天内完成复查,特殊情况下可适当延长,并做出书面结论通知投诉人、被投诉人及负责该工程招投标监督的招投标管理机构。

(8)当招标控制价复查结论与原公布的招标控制价误差大于±3%时,应当责成招标人改正。

(9)招标人根据招标控制价复查结论需要重新公布招标控制价的,其最终公布的时间至招标文件要求提交投标文件截止时间不足15天的,应相应延长投标文件的截止时间。

三、招标控制价编制标准格式

招标控制价编制使用的表格包括:招标控制价封面(封-2),招标控制价扉页(扉-2),工程计价总说明表(表-01),建设项目招标控制价汇总表(表-02),单项工程招标控制价汇总表(表-03),单位工程招标控制价汇总表(表-04),分部分项工程和单价措施项目清单与计价表(表-08),综合单价分析表(表-09),总价措施项目清单与计价表(表-11),其他项目清单与计价汇总表(表-12)[暂列金额明细表(表-12-1),材料(工程设备)暂估价及调整表(表-12-2),专业工程暂估价及结算价表(表-12-3),计日工表(表-12-4),总承包服务费计价表(表-12-5)],规费、税金项目计价表(表-13),发包人提供材料和工程设备一览表(表-20),承包人提供主要材料和工程设备一览表(适用于造价信息差额调整法)(表-21),承包人提供主要材料和工程设备一览表(适用于价格指数差额调整法)(表-22)。

1. 招标控制价封面

招标控制价封面(封-2)应填写招标工程项目的具体名称,招标人应

第六章 清单计价体系

盖单位公章,如委托工程造价咨询人编制,还应加盖工程造价咨询人所在单位公章。

招标控制价封面的样式见表6-16。

表6-16　　　　　　　　　招标控制价封面

_____工程

招标控制价

招　标　人：_____

（单位盖章）

造价咨询人：_____

（单位盖章）

年　月　日

封-2

2. 招标控制价扉页

招标控制价扉页(扉-2)由招标人或招标人委托的工程造价自选人编制招标控制价时填写。

招标人自行编制招标控制价的,编制人员必须是在招标人单位注册的造价人员,由招标人盖单位公章,法定代表人或其授权人签字或盖章；当编制人是注册造价工程师时,由其签字盖执业专用章；当编制人是造价员时,由其在编制人栏签字盖专用章,并应由注册造价工程师复核,在复核人栏签字盖职业专用章。

招标人委托工程造价咨询人编制招标控制价时,编制人员必须是在工程造价咨询人单位注册的造价人员。由工程造价咨询人盖单位资质专用章,法定代表人或其授权人签字或盖章;当编制人是注册造价工程师时,由其签字盖执业专用章;当编制人是造价员时,由其在编制人栏签字盖专用章,并应由注册造价工程师复核,在复核人栏签字盖执业专用章。

招标控制价扉页的样式见表 6-17。

表 6-17　　　　　　　　　招标控制价扉页

_____工程

招标控制价

招标控制价(小写):_____
　　　　　(大写):_____

招 标 人:_____　　造价咨询人:_____
　　　　　(单位盖章)　　　　　　　　　　　(单位资质专用章)

法定代表人　　　　　　　　　　　法定代表人
或其授权人:_____　　或其授权人:_____
　　　　(签字或盖章)　　　　　　　　　　(签字或盖章)

编 制 人:_____　　复 核 人:_____
　　(造价人员签字盖专用章)　　　　(造价工程师签字盖专用章)

编制时间:　　年　月　日　　复核时间:　　年　月　日

扉-2

3. 工程计价总说明表

工程计价总说明表(表-01)的样式及相关填写要求参见表6-3。

4. 建设项目招标控制价汇总表

建设项目招标控制价汇总表(表-02)的样式见表6-18。

表 6-18　　　　　建设项目招标控制价/投标报价汇总表

工程名称：　　　　　　　　　　　　　　　　　　　　第　页共　页

序号	单项工程名称	金额/元	其中:/元		
			暂估价	安全文明施工费	规费
	合　计				

注:本表适用于建设项目招标控制价或投标报价的汇总。

表-02

5. 单项工程招标控制价汇总表

单项工程招标控制价汇总表(表-03)的样式见表6-19。

表 6-19　　　　　单项工程招标控制价/投标报价汇总表

工程名称：　　　　　　　　　　　　　　　　　　　　第　页共　页

序号	单位工程名称	金额/元	其中:/元		
			暂估价	安全文明施工费	规费
	合　计				

注:本表适用于单项工程招标控制价或投标报价的汇总。暂估价包括分部分项工程中的暂估价和专业工程暂估价。

表-03

6. 单位工程招标控制价汇总表

单位工程招标控制价汇总表(表-04)的样式见表6-20。

表 6-20　　　　　　　　单位工程招标控制价汇总表

工程名称：　　　　　　　　　标段：　　　　　　　　第　页共　页

序号	汇总内容	金额/元	其中:暂估价/元
1	分部分项工程		
1.1			
1.2			
1.3			
1.4			
1.5			
2	措施项目		
2.1	其中:安全文明施工费		
3	其他项目		
3.1	其中:暂列金额		
3.2	其中:专业工程暂估价		
3.3	其中:计日工		
3.4	其中:总承包服务费		
4	规费		
5	税金		
招标控制价合计＝1＋2＋3＋4＋5			

注：本表适用于单位工程招标控制价或投标报价的汇总，如无单位工程划分，单项工程也使用本表汇总。

表-04

7. 分部分项工程和单价措施项目清单与计价表

分部分项工程和单价措施项目清单与计价表（表-08）的样式见表 6-4。

8. 综合单价分析表

综合单价分析表（表-09）是评标委员会评审和判别综合单价组成和价格完整性、合理性的主要基础，对因工程变更、工程量偏差等原因调整综合单价也是必不可少的基础价格数据来源。采用经评审的最低投标价法评标时，本表的重要性更为突出。

综合单价分析表集中反映了构成每一个清单项目综合单价的各个价格要素的价格及主要的"工、料、机"消耗量。投标人在投标报价时，需要对每一个清单项目进行组价，为了使组价工作具有可追溯性（回复评标质疑时尤其需要），需要表明每一个数据的来源。

综合单价分析表一般随投标文件一同提交，作为竞标价的工程量清

第六章 清单计价体系

单的组成部分,以便中标后,作为合同文件的附属文件。投标人须知中需要就分析表提交的方式做出规定,该规定需要考虑是否有必要对分析表的合同地位给予定义。

编制综合单价分析表时,辅助性材料不必细列,可归并到其他材料费中以金额表示。编制招标控制价时,使用综合单价分析表应填写使用的省级或行业建设主管部门发布的计价定额名称。编制投标报价时,使用综合单价分析表可填写使用的企业定额名称,也可填写省级或行业建设主管部门发布的计价定额,如不使用则不填写。编制工程结算时,应在已标价工程量清单中的综合单价分析表中将确定的调整过后人工单价、材料单价等进行置换,形成调整后的综合单价。

综合单价分析表的样式见表 6-21。

表 6-21 综合单价分析表

工程名称: 标段: 第 页共 页

项目编码				项目名称				计量单位		工程量	
清单综合单价组成明细											
定额编号	定额名称	定额单位	数量	单 价				合 价			
				人工费	材料费	机械费	管理费和利润	人工费	材料费	机械费	管理费和利润
人工单价			小 计								
元/工日			未计价材料费								
清单项目综合单价											
材料费明细	主要材料名称、规格、型号			单位	数量	单价/元	合价/元	暂估单价/元	暂估合价/元		
	其他材料费					—		—			
	材料费小计					—		—			

注:1. 如不使用省级或行业建设主管部门发布的计价依据,可不填定额、编号、名称等。
   2. 招标文件提供了暂估单价的材料,按暂估的单价填入表内"暂估单价"栏及"暂估合价"栏。

表-09

9. 总价措施项目清单与计价表

总价措施项目清单与计价表(表-11)的样式及相关填写要求参见表 6-5。

10. 其他项目清单与计价汇总表

其他项目清单与计价汇总表(表-12)的样式及相关填写要求参见表 6-6。

11. 暂列金额明细表

暂列金额明细表(表-12-1)的样式及相关填写要求参见表 6-7。

12. 材料(工程设备)暂估单价及调整表

材料(工程设备)暂估单价及调整表(表-12-2)的样式及相关填写要求参见表 6-8。

13. 专业工程暂估价及结算价表

专业工程暂估价及结算价表(表-12-3)的样式及相关填写要求参见表 6-9。

14. 计日工表

计日工表(表-12-4)的样式及相关填写要求参见表 6-10。

15. 总承包服务费计价表

总承包服务费计价表(表-12-5)的样式及相关填写要求参见表 6-11。

16. 规费、税金项目计价表

规费、税金项目计价表(表-13)的样式及相关填写要求参见表 6-12。

17. 发包人提供材料和工程设备一览表

发包人提供材料和工程设备一览表(表-20)的样式及相关填写要求参见表 6-13。

18. 承包人提供主要材料和工程设备一览表(适用于造价信息差额调整法)

承包人提供主要材料和工程设备一览表(适用于造价信息差额调整法)(表-21)的样式及相关填写要求参见表 6-14。

19. 承包人提供主要材料和工程设备一览表(适用于价格指数差额调整法)

承包人提供主要材料和工程设备一览表(适用于价格指数差额调整法)(表-22)的样式及相关填写要求参见表 6-15。

第五节 工程投标报价编制与策略

一、工程投标报价编制

(一)一般规定

(1)投标价应由投标人或受其委托具有相应资质的工程造价咨询人编制。

(2)投标价中除"13计价规范"中规定的规费、税金及措施项目清单中的安全文明施工费应按国家或省级、行业建设主管部门的规定计价,不得作为竞争性费用外,其他项目的投标报价由投标人自主决定。

(3)投标人的投标报价不得低于工程成本。《中华人民共和国反不正当竞争法》第十一条规定:"经营者不得以排挤竞争对手为目的,以低于成本的价格销售商品"。《招标投标法》第四十一规定:"中标人的投标应当符合下列条件……(二)能够满足招标文件的实质性要求,并且经评审的投标价格最低;但是投标价格低于成本的除外"。《评标委员会和评标方法暂行规定》(国家计委等七部委第12号令)第二十一条规定:"在评标过程中,评标委员会发现投标人的报价明显低于其他投标报价或者在设有标底时明显低于标底的,使得其投标报价可能低于其个别成本的,应当要求该投标人做出书面说明并提供相关证明材料。投标人不能合理说明或者不能提供相关证明材料的,由评标委员会认定该投标人以低于成本报价竞标,其投标应作废标处理"。

(4)实行工程量清单招标的,招标人在招标文件中提供工程量清单,其目的是使各投标人在投标报价中具有共同的竞争平台。因此,要求投标人必须按招标工程量清单填报价格,工程量清单的项目编码、项目名称、项目特征、计量单位、工程数量必须与招标人招标文件中提供的招标工程量清单一致。

(5)根据《中华人民共和国政府采购法》第三十六条规定:"在招标采购中,出现下列情形之一的,应予废标……(三)投标人的报价均超过了采购预算,采购人不能支付的"。《中华人民共和国招标投标法实施条例》第五十一条规定:"有下列情形之一者,评标委员会应当否决其投标:……(五)投标报价低于成本或者高于招标文件设定的最高投标限价"。对于国有资金投资的工程,其招标控制价相当于政府采购中的采购预算,且其定义就是最高投标限价,因此,投标人的投标报价不能高于招标控制价,否则,应予废标。

(二)投标报价编制与复核

(1)投标报价应根据下列依据编制和复核:

1)"13 计价规范"。

2)国家或省级、行业建设主管部门颁发的计价办法。

3)企业定额,国家或省级、行业建设主管部门颁发的计价定额和计价办法。

4)招标文件、招标工程量清单及其补充通知、答疑纪要。

5)建设工程设计文件及相关资料。

6)施工现场情况、工程特点及投标时拟定的施工组织设计或施工方案。

7)与建设项目相关的标准、规范等技术资料。

8)市场价格信息或工程造价管理机构发布的工程造价信息。

9)其他的相关资料。

(2)综合单价中应考虑招标文件中要求投标人承担的风险内容及其范围(幅度)产生的风险费用,招标文件中没有明确的,应提请招标人明确。在施工过程中,当出现的风险内容及其范围(幅度)在合同约定的范围内时,合同价款不作调整。

(3)分部分项工程和措施项目中的单价项目,应根据招标文件和招标工程量清单项目中的特征描述确定综合单价。招标工程量清单的项目特征描述是确定分部分项工程和措施项目中的单价的重要依据之一,投标人投标报价时应依据招标工程量清单项目的特征描述确定清单项目的综合单价。招投标过程中,当出现招标工程量清单项目特征描述与设计图纸不符时,投标人应以招标工程量清单的项目特征描述为准,确定投标报价的综合单价。当施工中施工图纸或设计变更与招标工程量清单的项目特征描述不一致时,发承包双方应按实际施工的项目特征,依据合同约定重新确定综合单价。

招标文件中提供的暂估单价的材料,应按暂估的单价计入综合单价;综合单价中应考虑招标文件中要求投标人承担的风险内容及其范围(幅度)产生的风险费用。在施工过程中,当出现的风险内容及其范围(幅度)在合同约定的范围内时,工程价款不做调整。

(4)投标人可根据工程实际情况并结合施工组织设计,对招标人所列的措施项目进行增补。由于各投标人拥有的施工装备、技术水平和采用的施工方法有所差异,招标人提出的措施项目清单是根据一般情况确定的,没有考虑不同投标人的"个性",投标人投标时应根据自身编制的投标施工组织设计或施工方案确定措施项目,对招标人提供的措施项目进行调整。投标人根据投标施工组织设计或施工方案调整和确定的措施项目应通过评标委员会的评审。

措施项目中的总价项目应采用综合单价计价。其中安全文明施工费应按国家或省级、行业建设主管部门的规定确定,且不得作为竞争性费用。

(5)其他项目应按下列规定报价:

1)暂列金额应按招标工程量清单中列出的金额填写,不得变动。

2)材料、工程设备暂估价应按招标工程量清单中列出的单价计入综合单价,不得变动和更改。

3)专业工程暂估价应按招标工程量清单中列出的金额填写,不得变动和更改。

4)计日工应按招标工程量清单中列出的项目和数量,自主确定综合单价并计算计日工金额。

5)总承包服务费应依据招标工程量清单中列出的专业工程暂估价内容和供应材料、设备情况,按照招标人提出协调、配合与服务要求和施工现场管理需要自主确定。

(6)规费和税金应按国家或省级、行业建设主管部门的规定计算,不得作为竞争性费用。规费和税金的计取标准是依据有关法律、法规和政策规定制定的,具有强制性。投标人是法律、法规和政策的执行者,不能改变,更不能制定,而必须按照法律、法规、政策的有关规定执行。

(7)招标工程量清单与计价表中列明的所有需要填写单价和合价的项目,投标人均应填写且只允许有一个报价。未填写单价和合价的项目,可视为此项费用已包含在已标价工程量清单中其他项目的单价和合价之中。当竣工结算时,此项目不得重新组价予以调整。

(8)实行工程量清单招标,投标人的投标总价应当与组成已标价工程量清单的分部分项工程费、措施项目费、其他项目费和规费、税金的合计金额相一致,即投标人在投标报价时,不能进行投标总价优惠(或降价、让利),投标人对招标人的任何优惠(或降价、让利)均应反映在相应清单项目的综合单价中。

二、投标报价影响因素

(一)投标报价工作程序

投标报价的工作程序如图 6-1 所示。

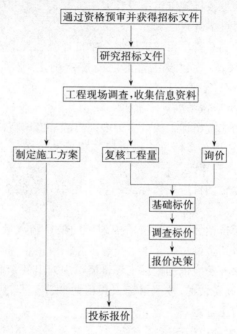

图 6-1 投标报价工作程序

(二)招标文件

招标文件是由招标单位或其委托的咨询机构编制发布的,既是投标单位编制投标文件的依据,也是招标单位与将来中标单位签订工程承包合同的基础,招标文件中提出的各项要求,对整个招标工作乃至发承包双方都有约束力。

1. 招标文件的研究分析

在工程进行投标报价前必须对招标文件进行仔细分析,特别是注意招标文件中的错误和漏洞,既保证不受损失又为获得最大利润打下基础。一般招标文件的问题大致可归纳为三类:第一类是发现明显的错误、含糊不清或互相矛盾之处以及明显对投标者不利或不合理之处;第二类是对投标者有利的,可以在估价时加以利用或在合同履行过程中提出索赔要求的;第三类是投标者准备通过修改招标文件的某些条款或希望补充某些规定,以使自己在履行合同时能处于较主动的地位。

通常,对第一类问题以及工程现场调查所发现的问题,在标前会议上一起向业主提出质询,根据业主的答复再在估价时进一步考虑,这类问题若不提出,可能会导致报价偏高,不利于中标。对第二类问题在投标时是不提的,但可在估价和报价时通过适当的方法加以利用。这一类将具体体现在工程量清单报价中,它可为今后索赔埋下伏笔。对第三类问题则留待合同谈判时解决。

2. 招标文件内容

(1)投标人须知。投标人须知反映了招标者对投标的要求,主要注意项目资金来源、投标担保、投标书的编制和提交、投标货币,更改或备选方案,评标方法等,重点在于防止废标。

(2)合同条款分析。合同条款分析应从以下三个方面着手:

1)合同背景分析。承包人仅与业主签订一个施工承包合同,但业主却要与不同对象签订许多合同。承包商有必要了解与自己承包的工程内容有关的其他合同,如业主与设计单位签订的设计合同、业主与材料和设备厂商签订的材料和设备供货合同、业主与其他承包人(如设备安装、装修等)签订的施工承包合同等等。需要了解业主委托监理的方式,是由承担设计的建筑师或工程师实施监理,还是委托专业化、社会化的监理公司实施监理;了解合同的法律背景,从而为报价、合同实施及索赔提供依据。

2)合同形式分析。合同形式分析涉及承包方式和计价方式两方面问题。

①承包方式。承包方式不同,估价的内容和方法就不同,主要有以下几种方式:a. 分项承包方式;b. 施工总包方式;c. 设计与施工一揽子承包方式;d. 管理承包方式。

②计价方式。合同的计价方式亦称为支付方式或结算方式,通常分为以下三种方式:a. 总价合同;b. 单价合同;c. 成本补偿合同。

合同的计价方式与招标时设计所达到的深度有关,通常由业主在招标文件中明确规定,投标者并无选择的余地。估价人员所能做的工作,一是根据规定的合同计价方式考虑合理的风险费(率);二是在合同大类中选择对自己有利的计价方式(若招标文件未具体规定),三是作为备选方案,提出改变合同计价方式后的不同报价。

3)合同条款分析。

①承包人的任务、工作范围和责任。这是估价最基本的依据,通常由工程量清单、图纸、工程说明、技术规范所定义。在分项承包时,要注意本公司与其他承包人,尤其是工程范围相邻或工序相衔接的其他承包人之间的工程范围界限和责任界限;在施工总包或主包时,要注意在现场管理和协调方面的责任;另外,要注意为业主管理人员或监理人员提供现场工作和生活条件方面的责任。

②工程变更及相应的合同价格调整。工程变更几乎是不可避免的,承包人有义务按规定完成,但同时也有权利得到合理的补偿。工程变更包括工程数量增减和工程内容变化。一般来说,工程数量增减所引起的合同价格调整的关键在于如何确定调整幅度,这在合同条款中并无明确规定。造价人员应预先估计哪些分项工程的工程量可能发生变化、增加还是减少,其幅度大小如何,并确定相应的合同价格调整计算方式和幅度。至于合同内容变化引起的合同价格调整,究竟调还是不调、如何调,都很容易发生争议。估价时应注意合同条款中有关工程变更程序、合同价格调整前提等规定。

③付款方式、时间。造价人员应注意合同条款中关于工程预付款、材料预付款的规定,如数额、支付时间、起扣时间和方式;还要注意工程进度款的支付时间、每月保留金扣留的比例、保留金总额及退还时间和条件。根据这些规定和预计的施工进度计划,造价人员可绘出本工程的现金流量图,计算出占用资金的数额和时间,从而计算出需要支付的利息数额并计入估价。如果合同条款中关于付款的有关规定比较含糊或明显不合理,应要求业主在标前答疑会上澄清或解释,最好能修改。

④施工工期。合同条款中关于合同工期、工程竣工日期、部分工程分期交付工期等规定,是投标者制订施工进度计划的依据,也是估价的重要依据。但是,在招标文件中业主可能并未对施工工期做出明确规定,或仅提出一个最后期限,而将工期作为投标竞争的一项内容,相应的开竣工日期仅是原则性的规定。估价要注意合同条款中有无工期奖的规定,工期长短与估价结果之间的关系,尽可能做到在工期符合要求的前提下报价有竞争力,或在报价合理的前提下工期有竞争力。

⑤业主责任。通常,业主有责任及时向承包人提供施工场地(符合开工条件要求)、设计图纸和说明,及时做出承包人履行合同所必需的决策,及时供应业主负责采购的材料和设备,办理有关手续、按合同规定支付工程款等。投标者所制订的施工进度计划和做出的估价都是以业主正确和完全履行其责任为前提的。非承包人的责任则为业主责任,明确这一点对维护承包人利益是十分必要的。虽然造价人员在估价中不必考虑由业主责任而引起的风险费用,但是,应当考虑到业主不能正确和完全履行其责任的可能性以及由此而造成的承包人的损失。因此,造价人员要注意合同条款中关于业主责任措辞的严密性以及关于索赔的有关规定。

(3)技术规范分析。有时业主认为某一技术规范尚不能准确反映其对工程质量的要求时,在招标文件中可能还会出现技术说明书(或称技术规格书)。它们与工程量清单中各子项工作密不可分,这种技术说明书有时相当详细、具体,但却可能没有技术规范严格和准确。造价人员应在准确理解业主要求的基础上对有关工程内容进行估价。技术规范和技术说明书是投标者进行估价报价必不可少的资料。投标者凭技术规范和技术说明书、图纸、工程量清单等资料才能拟订施工方法、施工顺序、施工工期、施工总进度计划,做出合理的估价。

(4)图纸分析。图纸的详细程度取决于招标时设计所达到的深度和所采用的合同形式。图纸的详细程度对估价方法和结果有相当大的影响。详细的设计图纸可使投标者比较准确地估价。

图纸分析还要注意平、立、剖面图之间尺寸、位置的一致性,结构图与设备安装图之间的一致性。当发现有矛盾之处,应及时要求业主予以澄清修改。

(5)工程量清单分析。为了正确地进行工程估价,估价师应对工程量清单进行认真分析,主要应注意以下三个方面问题:

1)熟悉工程量计算规则。不同的工程量计算规则,对应的分部分项工程的划分以及各分部分项所包含的内容不完全相同。因此,只有弄清这一点,才能避免漏项或重复计算,才可能对各分部分项工程做出正确的估价。为此,估价人员应熟悉国际上常用的工程量计算规则和国内计算规则,以及其相互之间的主要区别。

2)复核工程量。工程量的多少,是选择施工方法、安排人力和机械、准备材料必须考虑的因素,也自然影响分项工程的单价。如果工程量不准确、偏差太大,就会影响估价的准确性。若采用固定总价合同,对承包人的影响就更大。因此,造价人员一定要复核工程量,若发现误差太大,应要求业主澄清,但不得擅自改动工程量。

3)暂定金额、计日工的有关规定。暂定金额一般是专款专用,预先了解其内容、要求,有利于承包人统筹安排施工,可能降低其他分项工程的实际成本。计日工是指在工程实施过程中,业主有一些临时性的或新增的但未列入工程量清单的工作,需要使用人工、机械(有时还可能包括材料)。投标者应对计日工报出单价,但并不计入总价。造价人员应注意工作费用包括哪些内容、工作时间如何计算。一般来说,计日工单价可报得较高,但不宜太高。

(三)工程现场调查

工程现场调查的内容很多,一般可分为国情调查、项目区域调查和业主及竞争对手调查,与工程量清单报价关系最大的是项目区域调查。工程现场调查是估价前极其重要的一项准备工作。

1. 政治和法律调查

投标人首先应当了解在招标投标活动中以及在合同履行过程中有可能涉及的法律,也应当了解与项目有关的政治形势、国家经济政策走向等。

2. 自然条件调查

(1)气象资料,包括年平均气温、年最高气温和最低气温,风向图、最大风速和风压值,日照,年平均降雨(雪)量和最大降雨(雪)量,年平均湿度、最高和最低湿度,其中尤其要分析全年不能或不宜施工的天数(如气温超过或低于某一温度持续的天数、雨量和风力大于某一数值的天数、台风频发季节及天数等)。在安排工期时考虑该类气象因素的影响。

(2)水文资料,包括地下水位、潮汐、风浪等,特别是地下水位的季节性变化。

(3)地震、洪水及其他自然灾害情况,注意它们对砂、卵石等地方材料供应的影响。

(4)地质情况,包括地质构造及特征,承载能力,地基是否有大孔土、膨胀土,冬季冻土层厚度等。对桩基础及地下室施工,地质情况尤显重要。

3. 市场状况调查

投标人调查市场情况是一项非常艰巨的工作,其内容也非常多,主要包括建筑材料、施工机械设备、燃料、动力、水和生活用品的供应情况、价格水平,还包括过去几年批发物价和零售物价指数以及今后的变化趋势和预测,劳务市场情况如工人技术水平、工资水平,有关劳动保护和福利待遇的规定等,金融市场情况如银行贷款的难易程度以及银行贷款利率等。

4. 施工条件调查

工程项目方面的情况包括工作性质、规模、发包范围;工程的技术规模和对材料性能及工人技术水平的要求;总工期及分批竣工交付使用的要求;施工场地的地形、地质、地下水位、交通运输、给水排水、供电、通信条件的情况;工程项目资金来源;对购买器材和雇佣工人有无限制条件;工程价款的支付方式、外汇所占比例;监理工程师的资历、职业道德和工作作风等。

5. 其他条件调查

(1)招标人情况。包括招标人的资信情况、履约态度、支付能力、在其他项目上有无拖欠工程款的情况、对实施的工程需求的迫切程度等。

(2)竞争对手资料。掌握竞争对手的情况,是投标策略中的一个重要环节,也是投标人参加投标能否获胜的重要因素。投标人在制订投标策略时必须考虑到竞争对手的情况。

(3)工程现场附近治安情况如何,是否需要采用特殊措施加强施工现场保卫工作。

(4)工程现场附近各种社会服务设施和条件,如当地的卫生、医疗、保健、通信、公共交通、文化、娱乐设施情况,其技术水平、服务水平、费用,有无特殊的地方病、传染病,等等。

(四)制定施工方案

施工方案是投标报价的一个前提条件,也是招标人评标时要考虑的因素之一。施工方案应由投标人的技术负责人主持制定,主要应考虑施工方法,主要施工机具的配置,各工种劳动力的安排及现场施工人员的平衡,施工进度及分批竣工的安排,安全措施等。施工方案的制定应在技术和工期两方面对招标人有吸引力,同时又有助于降低施工成本。

(五)复核或计算工程量

工程招标文件中若提供了工程量清单,在投标价格计算之前,要对工程量进行复核。若招标文件中没有提供工程量清单,则必须根据图纸计算全部工程量。如招标文件对工程量的计算方法有规定,应按照规定的方法进行计算。

(六)询价

询价是工程估价非常重要的一个环节,询价时要特别注意两个问题:一是产品质量必须可靠,并满足招标文件的有关规定;二是供货方式、时间、地点、有无附加条件和费用。如果承包人准备在工程所在地招募劳务,则劳务询价是必不可少的。

劳务询价主要有两种情况:一种是成建制的劳务公司,相当于劳务分包,一般费用较高,但素质较可靠,工效较高,承包人的管理工作较轻;另一种是劳务市场招募零散劳动力,根据需要进行选择,这种方式虽然劳务价格低廉,但有时素质达不到要求或工效较低,且承包人的管理工作较繁重。投标前投标人应在对劳务市场充分了解的基础上决定采用哪种方式,并以此为依据进行估价。分包商和供货商的选择往往也需要通过询价来决定。

(七)确定投标价格

将所有的分部分项工程的合价汇总后就可以得到工程的总价,但是这样计算的工程总价可能重复计算,也可能漏算或某些费用的预估存在偏差,因此还不能作为投标价格,而必须对计算出来的工程总价作某些必要的调整。调整投标价格应当建立在对工程盈亏分析的基础上,盈亏预测应用多种方法从多角度进行,找出计算中的问题以及分析通过采取哪些措施降低成本、增加盈利,确定最终的投标报价。

三、工程投标报价策略

投标决策是投标人经营决策的组成部分,指导投标全过程。投标决策主要从投标的全过程分为项目分析决策、投标报价策略、投标报价分析及投标报价决策。

(一)项目分析决策

投标人要决定是否参加某项目工程的投标,首先要考虑当前经营状况和长远经营目标,其次要明确参加投标的目的,然后分析中标可能性的影响因素。投标人必须积累大量的经验资料,通过归纳总结和动态分析,才能判断不同工程的最小最优投标资源投入量。通过最小最优投标资源投入量的分析,可以取舍投标项目,对于投入大量的资源,中标概率仍极低的项目,应果断地放弃,以免投标资源的浪费。

(二)投标报价策略

投标时,根据投标人的经营状况和经营目标,既要考虑自身的优势和劣势,也要考虑竞争的激烈程度,还要分析投标项目的整体特点,按照工程的类别、施工条件等确定报价策略。

1. 经济型报价策略

投标人若经营管理不善,会存在投标邀请越来越少的危机,这时投标人应以生存为重,采取不盈利甚至赔本也要夺标的态度,只要能暂时维持生存、渡过难关,就会有东山再起的希望。

2. 竞争型报价策略

投标人处在以下几种情况下,应采取竞争型报价策略:

(1)试图打入新的地区,开拓新的工程施工类型。
(2)竞争对手有威胁性。
(3)经营状况不景气,近期接受的投标邀请较少。
(4)投标项目风险小、施工工艺简单、工程量大、社会效益好的项目。
(5)附近有本企业其他正在施工的项目。

3. 高利润型报价策略

这种策略的投标报价以实现利润最大化为目标。以下几种情况可采用高利润型报价策略:

(1)投标人在该地区已经打开局面。
(2)投标人施工能力饱和,信誉度高,具有技术优势,并对招标人有较强的名牌效应。
(3)施工条件差,难度高,资金支付条件不好,工期质量要求苛刻的项目。
(4)为联合伙伴陪标的项目。

(三)投标报价分析

分析初步报价的目的是探讨这个报价的合理性、竞争性、盈利及风险,从而做出最终报价的决策。分析的方法可以从静态分析和动态分析两方面进行。

1. 静态分析

假定初步报价是合理的,分析其各项组成:

(1)分析初步报价中的各项数字。
1)统计总建筑面积和各单项建筑面积。

2)统计材料费用总价及各主要材料数量和分类总价,计算单位面积的总材料费用指标和各主要材料消耗指标及费用指标,计算材料费占报价的比重。

3)统计人工费总价及主要工人、辅助工人和管理人员的数量,按报价、工期、建筑面积及统计的工日总数算出单位面积的用工数和人工费,并算出按规定工期完成工程时,生产工人和全员的平均人月产值和人年产值。计算人工费占总报价的比重。

4)统计临时工程费用,机械设备使用费,模板、脚手架和工具等费用,计算它们占总报价的比重,以及分别占购置费的比例,即以摊销形式摊入本工程的费用和工程结束后的残值。

5)统计各类管理费汇总数,计算它们占总报价的比重,计算利润、贷款利息的总数和所占比例。

6)如果报价人有意地分别增加了某些风险系数,可以列为潜在利润或隐匿利润提出,以便研讨。

7)统计分包工程的总价及各分包商的分包价,计算其占总报价和投标人自己施工的直接费用的比例,并计算各分包人分别占分包总价的比例,分析各分包价的内部分项工程费、措施项目费、其他项目费、规费。

(2)分析报价结构的合理性。

1)分析总的工、料、机与总管理费用的比例关系。

2)分析人工费与材料费的比例关系。

3)分析临时设施费及机械台班费与总人工费、材料费、机械费合计数的比例关系。

4)分析利润与总报价的比例关系,判断报价的构成是否基本合理。

如果发现有不合理的部分,应当探明原因,考虑适当调整某些人工、材料、机械台班单价等。

(3)分析工期与报价的关系。根据进度计划与报价,计算出月产值、年产值。

(4)分析单位面积价格和用工量、用料量的合理性。参照实际施工同类工程的经验,如果本工程与同类工程有某些不可比因素,可以排除不可比因素后进行分析比较。还可以收集当地类似工程的资料,排除某些不可比因素后进行分析对比,并探索本报价的合理性。

(5)将原初步报价方案、低报价方案、基础最优报价方案整理成对比分析资料,以供决策。

2. 动态分析

通过假定某些因素的变化,测算报价的变化幅度,特别是这些变化对报价的影响。对工程中风险较大的工作内容,采用扩大单价、增加风险费用的方法来减少风险。

(四)投标报价决策

1. 报价决策的依据

(1)投标人自己的报价资料及分析指标。

(2)招标文件中提供的工程量清单,有经验的投标人即使确认招标人的工程量清单有错项、漏项、施工过程中定会发生变更及招标条件隐藏着巨大的风险,也不会正面变更或减少条件,而是利用招标人的错误采用不平衡报价等技巧,为中标后的索赔埋下伏笔。

(3)风险与利润的抉择。风险和利润并存于工程中,问题是投标人应当尽可能避免较大的风险,采取措施转移、防范风险并获得一定的利润。降低投标报价有利于中标,但会降低预期利润、增大风险。决策者应当在风险和利润之间进行权衡并做出选择。

(4)低价中标原则。低价必须讲"合理"二字。并不是越低越好,不能低于投标人的个别成本,不能由于低价中标而造成亏损,这样中标的工程越多亏损就越多。决策者必须是在保证质量、工期的前提下,在保证预期的利润及考虑一定风险的基础上确定最低成本价。

2. 报价差异的原因

除了那些明显的计算失误,如漏算、误解招标文件、有意放弃竞争而报高价者外,出现投标价格差异的基本原因有以下几个方面:

(1)追求利润的高低不一。有的投标人急于中标以维持生存局面,不得不降低利润率,甚至不计取利润;也有的投标人机遇较好,并不急切求得中标,因而追求的利润较高。

(2)各自拥有不同的优势。有的投标人拥有闲置的机具和材料;有的投标人拥有雄厚的资金;有的投标人拥有众多的优秀管理人才等。

(3)选择的施工方案不同。对于大中型项目和一些特殊的工程项目,施工方案的选择对成本的影响较大。优良的施工方案,包括工程进度的合理安排、机械化程度的正确选择、工程管理的优化等,都可以明显降低施工成本,因而降低报价。

（4）管理费用的差别。国有企业和集体企业、老企业和新企业、项目所在地企业和外地企业、大型企业和中小型企业之间的管理费用的差别是比较大的。由于在工程量清单计价模式下会显示投标人的个别成本，这种差别会使个别成本的差异显得更加明显。

四、工程投标技巧

投标人在工程投标时，主要应该在先进合理的技术方案和较低的投标价格上下功夫，以争取中标，但是在投标中采用一些技巧对中标有辅助性作用。

（一）不平衡报价法

这一方法是指一个工程项目总报价基本确定后，通过调整内部各个项目的报价，以期既不提高总报价、不影响中标，又能在结算时得到更理想的经济效益。一般可以考虑在以下几个方面采用不平衡报价，详见表 6-22。

表 6-22　　常见的不平衡报价法

序号	信息类型	变动趋势	不平衡结果
1	资金收入的时间	早	单价高
		晚	单价低
2	清单工程量不准确	增加	单价高
		减少	单价低
3	报价图纸不明确	增加工程量	单价高
		减少工程量	单价低
4	暂定工程	自己承包的可能性高	单价高
		自己承包的可能性低	单价低
5	单价和包干混合制项目	固定包干价格项目	单价高
		单价项目	单价低
6	单价组成分析表	人工费和机械费	单价高
		材料费	单价低
7	订标时招标人要求压低单价	工程量大的项目	单价小幅度降低
		工程量小的项目	单价大幅度降低
8	工程量不明确报单价的项目	没有工程量	单价高
		有假定的工程量	单价适中

(1)能够早日结算的项目,如前期措施费、基础工程、土石方工程等可以报得较高,以利资金周转。后期工程项目如设备安装、装饰工程等的报价可适当降低。

(2)预计今后工程量会增加的项目,单价适当提高,这样在最终结算时可多盈利;将工程量可能减少的项目单价降低,工程结算时损失不大。

(3)设计图纸不明确,估计修改后工程量会增加的,单价可适当提高,而工程内容说不清楚的,单价则可适当降低。

(4)暂定项目,又叫任意项目或选择项目,对这类项目要具体分析。因为这类项目要在开工后再由招标人研究决定是否实施,以及由哪家投标人实施。如果工程不分标,不会另由一家投标人施工,则其中肯定要做的单价可高些,不一定做的则应低些。如果工程分标,该暂定项目也可能由其他投标人施工时,则不宜报高价,以免抬高总报价。

(5)单价包干的合同中,招标人要求有些项目采用包干报价时,宜报高价。其余单价项目则可适当降低。

(6)在议标时,投标人一般都要压低标价。这时应该首先压低那些工程量少的单价,这样即使压低多项单价,总的标价也不会降低很多,而给发包人的感觉却是工程量清单上的单价下降幅度很大,投标人很有让利的诚意。

(二)多方案报价法

如果发现有些招标文件工程范围不很明确,条款不清楚或很不公正,技术规范要求过于苛刻时,则要在充分估计风险的基础上,按多方案报价方法处理。即按原招标文件报一个价,然后再提出如果某条款作某些变动,报价可降低的额度。这样可以降低总造价,吸引招标人。

(三)增加建议方案

有时招标文件中规定,可以提一个建议方案。投标人这时应抓住机会,组织一批有经验的设计和施工工程师,对原招标文件的设计和施工方案仔细研究,提出更为合理的方案以吸引业主,促成自己的方案中标。这种新建议方案可以降低总造价或是缩短工期,或使工程运用更为合理。但要注意对原招标方案一定也要报价。建议方案不要写得太具体,要保留方案的技术关键,防止招标人将此方案交给其他投标人。同时要强调的是,建议方案一定要比较成熟,有很好的可操作性。

(四)总分包商捆绑报价

总承包人在投标前找二、三家分包商分别报价,而后选择其中一家信誉较好、实力较强而报价合理的分包商签订协议,同意该分包商作为本分包工程的唯一合作者,并将分包商的姓名列到投标文件中,但要求该分包商提交相应的投标保函。如果该分包商认为总承包人确实有可能中标,也许愿意接受这一条件。这种把分包商的利益同投标人捆在一起的做法,不但可以防止分包商事后反悔和涨价,还可能迫使分包时报出较合理的价格,以便共同争取中标。

(五)开标升级法

在投标报价时,把工程中某些造价高的特殊工作内容从报价中减掉,使报价成为竞争对手无法相比的低价。利用这种"低价"来吸引招标人,从而取得与招标人进一步商谈的机会,在商谈过程中逐步提高价格。当招标人明白过来当初的"低价"实际上是个钓饵时,往往已经在时间上处于谈判弱势,丧失了与其他投标人谈判的机会。利用这种方法时,要特别注意在最初的报价中说明某项工作的缺项,否则可能会弄巧成拙,真的以"低价"中标。

五、投标报价编制标准格式

投标报价编制使用的表格包括:投标总价封面(封-3),投标总价扉页(扉-3),工程计价总说明表(表-01),建设项目投标报价汇总表(表-02),单项工程投标报价汇总表(表-03),单位工程投标报价汇总表(表-04),分部分项工程和单价措施项目清单与计价表(表-08),综合单价分析表(表-09),总价措施项目清单与计价表(表-11),其他项目清单与计价汇总表(表-12)[暂列金额明细表(表-12-1),材料(工程设备)暂估单价及调整表(表-12-2),专业工程暂估价及结算价表(表-12-3),计日工表(表-12-4),总承包服务费计价表(表-12-5)],规费、税金项目计价表(表-13),总价项目进度款支付分解表(表-16),发包人提供材料和工程设备一览表(表-20),承包人提供主要材料和工程设备一览表(适用于造价信息差额调整法)(表-21),承包人提供主要材料和工程设备一览表(适用于价格指数差额调整法)(表-22)。

1. 投标总价封面

投标总价封面(封-3)应填写投标工程项目的具体名称,投标人应盖单位公章。

投标总价封面的样式见表 6-23。

表 6-23　　　　　　　　　　投标总价封面

```
_____工程


                    投 标 总 价




        投  标  人：_____
                        （单位盖章）




                      年  月  日
```

封-3

2. 投标总价扉页

投标总价扉页(扉-3)由投标人编制投标报价时填写。投标人编制投标报价时，编制人员必须是在投标人单位注册的造价人员。由投标人盖单位公章，法定代表人或其授权签字或盖章；编制的造价人员（造价工程师或造价员）签字盖执业专用章。

投标总价扉页的样式见表 6-24。

表 6-24　　　投标总价扉页

投标总价

招 标 人：＿＿＿＿＿＿＿＿＿＿＿＿＿＿＿＿＿

工 程 名 称：＿＿＿＿＿＿＿＿＿＿＿＿＿＿＿＿＿

投标总价(小写)：＿＿＿＿＿＿＿＿＿＿＿＿＿＿＿

　　　　(大写)：＿＿＿＿＿＿＿＿＿＿＿＿＿＿＿

投 标 人：＿＿＿＿＿＿＿＿＿＿＿＿＿＿＿＿＿

　　　　　　　　（单位盖章）

法定代表人

或其授权人：＿＿＿＿＿＿＿＿＿＿＿＿＿＿＿＿＿

　　　　　　　　（签字或盖章）

编 制 人：＿＿＿＿＿＿＿＿＿＿＿＿＿＿＿＿＿

　　　　　　　（造价人员签字盖专用章）

时　　间：　　年　月　日

3. 工程计价总说明表

工程计价总说明表(表-01)的样式及相关填写要求参见表 6-3。

4. 建设项目投标报价汇总表

建设项目投标报价汇总表(表-02)的样式见表 6-18。

5. 单项工程投标报价汇总表

单项工程投标报价汇总表(表-03)的样式见表 6-19。

6. 单位工程投标报价汇总表

单位工程投标报价汇总表(表-04)的样式见表 6-20。

7. 分部分项工程和单价措施项目清单与计价表

分部分项工程和单价措施项目清单与计价表(表-08)的样式及相关填写要求参见表 6-4。

8. 综合单价分析表

综合单价分析表(表-09)的样式及相关填写要求参见表 6-21。

9. 总价措施项目清单与计价表

总价措施项目清单与计价表(表-11)的样式及相关填写要求参见表 6-5。

10. 其他项目清单与计价汇总表

其他项目清单与计价汇总表(表-12)的样式及相关填写要求参见表 6-6。

11. 暂列金额明细表

暂列金额明细表(表-12-1)的样式及相关填写要求参见表 6-7。

12. 材料(工程设备)暂估单价及调整表

材料(工程设备)暂估单价及调整表(表-12-2)的样式及相关填写要求参见表 6-8。

13. 专业工程暂估价及结算价表

专业工程暂估价及结算价表(表-12-3)的样式及相关填写要求参见表 6-9。

14. 计日工表

计日工表(表-12-4)的样式及相关填写要求参见表 6-10。

15. 总承包服务费计价表

总承包服务费计价表(表-12-5)的样式及相关填写要求参见表 6-11。

16. 规费、税金项目计价表

规费、税金项目计价表(表-13)的样式及相关填写要求参见表 6-12。

17. 总价项目进度款支付分解表

总价项目进度款支付分解表(表-16)的样式见表 6-25。

表 6-25　　　　　　　　　总价项目进度款支付分解表

工程名称：　　　　　　　标段：　　　　　　　单位：元

序号	项目名称	总价金额	首次支付	二次支付	三次支付	四次支付	五次支付	
	安全文明施工费							
	夜间施工增加费							
	二次搬运费							
	社会保险费							
	住房公积金							
	合　计							

编制人(造价人员)：　　　　　　　　　　　复核人(造价工程师)：

注：1. 本表应由承包人在投标报价时根据发包人在招标文件明确的进度款支付周期与报价填写，签订合同时，发承包双方可就支付分解协商调整后作为合同附件。

2. 单价合同使用本表，"支付"栏时间应与单价项目进度款支付周期相同。

3. 总价合同使用本表，"支付"栏时间应与约定的工程计量周期相同。

表-16

18. 发包人提供材料和工程设备一览表

发包人提供材料和工程设备一览表(表-20)的样式及相关填写要求参见表 6-13。

19. 承包人提供主要材料和工程设备一览表(适用于造价信息差额调整法)

承包人提供主要材料和工程设备一览表(适用于造价信息差额调整

法)(表-21)的样式及相关填写要求参见表 6-14。

20. 承包人提供主要材料和工程设备一览表(适用于价格指数差额调整法)

承包人提供主要材料和工程设备一览表(适用于价格指数差额调整法)(表-22)的样式及相关填写要求参见表 6-15。

第六节 工程竣工结算编制

竣工结算是施工企业在所承包的工程全部完工竣工之后,与建设单位进行最终的价款结算。竣工结算反映该工程项目上施工企业的实际造价以及还有多少工程款要结清。通过竣工结算,施工企业可以考核实际的工程费用是降低还是超支。竣工结算是建设单位竣工决算的一个组成部分。建筑安装工程竣工结算造价加上设备购置费、勘察设计费、征地拆迁费和一切建设单位为建设这个项目中的其他全部费用,才能成为该工程完整的竣工决算。

一、一般规定

(1)工程完工后,发承包双方必须在合同约定时间内办理工程竣工结算。合同中没有约定或约定不清的,按"13 计价规范"中有关规定处理。

(2)工程竣工结算应由承包人或受其委托具有相应资质的工程造价咨询人编制,并应由发包人或受其委托具有相应资质的工程造价咨询人核对。实行总承包的工程,由总承包人对竣工结算的编制负总责。

(3)当发承包双方或一方对工程造价咨询人出具的竣工结算文件有异议时,可向工程造价管理机构投诉,申请对其进行执业质量鉴定。

(4)工程造价管理机构对投诉的竣工结算文件进行质量鉴定,宜按本章第七节的相关规定进行。

(5)根据《中华人民共和国建筑法》第六十一条规定:"交付竣工验收的建筑工程,必须符合规定的建筑工程质量标准,有完整的工程技术经济资料和经签署的工程保修书,并具备国家规定的其他竣工条件",由于竣工结算是反映工程造价计价规定执行情况的最终文件,竣工结算办理完毕,发包人应将竣工结算文件报送工程所在地或有该工程管辖权的行业管理部门的工程造价管理机构备案。竣工结算文件应作为工程竣工验收备案、交付使用的必备文件。

二、竣工结算编制与复核

(1)工程竣工结算应根据下列依据编制和复核：

1)"13计价规范"。

2)工程合同。

3)发承包双方实施过程中已确认的工程量及其结算的合同价款。

4)发承包双方实施过程中已确认调整后追加(减)的合同价款。

5)建设工程设计文件及相关资料。

6)投标文件。

7)其他依据。

(2)分部分项工程和措施项目中的单价项目应依据发承包双方确认的工程量与已标价工程量清单的综合单价计算；发生调整的，应以发承包双方确认调整的综合单价计算。

(3)措施项目中的总价项目应依据已标价工程量清单的项目和金额计算；发生调整的，应以发承包双方确认调整的金额计算，其中安全文明施工费应按照国家或省级、行业建设主管部门的规定计算。施工过程中，国家或省级、行业建设主管部门对安全文明施工费进行了调整的，措施项目费中和安全文明施工费应作相应调整。

(4)办理竣工结算时，其他项目费的计算应按以下要求进行计价：

1)计日工的费用应按发包人实际签证确认的数量和合同约定的相应项目综合单价计算。

2)当暂估价中的材料、工程设备是招标采购的，其单价按中标价在综合单价中调整。当暂估价中的材料、设备为非招标采购的，其单价按发承包双方最终确认的单价在综合单价中调整。当暂估价中的专业工程是招标发包的，其专业工程费按中标价计算。当暂估价中的专业工程为非招标发包的，其专业工程费按发承包双方与分包人最终确认的金额计算。

3)总承包服务费应依据已标价工程量清单金额计算，发承包双方依据合同约定对总承包服务进行了调整的，应按调整后的金额计算。

4)索赔事件产生的费用在办理竣工结算时应在其他项目费中反映。索赔费用的金额应依据发承包双方确认的索赔事项和金额计算。

5)现场签证发生的费用在办理竣工结算时应在其他项目费中反映。现场签证费用金额依据发承包双方签证资料确认的金额计算。

第六章 清单计价体系

6)合同价款中的暂列金额在用于各项价款调整、索赔与现场签证后,若有余额,则余额归发包人,若出现差额,则由发包人补足并反映在相应的工程价款中。

(5)规费和税金应按国家或省级、行业建设主管部门对规费和税金的计取标准计算。规费中的工程排污费应按工程所在地环境保护部门规定的标准缴纳后按实列入。

(6)由于竣工结算与合同工程实施过程中的工程计量及其价款结算、进度款支付、合同价款调整等具有内在联系,因此,发承包双方在合同工程实施过程中已经确认的工程计量结果和合同价款,在竣工结算办理中应直接进入结算,从而简化结算流程。

三、竣工结算价编制标准格式

竣工结算价编制使用的表格包括:竣工结算书封面(封-4),竣工结算总价扉页(扉-4),工程计价总说明表(表-01),建设项目竣工结算汇总表(表-05),单项工程竣工结算汇总表(表-06),单位工程竣工结算汇总表(表-07),分部分项工程和单价措施项目清单与计价表(表-08),综合单价分析表(表-09),综合单价调整表(表-10),总价措施项目清单与计价表(表-11),其他项目清单与计价汇总表(表-12)[暂列金额明细表(表-12-1),材料(工程设备)暂估单价及调整表(表-12-2),专业工程暂估价及结算价表(表-12-3),计日工表(表-12-4),总承包服务费计价表(表-12-5),索赔与现场签证计价汇总表(表-12-6),费用索赔申请(核准)表(表-12-7),现场签证表(表-12-8)],规费、税金项目计价表(表-13),工程计量申请(核准)表(表-14),预付款支付申请(核准)表(表-15),总价项目进度款支付分解表(表-16),进度款支付申请(核准)表(表-17),竣工结算款支付申请(核准)表(表-18),最终结清支付申请(核准)表(表-19),发包人提供材料和工程设备一览表(表-20),承包人提供主要材料和工程设备一览表(适用于造价信息差额调整法)(表-21),承包人提供主要材料和工程设备一览表(适用于价格指数差额调整法)(表-22)。

1. 竣工结算书封面

竣工结算书封面(封-4)应填写竣工工程的具体名称,发承包双方应盖单位公章,如委托工程造价咨询人办理的,还应加盖工程造价咨询人所在单位公章。

竣工结算书封面的样式见表 6-26。

表 6-26　　　　竣工结算书封面

_____工程

竣工结算书

发 包 人：_____
　　　　　　　（单位盖章）

承 包 人：_____
　　　　　　　（单位盖章）

造价咨询人：_____
　　　　　　　（单位盖章）

年　月　日

封-4

2. 竣工结算总价扉页

承包人自行编制竣工结算总价的，编制人员必须是承包人单位注册的造价人员。由承包人盖单位公章，法定代表人或其授权人签字或盖章；编制的造价人员（造价工程师或造价员）签字盖执业专用章。

发包人自行核对竣工结算时，核对人员必须是在发包人单位注册的造价工程师。由发包人盖单位公章，法定代表人或其授权人签字或盖章，核对的造价工程师签字盖执业专用章。

第六章 清单计价体系

发包人委托工程造价咨询人核对竣工结算时,核对人员必须是在工程造价咨询人单位注册的造价工程师。由发包人盖单位公章,法定代表人或其授权人签字盖章;工程造价咨询人盖单位资质专用章,法定代表人或其授权人签字或盖章;核对的造价工程师签字盖执业专用章。

除非出现发包人拒绝或不答复承包人竣工结算书的特殊情况,竣工结算办理完毕后,竣工结算总价封面发承包双方的签字、盖章应当齐全。

竣工结算总价扉页(扉-4)的样式见表6-27。

表6-27　　　　　　　　　　竣工结算总价扉页

_____工程

竣 工 结 算 总 价

签约合同价(小写):_____　　(大写):_____
竣工结算价(小写):_____　　(大写):_____

发 包 人:_____　　承 包 人:_____　　工程咨询人:_____
　(单位盖章)　　　　　(单位盖章)　　　　　(单位资质专用章)

法定代表人　　　　　法定代表人　　　　　法定代表人
或其授权人:_____　或其授权人:_____　或其授权人:_____
　(签字或盖章)　　　　(签字或盖章)　　　　(签字或盖章)

编 制 人:_____　　　　核 对 人:_____
　(造价人员签字盖专用章)　　　　(造价工程师签字盖专用章)

编制时间:　年　月　日　　　　　核对时间:　年　月　日

扉-4

3. 工程计价总说明表

工程计价总说明表(表-01)的样式及相关填写要求参见表 6-3。

4. 建设项目竣工结算汇总表

建设项目竣工结算汇总表(表-05)的样式见表 6-28。

表 6-28 建设项目竣工结算汇总表

工程名称： 第 页共 页

序号	单项工程名称	金额/元	其 中:/元	
			安全文明施工费	规费
	合 计			

表-05

5. 单项工程竣工结算汇总表

单项工程竣工结算汇总表(表-06)的样式见表 6-29。

表 6-29 单项工程竣工结算汇总表

工程名称： 第 页共 页

序号	单位工程名称	金额/元	其 中:/元	
			安全文明施工费	规费
	合 计			

表-06

第六章 清单计价体系

6. 单位工程竣工结算汇总表

单位工程竣工结算汇总表(表-07)的样式见表 6-30。

表 6-30　　　　　　　　　单位工程竣工结算汇总表

工程名称：　　　　　　　　标段：　　　　　　　第 页共 页

序号	汇总内容	金额/元
1	分部分项工程	
1.1		
1.2		
1.3		
1.4		
1.5		
2	措施项目	
2.1	其中:安全文明施工费	
3	其他项目	
3.1	其中:专业工程结算价	
3.2	其中:计日工	
3.3	其中:总承包服务费	
3.4	其中:索赔与现场签证	
4	规费	
5	税金	
	竣工结算总价合计＝1＋2＋3＋4＋5	

注:如无单位工程划分,单项工程也使用本表汇总。

表-07

7. 分部分项工程和单价措施项目清单与计价表

分部分项工程和单价措施项目清单与计价表(表-08)的样式及相关填写要求参见表 6-4。

8. 综合单价分析表

综合单价分析表(表-09)的样式及相关填写要求参见表 6-21。

9. 综合单价调整表

综合单价调整表(表-10)适用于各种合同约定调整因素出现时调整综合单价,各种调整依据应附于表后。填写时应注意,项目编码和项目名称必须与已标价工程量清单保持一致,不得发生错漏,以免发生争议。

综合单价调整表的样式见表 6-31。

表 6-31 综合单价调整表

工程名称: 标段: 第 页共 页

序号	项目编码	项目名称	已标价清单综合单价/元					调整后综合单价/元				
			综合单价	其中				综合单价	其中			
				人工费	材料费	机械费	管理费和利润		人工费	材料费	机械费	管理费和利润

造价工程师(签章): 发包人代表(签章): 造价人员(签章): 承包人代表(签章):

日期: 日期:

注:综合单价调整应附调整依据。

表-10

10. 总价措施项目清单与计价表

总价措施项目清单与计价表(表-11)的样式及相关填写要求参见表 6-5。

11. 其他项目清单与计价汇总表

其他项目清单与计价汇总表(表-12)的样式及相关填写要求参见表 6-6。

12. 暂列金额明细表

暂列金额明细表(表-12-1)的样式及相关填写要求参见表 6-7。

第六章 清单计价体系

13. 材料（工程设备）暂估单价及调整表

材料（工程设备）暂估单价及调整表（表-12-2）的样式及相关填写要求参见表 6-8。

14. 专业工程暂估价及结算价表

专业工程暂估价及结算价表（表-12-3）的样式及相关填写要求参见表 6-9。

15. 计日工表

计日工表（表-12-4）的样式及相关填写要求参见表 6-10。

16. 总承包服务费计价表

总承包服务费计价表（表-12-5）的样式及相关填写要求参见表 6-11。

17. 索赔与现场签证计价汇总表

索赔与现场签证计价汇总表（表-12-6）是对发承包双方签证认可的"费用索赔申请（核准）表"和"现场签证表"的汇总。

索赔与现场签证计价汇总表的样式见表 6-32。

表 6-32　　　　　　　索赔与现场签证计价汇总表

工程名称：　　　　　　　标段：　　　　　　第 页共 页

序号	签证及索赔项目名称	计量单位	数量	单价/元	合价/元	索赔及签证依据
—	本页小计	—	—			—
—	合　计					

注：签证及索赔依据是指经双方认可的签证单和索赔依据的编号。

表-12-6

18. 费用索赔申请（核准）表

填写费用索赔申请（核准）表（表-12-7）时，承包人代表应按合同条款的约定，阐述原因，附上索赔证据、费用计算报发包人，经监理工程师复核（按照发包人的授权不论是监理工程师或发包人现场代表均可），经造价工程师（此处造价工程师可以是发包人现场管理人员，也可以是发包人委托的工程造价咨询企业的人员）复核具体费用，经发包人审核后生效，该表以在选择栏中"□"内做标识"√"表示。

费用索赔申请(核准)表的样式见表 6-33。

表 6-33　　　　　　　　费用索赔申请(核准)表

工程名称：　　　　　　　　标段：　　　　　　　　编号：

致：_____(发包人全称)
根据施工合同条款____条的约定，由于_____原因，我方要求索赔金额(大写)_____(小写_____)，请予核准。 　　附：1. 费用索赔的详细理由和依据： 　　　　2. 索赔金额的计算： 　　　　3. 证明材料： 　　　　　　　　　　　　　　　　　　　　　　　　　　　　承包人(章) 造价人员_____　　承包人代表_____　　日　期_____

复核意见： 　　根据施工合同条款____条的约定，你方提出的费用索赔申请经复核： 　□不同意此项索赔，具体意见见附件。 　□同意此项索赔，索赔金额的计算，由造价工程师复核。 　　　　　　监理工程师_____ 　　　　　　日　　期_____	复核意见： 　　根据施工合同条款____条的约定，你方提出的费用索赔申请经复核，索赔金额为(大写)____(小写____)。 　　　　　　造价工程师_____ 　　　　　　日　　期_____

审核意见： 　□不同意此项索赔。 　□同意此项索赔，与本期进度款同期支付。 　　　　　　　　　　　　　　　　　　　　　发包人(章) 　　　　　　　　　　　　　　　　　　　　　发包人代表_____ 　　　　　　　　　　　　　　　　　　　　　日　　期_____

注：1. 在选择栏中的"□"内做标识"√"。
　　2. 本表一式四份，由承包人填报，发包人、监理人、造价咨询人、承包人各存一份。

表-12-7

19. 现场签证表

现场签证表(表-12-8)是对"计日工"的具体化，考虑到招标时，招标人

第六章 清单计价体系

对计日工项目的预估难免会有遗漏,带来实际施工发生后,无相应的计日工单价时,现场签证只能包括单价一并处理,因此,在汇总时,有计日工单价的,可归并于计日工,如无计日工单价,归并于现场签证,以示区别。

现场签证表的样式见表 6-34。

表 6-34　　　　　　　　　　现场签证表

工程名称：　　　　　　　　标段：　　　　　　　　第　页共　页

施工部位		日期	

致:　　　　　　　　　　　　　　　　　　　　　　　　　　(发包人全称)

　　根据_____(指令人姓名)　年　月　日的口头指令或你方_____(或监理人)　年　月　日的书面通知,我方要求完成此项工作应支付价款金额为(大写)_____(小写_____),请予核准。

　　附:1. 签证事由及原因：
　　　　2. 附图及计算式：

承包人(章)

造价人员_____　承包人代表_____　日　期_____

复核意见： 你方提出的此项签证申请经复核： □不同意此项签证,具体意见见附件。 □同意此项签证,签证金额的计算,由造价工程师复核。 监理工程师_____ 日　期_____	复核意见： 　　□此项签证按承包人中标的计日工单价计算,金额为(大写)____元,(小写____元)。 　　□此项签证因无计日工单价,金额为(大写)____元,(小写____)。 造价工程师_____ 日　期_____

审核意见：
□不同意此项签证。
□同意此项签证,价款与本期进度款同期支付。

发包人(章)
发包人代表_____
日　期_____

注：1. 在选择栏中的"□"内做标识"√"。
　　2. 本表一式四份,由承包人在收到发包人(监理人)的口头或书面通知后填写,发包人、监理人、造价咨询人、承包人各存一份。

表-12-8

20. 规费、税金项目计价表

规费、税金项目计价表(表-13)的样式及相关填写要求参见表6-12。

21. 工程计量申请(核准)表

工程计量申请(核准)表(表-14)填写的"项目编码"、"项目名称"、"计量单位"应与已标价工程量清单中一致,承包人应在合同约定的计量周期结束时,将申报数量填写在申报数量栏,发包人核对后如与承包人填写的数量不一致,则在核实数量栏填上核实数量,经发承包双方共同核对确认的计量结果填在确认数量栏。

工程计量申请(核准)表的样式见表6-35。

表6-35　　　　　　　　工程计量申请(核准)表

工程名称:　　　　　　　　标段:　　　　　　　第　页 共　页

序号	项目编码	项目名称	计量单位	承包人申请数量	发包人核实数量	发承包人确认数量	备注

承包人代表	监理工程师:	造价工程师:	发包人代表
日期:	日期:	日期:	日期:

表-14

22. 预付款支付申请(核准)表

预付款支付申请(核准)表(表-15)的样式见表6-36。

表 6-36　　　　　　　　预付款支付申请(核准)表

致：_____(发包人全称)
　　我方根据施工合同的约定，现申请支付工程预付款额为(大写)_____
(小写_____)，请予核准。

序号	名称	申请金额/元	复核金额/元	备注
1	已签约合同价款金额			
2	其中：安全文明施工费			
3	应支付的预付款			
4	应支付的安全文明施工费			
5	合计应支付的预付款			

　　　　　　　　　　　　　　　　　　　　　　　承包人(章)
造价人员_____　　　承包人代表_____　　日　　期_____

复核意见：	复核意见：
□与合同约定不相符，修改意见见附件。 □与合同约定相符，具体金额由造价工程师复核。 　　　　　　监理工程师_____ 　　　　　　日　　　期_____	你方提出的支付申请经复核，应支付预付款金额为(大写)_____(小写_____)。 　　　　　　造价工程师_____ 　　　　　　日　　　期_____

审核意见：
□不同意。
□同意，支付时间为本表签发后的15天内。

　　　　　　　　　　　　　　　　　　　　　　　发包人(章)
　　　　　　　　　　　　　　　　　　　　　　　发包人代表_____
　　　　　　　　　　　　　　　　　　　　　　　日　　期_____

注：1. 在选择栏中的"□"内做标识"√"。
　　2. 本表一式四份，由承包人填报，发包人、监理人、造价咨询人、承包人各存一份。

表-15

23. 总价项目进度款支付分解表
总价项目进度款支付分解表(表-16)的样式见表 6-25。

24. 进度款支付申请(核准)表
进度款支付申请(核准)表(表-17)的样式见表 6-37。

表 6-37　　　　　　进度款支付申请(核准)表

工程名称：　　　　　　　标段：　　　　　　　编号：

致：_____(发包人全称)

我方于___至___期间已完成了_____工作,根据施工合同的约定,现申请支付本周期的合同款额为(大写)_____(小写_____),请予核准。

序号	名称	实际金额/元	申请金额/元	复核金额/元	备注
1	累计已完成的合同价款		—		
2	累计已实际支付的合同价款		—		
3	本周期合计完成的合同价款				
3.1	本周期已完成单价项目的金额				
3.2	本周期应支付的总价项目的金额				
3.3	本周期已完成的计日工价款				
3.4	本周期应支付的安全文明施工费				
3.5	本周期应增加的合同价款				
4	本周期合计应扣减的金额				
4.1	本周期应抵扣的预付款				
4.2	本周期应扣减的金额				
5	本周期应支付的合同价款				

附:上述3、4详见附件清单。

承包人(章)

造价人员_____　　承包人代表_____　　日　期_____

复核意见： □与实际施工情况不相符,修改意见见附件。 □与实际施工情况相符,具体金额由造价工程师复核。 　　　　监理工程师_____ 　　　　日　期_____	复核意见： 　　你方提出的支付申请经复核,本周期已完成合同款额为(大写)_____(小写_____),本周期应支付金额为(大写)_____(小写_____)。 　　　　造价工程师_____ 　　　　日　期_____

审核意见：
□不同意。
□同意,支付时间为本表签发后的15天内。

发包人(章)
发包人代表_____
日　期_____

注:1. 在选择栏中的"□"内做标识"√"。
　　2. 本表一式四份,由承包人填报,发包人、监理人、造价咨询人、承包人各存一份。

表-17

25. 竣工结算款支付申请(核准)表

竣工结算款支付申请(核准)表(表-18)的样式见表 6-38。

表 6-38　　　　　　　　　竣工结算款支付申请(核准)表

工程名称：　　　　　　　　标段：　　　　　　　　编号：

致：_____(发包人全称)
　　我方于___至___期间已完成合同约定的工作，工程已经完工，根据施工合同的约定，现申请支付竣工结算合同款额为(大写)_____(小写_____)，请予核准。

序号	名称	申请金额/元	复核金额/元	备注
1	竣工结算合同价款总额			
2	累计已实际支付的合同价款			
3	应预留的质量保证金			
4	应支付的竣工结算款金额			

　　　　　　　　　　　　　　　　　　　　　　　　承包人(章)
造价人员_____　　承包人代表_____　　日　　期_____

复核意见： □与实际施工情况不相符，修改意见见附件。 □与实际施工情况相符，具体金额由造价工程师复核。	复核意见： 　　你方提出的竣工结算款支付申请经复核，竣工结算款总额为(大写)_____(小写_____)，扣除前期支付以及质量保证金后应支付金额为(大写)_____(小写_____)。
监理工程师_____ 　　　　日　　期_____	造价工程师_____ 　　　　日　　期_____

审核意见：
□不同意。
□同意，支付时间为本表签发后的 15 天内。

　　　　　　　　　　　　　　　　　　　　　　　　发包人(章)
　　　　　　　　　　　　　　　　　　　　　　　　发包人代表_____
　　　　　　　　　　　　　　　　　　　　　　　　日　　期_____

注：1. 在选择栏中的"□"内做标识"√"。
　　2. 本表一式四份，由承包人填报，发包人、监理人、造价咨询人、承包人各存一份。

表-18

26. 最终结清支付申请(核准)表

最终结清支付申请(核准)表(表-19)的样式见表 6-39。

表 6-39 最终结清支付申请(核准)表

工程名称：　　　　　　　　　标段：　　　　　　　　编号：

致:_____(发包人全称)

我方于____至____期间已完成了缺陷修复工作,根据施工合同的约定,现申请支付最终结清合同款额为(大写)_____(小写_____),请予核准。

序号	名称	申请金额/元	复核金额/元	备注
1	已预留的质量保证金			
2	应增加因发包人原因造成缺陷的修复金额			
3	应扣减承包人不修复缺陷、发包人组织修复的金额			
4	最终应支付的合同价款			

附：上述 3、4 详见附件清单。

承包人(章)

造价人员_____　承包人代表_____　　日　　期_____

复核意见：	复核意见：
□与实际施工情况不相符,修改意见见附件。	你方提出的支付申请经复核,最终支付金额为(大写)_____(小写____)。
□与实际施工情况相符,具体金额由造价工程师复核。	
监理工程师_____ 日　　期_____	造价工程师_____ 日　　期_____

审核意见：

□不同意。

□同意,支付时间为本表签发后的 15 天内。

发包人(章)

发包人代表_____

日　　期_____

注：1. 在选择栏中的"□"内做标识"√"。如监理人已退场,监理工程师栏可空缺。

2. 本表一式四份,由承包人填报,发包人、监理人、造价咨询人、承包人各存一份。

表-19

第六章 清单计价体系

27. 发包人提供材料和工程设备一览表

发包人提供材料和工程设备一览表(表-20)的样式及相关填写要求参见表 6-13。

28. 承包人提供主要材料和工程设备一览表(适用于造价信息差额调整法)

承包人提供主要材料和工程设备一览表(适用于造价信息差额调整法)(表-21)的样式及相关填写要求参见表 6-14。

29. 承包人提供主要材料和工程设备一览表(适用于价格指数差额调整法)

承包人提供主要材料和工程设备一览表(适用于价格指数差额调整法)(表-22)的样式及相关填写要求参见表 6-15。

第七节 工程造价鉴定

发承包双方在履行施工合同过程中,由于不同的利益诉求,有一些施工合同纠纷需要采用仲裁、诉讼的方式解决,工程造价鉴定在一些施工合同纠纷案件处理中就成了裁决、判决的主要依据。

一、一般规定

(1)在工程合同价款纠纷案件处理中,需做工程造价司法鉴定的,应根据《工程造价咨询企业管理办法》(建设部令第 149 号)第二十条的规定,委托具有相应资质的工程造价咨询人进行。

(2)工程造价咨询人接受委托时提供工程造价司法鉴定服务,不仅应符合建设工程造价方面的规定,还应按仲裁、诉讼程序和要求进行,并应符合国家关于司法鉴定的规定。

(3)按照《注册造价工程师管理办法》(建设部令第 150 号)的规定,工程计价活动应由造价工程师担任。《建设部关于对工程造价司法鉴定有关问题的复函》(建办标函[2005]155 号)第二条:"从事工程造价司法鉴定的人员,必须具备注册造价工程师执业资格,并只得在其注册的机构从事工程造价司法鉴定工作,否则不具有在该机构的工程造价成果文件上签字的权力"。鉴于进入司法程序的工程造价鉴定的难度一般较大,因此,工程造价咨询人进行工程造价司法鉴定时,应指派专业对口、经验丰富的注册造价工程师承担鉴定工作。

(4)工程造价咨询人应在收到工程造价司法鉴定资料后10天内,根据自身专业能力和证据资料判断能否胜任该项委托,如不能,应辞去该项委托。工程造价咨询人不得在鉴定期满后以上述理由不做出鉴定结论,影响案件处理。

(5)为保证工程造价司法鉴定的公正进行,接受工程造价司法鉴定委托的工程造价咨询人或造价工程师如是鉴定项目一方当事人的近亲属或代理人、咨询人以及其他关系可能影响鉴定公正的,应当自行回避;未自行回避,鉴定项目委托人以该理由要求其回避的,必须回避。

(6)《最高人民法院关于民事诉讼证据的若干规定》(法释[2001]33号)第五十九条规定:"鉴定人应当出庭接受当事人质询",因此,工程造价咨询人应当依法出庭接受鉴定项目当事人对工程造价司法鉴定意见书的质询。如确因特殊原因无法出庭的,经审理该鉴定项目的仲裁机关或人民法院准许,可以书面形式答复当事人的质询。

二、取证

(1)工程造价的确定与当时的法律法规、标准定额以及各种要素价格具有密切关系,为做好一些基础资料不完备的工程鉴定,工程造价咨询人进行工程造价鉴定工作时,应自行收集以下(但不限于)鉴定资料:

1)适用于鉴定项目的法律、法规、规章、规范性文件以及规范、标准、定额。

2)鉴定项目同时期同类型工程的技术经济指标及其各类要素价格等。

(2)真实、完整、合法的鉴定依据是做好鉴定项目工程造价司法工作鉴定的前提。工程造价咨询人收集鉴定项目的鉴定依据时,应向鉴定项目委托人提出具体书面要求,其内容包括:

1)与鉴定项目相关的合同、协议及其附件。

2)相应的施工图纸等技术经济文件。

3)施工过程中的施工组织、质量、工期和造价等工程资料。

4)存在争议的事实及各方当事人的理由。

5)其他有关资料。

(3)根据最高人民法院规定"证据应当在法庭上出示,由当事人质证。未经质证的证据,不能作为认定案件事实的依据(法释[2001]33号)",工程造价咨询人在鉴定过程中要求鉴定项目当事人对缺陷资料进行补充的,应征得鉴定项目委托人同意,或者协调鉴定项目各方当事人共同签认。

(4)根据鉴定工作需要现场勘验的,工程造价咨询人应提请鉴定项目委托人组织各方当事人对被鉴定项目所涉及的实物标的进行现场勘验。

(5)勘验现场应制作勘验记录、笔录或勘验图表,记录勘验的时间、地点、勘验人、在场人、勘验经过、结果,由勘验人、在场人签名或者盖章确认。绘制的现场图应注明绘制的时间、测绘人姓名、身份等内容。必要时应采取拍照或摄像取证,留下影像资料。

(6)鉴定项目当事人未对现场勘验图表或勘验笔录等签字确认的,工程造价咨询人应提请鉴定项目委托人决定处理意见,并在鉴定意见书中做出表述。

三、鉴定

(1)《最高人民法院关于审理建设工程施工合同纠纷案件适用法律问题的解释》(法释[2004]14号)第十六条一款规定:"当事人对建设工程的计价标准或者计价方法有约定的,按照约定结算工程价款",因此,如鉴定项目委托人明确告之合同有效,工程造价咨询人就必须依据合同约定进行鉴定,不得随意改变发承包双方合法的合意,不能以专业技术方面的惯例来否定合同的约定。

(2)工程造价咨询人在鉴定项目合同无效或合同条款约定不明确的情况下应根据法律法规、相关国家标准和"13计价规范"的规定,选择相应专业工程的计价依据和方法进行鉴定。

(3)为保证工程造价鉴定的质量,尽可能将当事人之间的分歧缩小直至化解,为司法调解、裁决或判决提供科学合理的依据,工程造价咨询人出具正式鉴定意见书之前,可报请鉴定项目委托人向鉴定项目各方当事人发出鉴定意见书征求意见稿,并指明应书面答复的期限及其不答复的相应法律责任。

(4)工程造价咨询人收到鉴定项目各方当事人对鉴定意见书征求意见稿的书面复函后,应对不同意见认真复核,修改完善后再出具正式鉴定意见书。

(5)工程造价咨询人出具的工程造价鉴定书应包括下列内容:

1)鉴定项目委托人名称、委托鉴定的内容。

2)委托鉴定的证据材料。

3)鉴定的依据及使用的专业技术手段。

4)对鉴定过程的说明。
5)明确的鉴定结论。
6)其他需说明的事宜。
7)工程造价咨询人盖章及注册造价工程师签名盖执业专用章。

(6)进入仲裁或诉讼的施工合同纠纷案件,一般都有明确的结案时限,为避免影响案件的处理,工程造价咨询人应在委托鉴定项目的鉴定期限内完成鉴定工作,如确因特殊原因不能在原定期限内完成鉴定工作时,应按照相应法规提前向鉴定项目委托人申请延长鉴定期限,并应在此期限内完成鉴定工作。

经鉴定项目委托人同意等待鉴定项目当事人提交、补充证据的,质证所用的时间不应计入鉴定期限。

(7)对于已经出具的正式鉴定意见书中有部分缺陷的鉴定结论,工程造价咨询人应通过补充鉴定做出补充结论。

四、造价鉴定标准格式

造价鉴定编制使用的表格包括:工程造价鉴定意见书封面(封-5),工程造价鉴定意见书扉页(扉-5),工程计价总说明表(表-01),建设项目竣工结算汇总表(表-05),单项工程竣工结算汇总表(表-06),单位工程竣工结算汇总表(表-07),分部分项工程和单价措施项目清单与计价表(表-08),综合单价分析表(表-09),综合单价调整表(表-10),总价措施项目清单与计价表(表-11),其他项目清单与计价汇总表(表-12)[暂列金额明细表(表-12-1),材料(工程设备)暂估单价及调整表(表-12-2),专业工程暂估价及结算价表(表-12-3),计日工表(表-12-4),总承包服务费计价表(表-12-5),索赔与现场签证计价汇总表(表-12-6),费用索赔申请(核准)表(表-12-7),现场签证表(表-12-8)],规费、税金项目计价表(表-13),工程计量申请(核准)表(表-14),预付款支付申请(核准)表(表-15),总价项目进度款支付分解表(表-16),进度款支付申请(核准)表(表-17),竣工结算款支付申请(核准)表(表-18),最终结清支付申请(核准)表(表-19),发包人提供材料和工程设备一览表(表-20),承包人提供主要材料和工程设备一览表(适用于造价信息差额调整法)(表-21),承包人提供主要材料和工程设备一览表(适用于价格指数差额调整法)(表-22)。

工程造价鉴定所用表格样式除工程造价鉴定意见书封面(封-5)和工程造价鉴定意见书扉页(扉-5)分别见表 6-40 和表 6-41 外,其他表格样式

第六章 清单计价体系

均参见本章前述各节所述。

工程造价鉴定意见书封面(封-5)应填写鉴定工程项目的具体名称，填写意见书文号，工程造价咨询人盖所在单位公章。工程造价鉴定意见书扉页(扉-5)应填写工程造价鉴定项目的具体名称，工程造价咨询人应盖单位资质专用章，法定代表人或其授权人签字或盖章，造价工程师签字盖执业专用章。

表6-40　　　　　　　工程造价鉴定意见书封面

_____工程

编号：××[2×××]××号

工程造价鉴定意见书

造价咨询人：_____

（单位盖章）

年　月　日

封-5

表 6-41　　　　　工程造价鉴定意见书扉页

_____工程

工程造价鉴定意见书

鉴 定 结 论：

造价咨询人：_____
　　　　　　　（盖单位章及资质专用章）

法定代表人：_____
　　　　　　　　（签字或盖章）

造价工程师：_____
　　　　　　　　（签字盖专用章）

年　　月　　日

扉-5

第七章 钢结构工程工程量计算

第一节 钢网架工程量计算

一、钢网架构造

1. 钢网架的材料

(1)钢网架安装的材料与连接材料有高强度螺栓、焊条、焊丝、焊剂等。

(2)钢网架安装用的空心焊接球、加肋焊接球、螺栓球、半成品小拼单元、杆件,以及橡胶支座等半成品。

所用材料均应符合设计要求及相应的国家标准的规定。

2. 链接钢网架的主要机具

电焊机、氧-乙炔切割设备、砂轮锯、杆件切割车床、杆件切割动力头、钢卷尺、钢板尺、卡尺、水准仪、经纬仪、超声波探;伤仪、磁粉探伤仪、吊升设备、起重设备、铁锤、钢丝刷、液压千斤顶、倒链等工具。

3. 作业条件

(1)安装前应对网架支座轴线与标高进行验线检查。网架轴线、标高位置必须符合设计要求和有关标准的规定。

(2)安装前应对柱顶混凝土强度进行检查,柱顶混凝土强度必须符合设计要求和国家现行有关标准的规定以后,才能安装。

(3)采用高空滑移法时,应对滑移轨道滑轮进行检查,滑移水平坡度应符合施工设计的要求。

(4)采用条、块安装,工作台滑移法时,应对地面工作台、滑移设备进行检查,并进行试滑行试验。

(5)采用整体吊装或局部吊装法时,应对吊升设备进行检查,对吊升速度、吊升吊点、高空合拢与调整等工作做好试验,必须符合施工组织设计的要求。

(6)采用高空散装法时,应搭设满堂红脚手架,并放线布置好各支点位置与标高。采用螺栓球高空散装法时,应设计布置好临时支点,临时支点的位置、数量应经过验算确定。

(7)高空散装的临时支点应选用千斤顶为宜,这样临时支点可以逐步调整网架高度。当安装结束拆卸临时支架时,可以在各支点间同步下降,分段卸载。

4. 操作工艺

(1)焊接球地面安装,高空合拢法。

施工工艺:放线、验线→安装平面网格→安装立体网格→安装上弦网整体吊升→网架高空合拢→网架验收。

1)柱顶放线与验线:标出轴线与标高,检查柱顶位移,网架安装单位对提供的网架支承点位置、尺寸、标高经复验无误后才能正式安装。

2)网架地面安装环境应找平放样,网架球各支点应放线,标明位置与球号。

3)网架球各支点砌砖墩。墩材可以是钢管支承点,也可以是砖墩上加一小截圆管作为网架下弦球支座。

4)对各支点标出标高,如网架有起拱要求时,应在各支承点上反映出来,用不同高度的支承钢管来完成对网架的起拱要求。

(2)钢网架平面安装。

1)放球:将已验收的焊接球,按规格、编号放入安装节点内,同时应将球调整好受力方向与位置。一般将球水平中心线的环形焊缝置于赤道方向。有肋的一边在下弦球的上半部分。

2)放置杆件:将备好的杆件,按规定的规格布置钢管杆件放置杆件前,应检查杆件的规格、尺寸,以及坡口、焊缝间隙将杆件放置在两个球之间,调整间隙,点固。

3)平面网架的拼装应从中心线开始,逐步向四周展开,先组成封闭的四方网格,控制好尺寸后,再拼四周网格,不断扩大。注意应控制累积误差,一般网格以负公差为宜。

4)平面网架焊接,焊接前应编制好焊接工艺和网接顺序,防止平面网架变形。

5)平面网架焊接应按焊接工艺规定,从钢管下侧中心线左边 20~

30mm处引弧,向右焊接,逐步完成仰焊、主焊、爬坡焊、平焊等焊接位置。

6)球管焊接应采用斜锯齿形运条手法进行焊接,防止咬肉。

7)焊接运条到圆管上侧中心线后,继续向前焊20~30mm处收弧。

8)焊接完成半圆后,重新从钢管下侧中心线右边20~30mm处反向起弧,向左焊接,与上述工艺相同,到顶部中心线后继续向前焊接,填满弧坑,焊缝搭接平稳,以保证焊缝质量。

(3)网架主体组装。

1)检查验收平面网架尺寸、轴线偏移情况,检查无误后,继续组装主体网架。

2)将一球四杆的小拼单元(一球为上弦球,四杆为网架斜腹杆)吊入平面网架上方。

3)小拼单元就位后,应检查网格尺寸、矢高,以及小拼单元的斜杆角度,对位置不正、角度不正的应先矫正,矫正合格后才准以安装。

4)安装时发现小拼单元杆件长度、角度不一致时,应将过长杆件用切割机割去,然后重开坡口,重新就位检查。

5)如果需用衬管的网架,应在球上点焊好焊接衬管。但小拼单元暂勿与平面网架点焊,还需与上弦杆配合后才能定位焊接。

(4)钢网架上弦组装与焊接。

1)放入上弦平面网架的纵向杆件,检查上弦球纵向位置、尺寸是否正确。

2)放入上弦平面网架的横向杆件,检查上弦球横向位置、尺寸是否正确。

3)通过对立体小拼单元斜腹杆的适量调整,使上弦的纵向与横向杆件与焊接球正确就位。对斜腹杆的调整方法是:既可以切割过长杆件,也可以用倒链拉开斜杆的角度,使杆件正确就位,保证上弦网格的正确尺寸。

4)调整各部间隙,各部间隙基本合格后,再点焊上弦杆件。

5)上弦杆件点固后,再点焊下弦球与斜杆的焊缝,使之连系牢固。

6)逐步检查网格尺寸,逐步向前推进。网架腹杆与网架上弦杆的安装应相互配合着进行。

7)网架地面安装结束后,应按安装网架的条或块的整体尺寸进行验收。

8)待吊装的网架必须待焊接工序完毕,焊缝外观质量、焊缝超声波探伤报告合格后,才能起吊(吊升)。

(5)钢网架整体吊装(吊升)。

1)钢网架整体吊装前的验收,焊缝的验收,高空支座的验收。各项验收符合设计要求后,才能吊装。

2)钢网架整体吊装前应选择好吊点,吊绳应系在下弦节点上,不准吊在上弦球节点上。如果网架吊装过程中刚度不够,还应采取措施对被吊网架进行加固。一般加固措施是加几道脚手架钢管临时加固,但应考虑这样会增加吊装重量,增加荷载。

3)制订吊装(吊升)方案,调试吊装(吊升)设备。对吊装设备如把杆、缆风卷扬机的检查,对液压油路的检查,保证吊装(吊升)能平稳、连续、各吊点同步。

4)试吊(吊升):正式吊装前应对网架进行试提。试提过程是将卷扬机起动,调整各吊点同时逐步离地。试提一般在离地 200~300mm 之间。各支点全部撤除后暂时不动,观察网架各部分受力情况。如有变形可以及时加固,同时还应仔细检查网架吊装前沿方向是否有碰或挂的杂物或临时脚手架,如有应及时排除。同时还应观察吊装设备的承载能力,应尽量保持各吊点同步,防止倾斜。

5)连续起吊:当检查妥当后,应该连续起吊,在保持网架平正不倾斜的前提下,应该连续不断地逐步起吊(吊升)。争取当天完成到位,防止大风天气。

6)逐步就位:网架起吊即将到位时,应逐步降低起吊(吊升)速度,防止吊装过位。

(6)高空合拢。

1)网架高空就位后,应调整网架与支座的距离,为此应在网架上方安装几组倒链供横向调整使用。

2)检查网架整体标高,防止高低不匀,如实在难以排除,可由一边标高先行就位,调整横向倒链,使较高合格一端先行就位。

3)标高与水平距离先合格一端,插入钢管连接,连接杆件可以随时修正尺寸,重开坡口,但是修正杆件长度不能太大,应尽量保持原有尺寸。调整办法是一边拉紧倒链,另一边放松倒链,使之距离逐步合适。

4)已调整的一侧杆件应逐步全部点固后,放松另一侧倒链,继续微调

第七章 钢结构工程工程量计算

另一侧网架的标高。可以少量地起吊或者下降,控制标高。注意此时的调整起吊或下降应该是少量地、逐步地进行,不能连续。边调整,边观察已就位点固一侧网架的情况,防止开焊。

5)网架另一侧标高调整后,用倒链拉紧距离,初步检查就位情况,基本正确后,插入塞杆,点固。

6)网架四周杆件的插入点固。注意此时点焊塞杆,应有一定斜度,使网架中心略高于支座处。因此时网架受中心起吊的影响,一旦卸荷后会略有下降,为防变形,故应提前提高3~5mm的余量。

7)网架四周杆件合拢点固后,检查网架各部尺寸,并按顺序、焊接工艺的规定进行焊接。

(7)网架验收。

1)网架验收分两步进行,第一步是网架仍在吊装状态的验收;第二步是网架独立荷载,吊装卸荷后的验收。

2)检查网架焊缝外观质量,应达到设计要求与规范标准的规定。

3)四边塞杆(即合拢时的焊接管),在焊接24h后的超声波探伤报告,以及返修记录。

4)检查网架支座的焊缝质量。

5)钢网架吊装设备卸荷。观察网架的变形情况。网架吊装部分的卸荷应该缓慢地同步进行,防止网架局部变形。

6)将合拢用的各种倒链分头拆除,恢复钢网架自然状态。

7)检查网架各支座受力情况;检查网架的拱度或起拱度。

8)检查网架的整体尺寸。

二、钢网架工程量计算规则

1. 基础定额计算说明

基础定额对金属结构制作分部工程的计算规则进行了说明,现介绍如下。本章中涉及金属结构工程量计算的规则及说明均适用于此说明,后文不再赘述。

(1)基础定额工程量计算规则

1)金属结构制作按图示钢材尺寸以t计算,不扣除孔眼、切边的质量,焊条、铆钉、螺栓等质量,已包括在定额内不另计算。在计算不规则或多边形钢板质量时均以其最大对角线乘以最大宽度的矩形面积计算。

2)实腹钢柱、吊车梁、H型钢按图示尺寸计算,其中腹板及翼板宽度以每边增加 25mm 计算。

3)制动梁的制作工程量包括制动梁、制动桁梁、制动板重量；增加的制作工程量包括墙架柱、墙架梁及连接柱杆重量；钢柱制作工程量包括依附于柱上的牛腿及悬臂梁重量。

4)轨道制作工程量,只计算轨道本身重量,不包括轨道垫板、压板、斜垫、夹板及连接角钢等重量。

5)铁栏杆制作,仅适用于工业厂房中平台、操作台的铁栏杆。民用建筑中铁栏杆等按本定额其他章节有关项目计算。

6)钢漏斗制作工程量,矩形按图示分片,圆形按图示展开尺寸,并依钢板宽度分段计算,每段均以其上口长度(圆形以分段展开上口长度)与钢板宽度按矩形计算,依附漏斗的型钢并入漏斗重量内计算。

(2)基础定额工程量计算说明

1)定额适用于现场加工制作,也适用于企业附属加工厂制作的构件。

2)定额的制作均按焊接编制。

3)构件制作,包括分段制作和整体预装配的人工材料及机械台班用量,整体预装配用的螺栓及锚固杆件用的螺栓,已包括在定额内。

4)定额除注明者外,均包括现场内(工厂内)的材料运输,号料、加工、组装及成品堆放、装车出厂等全部工序。

5)定额未包括加工点至安装点的构件运输,应另按构件运输定额相应项目计算。

6)定额构件制作项目中,均已包括刷一遍防锈漆工料。

7)钢筋混凝土组合屋架钢拉杆,按屋架钢支撑计算。

8)定额编号 12-1~12-45 项,其他材料费均用下列材料组成:木脚手板 $0.03m^3$;木垫块 $0.01m^3$;钢丝 8 号 0.40kg;砂轮片 0.2g 片;铁砂布 0.07 张;机油 0.04kg;汽油 0.03kg;铅油 0.80kg;棉纱头 0.11kg。其他机械费由下列机械组成:坐式砂轮机 0.56 台班;手动砂轮机 0.56 台班;千斤顶 0.56 台班;手动葫芦 0.56 台班;手电钻 0.56 台班。各部门、地区编制价格表时以此计入。

2. 清单项目工程量计算规则

按《房屋建筑与装饰工程工程量计算规范》(GB 50854—2013)规定,钢网架工程量清单项目设置及工程量计算规范见表 7-1。

第七章 钢结构工程工程量计算

表 7-1　　　　　　　　　　钢网架

项目编码	项目名称	项目特征	计量单位	工程量计算规则	工作内容
010601001	钢网架	1. 钢材品种、规格 2. 网架节点形式、连接方式 3. 网架跨度、安装高度 4. 探伤要求 5. 防火要求	t	按设计图示尺寸以质量计算。不扣除孔眼的质量，焊条、铆钉等不另增加质量	1. 拼装 2. 安装 3. 探伤 4. 补刷油漆

第二节　钢屋架、钢托架、钢桁架、钢架桥工程量计算

一、钢屋架

(一)钢屋架构造

1. 钢屋架的分类

钢屋架可分为普通钢屋架和轻型钢屋架。

(1)普通钢屋架一般由角钢组成的 T 形截面(也可采用热轧 T 型钢)杆件和节点板焊接而成。这种屋架受力性能好，构造简单，施工方便，过去应用比较广泛，目前主要用于重型工业厂房和跨度较大的民用建筑的屋盖结构中。普通钢屋架所用的等边角钢不小于∟45×4，不等边角钢不小于∟56×36×4。

(2)轻型钢屋架指由小角钢(小于∟45×4 或∟56×36×4)、圆钢组成的屋架以及冷弯薄壁型钢屋架。当跨度及屋面荷载均较小时，采用轻型钢屋架可获得显著的经济效果，但不宜用于高温、高湿及强烈侵蚀性环境或直接承受动力荷载的结构。

2. 钢屋架的形式

钢屋架的外形常用的有三角形、梯形和平行弦等几种。

(1)三角形屋架。三角形屋架如图 7-1 所示，应用在容易产生积灰的地方。如冶炼厂、水泥厂和动力厂房等，为防止灰尘积聚，采用坡度较陡的三角形钢屋架，可减轻由于积灰增加的质量及预防压塌的危险。

(2)梯形屋架(图 7-2)通常用于屋面坡度较为平缓的大型屋面板或压

型钢板的屋面,跨度一般为15～36m,柱距为6～12m,跨中高度为(1/8～1/10)l。与柱刚接的梯形屋架,端部高度一般为(1/16～1/12)l,通常取2.0～2.5m;与柱铰接的梯形屋架,端部高度通常取1.5～2.0m,此时,跨中高度可根据端部高度和上弦坡度确定。在多跨房屋中,各跨屋架的端部高度应尽可能相同。

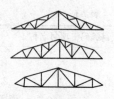

图7-1 三角形屋架示意图

当采用大型屋面板时,为使荷载作用在节点上,上弦杆的节间长度宜等于板的宽度,即1.5m或3.0m。当采用压型钢板屋面时,也应使檩条尽量布置在节点上,以免上弦杆受弯。对于跨度较大的梯形屋架,为保证荷载作用于节点,并保持腹杆有适宜的角度和便于节点构造处理,可沿屋架全长或只在屋架跨中部分布置再分式腹杆,如图7-2(c)、(d)所示。

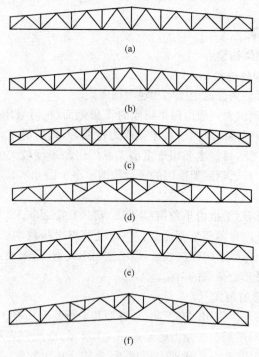

图7-2 梯形屋架

(a)下弦支撑屋架;(b)上弦支撑屋架;
(c)、(d)跨中再分式腹杆屋架;(e)、(f)跨度较大屋架

(3)平行弦屋架的特点是杆件规格化,节点构造统一,因而便于制造,但弦杆内力分布不均匀。这种屋架一般用于托架、吊车制动桁架、栈桥和支撑体系。

3. 钢屋架杆件的截面形式

钢屋架杆件按截面可分为单壁式屋架杆件(图 7-3、图 7-4)和双壁式屋架(图 7-5)杆件两种。

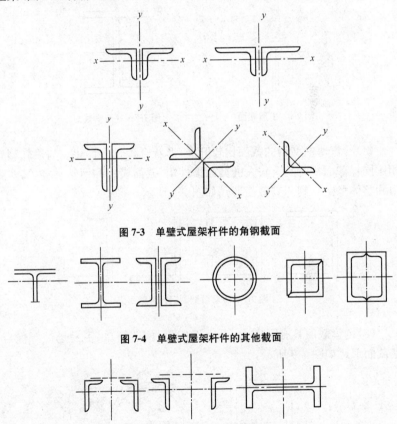

图 7-3　单壁式屋架杆件的角钢截面

图 7-4　单壁式屋架杆件的其他截面

图 7-5　双壁式屋架杆件的截面

4. 截面选用原则

(1)选择屋架杆件截面形式时,应考虑构造简单、施工方便且取材容易、易于连接、可能增大屋架的侧向刚度。

应优先选用具有较大刚度的薄板件或薄肢件组成的截面,但受压杆件的板件或肢件应满足局部稳定的要求。

(2)T型钢不仅节省节点板,节约钢材,还能避免在双角钢肢背相连处出现腐蚀现象,且受力合理,宜优先选用,如图7-6所示。

(3)大跨度屋架中的主要构件多选用热轧H形钢或高频焊接轻型H形钢,用作上弦杆时,能承受较大内力,如图7-7所示。

图7-6　T形截面　　　　图7-7　H型钢截面

(4)冷弯薄壁型钢的截面比较开展,形状合理且多样化。与热轧型钢相比同样截面积时具有较大的截面惯性矩、截面模量和回转半径等,对受力和整体稳定有利。其截面形式如图7-8所示。

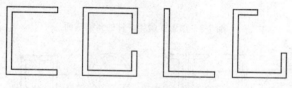

图7-8　冷弯薄壁型钢杆件截面

(5)钢管截面具有刚度大、受力性能好、构造简单、不易锈蚀等优点,其截面形式如图7-9所示。

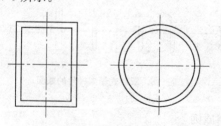

图7-9　钢管截面

第七章 钢结构工程工程量计算

5. 屋架的拼装

(1)首先检查拼装节点处的角钢或钢管变形,如有变形用机械矫正或火焰矫正,达到标准再拼装。

(2)将两半榀屋架放在拼装平台上,每榀至少有 4 个点或 6 个点进行找平,拉通线尺寸无误后,进行点焊,按焊接顺序焊好。

(3)焊接时一面检查合格后再翻身焊另一面。对侧向刚性较小的屋架,焊完一面要进行加固,构件翻身后继续找平,复核尺寸焊接。此外,还应做好拼焊施工记录,全部验收后方准吊装。

(4)屋架拼装时,应采用同一底样或模具,并采用挡铁定位后进行拼装。

(5)屋架制作时,应按设计规定的跨度比例(1/500)起拱。

(6)起拱的弧度加工后不应存在应力,并使弧度曲线圆滑均匀;如果存在应力或变形时,应认真矫正消除。矫正后的屋架拱度应用样板或尺量检查,其结果要符合施工图规定的起拱高度和弧度。

(7)屋架拼装时,应严格控制各道施工工序。放拼装底样画线时,应认真检查各个零件结构的位置,并做好自检、专检,以消除误差。

(8)拼装用挡铁定位时,应按基准线放置。拼装平台应具有足够支承力和水平度,以防承重后失稳下沉导致平面不平,使构件发生弯曲,造成垂直度超差。

(9)拼装屋架两端支座板时,应使支座板的下平面与钢屋架的下弦纵横线严格垂直。

(10)拼装后,应吊出底样(模),并认真检查上下弦及其他构件的焊点是否与底模、挡铁误焊或夹紧,经检查排除故障或离模后再进行吊装,否则易使钢屋架在吊装出模时产生侧向弯曲,甚至损坏屋架或发生事故。

6. 屋架拼装节点

(1)图 7-10 为屋架上弦中间节点的连接构造图示。

(2)图 7-11 为屋架下弦杆在节点处的拼接示例。

7. 钢屋架的安装

(1)屋架吊装前,应对柱子横向进行复测和复校。同时,还应验算屋架的平面刚度,如刚度不足,则应采取增加吊点位置或采用加铁扁担的施工方法。

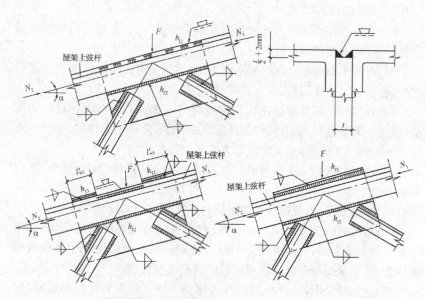

图 7-10 屋架上弦中间节点的连接构造示意图

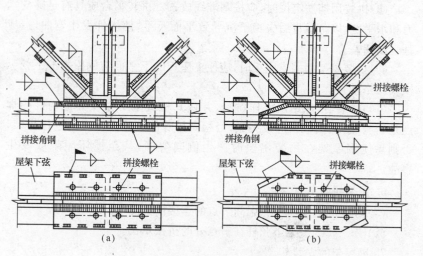

图 7-11 屋架下弦杆在节点处的拼接示意图
(a) 角钢边宽＜125mm 的拼接;(b) 角钢边宽≥125mm 的拼接

第七章 钢结构工程工程量计算

(2)选择屋架吊点时,除必须保证屋架的平面刚度外,还需注意以下两点:

1)屋架的重心应位于内吊点的连线之下,否则应采取防止屋架倾倒的措施。

2)对外吊点的选择应使屋架下弦处于受拉状态。

(3)屋架起吊时离地 50cm 时检查无误后再继续起吊。

(4)安装第 1 榀屋架时,在松开吊钩前,做初步校正,对准屋架基座中心线与定位轴线就位,调整屋架垂直度并检查屋架侧向弯曲。

(5)第 2 榀屋架同样吊装就位后,不要松钩,用绳索临时与第 1 榀屋架固定,如图 7-12 所示,接着安装支撑系统及部分檩条,最后校正固定。

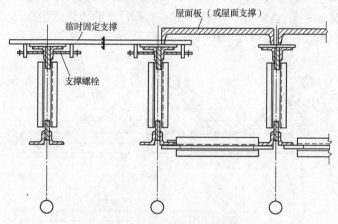

图 7-12 屋架垂直度的校正

(6)从第 3 榀开始,在屋架脊点及上弦中点装上檩条,即可将屋架固定。

(7)屋架经对位、临时固定后,主要校正屋架垂直度偏差。屋架上弦(在跨中)对通过两支座中心垂直面的偏差不得大于 $h/250$(h 为屋架高度)。检查时可用垂球或经纬仪。校正无误后,立即用电焊焊牢作为最后固定。应对角施焊,以防焊缝收缩导致屋架倾斜。

8. 钢桁架的安装

(1)钢桁架的侧向稳定性较差,当吊装机械的起重量和起重臂长度允许时,最好扩大拼装后进行组合吊装,即在地面上将两榀桁架及其上的天窗架、檩条、支撑等拼装成整体,一次进行吊装。

(2)桁架临时固定如需用临时螺栓和冲钉,则每个节点处应穿入的数量必须由计算确定,并应符合下列规定:

1)不得少于安装孔总数的 1/3。

2)至少应穿两个临时螺栓。

3)冲钉穿入数量不宜多于临时螺栓的 30%。

4)扩钻后螺栓(A 级、B 级)的孔不得使用冲钉。

9. 方管屋架的节点构造

方管屋架的直接连接节点构造一般可在图 7-13 所示的四种类型中选用,其中间隙型节点[图 7-13(a)、(b)]加工简单,只需单一坡口,受力明确,应优先采用;搭接型节点[图 7-13(c)、(d)]虽静力强度稍高,但加工装配较复杂,仅在必要情况下采用。

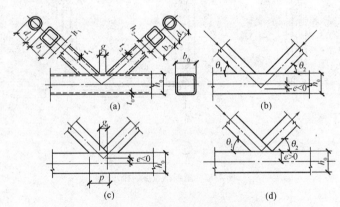

图 7-13 方管屋架的节点类型

(a)间隙型节点;(b)正偏心间隙型节点;

(c)部分搭接负偏心节点;(d)全搭接负偏心节点

(节点设计允许偏心,$-0.55h_0 \leqslant e \leqslant 0.25h_0$)

10. 圆管屋架的节点构造

圆管屋架应优先选用节点最少的三角形腹系桁架,必要时可增设辅助竖杆,屋架上弦坡度可视屋面板类型构造在 1/20~1/10 间选用。有条件时屋架应尽量选用平行弦构造。圆管屋架的直接连接节点如图 7-14 所示。

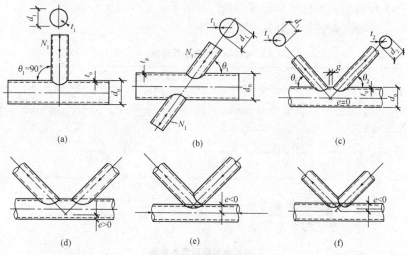

图 7-14 圆管节点构造
(a)T形节点；(b)X形节点；(c)K形间隙节点；(d)K形正偏心节点；
(e)K形全搭接负偏心节点；(f)K形部分搭接负偏心节点

(二)钢屋架的跨度要求及参考质量

1. 钢屋架下弦支撑每平方米屋盖水平投影面积参考质量

每平方米屋盖水平投影面积钢屋架下弦支撑的参考质量见表7-2。

表 7-2 钢屋架下弦支撑每平方米屋盖水平投影面积质量参考表

建筑物高度 /m	屋架间距/m	屋面风荷载/(kg/m²)		
		30	50	80
		每平方米屋盖下弦支撑质量/kg		
12	4.5	2.50	2.90	3.65
	6.0	3.60	4.00	4.60
	7.5	5.60	5.85	6.25
18	4.5	2.80	3.40	4.12
	6.0	3.90	4.40	5.20
	7.5	5.70	6.15	6.80
24	4.5	3.00	3.80	4.66
	6.0	4.18	4.80	5.87
	7.5	5.90	6.48	6.20

2. 每榀轻型钢屋架参考质量

每榀轻型钢屋架的参考质量见表 7-3。

表 7-3　　　　　　　　　每榀轻型钢屋架质量表

类别		屋架跨度/m			
		8	9	12	15
		每榀质量/t			
梭形	下弦 16Mn	0.135~0.187	0.17~0.22	0.286~0.42	0.49~0.581
	下弦 A_3	0.151~0.702	0.17~0.25	0.306~0.45	0.519~0.625

3. 每榀钢屋架参考质量

每榀钢屋架的参考质量见表 7-4。

表 7-4　　　　　　　　　每榀钢屋架质量参考表

类别	荷重/(N/m²)	屋架跨度/m										
		6	7	8	9	12	15	18	21	24	27	30	36
		角钢组成每榀质量/(t/榀)											
多边形	1000					0.418	0.648	0.918	1.260	1.656	2.122	2.682	
	2000					0.518	0.810	1.166	1.460	1.776	2.090	2.768	3.603
	3000					0.677	1.035	1.459	1.662	2.203	2.615	3.830	5.000
	4000					0.872	1.260	1.459	1.903	2.614	3.472	3.949	5.955
三角形	1000				0.217	0.367	0.522	0.619	0.920	1.195			
	2000				0.297	0.461	0.720	1.037	1.386	1.800			
	3000				0.324	0.598	0.936	1.307	1.840	2.390			
		轻型角钢组成每榀质量/(t/榀)											
	96	0.046	0.063	0.076									
	170				0.169	0.254	0.41						

4. 钢屋架每平方米屋盖水平投影面积参考质量

钢屋架每平方米屋盖水平投影面积的参考质量见表 7-5。

表 7-5　　钢屋架每平方米屋盖水平投影面积质量参考表

屋架间距 /m	跨度 /m	屋面荷重/(N/m²)					附　　注
		1000	2000	3000	4000	5000	
		每平方米屋盖钢架质量/kg					
多角形	9	6.0	6.92	7.50	9.53	11.32	1. 本表屋架间距按 6m 计算，如间距为 a 时，则屋面荷重乘以系数 $\frac{a}{b}$，由此得知屋面新荷重，再从表中查出质量。 2. 本表质量中包括屋架支座垫板及上弦连接檩条之角钢。 3. 本表是铆接。如采用电焊时，三角形屋架乘系数 0.85，多角形系数乘 0.87
	12	6.41	8.00	10.33	12.67	15.13	
	15	7.20	10.00	13.00	16.30	19.20	
	18	8.00	12.00	15.13	19.20	22.90	
	21	9.10	13.80	18.20	22.30	26.70	
	24	10.33	15.67	20.80	25.80	30.50	
三角形	12	6.8	8.3	11.0	13.7	15.8	
	15	8.5	10.6	13.5	16.5	19.8	
	18	10	12.7	16.1	19.7	23.5	
	21	11.9	15.1	19.5	23.5	27	
	24	13.5	17.6	22.6	27	31	
	27	15.4	20.5	26.1	30	34	
	30	17.5	23.4	29.5	33	37	

5. 钢屋架上弦支撑每平方米屋盖水平投影面积参考质量

每平方米屋盖水平投影面积钢屋架上弦支撑的参考质量见表 7-6。

表 7-6　　钢屋架上弦支撑每平方米屋盖水平投影面积质量参考表

屋架间距 /m	屋架跨度/m					
	12	15	18	21	24	30
	每平方米屋盖上弦支撑质量/kg					
4.5	7.26	6.21	5.64	5.50	5.32	5.33
6.0	8.90	8.15	7.42	7.24	7.10	7.00
7.5	10.85	8.93	7.78	7.77	7.75	7.70

注：表中屋架上弦支撑质量已包括屋架间的垂直支撑钢材用量。

(三) 钢屋架工程量计算规则

按《房屋建筑与装饰工程工程量计算规范》(GB 50854—2013)规定，钢屋架工程量清单项目设置及工程量计算规则见表 7-7。

表7-7 钢屋架

项目编码	项目名称	项目特征	计量单位	工程量计算规则	工作内容
010602001	钢屋架	1. 钢材品种、规格 2. 单榀质量 3. 屋架跨度、安装高度 4. 螺栓种类 5. 探伤要求 6. 防火要求	1. 榀 2. t	1. 以榀计量,按设计图示数量计算 2. 以吨计量,按设计图示尺寸以质量计算。不扣除孔眼的质量,焊条、铆钉、螺栓等不另增加质量	1. 拼装 2. 安装 3. 探伤 4. 补刷油漆

以榀计量,按标准图设计的应注明标准图代号,按非标准图设计的项目特征必须描述单榀屋架的质量。

二、钢托架、钢桁架、钢架桥

(一)钢托架、钢桁架构造

1. 托架结构的类型和特点

(1)当柱距大于屋架间距时,沿纵向柱列布置并支撑中间屋架的受弯构件,当为桁架式时称为托架,当为实腹式时称为托梁。一般情况采用托架,只有高度受到限制或有其他特殊要求时才采用托梁。托架和托梁的跨度≥12m,与柱的连接均做成铰接。

(2)根据截面形式,托架可分为单壁式和双壁式(图7-15)。通常多采用单壁式托架,当需要抵抗扭转以及跨度和荷载均较大时,可采用双壁式。托架跨度一般为12~36m,与柱连接一般为上弦端节点铰接支撑的连接(上承式连接)。

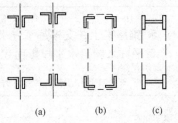

图7-15 托架截面形式
(a)单壁式托架;(b)、(c)双壁式托架

(3)托架一般设计为平行弦桁架[图7-16(a)],腹杆常采用带竖杆的人字式。其支座斜杆多用下降式,以保证托架支撑于柱的稳定性。

当托架跨度荷载较大(跨度大于24m)时,为了减小用钢量及增加纵向柱列刚度,也可设置八字撑作为托架的附加支点[图7-16(b)]。此时托架应按超静定结构计算,并应使吊车梁制动结构及连接能承受八字撑传来的附加水平拉力,同时还应控制地基差异沉降在允许的范围之内。

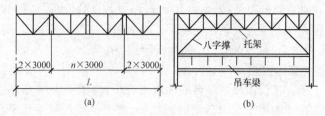

图 7-16 托架的形式
(a)腹杆带竖杆人字式平行弦桁架;(b)设置八字撑托架

有时为了连接屋架的方便,托架与中间屋架相连处的竖腹杆,也可采用中间分离的组合腹杆[图 7-17(a)];或为了托架端部连接构造统一,腹杆也可采用劲性短柱构造与屋架连接。

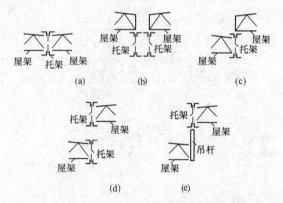

图 7-17 中间柱列处屋架与托架的连接形式
(a)中间分离的组合腹杆;(b)屋架与托架连接应平接;
(c)横向天窗屋盖及三角形屋架式钢筋混凝土屋架与托架连接应用叠接;
(d)、(e)当两侧屋架标高不等时

(4)托架高度应根据所支撑的屋架端部高度、刚度要求、允许净空及构造要求等确定,一般为其跨度的 $1/10 \sim 1/5$,跨度大时取较小值,跨度小时取较大值。

屋架与托架的连接应尽量采用平接[图 7-17(b)]。平接可使托架在使用中不至于过分扭转,且使屋盖整体刚度较好。但横向天窗屋盖以及三角形屋架或钢筋混凝土屋架等与托架(梁)连接应采用叠接[图 7-17(c)]。

在中间柱列处,当两侧屋架标高相同时,如平接,宜共用一榀托架[图7-17(b)];如必须采用叠接,最好用两榀托架各自独立,以免相邻屋架反力不同,使托架产生过大的扭转变形。当两侧屋架标高不等时,可根据具体情况采用图7-17(c)、(d)、(e)的连接形式。

2. 钢托架的安装

(1)平装。搭设简易钢平台或枕木支墩平台,如图7-18所示,进行找平放线,在托架四周设定位角钢或钢挡板,将两半榀托架吊到平台上,拼缝处装上安装螺栓,检查并找正托架的跨距和起拱值,安上拼接处连接角钢,用卡具将托架和定位钢板卡紧,拧紧螺栓并对拼装连接焊缝。施焊要求对称进行,焊完一面,检查并纠正变形,用木杆两道加固,而后将托架吊起翻身,再同法焊另一面焊缝。符合设计和规范要求,方可加固、扶直和起吊就位。

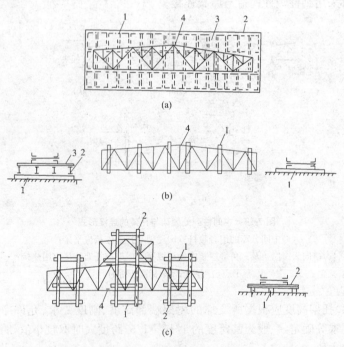

图 7-18 天窗架平拼装示意图
(a)简易钢平台拼装;(b)枕平台拼装;(c)钢木混合平台拼装
1—枕木;2—工字钢;3—钢板;4—拼接点

(2)立拼。拼装采用人字架稳住托架进行合缝,校正调整好跨距、垂直度、侧向弯曲和拱度后,安装节点拼接角钢,并用卡具和钢楔使其与上下弦角钢卡紧,复查后,用电焊进行定位焊,并按先后顺序进行对称焊接,至达到要求为止。当托架平行并紧靠柱列排放时,可以3~4榀为一组进行立拼装,用方木将托架与柱子连接稳定。

焊接梁的工地对接缝拼接处,上、下翼缘的拼接边缘均宜做成向上的V形坡口,以便俯焊。为了使焊缝收缩比较自由,减小焊接残余应力,应留一段(长度500mm左右)翼缘焊缝在工地焊接,并采用合适的施焊程序。

对于较重要的或受动力荷载作用的大型组合梁,考虑到现场施焊条件较差,焊缝质量难以保证,其工地拼接宜用高强度螺栓摩擦型连接。

3. 钢托架的连接构造

(1)屋架与托架的连接,如图7-19~图7-21所示。

(2)屋架与托梁的连接如图7-22~图7-24所示。

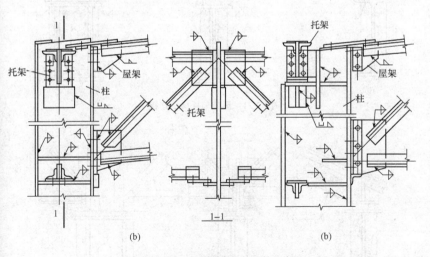

图7-19 托架、屋架和钢柱的连接示意图
(a)托架与屋架连接;
(b)托架的主要支撑点在柱顶,安装方便,
可在柱的宽度较大时采用

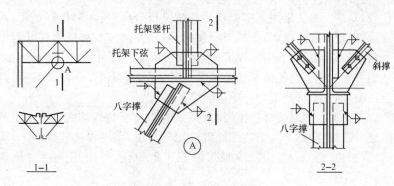

图 7-20 有八字撑的托架节点

撑杆与托架的连接处,四根杆均受压,当屋架端部高度比托架
高度小很多时,应在托架下弦节点设侧向支撑

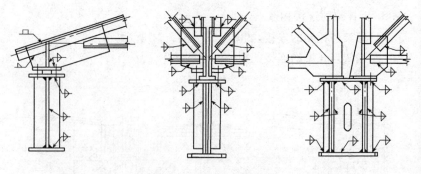

图 7-21 屋架与托架的连接

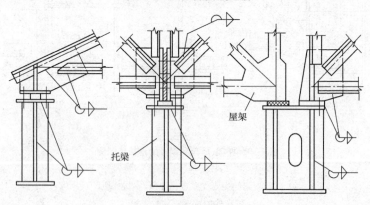

图 7-22 屋架与托梁的连接

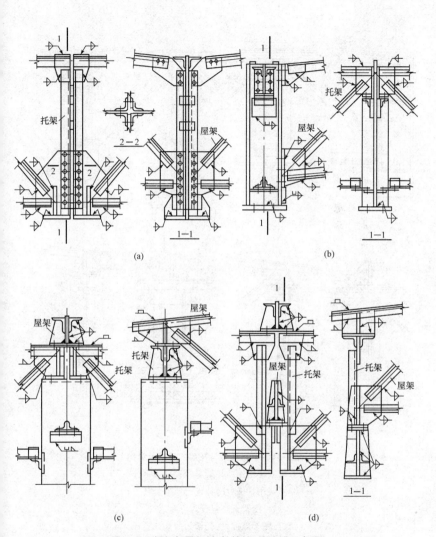

图 7-23 托架与屋架(与柱铰接)的连接示意图

(a)托架支撑于柱顶,屋架用高强度螺栓连接于托架竖杆上;

(b)托架与柱顶连接,屋顶端部为铰接;

(c)托架和屋架的支座斜杆均为下降式,安装方便;

(d)屋架连接处,托架的竖杆为分离式

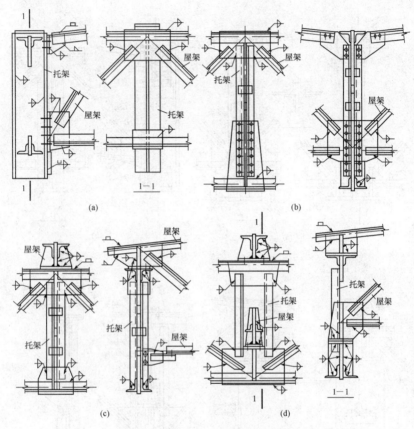

图 7-24 中间屋架与托架的连接示意图
(a)与屋架相连的托架竖杆采用短钢柱;
(b)屋架用高强度螺栓连于托架竖杆上;
(c)屋架支座斜杆为下降式;
(d)与屋架连接处,托架为分离式竖杆

(3)天窗架与屋架的连接。

1)三支点式天窗架与屋架的连接。三支点式天窗架当与屋架分别吊装时,宜用端底板与屋架上弦连接(图7-25)。

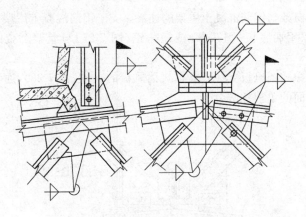

图7-25 三支点式天窗架与屋架的连接

2)三铰拱式天窗架的节点。三铰拱式天窗架的连接节点构造,如图7-26所示。图7-26(b)是以两块竖直端板用螺栓连接的脊节点,也可采用与屋架脊节点相同的构造[图7-26(a)]。采用图7-26(b)的连接方法时可使天窗分为两个小桁架,运输较为方便。

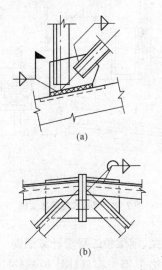

图7-26 三铰拱式天窗架的节点
(a)与屋架脊节点相同;
(b)两块竖直端板螺栓连接脊节点

3)天窗架与钢筋混凝土屋架的连接。支于钢筋混凝土屋架上的天窗架,通常采用端底板(图 7-26)或短角钢(图 7-27)与屋架上弦的预埋件焊接。

4)支撑式挡风板立柱。支撑式挡风板的立柱(图 7-28),通常支撑于设置在屋面的单独柱墩上。

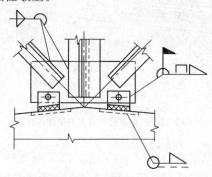

图 7-27 天窗架与钢筋混凝土屋架的连接

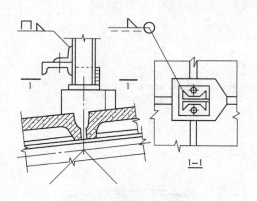

图 7-28 支撑式挡风板立柱

(二)钢托架、钢桁架、钢架桥工程量计算规则

按《房屋建筑与装饰工程工程量计算规范》(GB 50854—2013)规定,钢托架、钢桁架、钢架桥工程量清单项目设置及工程量计算规则见表 7-8。

表 7-8　　　　　　　　　　钢托架、钢桁架、钢架桥

项目编码	项目名称	项目特征	计量单位	工程量计算规则	工作内容
010602002	钢托架	1. 钢材品种、规格 2. 单榀质量 3. 安装高度 4. 螺栓种类 5. 探伤要求 6. 防火要求	t	按设计图示尺寸以质量计算。不扣除孔眼的质量,焊条、铆钉、螺栓等不另增加质量	1. 拼装 2. 安装 3. 探伤 4. 补刷油漆
010602003	钢桁架				
010602004	钢架桥	1. 桥类型 2. 钢材品种、规格 3. 单榀质量 4. 安装高度 5. 螺栓种类 6. 探伤要求			

第三节　钢柱工程量计算

一、钢柱构造

钢结构中的工作平台柱、单层厂房的刚架柱、高层建筑的框架柱,都是用来支撑上部结构的受压构件。由于所受荷载的不同,柱可能受轴心压力或偏心压力,也可能还承受弯矩,故它们具有轴心受压构件或压弯构件的性质。

(1)钢柱的截面形式。轴心受力构件和拉弯、压弯构件的截面形式很多,一般可分为型钢截面和组合截面两种。型钢截面有圆钢、圆管、方管、角钢、槽钢、工字钢、宽翼缘 H 型钢、T 型钢等,组合截面是由型钢或钢板连接而成,按其形式还可分为实腹式组合截面和格构式组合截面两种,见表 7-9。

表 7-9　　　　　　　　　　　　钢柱截面形式

序号	名称	截面形式
1	型钢截面	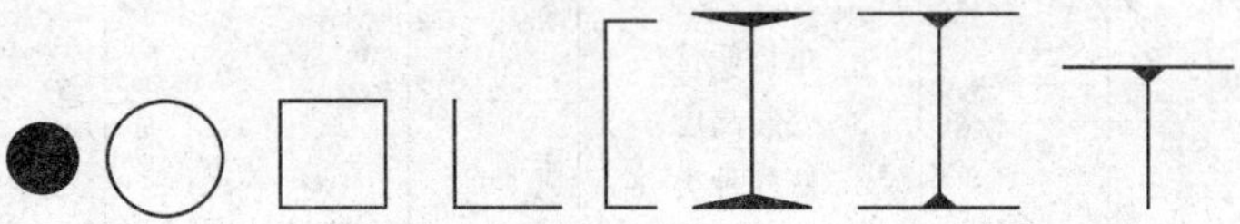
2	实腹式组合截面	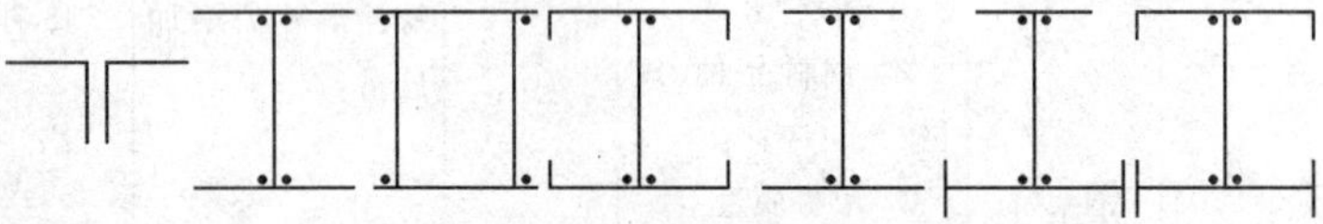
3	格构式组合截面	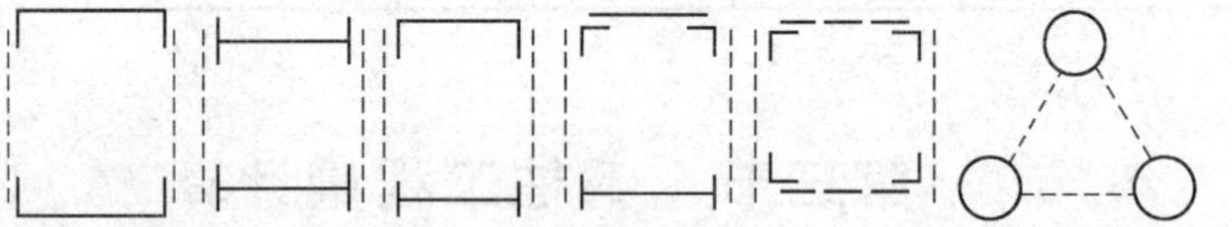

(2)柱头连接构造。

1)柱顶支承梁的连接方式。梁的荷载通过顶板传给柱。顶板一般厚度为 16~20mm,与柱焊接并与梁用普通螺栓相连。这种构造形式简单、受力明确,但当两侧梁的反力不等时,易引起柱的偏心受力,连接方式如图 7-29 所示。

2)柱侧承梁的构造。柱头构造的另一种形式是梁直接搁置于柱侧的承托上,用普通螺栓连接。梁与柱侧面之间留有间隙,用角钢和构造螺栓相连,这种连接方式最简便,适用于梁所传递的反力较小的情况,如图 7-30 所示。

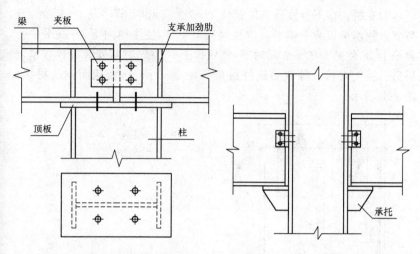

图 7-29 梁支承于柱顶的铰接连接　　图 7-30 梁支承于柱侧的铰接连接

(3)柱脚连接构造。钢柱与基础的连接结构称为柱脚。柱脚构造可以分为刚接和铰接两种不同的形式。工程中常用铰接方式。即柱脚底板与基础用锚栓固定,为了更方便地安装,也可采用 4 个锚栓来固定柱身。柱吊装就位后,用垫板套住锚栓并与底板焊牢,如图 7-31 所示。

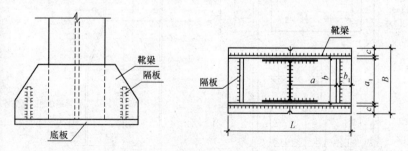

图 7-31 铰接柱脚

(4)钢柱拼装。钢柱拼装施工步骤如下:

1)平装。先在柱的适当位置用枕木搭设 3～4 个支点,各支承点高度应拉通线,使柱轴线中心线成一水平线,先吊下节柱找平,再吊上节柱,使两端头对准,然后找中心线,并把安装螺栓或夹具上紧,最后进行接头焊接,采取对称施焊,焊完一面再翻身焊另一面。

2)立拼。在下节柱适当位置设 2～3 个支点，上节柱设 1～2 个支点，各支点用水平仪测平垫平。拼装时先吊下节，使牛腿向下，并找平中心，再吊上节，使两节的节头端对准，然后找正中心线，并将安装螺栓拧紧，最后进行接头焊接。等截面钢柱拼接如图 7-32 所示，变截面钢柱拼接如图 7-33 所示。

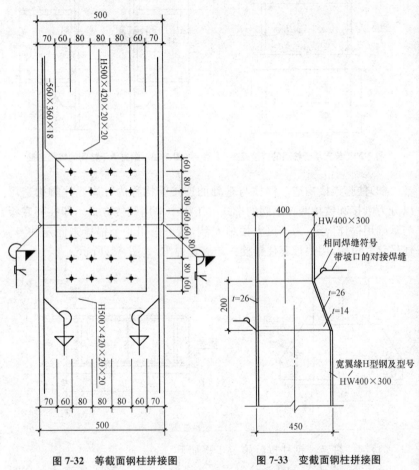

图 7-32　等截面钢柱拼接图　　　图 7-33　变截面钢柱拼接图

(5)钢柱安装。

1)钢柱绑扎。如柱宽面起吊后，其抗弯强度满足要求时，可采用斜吊扎法；如柱宽面起吊后抗弯能力不足，可将柱由平放转为侧立，绑扎起吊时，可采用直吊绑扎法。对于重型或配筋少的细长柱,则需两点甚至三点绑扎。

2)钢柱起吊与固定。

①钢柱安装方法有旋转吊装法和滑行吊装法两种。单层轻钢结构钢柱宜采用旋转法吊升。

a. 采用旋转法吊装柱时,柱脚宜靠近基础,柱的绑扎点、柱脚中心与基础中心三者宜位于起重机的同一起重半径的圆弧上。起吊时,起重臂边升钩、边回转,柱顶随起重钩的运动,也边升起、边回转把柱吊起插入基础,如图7-34所示。

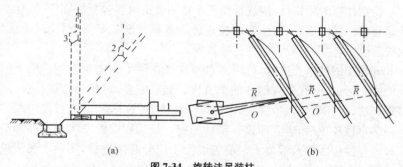

图7-34 旋转法吊装柱
(a)旋转过程;(b)平面布置

b. 采用滑行法吊装柱时,起重臂不动,仅起重钩上升,柱顶也随之上升,而柱脚则沿地面滑向基础,直至将柱提离地面,把柱子插入杯口,如图7-35所示。

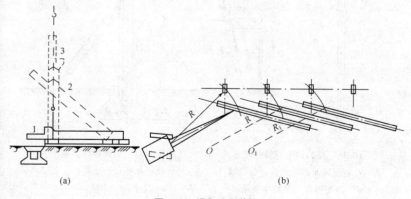

图7-35 滑行法吊装柱
(a)滑行过程;(b)平面布置

②吊升时,宜在柱脚底部拴好拉绳并垫以垫木,防止钢柱起吊时,柱脚拖地和碰坏地脚螺栓。

③钢柱对位时,一定要使柱子中心线对准基础顶面安装中心线,并使地脚螺栓对孔,注意钢柱垂直度,在基本达到要求后,方可落下就位。通常钢柱吊离杯底 30~50mm。

④对位完成后,可用八只木楔或钢楔打紧帮(图 7-36)或拧上四角地脚螺栓作临时固定。钢柱垂直度偏差宜控制在 20mm 以内。重型柱或细长柱除采用楔块临时固定外,必要时应增设缆风绳拉锚。

⑤钢柱临时固定后,应进行校正。柱的校正内容包括平面定位、标高及垂直度。柱标高、平面位置的校正已在基础杯底找平、柱对位时完成。钢柱就位后,主要是校正钢柱的垂直度。

⑥校正钢柱垂直度时,可用两台经纬仪在两个方向对准钢柱两个面上的中心标记,同时检查钢柱的垂直度。如有偏差,可用敲打楔块法、敲打钢钎法、丝杆千斤顶平顶法、钢管撑杆斜顶法(图 7-37)等进行校正。

⑦钢柱校正后,应立即进行最后固定。最后固定的方法是在柱脚与杯口的空隙中灌细石混凝土。灌筑混凝土应分两次进行,第一次灌至楔块底面,待混凝土强度达到 25% 后,拔出楔子,将杯口全部灌满。

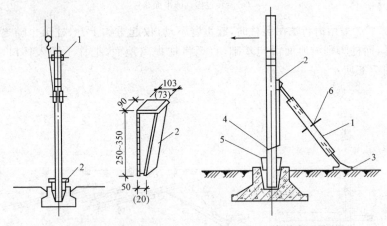

图 7-36 柱的对位与临时固定
1—安装缆风绳或挂操作台的夹箍;
2—钢楔括号内的数字表示另一种规格钢楔的尺寸

图 7-37 钢管撑杆斜顶法
1—丝杆撑杆;2—垫块;3—底座;
4—柱子;5—木楔;6—手柄

二、钢柱用料规格要求及理论质量

1. 钢材理论质量计算

钢材理论质量可参照表 7-10 计算。

表 7-10　　钢材理论质量的计算

项目	序号	型材	计算公式	公式中代号
钢材断面积计算公式	1	方钢	$F=a^2$	a—边宽
	2	圆角方钢	$F=a^2-0.8584r^2$	a—边宽；r—圆角半径
	3	钢板、扁钢、带钢	$F=a\times\delta$	a—边宽；δ—厚度
	4	圆角扁钢	$F=a\delta-0.8584r^2$	a—边宽；δ—厚度；r—圆角半径
	5	圆钢、圆盘条、钢丝	$F=0.7854d^2$	d—外径
	6	六角钢	$F=0.866a^2=2.598s^2$	a—对边距离；s—边宽
	7	八角钢	$F=0.8284a^2=4.8284s^2$	
	8	钢管	$F=3.1416\delta(D-\delta)$	D—外径；δ—壁厚
	9	等边角钢	$F=d(2b-d)+0.2146(r^2-2r_1^2)$	d—边厚；b—边宽；r—内面圆角半径；r_1—端边圆角半径
	10	不等边角钢	$F=d(B+b-d)+0.2146(r^2-2r_1^2)$	d—边厚；B—长边宽；b—短边宽；r—内圆弧半径；r_1—边端圆弧半径
	11	工字钢	$F=hd+2t(b-d)+0.58(r^2-r_1^2)$	h—高度；b—腿宽；d—腰厚；t—平均腿厚；r—内面圆角半径；r_1—端边圆角半径
	12	槽钢	$F=hd+2t(b-d)+0.349(r^2-r_1^2)$	
质量基本计算公式			$W=F\times L\times G\times 1/1000$ 式中，W 为质量(kg)；F 为断面积(mm²)；L 为长度(m)；G 为密度(g/cm³)。钢的密度一般按 7.85g/cm³ 计算。其他型材如钢材、铝材等，也可引用上式查找其不同的密度计算	

2. 热轧工字钢的截面尺寸及理论质量

热轧工字钢的截面尺寸和理论质量可参照表 7-11 中的数据查找选用。

表 7-11　　　　工字钢的截面尺寸、截面面积及理论质量

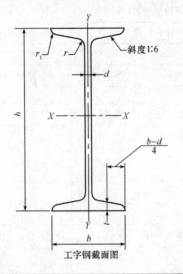

h——高度；
b——腿宽度；
d——腰厚度；
t——平均腿厚度；
r——内圆弧半径；
r_1——腿端圆弧半径

工字钢截面图

型号	截面尺寸 /mm						截面面积 /cm²	理论质量 /(kg/m)
	h	b	d	t	r	r_1		
10	100	68	4.5	7.6	6.5	3.3	14.345	11.261
12	120	74	5.0	8.4	7.0	3.5	17.818	13.987
12.6	126	74	5.0	8.4	7.0	3.5	18.118	14.223
14	140	80	5.5	9.1	7.5	3.8	21.516	16.890
16	160	88	6.0	9.9	8.0	4.0	26.131	20.513
18	180	94	6.5	10.7	8.5	4.3	30.756	24.143
20a	200	100	7.0	11.4	9.0	4.5	35.578	27.929
20b	200	102	9.0	11.4	9.0	4.5	35.578	31.069
22a	220	110	7.5	12.3	9.5	4.8	42.128	33.070
22b	220	112	9.5	12.3	9.5	4.8	46.528	36.524

续表

型号	截面尺寸 /mm						截面面积 /cm²	理论质量 /(kg/m)
	h	b	d	t	r	r_1		
24a	240	116	118	13.0	10.0	5.0	47.741	37.477
24b		8.0	10.0				52.541	41.245
25a	250	116	8.0				48.541	38.105
25b		118	10.0				53.541	42.030
27a	270	122	8.5	13.7	10.5	5.3	54.554	42.825
27b		124	10.5				59.954	47.064
28a	280	122	8.5				55.404	43.492
28b		124	10.5				61.004	47.888
30a	320	126	9.0	14.4	11.0	5.5	61.254	48.084
30b		128	11.0				67.254	52.794
30c		130	13.0				73.254	57.504
32a	320	130	9.5	15.0	11.5	5.8	67.156	52.717
32b		132	11.5				73.556	57.741
32c		134	13.5				79.956	62.765
36a	360	136	10.0	15.8	12.0	6.0	76.480	60.037
36b		138	12.0				83.680	65.689
36c		140	14.0				90.880	71.341
40a	400	142	10.5	16.5	12.5	6.3	86.112	67.598
40b		144	12.5				94.112	73.878
40c		146	14.5				102.112	80.158
45a	450	150	11.5	18.0	13.5	6.8	102.446	80.420
45b		152	13.5				111.446	87.485
45c		154	15.5				120.446	94.550
50a	500	158	12.0	20.0	14.0	7.0	119.304	93.654
50b		160	14.0				129.304	101.504
50c		162	16.0				139.304	109.354

续表

型号	截面尺寸/mm						截面面积/cm²	理论质量/(kg/m)
	h	b	d	t	r	r_1		
55a	550	166	12.5	21.0	14.5	7.3	134.185	105.335
55b		168	14.5				145.185	113.970
55c		170	16.5				156.185	122.605
56a	560	166	12.5				135.435	106.316
56b		168	14.5				146.635	115.108
56c		170	16.5				157.835	123.900
63a	630	176	13.0	22.0	15.0	7.5	154.658	121.407
63b		178	15.0				167.258	131.298
63c		180	17.0				179.858	141.189

注：表中 r、r_1 的数据用于孔型设计，不做交货条件。

3. 热轧工字钢通常长度

10～18号工字钢长度：5～19m

20～63号工字钢长度：6～19m

4. 热轧等边角钢截面尺寸、截面特性与理论质量

热轧等边角钢截面尺寸与理论质量可参照表7-12中的数据查找选用。

表7-12　　等边角钢截面尺寸、截面面积、理论质量及截面特性

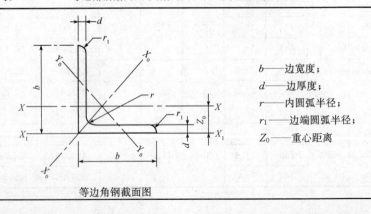

b——边宽度；
d——边厚度；
r——内圆弧半径；
r_1——边端圆弧半径；
Z_0——重心距离

等边角钢截面图

续表

型号	截面尺寸 /mm			截面面积 /cm²	理论质量 /(kg/m)	外表面积 /(m²/m)	重心距离 /cm
	b	d	r				Z_0
2	20	3	3.5	1.132	0.889	0.078	0.60
		4		1.459	1.145	0.077	0.64
2.5	25	3		1.432	1.124	0.098	0.73
		4		1.859	1.459	0.097	0.76
3.0	30	3		1.749	13.373	0.117	0.85
		4		2.276	1.786	0.117	0.89
3.6	36	3	4.5	2.109	1.656	0.141	1.00
		4		2.756	2.163	0.141	1.04
		5		3.382	2.654	0.141	1.07
4	40	3		2.359	1.852	0.157	1.09
		4		3.086	2.422	0.157	1.13
		5		3.791	2.976	0.156	1.17
4.5	45	3	5	2.659	2.088	0.177	1.22
		4		3.486	2.736	0.177	1.26
		5		4.292	3.369	0.176	1.30
		6		5.076	3.985	0.176	1.33
5	50	3	5.5	2.971	2.332	0.197	1.34
		4		3.897	3.059	0.197	1.38
		5		4.803	3.770	0.196	1.42
		6		5.688	4.465	0.196	1.46
5.6	56	3	6	3.343	2.624	0.221	1.48
		4		4.390	3.446	0.220	1.53
		5		5.415	4.251	0.220	1.57
		6		6.420	5.040	0.220	1.61
		7		7.404	5.812	0.219	1.64
		8		8.367	6.568	0.219	1.68

续表

型号	截面尺寸/mm			截面面积/cm²	理论质量/(kg/m)	外表面积/(m²/m)	重心距离/cm
	b	d	r				Z_0
6	60	5	6.5	5.829	4.576	0.236	1.67
		6		6.914	5.427	0.235	1.70
		7		7.977	6.262	0.235	1.74
		8		9.020	7.081	0.235	1.78
6.3	63	4	7	4.978	3.907	0.248	1.70
		5		6.143	4.822	0.248	1.74
		6		7.288	5.721	0.247	1.78
		7		8.412	6.603	0.247	1.82
		8		9.515	7.469	0.247	1.85
		10		11.657	9.151	0.246	1.93
7	70	4	8	5.570	4.372	0.275	1.86
		5		6.875	5.397	0.275	1.91
		6		8.160	6.406	0.275	1.95
		7		9.424	7.398	0.275	1.99
		8		10.667	8.373	0.274	2.03
7.5	75	5	9	7.412	5.818	0.295	2.04
		6		8.797	6.905	0.294	2.07
		7		10.160	7.976	0.294	2.11
		8		11.503	9.030	0.294	2.15
		9		12.825	10.068	0.294	2.18
		10		14.126	11.089	0.293	2.22
8	80	5	9	7.912	6.211	0.315	2.15
		6		9.397	7.376	0.314	2.19
		7		10.860	8.525	0.314	2.23
		8		12.303	9.658	0.314	2.27
		9		13.725	10.774	0.314	2.31
		10		15.126	11.874	0.313	2.35

续表

型号	截面尺寸 /mm			截面面积 /cm²	理论质量 /(kg/m)	外表面积 /(m²/m)	重心距离 /cm
	b	d	r				Z_0
9	90	6	10	10.637	8.350	0.354	2.44
		7		12.301	9.656	0.354	2.48
		8		13.944	10.946	0.353	2.52
		9		15.566	12.219	0.353	2.56
		10		17.167	13.476	0.353	2.59
		12		20.306	15.940	0.352	2.67
10	100	6	12	11.932	9.366	0.393	2.67
		7		13.796	10.830	0.393	2.71
		8		15.638	12.276	0.393	2.76
		9		17.462	13.708	0.392	2.80
		10		19.261	15.120	0.392	2.84
		12		22.800	17.898	0.391	2.91
		14		26.256	20.611	0.391	2.99
		16		29.627	23.257	0.390	3.06
11	110	7	12	15.196	11.928	0.433	2.96
		8		17.238	13.535	0.433	3.01
		10		21.261	16.690	0.432	3.09
		12		25.200	19.782	0.431	3.16
		14		29.056	22.809	0.431	3.24
12.5	125	8	14	19.750	15.504	0.492	3.37
		10		24.373	19.133	0.491	3.45
		12		28.912	22.696	0.491	3.53
		14		33.367	26.193	0.490	3.61
		16		37.739	29.625	0.489	3.68
14	140	10	14	27.373	21.488	0.551	3.82
		12		32.512	25.522	0.551	3.90
		14		37.567	29.490	0.550	3.98
		16		42.539	33.393	0.549	4.06

续表

型号	截面尺寸/mm			截面面积/cm²	理论质量/(kg/m)	外表面积/(m²/m)	重心距离/cm
	b	d	r				Z_0
15	150	8	14	23.750	18.644	0.592	3.99
		10		29.373	23.058	0.591	4.08
		12		34.912	27.406	0.591	4.15
		14		40.367	31.688	0.590	4.23
		15		43.063	33.804	0.590	4.27
		16		45.739	35.905	0.589	4.31
16	160	10	16	31.502	24.729	0.630	4.31
		12		37.441	29.391	0.630	4.39
		14		43.296	33.987	0.629	4.47
		16		49.067	38.518	0.629	4.55
18	180	12	16	42.241	33.159	0.710	4.89
		14		48.896	38.383	0.709	4.97
		16		55.467	43.542	0.709	5.05
		18		61.055	48.634	0.708	5.13
20	200	14	18	54.642	42.894	0.788	5.46
		16		62.013	48.680	0.788	5.54
		18		69.301	54.401	0.787	5.62
		20		76.505	60.056	0.787	5.69
		24		90.661	71.168	0.785	5.87
22	220	16	21	68.664	53.901	0.866	6.03
		18		76.752	60.250	0.866	6.11
		20		84.756	66.533	0.865	6.18
		22		92.676	72.751	0.865	6.26
		24		100.512	78.902	0.864	6.33
		26		108.264	84.987	0.864	6.41

续表

型号	截面尺寸/mm			截面面积/cm²	理论质量/(kg/m)	外表面积/(m²/m)	重心距离/cm
	b	d	r				Z_0
25	250	18	24	87.842	68.956	0.985	6.84
		20		97.045	76.180	0.984	6.92
		24		115.201	90.433	0.983	7.07
		26		124.154	97.461	0.982	7.15
		28		133.022	104.422	0.982	7.22
		30		141.807	111.318	0.981	7.30
		32		150.508	118.149	0.981	7.37
		35		163.402	128.271	0.980	7.48

注：截面图中的 $r_1=d/3$ 及表中 r 的数据用于孔型设计，不做交货条件。

5. 热轧等边角钢通常长度

热轧等边角钢通常长度见表 7-13。

表 7-13　　　　　　热轧等边角钢长度

型号	2~9	10~14	16~20
长度/m	4~12	4~19	6~19

6. 热轧不等边角钢截面尺寸、截面特性与理论质量

热轧不等边角钢截面尺寸与理论质量可参照表 7-14 选用。

表 7-14　不等边角钢截面尺寸、截面面积、理论质量及截面特性

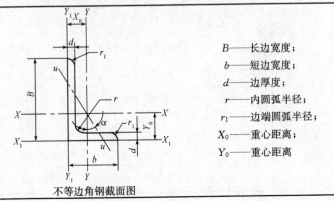

B——长边宽度；
b——短边宽度；
d——边厚度；
r——内圆弧半径；
r_1——边端圆弧半径；
X_0——重心距离；
Y_0——重心距离

不等边角钢截面图

续表

型号	截面尺寸/mm				截面面积/cm²	理论质量/(kg/m)	外表面积/(m²/m)	tgα	重心距离/cm	
	B	b	d	r					X_0	Y_0
2.5/1.6	25	16	3	3.5	1.162	0.912	0.080	0.392	0.42	0.86
			4		1.499	1.176	0.079	0.381	0.46	1.86
3.2/2	32	20	3		1.492	1.171	0.102	0.382	0.49	0.90
			4		1.939	1.522	0.101	0.374	0.53	1.12
4/2.5	40	25	3	4	1.890	1.484	0.127	0.385	0.59	1.08
			4		2.467	1.936	0.127	0.381	0.63	1.32
4.5/2.8	45	28	3	5	2.149	1.687	0.143	0.383	0.64	1.37
			4		2.806	2.203	0.143	0.380	0.68	1.47
5/3.2	50	32	3	5.5	2.431	1.908	0.161	0.404	0.73	1.51
			4		3.177	2.494	0.160	0.402	0.77	1.60
5.6/3.6	56	36	3	6	2.743	2.153	0.181	0.408	0.80	1.65
			4		3.590	2.818	0.180	0.408	0.85	1.78
			5		4.415	3.466	0.180	0.404	0.88	1.82
6.3/4	63	40	4	7	4.058	3.185	0.202	0.398	0.92	1.87
			5		4.993	3.920	0.202	0.396	0.95	2.04
			6		5.908	4.638	0.201	0.393	0.99	2.08
			7		6.802	5.339	0.201	0.389	1.03	2.12
7/4.5	70	45	4	7.5	4.547	3.570	0.226	0.410	1.02	2.15
			5		5.609	4.403	0.225	0.407	1.06	2.24
			6		6.647	5.218	0.225	0.404	1.09	2.28
			7		7.657	6.011	0.225	0.402	1.13	2.32

第七章 钢结构工程工程量计算

续表

型号	截面尺寸 /mm				截面面积 /cm²	理论质量 /(kg/m)	外表面积 /(m²/m)	tgα	重心距离 /cm	
	B	b	d	r					X_0	Y_0
7.5/5	75	50	5	8	6.125	4.808	0.245	0.435	1.17	2.36
			6		7.260	5.699	0.245	0.435	1.21	2.40
			8		9.467	7.431	0.244	0.429	1.29	2.44
			10		11.590	9.098	0.244	0.423	1.36	2.52
8/5	80	50	5	8	6.375	5.005	0.255	0.388	1.14	2.60
			6		7.560	5.935	0.255	0.387	1.18	2.65
			7		8.724	6.848	0.255	0.384	1.21	2.69
			8		9.867	7.745	0.254	0.381	1.25	2.73
9/5.6	90	56	5	9	7.212	5.661	0.287	0.385	1.25	2.91
			6		8.557	6.717	0.286	0.384	1.29	2.95
			7		9.880	7.756	0.286	0.382	1.33	3.00
			8		11.183	8.779	0.286	0.380	1.36	3.04
10/6.3	100	63	6	10	9.617	7.550	0.320	0.394	1.43	3.24
			7		11.111	8.722	0.320	0.394	1.47	3.28
			8		12.534	9.878	0.319	0.391	1.50	3.32
			10		5.467	12.142	0.319	0.387	1.58	3.40
10/8	100	80	6	10	10.637	8.350	0.354	0.627	1.97	2.95
			7		12.301	9.656	0.354	0.626	2.01	3.0
			8		13.944	10.946	0.353	0.625	2.05	3.04
			10		17.167	13.476	0.353	0.622	2.13	3.12
11/7	110	70	6	10	10.637	8.350	0.354	0.403	1.57	3.53
			7		12.301	9.656	0.354	0.402	1.61	3.57
			8		13.944	10.946	0.353	0.401	1.65	3.62
			10		17.167	13.476	0.353	0.397	1.72	3.70

续表

型号	截面尺寸 /mm				截面面积 /cm²	理论质量 /(kg/m)	外表面积 /(m²/m)	tgα	重心距离 /cm	
	B	b	d	r					X_0	Y_0
12.5/8	125	80	7	11	14.096	11.066	0.403	0.408	1.80	4.01
			8		15.989	12.551	0.403	0.407	1.84	4.06
			10		19.712	15.474	0.402	0.404	1.92	4.14
			12		23.351	18.330	0.402	0.400	2.00	4.22
14/9	140	90	8	12	18.038	14.160	0.453	0.411	2.04	4.50
			10		22.261	17.475	0.452	0.409	2.12	4.58
			12		26.400	20.724	0.451	0.406	2.19	4.66
			14		30.456	23.908	0.451	0.403	2.27	4.74
15/9	150	90	8	12	18.839	14.788	0.473	0.364	1.97	4.92
			10		23.261	18.260	0.472	0.362	2.05	5.01
			12		27.600	21.666	0.471	0.359	2.12	5.09
			14		31.856	25.007	0.471	0.356	2.20	5.17
			15		33.952	26.652	0.471	0.354	2.24	5.21
			16		36.027	28.281	0.470	0.352	2.27	5.25
16/10	160	100	10	13	25.315	19.872	0.512	0.390	2.28	5.24
			12		30.054	23.592	0.511	0.388	2.36	5.32
			14		34.709	27.247	0.510	0.385	0.43	5.40
			16		29.281	30.835	0.510	0.382	2.51	5.48
18/11	180	110	10	14	28.373	22.273	0.571	0.376	2.44	5.89
			12		33.712	26.440	0.571	0.374	2.52	5.98
			14		38.967	30.589	0.570	0.372	2.59	6.06
			16		44.139	34.649	0.569	0.369	2.67	6.14
20/12.5	200	125	12	14	37.912	29.761	0.641	0.392	2.83	6.54
			14		43.687	34.436	0.640	0.390	2.91	6.62
			16		49.739	39.045	0.639	0.388	2.99	6.70
			18		55.526	43.588	0.639	0.385	3.06	6.78

注:截面图中的 $r_1=d/3$ 及表中 r 的数据用于孔型设计,不做交货条件。

7. 热轧不等边角钢通常长度

热轧不等边角钢的通常长度见表 7-15。

表 7-15　　　　　　　　热轧不等边角钢长度

型号	长度/m
2.5/1.6～9/5.6	4～12
10/6.3～14/9	4～19
16/10～20/12.5	6～19

8. 热轧槽钢截面尺寸、截面特性与理论质量

热轧槽钢截面尺寸与理论质量可参照表 7-16 查找选用。

表 7-16　　　槽钢截面尺寸、截面面积、理论质量及截面特性

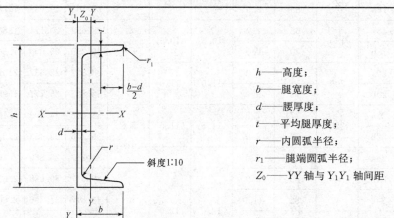

槽钢截面图

型号	截面尺寸/mm						截面面积/cm²	理论质量/(kg/m)	重心距离/cm
	h	b	d	t	r	r_1			Z_0
5	50	37	4.5	7.0	7.0	3.5	6.928	5.438	1.35
6.3	63	40	4.8	7.5	7.5	3.8	8.451	6.634	1.36
6.5	65	40	4.3	7.5	7.5	3.8	8.547	6.709	1.38
8	80	43	5.0	8.0	8.0	4.0	10.248	8.045	1.43

续表

型号	截面尺寸 /mm						截面面积 /cm²	理论质量 /(kg/m)	重心距离 /cm
	h	b	d	t	r	r_1			Z_0
10	100	48	5.3	8.5	8.5	4.2	12.748	10.007	1.52
12	120	53	5.5	9.0	9.0	4.5	15.362	12.059	1.62
12.6	126	53	5.5	9.0	9.0	4.5	15.692	12.318	1.59
14a	140	58	6.0	9.5	9.5	4.8	18.516	14.535	1.71
14b		60	8.0				21.316	16.733	1.67
16a	160	63	6.5	10.0	10.0	5.0	21.962	17.24	1.80
16b		65	8.5				25.162	19.752	1.75
18a	180	68	7.0	10.5	10.5	5.2	25.699	20.174	1.88
18b		70	9.0				29.299	23.000	1.84
20a	200	73	7.0	11.0	11.0	5.5	28.837	22.637	2.01
20b		75	9.0				32.837	25.777	1.95
22a	220	77	7.0	11.5	11.5	5.8	31.846	24.999	2.10
22b		79	9.0				36.246	28.453	2.03
24a	240	78	7.0	12.0	12.0	6.0	34.217	26.860	2.10
24b		80	9.0				39.017	30.628	2.03
24c		82	11.0				43.817	34.396	2.00
25a	250	78	7.0				34.917	27.410	2.07
25b		80	9.0				39.917	31.335	1.98
25c		82	11.0				44.917	35.260	1.92
27a	270	82	7.5	12.5	12.5	6.2	39.284	30.838	2.13
27b		84	9.5				44.684	35.077	2.06
27c		86	11.5				50.084	39.316	2.03
28a	280	82	7.5				40.034	31.427	2.10
28b		84	9.5				45.634	35.823	2.02
28c		86	11.5				51.234	40.219	1.95

续表

型号	截面尺寸 /mm						截面面积 /cm²	理论质量 /(kg/m)	重心距离 /cm
	h	b	d	t	r	r_1			Z_0
30a	300	85	7.5	13.5	13.5	6.8	43.902	34.463	2.17
30b		87	9.5				49.902	39.173	2.13
30c		89	11.5				55.902	43.883	2.09
32a	320	88	8.0	14.0	14.0	7.0	48.513	38.083	2.24
32b		90	10.0				54.913	43.107	2.16
32c		92	12.0				61.313	48.131	2.09
36a	360	96	9.0	16.0	16.0	8.0	60.910	47.814	2.44
36b		98	11.0				68.110	53.466	2.37
36c		100	13.0				75.310	59.118	2.34
40a	400	100	10.5	18.0	18.0	9.0	75.068	58.928	2.49
40b		102	12.5				83.068	65.208	2.44
40c		104	14.5				91.068	71.488	2.42

注：表中 r、r_1 的数据用于孔型设计，不做交货条件。

9. 热轧槽钢通常长度

热轧槽钢的通常长度见表 7-17。

表 7-17　　　热轧槽钢的通常长度

型号	5～8	＞8～18	＞18～40
长度/m	5～12	5～19	6～19

三、钢柱工程量计算规则

按《房屋建筑与装饰工程工程量计算规范》(GB 50854—2013)规定，钢柱工程量清单项目设置及工程量计算规则见表 7-18。

表 7-18　　　　　　　　　　钢柱

项目编码	项目名称	项目特征	计量单位	工程量计算规则	工作内容
010603001	实腹钢柱	1. 柱类型 2. 钢材品种、规格 3. 单根柱质量 4. 螺栓种类 5. 探伤要求 6. 防火要求	t	按设计图示尺寸以质量计算。不扣除孔眼的质量,焊条、铆钉、螺栓等不另增加质量,依附在钢柱上的牛腿及悬臂梁等并入钢柱工程量内	1. 拼装 2. 安装 3. 探伤 4. 补刷油漆
010603002	空腹钢柱	^		^	
010603003	钢管柱	1. 钢材品种、规格 2. 单根柱质量 3. 螺栓种类 4. 探伤要求 5. 防火要求		按设计图示尺寸以质量计算。不扣除孔眼的质量,焊条、铆钉、螺栓等不另增加质量,钢管柱上的节点板、加强环、内衬管、牛腿等并入钢管柱工程量内	

注:1. 实腹钢柱型指十字、T、L、H 形等。
  2. 空腹钢柱型指箱型、格构等。
  3. 型钢混凝土柱浇筑钢筋混凝土,其混凝土和钢筋应按《房屋建筑与装饰工程工程量计算规则》(GB 50854—2013)附录 E 中相关项目编码列项。

第四节　钢梁工程量计算

一、钢梁构造

1. 钢梁的截面形式

钢梁的截面形式一般可分为型钢梁和组合梁。常用的型钢梁有工字钢、槽钢和 H 型钢。组合截面是由型钢或钢板连接而成,当梁的跨度和荷载较大时则需采用由钢板焊接的组合梁。

常用的钢梁截面如图 7-38 所示。

第七章 钢结构工程工程量计算

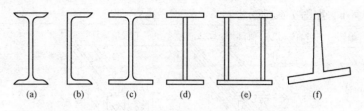

图 7-38 钢梁的截面形式

2. 钢梁的拼装

(1)⊥形梁拼装。⊥形梁的结构多数是用相同厚度的钢板,以设计图纸标注的尺寸制成。立板称为腹板,与平台面接触的底板称为面板或翼板。根据实际需要,⊥形梁的立板与底板有互相垂直的,如图 7-39(a)所示,也有倾斜一定角度的,如图 7-39(b)所示。

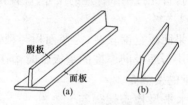

图 7-39　⊥形梁拼装
(a)垂直梁;(b)倾斜梁

⊥形梁拼装时应注意:

1)在拼装时,先定出面板中心线,再按腹板厚度画线定位,该位置就是腹板和面板结构接触的连接点(基准线)。

2)如果是垂直的⊥形梁,可用直角尺找正,并在腹板两侧按 200～300mm 的距离交错点焊;如果属于倾斜一定角度的⊥形梁,就用同样角度的样板进行定位,按设计规定进行点焊。

3)⊥形梁两侧经点焊完成后,为了防止焊接变形,可在腹板两侧临时用增强板将腹板和面板点焊固定,以增加刚性、减小变形。

4)在焊接时,采用对称分段退步焊接方法焊接角焊缝,这是防止焊接变形的一种有效措施。

(2)工字钢梁、槽钢梁拼装。工字钢梁和槽钢梁分别是由钢板组合的工程结构梁,它们的组合连接形式基本相同,仅型钢的种类和组合成型的形状不同,如图 7-40 所示。

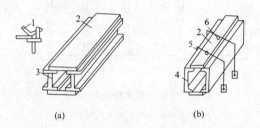

图 7-40　工字钢梁、槽钢梁组合拼装
(a)工字钢梁;(b)槽钢梁
1—撬杠;2—面板;3—工字钢;4—槽钢;5—龙门架;6—压紧工具

1)在拼装组合时,首先按图纸标注的尺寸、位置在面板和型钢连接位置处进行画线定位。

2)在组合时,如果面板宽度较窄,为使面板与型钢垂直和稳固,防止型钢向两侧倾斜,可用与面板同厚度的垫板临时垫在底面板(下翼板)两侧来增加面板与型钢的接触面。

3)用直角尺或水平尺检验侧面与平面垂直,几何尺寸正确后,方可按一定距离进行点焊。

4)拼装上面板以下底面板为基准。为保证上下面板与型钢严密结合,如果接触面间隙大,可用撬杠或卡具压严靠紧,然后进行点焊和焊接,如图 7-40 中的 1、5、6 所示。

(3)箱形梁拼装。箱形梁的结构有钢板组成的,也有型钢与钢板混合结构组成的,但多数箱形梁的结构是采用钢板结构成型的。箱形梁是由上下面板、中间隔板及左右侧板组成的。箱形梁的组合体如图 7-41 所示。

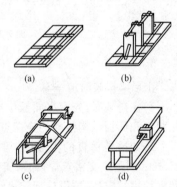

图 7-41　箱形梁的拼装
(a)箱形梁的底板;(b)装定向隔板;
(c)加侧立板;(d)装好的箱形梁

箱形梁的拼装过程是先在底面板画线定位,按位置拼装中间定向隔板。为防止移动和倾斜,应将两端和中间隔板与面板用型钢条临时点固。

然后以各隔板的上平面和两侧面为基准,同时拼装箱形梁左右立板。两侧立板的长度,要以底面板的长度为准靠齐并点焊。如两侧板与隔板侧面接触间隙过大,可用活动型卡具夹紧,再进行点焊。最后拼装梁的上面板,如果上面板与隔板上平面接触间隙大、误差多时,可用手砂轮将隔板上端找平,并用⊐型卡具压紧进行点焊和焊接。

3. 次梁与主梁的连接

次梁与主梁的连接应做到安全可靠,符合结构计算假设;经济合理,省工省料;便于制造、运输、安装和维护。

(1)次梁为简支梁时,与主梁的连接形式有平接和叠接两种(图7-42),其中叠接是将次梁直接搁置在主梁上,用螺栓或焊缝固定,构造简单,但建筑高度较大,现在很少采用。

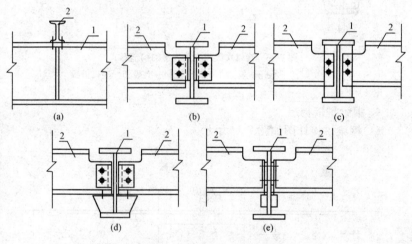

图7-42 次梁与主梁的铰接连接
1—主梁;2—次梁
(a)叠接;(b)~(e)平接

(2)次梁为连接梁时,与主梁的连接有叠接和侧面平接两种形式,图7-43为次梁与主梁平接的一种构造形式。为承受次梁端部的弯矩 M,在次梁上翼缘设置连接盖板并用焊缝连接,次梁下翼缘与支托顶板也用焊缝连接,焊缝受力按 $N=\dfrac{M}{h_1}$ 计算。盖板宽度应比次梁上翼缘宽度小

20~30mm,而支托顶板应比次梁下翼缘宽度大 20~30mm,以避免施工仰焊。次梁的竖向支座反力则由支托承担。

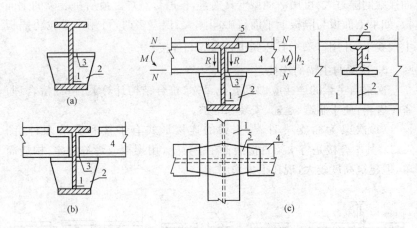

图 7-43 连续次梁与主梁连接的构造形式
1—主梁;2—承托顶板;3—支托顶板;4—次梁;5—连接盖板

4. 钢梁拼接构造
(1)钢梁拼接详图如图 7-44 所示。

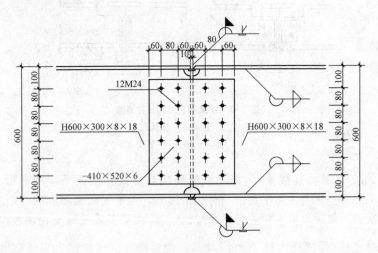

图 7-44 钢梁拼接详图

(2)主次梁拼接详图如图 7-45 所示。

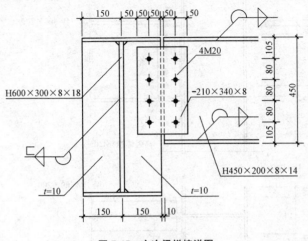

图 7-45　主次梁拼接详图

(3)梁柱连接。梁柱刚性连接详图如图 7-46 所示。

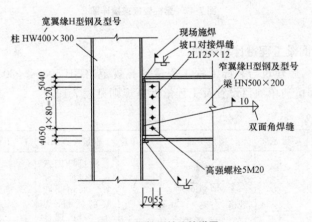

图 7-46　梁柱刚性连接详图

(4)梁柱铰接连接如图 7-47 所示。

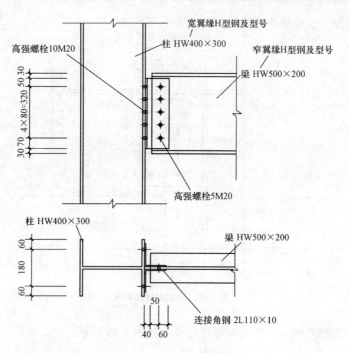

图7-47 梁柱铰接连接详图

二、钢梁工程量计算规则

按《房屋建筑与装饰工程工程量计算规范》(GB 50854—2013)规定,钢梁工程量清单项目设置及工程量计算规则见表7-19。

表7-19 　　　　　　　　　　钢梁

项目编码	项目名称	项目特征	计量单位	工程量计算规则	工作内容
010604001	钢梁	1. 梁类型 2. 钢材品种、规格 3. 单根质量 4. 螺栓种类 5. 安装高度 6. 探伤要求 7. 防火要求	t	按设计图示尺寸以质量计算。不扣除孔眼的质量,焊条、铆钉、螺栓等不另增加质量,制动梁、制动板、制动桁架、车挡并入钢吊车梁工程量内	1. 拼装 2. 安装 3. 探伤 4. 补刷油漆

续表

项目编码	项目名称	项目特征	计量单位	工程量计算规则	工作内容
010604002	钢吊车梁	1. 钢材品种、规格 2. 单根质量 3. 螺栓种类 4. 安装高度 5. 探伤要求 6. 防火要求	t	按设计图示尺寸以质量计算。不扣除孔眼的质量,焊条、铆钉、螺栓等不另增加质量,制动梁、制动板、制动桁架、车挡并入钢吊车梁工程量内	1. 拼装 2. 安装 3. 探伤 4. 补刷油漆

注:1. 梁类型指 H 形、L 形、T 形、箱形、格构式等。
2. 型钢混凝土梁浇筑钢筋混凝土,其混凝土和钢筋应按《房屋建筑与装饰工程工程量计算规范》(GB 50854—2013)附录 E 中相关项目编码列项。

第五节 钢板楼板、墙板工程量计算

一、钢板楼板、墙板构造

压型金属板是以冷轧薄钢板为基板,经镀锌或镀锌后覆以彩色涂层再经辊弯成型的波形板材,具有成型灵活、施工速度快、外形美观、质量轻及易于工业化、商品化生产的特点。本节重点介绍压型金属板用作建筑屋面和墙面围护结构时的构造。

(一)钢板的制作安装

1. 制作准备

(1)在工地现场加工时应注意设备放置在坚固平整的场地上,并应有遮雨措施。

(2)加工前应具备加工清单。加工清单中注明板型、板厚、板长、块数、色彩及色彩所在正面与反面,需斜切时应注明斜切的角度或始末点的距离。当几块板连在一起压型时应说明连压的每块板的长度和总长度。

(3)检查长度测量仪器或测量工具是否准确,如不准确则应调正或更换。

(4)调整压型机的辊间隙、水平度和中线位置;检查电源情况;擦净辊上的油污,以免施工过程中沾污装修漆面的外观。

(5)调整好压型机后应经过试压,试压后测量产品达到《建筑用压型钢板》(GB/T 12755)规定后才能成批生产。

(6)所用的钢材必须有出厂合格证及质量证明书,对钢材有疑义时,应进行必要的检查。

彩色钢卷的总质量宜按加工彩色钢板压型板的总面积进行计算,并准备5%左右的余量以备不足。

(7)彩色钢卷应放在干燥的地方并有遮雨措施。检查每个钢卷的内标签货号、色彩号、厚度等是否相同,当每卷均有长度标记时应抄录下,并计算总长度,以核算总用料长度数。

2. 制作加工

金属板的制作是采用金属板压型机,将彩涂钢卷进行连续的开卷、剪切、辊压成型等的过程。

(1)钢板的钢材应满足基板与涂层(镀层)两部分的要求,基板一般采用现行国家标准《碳素结构钢》(GB/T 700—2006)中规定的 Q215 和 Q235 牌号。

钢板施工现场制作的允许偏差应符合表 7-20 的规定。

表 7-20　　　　　　钢板施工现场制作的允许偏差

项目		允许偏差
钢板的覆盖宽度/mm	截面高度≤70	+10.0,-2.0
	截面高度>70	+6.0,-2.0
板　　　长/mm		±9.0
横向剪切偏差/mm		6.0
泛水板、包角板尺寸	板长/mm	±6.0
	折弯面宽度/mm	±3.0
	折弯面夹角	2°

(2)镀锌钢板和彩色涂层钢板还应分别符合现行国家标准《连续热镀锌钢板及钢带》(GB/T 2518)和《彩色涂层钢板和钢带》(GB/T 12754)中的各项规定。

1) 镀锌钢板的公称尺寸见表 7-21。

表 7-21　　　　　　　　镀锌钢板的公称尺寸

项 目		公称尺寸/mm
公称厚度		0.30～5.0
公称宽度	钢板及钢带	600～2050
	纵切钢带	<600
公称长度	钢板	1000～8000
公称内径	钢带及纵切钢带	610 或 508

2) 金属板成型后,基板不应有裂纹;涂层、镀层压型金属板成型后,涂、镀层不应有肉眼可见的裂纹、剥落和擦痕等缺陷。

3) 金属板成型后,表面应干净,不应有明显凹凸和皱褶。

3. 安装放线

屋面板及墙板安装放线操作:先在檩条上标定出起点,即沿跨度方向在每个檩条上标出排板起始点,各个点的连线应与建筑物的纵轴线相垂直,而后在板的宽度方向每隔几块板继续标注一次,以限制和检查板的宽度安装偏差积累,如图 7-48(a)所示。如放线不合格,将出现图 7-48(b)所示的锯齿现象和超宽现象。另外,墙板安装还应标定其支承面的垂直度,以保证形成墙面的垂直平面。

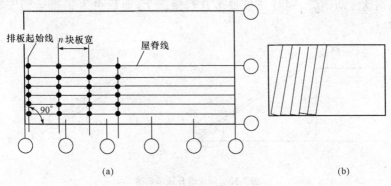

图 7-48　安装放线示意图
(a)正确放线;(b)非正确放线

此外,屋面板及墙板安装完毕后应对配件的安装做二次放线,以保证檐口线、屋脊、窗口、门口和转角线等的水平直线度和垂直度。

4. 屋面板安装

(1) 板材吊装。彩色钢板压型板和夹芯板的吊装方法很多,如汽车起重吊升、塔式起重机吊升、卷扬机吊升和人工吊升等方法。

1) 塔式起重机、汽车起重吊升多使用吊装钢梁多点吊升,如图 7-49 所示。这种吊装法一次可吊升多块板,但在大面积工程中,吊升的板材不易送到安装点,增大了屋面的长距离人工搬运,屋面上行走困难,易破坏已安装好的彩板,不能发挥大型吊升吊车其大吨位吊升能力的特长,使用率低,机械费用高。但是吊升方便,被吊升的板材不易损坏。

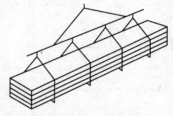

图 7-49　板材吊装示意图

2) 使用卷扬机吊升的方法,每次吊升数量少,但是屋面运距短,是一种被经常采用的方法。

3) 人工吊升的方法常用于板材不长的工程中,这种方法最方便且价低,但必须谨慎从事,否则易损伤板材,同时使用的人力较多,劳动强度较大。

4) 吊升特长板宜用钢丝滑升法,如图 7-50 所示。这种方法是在建筑的山墙处设若干道钢丝,钢丝上设套管,板置于钢管上,屋面上工人用绳沿钢丝拉动钢管,则特长板被吊升到屋面上,而后由人工搬运到安装地点。

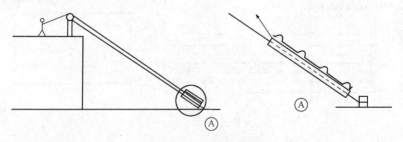

图 7-50　钢丝滑升法示意图

(2) 板材连接。

1) 连接件的性能和用途。常用的主要连接件及性能、用途见表 7-22。

表 7-22　　　　　　　　金属板常用的主要连接件

名　称	性　能	用　途
单向固定螺栓	抗剪力 2.7t 抗拉力 1.5t	屋面高波金属板与固定支架的连接
单向连接螺栓	抗剪力 1.34t 抗拉力 0.8t	屋面高波金属板侧向搭接部位的连接
连接螺栓		屋面高波金属板与屋面檐口挡口挡水板、封檐板的连接
自攻螺丝(二次攻)	表面硬度： HRC50～HRC58	墙面金属板与墙梁的连接
钩螺栓	—	屋面低波金属板与檩条的连接,墙面金属板与墙梁的连接
铝合金拉铆钉	拉剪力 0.2t 抗拉力 0.3t	屋面低波金属板、墙面金属板侧向搭接部位的连接,泛水板之间,包角板之间或泛水板、包角板与金属板之间搭接部位的连接

2)连接要求。

①屋面钢板的长向连接一般采用搭接,搭接处应在支承构件上。其搭接长度应不小于下列限值,同时在搭接区段的板间还应设置防水密封带。

屋面高波钢板(波高≥75mm):375mm

屋面中波及低波钢板:250mm(屋面坡度 $i<1/10$ 时)

　　　　　　　　200mm(屋面坡度 $i≥1/10$ 时)

②屋面高波钢板,每波均应以连接件连接,对屋面中波或低波板可每波或隔波与支承构件相连。为了保证防水性和可靠性,屋面板的连接仍多设置在波峰上。

屋面高波钢板在檩条上固定时,应设置专门的固定支架(图 7-51)。固定支架一般采用 2～3mm 厚钢带,按标准配件制成并在工地焊接于支承构件(檩条)上,此时支承构件上翼缘宽度应不小于固定支架宽度加 10mm。

③屋面中波钢板与支承构件(檩条)的连接,一般在檩条上预焊栓钉,在安装后紧固连接。中波板也可采用钩头螺栓连接,但因连接紧密度、耐

候差,目前已极少应用。

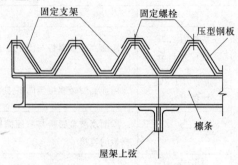

图 7-51 固定支架的连接示意图

5. 墙板安装

(1)墙板的自攻钉宜钉在波谷处,使其连接刚度良好。

(2)铺板顺序应逆常年主导风向,使板搭接缝为顺风向,也可按竖向搭接缝进行施工。

(3)在钢板波峰处用直径为 6mm 的钩头螺栓与墙梁固定。每块墙板在同一水平处应有 3 个螺栓与墙梁固定,相邻墙梁处的钩头螺栓位置应错开。

(4)采用直径为 6mm 的自攻螺钉在钢板的波谷处与墙梁固定。每块墙板在同一水平处应有 3 个螺钉固定,相邻墙梁的螺钉应交错设置,在两块墙板搭接处另加设直径 5mm 的拉铆钉予以固定。

(二)屋面板构造

1. 钢板局部构造

(1)板型接缝的构造。钢板板缝的构造直接体现于每块板的两个长边上。目前国内外有四种钢板边部的接缝构造方式,即自然搭接式、防水空腔式、防水扣盖式、咬口卷边式,如图 7-52 所示。

1)自然搭接式是延续水泥石棉波形瓦、镀锌铁皮瓦的形式而来的。老式的搭接法要求至少搭接一个半波距。彩色钢板的波距较大,用作屋面时多搭接一个波。这种边部形状,虽使屋面板接缝防水存有一定隐患,但用作墙面时一般不会出现问题。

2)防水空腔式是在两个扣合边处形成一个 4mm 左右的空腔。这个空腔切断了两块钢板相附着时会造成的毛细管通路,同时空腔内的水柱

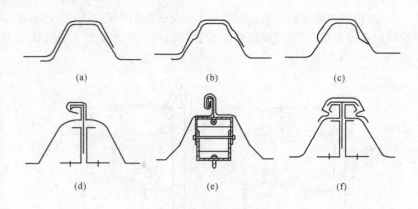

图 7-52 板型接缝构造示意图
(a)自然搭接式;(b)、(c)防水空腔式;(d)180°咬口卷边式;
(e)360°咬口卷边式;(f)防水扣盖式

还会平衡室内外大气静压差造成的雨水渗入室内的现象,这种方法已被应用到新一代压型板的断面形状设计中,如图 7-52(b)、(c)所示。

3)咬口卷边式分为 180°和 360°咬口式。这种方法是利用咬边机将板材的两搭边咬合在一起,180°咬边是一种非紧密式咬合,而 360°是一种紧密咬合,它类似于白铁手工咬边的形式,因此有一定的气密作用。这种板型是一种理想可靠的防水板型,但造价比前面几种高。

4)防水扣盖式板型是两个边对称设置,并在两边做出卡口构造边,安装完毕后在其上扣以扣盖。这种方法利用了空腔式的原理设置扣盖,防水可靠,但彩板用量偏多。

(2)屋脊的连接构造。采用彩色压型钢板时,屋脊的做法如图 7-53 所示。

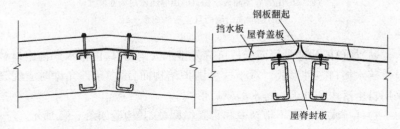

图 7-53 屋脊做法示意图

(3)山墙与屋面的构造。山墙与屋面交接处的构造可分为三类,即山墙外屋面板出檐、山墙随屋面坡度设置和山墙高出屋面且上沿线成水平线,如图 7-54 所示。

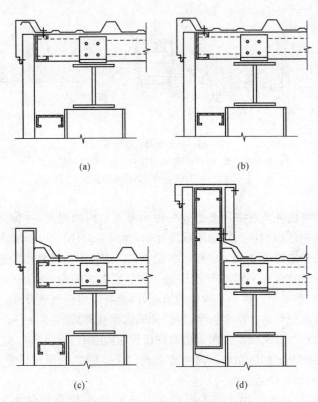

图 7-54 山墙与屋面交接处构造示意图
(a)、(b)山墙外屋面板出檐;(c)山墙随屋面坡度设置;
(d)山墙高出屋面且上沿线成水平线

(4)檐口的构造。屋面檐口可分外排水天沟檐口、内排水天沟檐口和自由落水檐口三种形式。对于这种围护结构而言,在条件允许时应优先采用自由落水和外天沟排水的檐口形式。

1)外排水天沟有不带封檐和带封檐两类,其构造如图 7-55 所示。

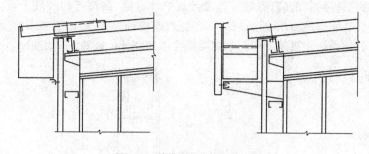

图 7-55　外排水天沟檐口示意图

2）内排水天沟如图 7-56 所示。

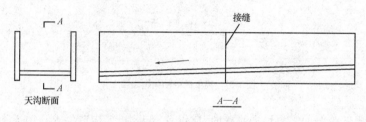

图 7-56　内排水天沟示意图

3）自由落水檐口。这种形式多在北方少雨地区且檐口不高的情况下采用。

①无封檐的自由落水檐口。外观简单,建筑艺术效果不好。这种檐口自墙面向外挑出,按板型不同其伸出长度也不同,但是不应少于 300mm。墙板与屋面板间产生的锯齿形空隙应由专用板型的挡水件封堵。当屋面坡度小于 1/10 时,屋面板的波谷处板边应用夹钳向下弯折 5～10mm 作为滴水。

②带封檐的自由落水檐口。封檐挑出长度可自由选择,建议封檐板置于屋面板以下,屋面板挑出檐口板不小于 30mm。封檐板可用压型板长向使用或竖向使用,有特殊要求的可采用其他材料和形式。需要封檐板高出屋面的檐口时,要按地方降雨要求拉开足够的排水空间,且不宜采用檐口下封底板。檐口处的屋面板边滴水处理与前述相同。

(5)高低跨处的构造。在彩色钢板围护结构的建筑设计中,宜尽量避免出现高低跨的做法,处理不好会出现漏雨水的现象。当不可避免时,对于双跨平行的高低跨,宜将低跨设计成单坡,且从高跨处向外坡下,这时的高低跨处理最简单,高低跨之间用泛水连接,低跨处的构造要求与屋脊构造处理相似。高跨处的泛水高度应大于300mm,如图 7-57 所示。

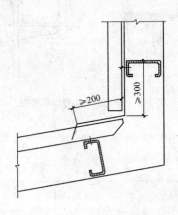

图 7-57 高低跨处的构造连接

当低跨屋面需要坡向高跨时,应设置钢天沟,其构造要求与内天沟的相似。当高低跨出现在两跨成 T 字形平面布置时,其泛水作法与双跨平行的高低跨的做法相似,这时的高跨墙面下沿成斜线,泛水件成斜向布置。

(6)管道出屋面的构造。管道、通风机出屋面是彩板建筑中构造困难的部位,其解决方法有多种,较可靠的有以下两种:

1)在波形屋面板上做焊接水簸箕的方法,使该件搭于上板之下,下板之上,两侧板之上,并在洞口处留出泛水口,这种水簸箕可用铝合金或不锈钢等材料接成,如图 7-58(a)所示。

2)使用得泰盖片和成套防水件防水。这是一种从国外引入的防水技术,它可以随波就形,密封可靠,如图 7-58(b)所示。

2. 夹芯板局部构造

(1)平板屋面构造。聚苯乙烯泡沫塑料夹芯平板用作屋面板时,主要是依靠铝型材和合金铝拉铆钉或自攻螺钉来连接的。对于大跨度屋面,多采用螺钉进行连接。还有一种在平板夹芯板屋面的基础上改造的隐蔽连接形式,如图 7-59(b)所示。

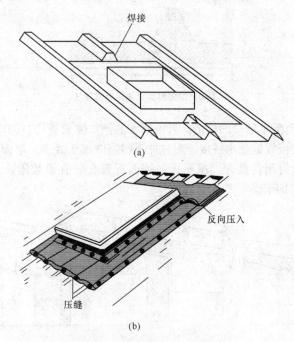

图 7-58 管道出屋面构造示意图
(a)焊接水簸箕的方法;(b)使用得泰盖片和成套防水件防水

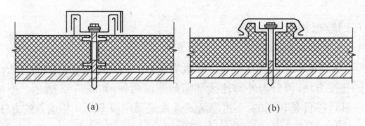

图 7-59 平板夹芯板屋面螺栓连接
(a)螺栓通过 U 形件压住板材;(b)隐蔽连接方式

(2)波形板屋面构造。波形屋面夹芯板为外露连接,如图 7-60 所示。这种连接的连接点较多,可每波连接,也可间隔连接,多用自攻螺丝穿透连接。自攻螺丝六角头下应设有带防水垫的倒槽形盖片,以加强连接点的抗风能力。

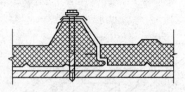

图 7-60　波形屋面夹芯板外露连接

(3)自由落水檐口的构造。自由落水的檐口屋面板切口面应封包,封包件与上层板宜做顺水搭接。封包件下端需做滴水处理。墙面与屋面板交接处应做封闭件处理。屋面板与墙面板重合处宜设软泡沫条找平封墙,如图 7-61 所示。

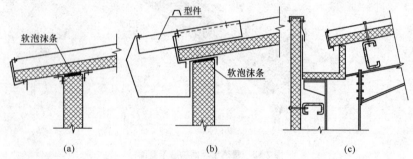

图 7-61　檐口做法示意图
(a)外排水檐口;(b)外排水天沟檐口;(c)天沟内排水

(三)墙板构造

1. 压型钢板局部构造

(1)压型钢板之间连接构造。彩板墙面板大多采用自攻自钻的方法或拉铆钉的连接方法,可分为外露连接和隐蔽连接两种,如图 7-62 所示。不论哪种方法其连接件是相同的,不过隐蔽式连接是采用板型间互相遮盖的方法。

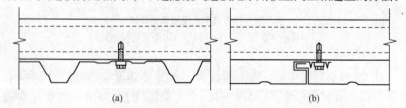

图 7-62　墙面连接方式
(a)外露连接;(b)隐蔽连接

(2)外墙底部构造。彩钢外墙底部在地坪或矮墙交接处的,地坪或矮墙应高出彩板墙的底端 60~120mm,如图 7-63 所示,以避免墙面流下的雨水进入室内。

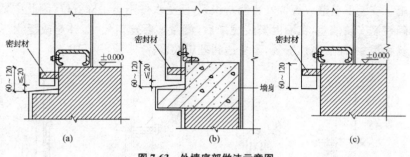

图 7-63 外墙底部做法示意图

(3)外墙转角构造。彩板建筑的外墙内外转角的内外面应用专用包件封包,封包泛水件尺寸宜在安装完毕后按实际尺寸制作,如图 7-64 所示。

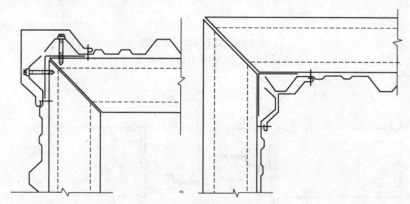

图 7-64 外墙转角做法示意图

(4)外墙洞口构造。

1)窗上口做法。窗上口的做法种类较多,图 7-65 所示为两种较为常用的做法。

图 7-65(a)的做法简单,容易制作和安装,窗口四面泛水易协调,在外观要求不高时常用。

图 7-65(b)的做法外观好看,构造较复杂,窗侧口与窗上下口的交接处泛水处理应细致设计,必要时要做出转角处的泛水件交接示意图。建议预做专门的转角件,以达到配合精确,外观漂亮。这种做法往往会因为施工安装偏差造成板位安装偏差积累,使泛水件不能正确就位,因此应精确控制安装偏差,在墙面安装完毕后,测量实际窗口尺寸,并修改泛水形状和尺寸,而后制作安装,容易达到理想效果。

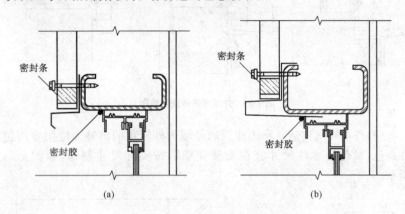

图 7-65　窗上口做法示意图
(a)一般泛水的窗上口做法;(b)带有窗套口的做法

2)窗侧口做法。窗侧口的做法,如图 7-66 所示。

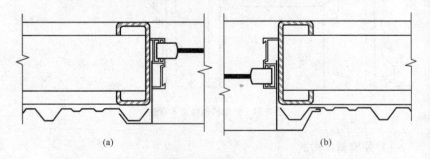

图 7-66　窗侧口做法示意图
(a)一般泛水的窗侧口做法;(b)带有窗套口的做法

3)窗下口做法。窗下口泛水应在窗口处做局部上翻,如图 7-67 所示,并应注意气密性和水密性密封。窗下口泛水件与侧口泛水件交接处与墙板的交接较为复杂,应根据板型和排板情况进行处理。

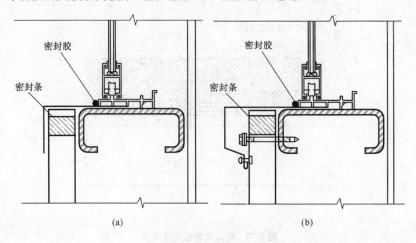

图 7-67 窗下口做法示意图
(a)一般泛水的窗下口做法;(b)带有窗套口的做法

2. 夹芯板局部构造

(1)夹芯墙板连接构造。夹芯板用于墙板时多为平板,用于组合房屋时主要靠合金铝型材与拉铆钉连成整体。

对需要有墙面檩条的建筑,竖向布置的墙板多为穿透连接,横向布置的墙板多为隐蔽连接,如图 7-68～图 7-72 所示。

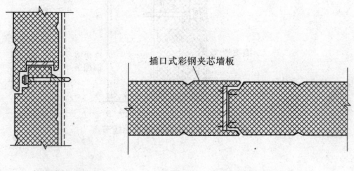

图 7-68 夹芯墙板连接   图 7-69 插口式墙板连接节点

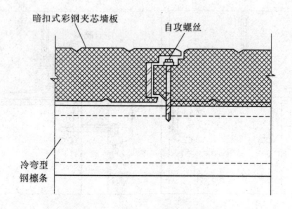

图 7-70 暗扣式墙板连接节点

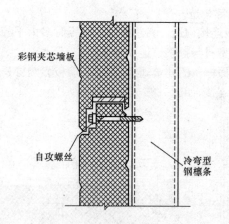

图 7-71 横向布置墙板水平缝节点

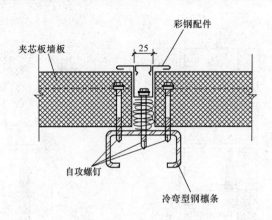

图 7-72 横向布置墙板竖缝节点

(2)墙板基底的构造。为了防止雨水渗入室内,夹芯板底部表面应低于室内表面 30～50mm,且应在底表面抹灰找平后安装,不宜在安装后再抹灰,以免致使雨水被封入两种材料的缝隙内,导致雨水向室内渗入,如图 7-73 所示。

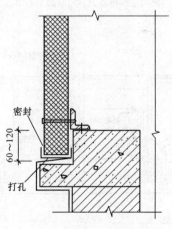

图 7-73 墙板基底构造

(3)墙板门窗洞口构造。平面夹芯板墙板的门窗洞口构造处理较波形板简单,封包配件可按设计要求预加工,如图 7-74、图 7-75 所示。

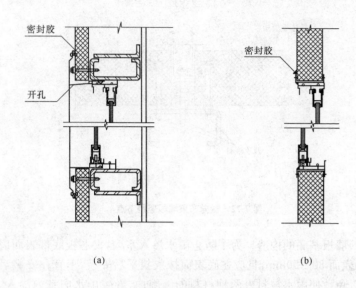

图 7-74 门窗洞口构造
(a)窗固定在檩条上;(b)窗固定在墙板上

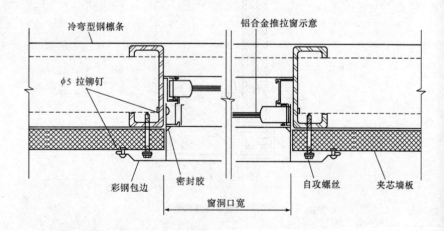

图 7-75 窗口水平节点

二、钢板楼板、墙板常用材料理论质量

1. 钢板的理论质量

钢板的理论质量见表 7-23。

表 7-23　　　　　　　　　　钢板理论质量

厚度/mm	理论质量/kg	厚度/mm	理论质量/kg	厚度/mm	理论质量/kg
0.20	1.570	2.8	21.98	22	172.70
0.25	1.963	3.0	23.55	23	180.60
0.27	2.120	3.2	25.12	24	188.40
0.30	2.355	3.5	27.48	25	196.30
0.35	2.748	3.8	29.83	26	204.10
0.40	3.140	4.0	31.40	27	212.00
0.45	3.533	4.5	35.33	28	219.80
0.50	3.925	5.0	39.25	29	227.70
0.55	4.318	5.5	43.18	30	235.50
0.60	4.710	6.0	47.10	32	251.20
0.70	5.495	7.0	54.95	34	266.90
0.75	5.888	8.0	62.80	36	282.60
0.80	6.280	9.0	70.65	38	298.30
0.90	7.065	10.0	78.50	40	314.00
1.00	7.850	11	86.35	42	329.70
1.10	8.635	12	94.20	44	345.40
1.20	9.420	13	102.10	46	361.10
1.25	9.813	14	109.90	48	376.80
1.40	10.99	15	117.80	50	392.50
1.50	11.78	16	125.60	52	408.20
1.60	12.56	17	133.50	54	423.90
1.80	14.13	18	141.30	56	439.60
2.00	15.70	19	149.20	58	455.30
2.20	17.27	20	157.00	60	471.00
2.50	19.63	21	164.90		

2. 冷拉圆钢、方钢及六角钢的理论质量

冷拉圆钢、方钢及六角钢的理论质量参见表 7-24。

表 7-24　　　　冷拉圆钢、方钢及六角钢的理论质量

$d(a)$/mm	理论质量/(kg/m)			$d(a)$/mm	理论质量/(kg/m)		
3.0	0.056	0.071	0.061	17.0	1.78	2.27	1.96
3.2	0.063	0.080		18.0	2.00	2.54	2.20
3.4	0.071	0.091		19.0	2.23	2.82	2.45
3.5	0.076	0.096		20.0	2.47	3.14	2.72
3.8	0.089	0.112		21.0	2.72	3.46	3.00
4.0	0.099	0.126	0.109	22.0	2.98	3.80	3.29
4.2	0.109	0.139		24.0	3.55	4.52	3.92
4.5	0.125	0.159	0.138	25.0	3.85	4.91	4.25
4.8	0.142	0.181		26.0	4.17	5.30	4.59
5.0	0.154	0.196	0.170	28.0	4.83	6.15	5.33
5.2	0.173	0.221		30.0	5.55	7.06	6.12
5.5			0.206	32.0	6.31	8.04	6.96
5.6	0.193	0.246		34.0	7.13	9.07	7.86
6.0	0.222	0.283	0.245	35.0	7.55	9.62	
6.3	0.245	0.312		36.0			8.81
6.7	0.277	0.352		38.0	8.90	11.24	9.82
7.0	0.302	0.385	0.333	40.0	9.87	12.56	10.88
7.5	0.347	0.442		42.0	10.87	13.85	11.92
8.0	0.395	0.502	0.435	45.0	12.48	15.90	13.77
8.5	0.446	0.567		48.0	14.21	18.09	15.66
9.0	0.499	0.636	0.551	50.0	15.42	19.63	16.99
9.5	0.556	0.709		53.0	17.32	22.05	19.10
10.0	0.617	0.785	0.680	55.0			20.59
10.5	0.680	0.865		56.0	19.33	24.61	
11.0	0.746	0.950	0.823	60.0	22.19	28.26	24.50
11.5	0.815	1.04		63.0	24.47	31.16	
12.0	0.888	1.13	0.979	65.0			28.70
13.0	1.04	1.33	1.15	67.0	27.67	35.24	
14.0	1.21	1.54	1.33	70.0	30.21	38.47	33.30
15.0	1.39	1.77	1.53	75.0	34.68		38.24
16.0	1.58	2.01	1.74	80.0	39.46		

注：冷拉圆钢长度 5、6、7 级为 2~6m，4 级为 2~4m，冷拉方钢及六角钢长度为 2~6m。

3. 热轧圆钢、方钢及六角钢的理论质量

热轧圆钢、方钢及六角钢的理论质量参见表 7-25。

第七章 钢结构工程工程量计算

表 7-25　　　　热轧圆钢、方钢及六角钢的理论质量

$d(a)$ /mm	理论质量/(kg/m)			$d(a)$ /mm	理论质量/(kg/m)		
	圆钢	方钢	六角钢		圆钢	方钢	六角钢
5.5	0.187	0.236		42	10.87	13.80	11.99
6.0	0.222	0.283		45	12.48	15.90	13.77
6.5	0.260	0.332		48	14.21	18.09	15.66
7.0	0.302	0.385		50	15.42	19.60	16.99
8.0	0.395	0.502	0.435	53	17.30	22.00	19.10
9.0	0.499	0.636	0.551	55	18.60	23.70	—
10.0	0.617	0.785	0.680	56	19.30	24.61	21.32
11.0	0.746	0.950	0.823	58	20.70	26.41	22.87
12.0	0.888	1.13	0.979	60	22.19	28.26	24.50
13.0	1.04	1.33	1.15	63	24.50	31.16	26.98
14.0	1.21	1.54	1.33	65	26.00	33.17	28.70
15.0	1.39	1.77	1.53	68	28.51	36.30	31.43
16.0	1.58	2.01	1.74	70	30.21	38.50	33.30
17.0	1.78	2.27	1.96	75	34.70	44.20	—
18.0	2.00	2.54	2.20	80	39.50	50.20	—
19.0	2.23	2.82	2.45	85	44.50	56.72	—
20.0	2.47	3.14	2.72	90	49.90	63.59	—
21.0	2.72	3.46	3.00	95	55.60	70.80	—
22.0	2.98	3.80	3.29	100	61.70	78.50	—
23.0	3.26	4.15	3.59	105	68.00	86.50	—
24.0	3.55	4.52	3.92	110	74.60	95.00	—
25.0	3.85	4.91	4.25	115	81.50	104	—
26.0	4.17	5.30	4.59	120	88.78	113	—
27.0	4.49	5.72	4.96	125	96.33	123	—
28.0	4.83	6.15	5.33	130	104.20	133	—
29.0	5.18	6.60	—	140	120.84	154	—
30.0	5.55	7.06	6.12	150	138.72	177	—
31.0	5.92	7.54	—	160	157.83	201	—
32.0	6.31	8.04	6.96	170	178.18	227	—
33.0	6.71	8.55	—	180	199.76	254	—
34.0	7.13	9.07	7.86	190	222.57	283	—
35.0	7.55	9.62	—	200	246.62	314	—
36.0	7.99	10.17	8.81	220	298.00	—	—
38.0	8.90	11.24	9.82	250	385.00	—	—
40.0	9.87	12.56	10.88				

注：热轧圆钢、方钢的长度，当 $d(a) \leqslant 25$mm 为 4～10m；$d(a) > 25$mm 为 3～9m；六角钢的长度，$d(a)$ 为 8～70mm，长 3～8m，均指普通钢。

三、钢板楼板、墙板工程量计算规则

按《房屋建筑与装饰工程工程量计算规范》(GB 50854—2013)规定,钢板楼板、墙板工程量清单项目设置及工程量计算规则见表 7-26。

表 7-26 钢板楼板、墙板

项目编码	项目名称	项目特征	计量单位	工程量计算规则	工作内容
010605001	钢板楼板	1. 钢材品种、规格 2. 钢板厚度 3. 螺栓种类 4. 防火要求	m²	按设计图示尺寸以铺设水平投影面积计算。不扣除单个面积≤0.3m²柱、垛及孔洞所占面积	1. 拼装 2. 安装 3. 探伤 4. 补刷油漆
010605002	钢板墙板	1. 钢材品种、规格 2. 钢板厚度、复合板厚度 3. 螺栓种类 4. 复合板夹芯材料种类、层数、型号、规格 5. 防火要求		按设计图示尺寸以铺挂展开面积计算。不扣除单个面积≤0.3m²的梁、孔洞所占面积,包角、包边、窗台泛水等不另加面积	

注:1. 钢板楼板上浇筑钢筋混凝土,其混凝土和钢筋应按《房屋建筑与装饰工程工程量计算规范》(GB 50854—2013)附录 E 中相关项目编码列项。
2. 压型钢楼板按表中钢板楼板项目编码列项。

第六节 钢构件工程量计算

一、钢构件构造

(一)钢檩条

1. 钢檩条的分类

按照截面形式划分,钢檩条可分为实腹式和格构式两种。

(1)实腹式檩条多选用现成的冷弯薄壁 Z 形型钢或 C 形槽钢制成,如图 7-76 所示。这种檩条主要用于跨度不大、屋面荷载较轻的情况。它构

造简单,制作、安装方便,耗钢量较格构式檩条大,但比普通热轧型钢檩条小。

(2)当屋面荷载较大或檩条的跨度、檩距较大时宜选用格构式檩条。目前常用的格构式檩条有以下三种:

1)平面桁架式檩条(图7-77),其构造较简单,但平面外刚度较差,需要与屋面材料、支撑等组成空间稳定的结构,或者设置拉条。

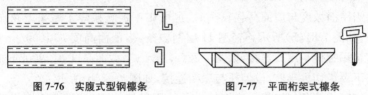

图7-76　实腹式型钢檩条　　　　图7-77　平面桁架式檩条

2)空腹式檩条。空腹式檩条是由薄壁角钢焊接而成,如图7-78所示,其优点是构造简单,取材容易,与实腹式檩条相比用钢量小;缺点是制作费工,焊接后变形较大。

3)下撑式檩条。下撑式檩条的下弦杆和撑杆均为冷弯薄壁型钢,如图7-79所示,下弦常采用圆钢。这种檩条杆件数量少、构造简单、制作方便,用钢量小($3\sim4kg/m^2$);缺点是刚度较差。

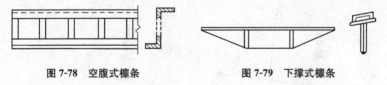

图7-78　空腹式檩条　　　　图7-79　下撑式檩条

2. 钢檩条与构件的连接构造

(1)檩条与屋面连接。檩条宜位于屋面上弦节点处,实腹式檩条的截面均宜垂直于屋面坡度。实腹式檩条应采用双檩方案,屋脊檩条可用槽钢、角钢或圆钢相连,如图7-80所示。

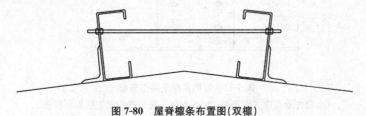

图7-80　屋脊檩条布置图(双檩)

(2)檩条与屋架连接。

1)实腹式檩条与屋架的连接处可设置角钢檩托,以防止檩条在支座处的扭转变形和倾覆。檩条端部与檩托的连接螺栓应不少于两个,并沿檩条高度方向设置。当檩条高度较小(小于 120mm),排列两个螺栓有困难时,也可改为沿檩条长度方向设置。螺栓直径根据檩条的截面大小,取 M12~M16,如图 7-81(a)所示。

当屋面坡度与屋面荷载较小时,也可用钢板直接焊于屋架上弦作为檩托,如图 7-81(b)所示。轻型 H 型钢檩条,当截面高度 $h<200$mm 时,可直接用螺栓与屋架连接,如图 7-82(a)所示;当截面高度 $h\geqslant200$mm 时,需将下翼缘切去半肢,设檩托与屋架连接,如图 7-82(b)所示。

实腹式檩条与屋架的连接处也可采用搭接,此时檩条按连续构件设计。带斜卷边的 Z 形檩条可采用叠置搭接(图 7-83),卷边 C 形檩条可采用不同型号的卷边 C 形钢套置搭接(图 7-84)。搭接长度 $2a$ 及其连接螺栓直径,应根据连续梁中间支座处的弯矩确定。在同一工程中宜尽量减少搭接长度的类型。

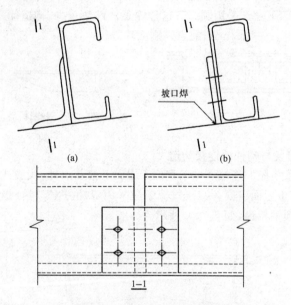

图 7-81　实腹式檩条端部连接
(a)沿檩条长度方向设置;(b)用钢板直接焊于屋架上弦作为檩托

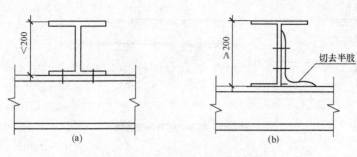

图 7-82 轻型 H 型檩条端部连接
(a)截面高度 $h<200mm$ 时;(b)截面高度 $h\geqslant 200mm$ 时

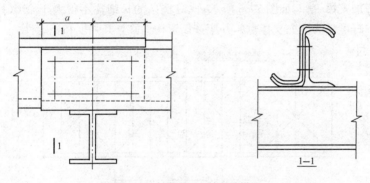

图 7-83 斜卷边 Z 形檩条的搭接

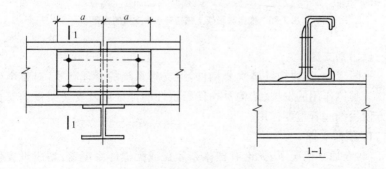

图 7-84 卷边 C 形檩条的搭接

2)桁架式檩条一般用螺栓直接与屋架上弦连接,如图 7-85 所示。

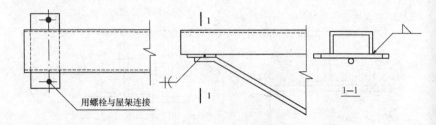

图 7-85　桁架式檩条端部连接

为了减小屋架上弦平面外的计算长度,并增强其平面外的稳定性,可将檩条与屋架上弦横向水平支撑在交叉点处相连,使檩条兼作支撑的竖压杆加支撑工作,如图 7-86 所示;此时檩条的长细比不得大于 200(拉条和撑杆可作为侧向支撑点),并应按压弯构件验算其强度和稳定性。

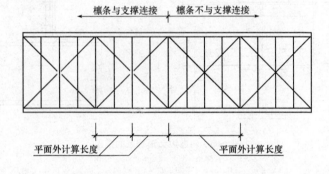

图 7-86　檩条与屋架上弦横向水平支撑的布置

(二)钢支撑

一般来说,支撑构件属次要构件,但支撑系统的合理布置,对整个建筑物的整体作用的发挥、结构及构件稳定性的保证以及安装架设的安全与方便等都起着重要作用。

1. 横向支撑

(1)在通常情况下,无论有檩体系屋盖或无檩体系屋盖,均应设置垂直支撑以及屋架上弦和天窗架上弦的横向支撑。

(2)当屋架间距<12m 时,除屋架跨度<18m 又无吊车或其他振动设备外,还应在屋架下弦设置横向支撑,如图 7-87 所示。当屋架间距<12m

时,由于在屋架下弦设置支撑不便,可不必设置下弦横向支撑,但上弦支撑应适当加强,并应用斜撑等对屋架下弦侧向加以支撑(图7-87)。

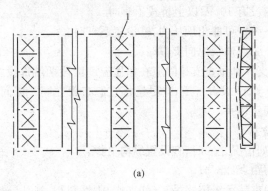

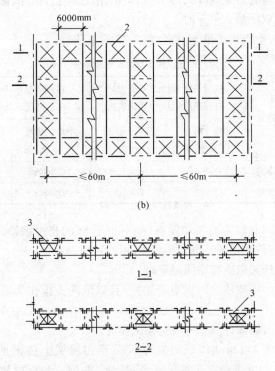

图7-87 屋架间距为6m无天窗的屋架支撑布置
(a)屋架上弦平面;(b)屋架下弦平面
1—横向平面支撑;2—纵向平面支撑;3—垂直支撑

(3)凡属下列情况之一者,宜设置屋架下弦横向支撑:

1)房屋较高,风力较大,端墙风力宜由屋架下弦平面传至柱顶时。

2)房屋内设有10t及以上桥式吊车时。

3)屋架下弦杆可能出现压力,需设置系杆时。

4)屋架下弦有通长纵向支撑时。

(4)横向支撑和垂直支撑除应在房屋温度区段两端部设置外,在中间应每隔不大于60m设置一道,并尽量将它们布置在同一区间(指屋架间)以组成空间稳定体系。

2. 纵向支撑

(1)在下列情况之一时,宜设置纵向支撑:

1)屋架间距≥12m时。

2)厂房内有特重级桥式吊车(如夹钳、刚性料耙、抓斗、磁力等吊车)、壁行吊车或双层桥式吊车时。

3)有中、重级桥式吊车,符合表7-27的条件时。

表7-27　　　　　　　设置纵向支撑的条件参考表

序号	厂房跨数	柱顶高度≤15m(有天窗) 柱顶高度≤18m(无天窗)		柱顶高度>15m(有天窗) 柱顶高度>18m(无天窗)	
		中级工作制 (A4、A5级)吊车	重级工作制 (A6、A8级)吊车	中级工作制 (A4、A5级)吊车	重级工作制 (A6、A8级)吊车
1	单跨	Q≥50t	Q≥50t	Q≥30t	Q≥10t
2	等高多跨	Q≥75t	Q≥20t	Q≥50t	Q≥15t

4)厂房内有较大的振动设备(如不小于5t的自由锻锤、重型水压机或锻压机、铸件水爆池及其他类似振动设备)时。

5)设有托架以支撑中间屋架时。

6)在厂房框架柱之间设有墙架柱,且以纵向支撑作为墙架柱的水平支撑时。

7)在厂房框架计算中考虑空间工作时。

屋架间距≥12m时,纵向支撑宜布置在屋架上弦平面;屋架间距<12m时,纵向支撑通常布置在屋架下弦平面,但三角形屋架及端斜杆为下降式且主要支座设在上弦处的梯形屋架和人字形屋架,也可布置在上弦平面内。

(2)屋架间距≥12m的长尺压型钢板或压型铝合金板屋面有檩体系屋盖的支撑布置,如图7-88和图7-89所示。横向支撑和纵向支撑均布置在屋架上弦平面,与檩条或纵、横梁(或纵、横次桁架)结合起来组成平面桁架。对于屋架下弦平面外的支撑,图7-90为支于檩条的斜撑杆;图7-91则为纵向次桁架。

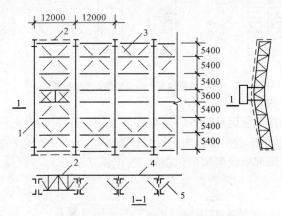

图 7-88 屋架间距为 12m 的屋盖支撑布置

1—屋架;2—垂直支撑;3—平面支撑;4—檩条;5—斜撑杆

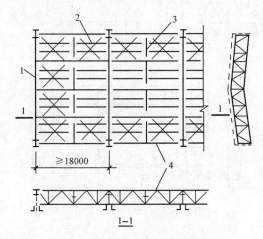

图 7-89 有檩体系屋盖的支撑布置

1—屋架;2—檩条;3—横梁;4—纵向次桁架

(3)图 7-90 为房屋端部无屋架(山墙到顶)的石棉瓦等屋面有檩体系屋盖的支撑布置。

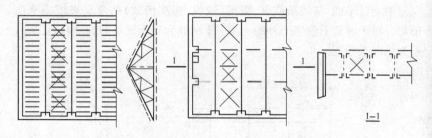

图 7-90 房屋端部无屋架的屋盖支撑布置

(4)有悬挂起重运输设备的屋架,应根据不同情况增设支撑:

1)当悬挂吊车沿厂房纵向运行且轨道未达到已设置的下弦横向支撑时,应在轨道端部增设屋架下弦横向支撑[图 7-91(a)],或在轨道延伸长度内设置刚性系杆与原有横向支撑节点相连接[图 7-91(b)]。

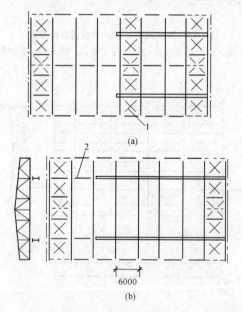

图 7-91 有纵向悬挂吊车时的附加下弦横向支撑布置
1—增设横向支撑;2—刚性系杆

2)当悬挂吊车沿屋架下弦运行时,应在靠近轨道梁处增设下弦横向支撑和垂直支撑(图7-92)。

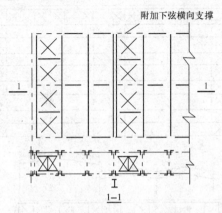

图 7-92 有横向悬挂吊车时的附加支撑布置

3)当悬挂吊车(或检修桥式吊车的电葫芦)轨道梁在两屋架之间并通过支撑梁与屋架连接时,应在两侧增设屋架上、下弦横向支撑和垂直支撑。图7-93中交叉虚线表示支撑梁间的支撑,其交叉点应与轨道梁顶面连接。

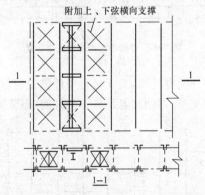

图 7-93 屋架间有悬挂吊车时的附加支撑布置

等高多跨房屋(或多跨房屋的等高部分),除沿其两侧边设置纵向支撑外,还应根据其跨数、各跨吊车的起重量和工作制等情况,在中间柱列处增设纵向支撑(图7-94)。

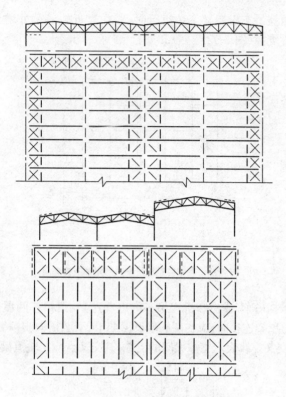

图 7-94 多跨车间的纵向支撑布置

当房屋的局部柱间有托架,又无必要条件需设置纵向支撑时,可仅在有托架处设置纵向支撑,并两端各延伸一个柱间(图 7-95)。

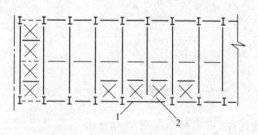

图 7-95 局部柱间有托架的纵向支撑布置
1—托架;2—纵向支撑

3. 垂直支撑

(1)屋架的垂直支撑应布置在设有横向支撑的屋架间,并按下列要求设置:

1)梯形屋架、人字形屋架或其他端部有一定高度的多边形屋架,应在屋架端部设置垂直支撑。若此处有托架(或纵向次桁架)时,就用其代替,不另设支撑。

当屋架跨度 $l\leqslant 30m$ 时,还应在跨度中央增设一道垂直支撑[图 7-96(a)]。

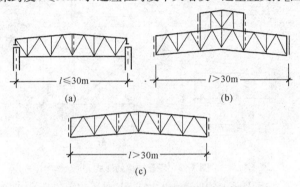

图 7-96 梯形和人字形屋架的垂直支撑

(a)屋架跨度≤30m;(b)屋架跨度>30m(有天窗);(c)屋架跨度>30m(无天窗)

当屋架跨度 $l>30m$ 时,还应在跨度 1/3 左右的竖杆平面内各增设一道垂直支撑[图 7-96(b)、(c)];当有天窗时,宜设置在天窗侧柱的下面[7-96(b)]。

2)三角形屋架的垂直支撑:当屋架跨度 $l\leqslant 18m$ 时,应在跨度中央设置一道[图 7-97(a)、(b)];当跨度 $l>18m$ 时,宜设置两道[图 7-97(c)、(d)]。

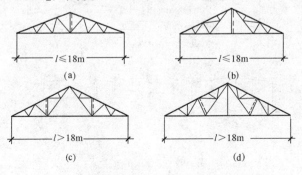

图 7-97 三角形屋架的垂直支撑

(a)、(b)屋架跨度≤18m;(c)、(d)屋架跨度>18m

(2)屋架间垂直支撑应根据其高度 h 与长度 l 之比采用不同的形式(图 7-98)。当为平行弦桁架形式时,其上、下弦兼作平面支撑的横杆。图 7-98(c)兼作檩条的垂直支撑。

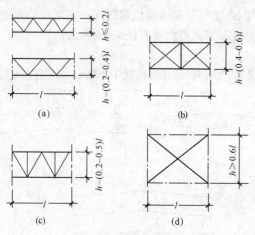

图 7-98 垂直支撑的形式

(a)$h=(0.2\sim 0.4)l$ $h\leqslant 0.2l$;(b)$h=(0.4\sim 0.6)l$;(c)$h=(0.2\sim 0.5)l$;(d)$h>0.6l$

4. 天窗架支撑

天窗架的上弦横向支撑和垂直支撑,应布置在天窗端部以及中部有屋架横向支撑的区间,如图 7-99 所示。

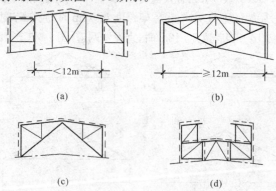

图 7-99 天窗架的支撑

(a)多竖杆天窗架(<12m);(b)多竖杆天窗架(≥12m);
(c)交叉式天窗架;(d)加密交叉式天窗架

天窗架垂直支撑应在两侧柱平面内和挡风板立柱平面内布置。对多竖杆和三支点式天窗架,当宽度≥12m(不包括挡风板支架)时,还应在中央竖杆平面内设置[图7-99(b)]。

图7-99(d)为挡风板与天窗架结合的气楼,其横向支撑和垂直支撑的设置应保证各节点在平面外水平力(风力或偶然力)作用下能可靠地传至屋架上弦平面。

天窗架垂直支撑的形式可按图选用,但通常采用简单的交叉式[图7-99(c)]。

处于地震区的房屋或有3t以上自由锻锤及类似振动设备的厂房,天窗架垂直支撑应适当加密。

(三)钢梯

1. 钢直梯的制作与安装

(1)钢直梯应采用性能不低于Q235AF的钢材。

(2)梁梁应采用不小于∠50mm×50mm×5mm的角钢或—60mm×8mm的扁钢。

(3)踏棍宜采用不小于$\phi 20$的圆钢,间距宜为300mm等距离分布。

(4)支撑应采用角钢、钢板或钢板组焊成T型钢制作,埋设或焊接时必须牢固可靠。

(5)无基础的钢直梯应至少焊两对支撑。支撑竖向间距不宜大于3000mm,最下端的踏棍距基准面距离不宜大于450mm。

(6)钢直梯每级踏棍的中心线与建筑物或设备外表面之间的净距离不得小于150mm。

(7)侧进式钢直梯中心线至平台或屋面的距离为380~500mm,梁梁与平台或屋面之间的净距离为180~300mm。

(8)梯段高度超过300mm时应设护笼,护笼下端距基准面为2000~2400mm,护笼上端高出基准面应与《固定式钢梯及平台安全要求 第3部分:工业防护栏杆及钢平台》(GB 4053.3—2009)中规定的栏杆高度一致。

(9)护笼直径为700mm,其圆心距踏棍中心线为350mm。水平圈采用不小于—40mm×4mm的扁钢,间距为450~750mm,在水平圈内侧均布焊接5根不小于—25mm×4mm的扁钢垂直条。

(10)钢直梯最佳宽度为500mm。由于工作面所限,攀登高度在

5000mm以下时,梯宽可适当缩小,但不得小于300mm。

(11)钢直梯上端的踏板应与平台或屋面平齐,其间隙不得大于300mm,并在直梯上端设置高度不低于1050mm的扶手。

(12)梯高不宜大于9m。超过9m时宜设梯间平台,以分段交错设梯。攀登高度在15m以下时,梯间平台的间距为5~8m;超过15m时,每5段设一个梯间平台。平台应设安全防护栏杆。

(13)钢直梯全部采用焊接连接,焊接要求应符合《钢结构工程施工质量验收规范》(GB 50205—2001)的规定。所有构件表面应光滑无毛刺。安装后的钢直梯不应有歪斜、扭曲、变形及其他缺陷。

(14)固定在平台上的钢直梯,应下部固定,其上部的支撑与平台梁固定,在梯梁上开设长圆孔,采用螺栓连接。

(15)钢直梯安装后必须认真除锈并做防腐涂装。

2. 钢斜梯的制作与安装

(1)梯梁钢材采用性能不低于Q235AF的钢材。其截面尺寸应通过计算确定。

(2)踏板采用厚度不小于4mm的花纹钢板,或经防滑处理的普通钢板,或采用由-25mm×4mm的扁钢和小角钢组焊成的格子板。

(3)扶手高应为900mm,或与《固定式钢梯及平台安全要求 第3部分:工业防护栏及钢平台》(GB 4053.3—2009)中规定的栏杆高度一致,采用外径为30~50mm,壁厚不小于2.5mm的管材。

(4)立柱宜采用截面不小于∟40mm×40mm×4mm的角钢或外径为30~50mm的管材,从第1级踏板开始设置,间距不宜大于1000mm,横杆采用直径不小于16mm的圆钢或30mm×4mm的扁钢,固定在立柱中部。

(5)梯宽宜为700mm,最大不宜大于1100mm,最小不得小于600mm。梯高不宜大于5m,大于5m时,宜设梯间平台,分段设梯。

(6)钢斜梯应全部采用焊接连接。焊接要求符合《钢结构工程施工质量验收规范》(GB 50205—2001)。

(7)所有构件表面应光滑无毛刺,安装后的钢斜梯不应有歪斜、扭曲、变形及其他缺陷。钢斜梯安装后,必须认真除锈并做防腐涂装。

(四)钢平台及护栏

(1)平台钢板应铺设平整,与承台梁或框架密贴、连接牢固,表面有防滑措施。

(2)护栏安装连接应牢固可靠,扶手转角应光滑。

(3)钢平台、钢梯和栏杆安装的允许偏差应符合表 7-28 的规定。

表 7-28　　　　　钢平台、钢梯、栏杆安装的允许偏差

序号	项目	允许偏差/mm
1	平台标高	±10.0
2	平台支柱垂直度(H 为支柱高度)	$H/1000$　15.0
3	平台梁水平度(L 为梁长度)	$L/250$　15.0
4	承重平台梁侧向弯曲(L 为梁长度)	$L/1000$　15.0
5	承重平台梁垂直度(h 为平台梁高度)	$h/250$　15.0
6	平台表面平直度(1m 范围内)	6.0
7	直梯垂直度(H 为直梯高度)	$H/1000$　15.0
8	栏杆高度	±10.0
9	栏杆立柱间距	±10.0

(4)梯、平台和护栏宜与主要构件同步安装。

二、钢构件参考质量

1. 天窗端壁钢梯质量

天窗端壁钢梯的质量参见表 7-29。

表 7-29　　　　　　　　天窗端壁钢梯质量

钢梯编号	天窗高度/m	钢梯质量/(kg/座)	钢梯编号	天窗高度/m	钢梯质量/(kg/座)	钢梯编号	天窗高度/m	钢梯质量/(kg/座)
G_1	2.1	26.9	G_5	3.9	44.8	S_3	2.7	36.6
G_2	2.4	29.8	G_6	4.5	50.7	S_4	3.3	42.3
G_3	2.7	32.8	S_1	2.1	30.4	S_5	3.9	48.3
G_4	3.3	38.8	S_2	2.4	33.3	S_6	4.5	54.2

注:钢梯 G_1~G_6 用于钢筋混凝土天窗端壁;S_1~S_6 用于石棉瓦天窗端壁。

2. 作业台钢梯质量

作业台钢梯的质量参见表 7-30。

表 7-30　　作业台钢梯质量

钢梯型号	梯高/mm	钢梯质量/kg	钢梯型号	梯高/mm	钢梯质量/kg	钢梯型号	梯高/mm	钢梯质量/kg
T_1-9	900	27	T_1-23	2300	41	T_1-37	3700	64
T_1-10	1000	28	T_1-24	2400	42	T_1-38	3800	65
T_1-11	1100	29	T_1-25	2500	43	T_1-39	3900	66
T_1-12	1200	30	T_1-26	2600	44	T_1-40	4000	67
T_1-13	1300	31	T_1-27	2700	45	T_1-41	4100	68
T_1-14	1400	32	T_1-28	2800	46	T_1-42	4200	69
T_1-15	1500	33	T_1-29	2900	47	T_1-43	4300	71
T_1-16	1600	34	T_1-30	3000	48	T_1-44	4400	72
T_1-17	1700	35	T_1-31	3100	49	T_1-45	4500	73
T_1-18	1800	36	T_1-32	3200	50	T_1-46	4600	74
T_1-19	1900	37	T_1-33	3300	51	T_1-47	4700	75
T_1-20	2000	38	T_1-34	3400	60	T_1-48	4800	76
T_1-21	2100	39	T_1-35	3500	61			
T_1-22	2200	40	T_1-36	3600	62			

注：1. 钢梯 T_1：坡度 90°，宽度 600mm；T_1 为爬式。依据为国标 J409。
2. 钢梯质量内包括梯梁、踏步、扶手及栏杆等质量。梯高为地面至平台标高的垂直距离。

3. 消防及屋面检修钢梯质量

消防及屋面检修用钢梯的质量可参照表 7-31 和表 7-32 进行计算。

表 7-31　　屋面女儿墙高度≤0.6 m 时的消防及屋面检修钢梯质量

檐高	钢梯质量/(kg/座)				檐高	钢梯质量/(kg/座)			
	梯身离墙面净距/m<					梯身离墙面净距/m<			
	$a=0.25$	$b=0.41$	$a=0.53$	$b=0.66$		$a=0.25$	$b=0.41$	$a=0.53$	$b=0.66$
3.0	32.8	37.0	43.6	46.4	6.0	68.0	74.3	84.2	88.4
3.6	38.7	42.9	49.5	52.4	6.6	73.9	80.2	90.1	94.3
4.2	44.8	49.0	55.6	58.4	7.2	80.0	86.3	96.2	100.4
4.8	50.7	54.9	61.5	64.3	7.8	85.9	92.2	120.1	103.3
5.4	56.7	60.7	67.5	70.3	8.4	91.9	98.2	103.1	112.3

续表

檐高	钢梯质量/(kg/座)				檐高	钢梯质量/(kg/座)			
	梯身离墙面净距/m<					梯身离墙面净距/m<			
	$a=0.25$	$b=0.41$	$a=0.53$	$b=0.66$		$a=0.25$	$b=0.41$	$a=0.53$	$b=0.66$
9.0	103.2	111.6	124.8	130.4	18.6	232.2	246.9	270.0	279.8
9.6	109.1	117.5	130.7	136.3	19.2	238.3	253.0	276.1	285.9
10.2	115.2	123.6	136.8	142.4	19.8	244.2	258.9	282.0	291.8
10.8	121.1	129.5	142.7	148.3	20.4	250.2	264.9	288.0	297.8
11.4	127.1	135.5	148.7	154.3	21.0	261.5	278.3	304.7	315.9
12.0	155.9	166.4	182.9	189.9	21.5	267.4	284.2	310.6	321.8
12.6	161.8	172.3	188.8	195.8	22.2	291.0	307.8	334.2	345.4
13.2	167.9	178.4	194.9	201.9	22.8	296.9	313.7	340.1	351.3
13.8	173.8	184.3	200.8	207.8	23.4	302.8	319.7	346.1	357.3
14.4	179.8	190.3	206.8	213.8	24.0	314.2	333.1	262.8	375.4
15.0	191.1	203.7	223.5	231.9	24.6	320.1	339.0	368.7	381.3
15.6	197.0	209.6	229.4	237.8	25.2	326.2	345.1	374.8	387.4
16.2	203.1	215.7	235.5	243.9	25.8	332.1	351.0	380.7	393.3
16.8	209.0	221.6	241.4	249.8	26.4	338.1	357.0	386.7	399.3
17.4	215.0	227.6	247.4	255.8	27.0	349.5	370.4	403.4	417.4
18.0	226.3	241.0	264.1	273.9	27.6	355.5	376.3	409.3	423.3

表7-32 屋面女儿墙高度1.0~1.2m时的消防及屋面检修钢梯质量

檐高/m	钢梯质量/(kg/座)		檐高/m	钢梯质量/(kg/座)		檐高/m	钢梯质量/(kg/座)	
	梯身离墙面净距/m<			梯身离墙面净距/m<			梯身离墙面净距/m<	
	$a=0.25$	$b=0.41$		$a=0.25$	$b=0.41$		$a=0.25$	$b=0.41$
3.0	64.4	70.6	11.4	164.1	176.6	19.8	275.9	292.6
3.6	70.5	76.7	12.0	187.5	200.0	20.4	287.2	306.0
4.2	76.4	82.6	12.6	193.6	206.1	21.0	293.1	311.9
4.8	82.4	88.6	13.2	199.5	212.0	21.6	299.2	318.0
5.4	93.7	102.0	13.8	205.5	218.0	22.2	322.6	341.4
6.0	99.6	107.9	14.4	216.8	231.4	22.8	328.6	347.4
6.6	105.7	114.0	15.0	222.7	237.3	23.4	339.9	360.8
7.2	111.6	119.9	15.6	228.8	243.4	24.0	345.8	366.7
7.8	117.6	125.9	16.2	234.7	249.3	24.6	351.9	372.8
8.4	128.9	139.3	16.8	240.7	255.3	25.2	357.8	378.7
9.0	134.8	145.2	17.4	252.0	268.7	25.8	363.8	384.7
9.6	140.9	151.1	18.0	257.9	274.6	26.4	375.1	398.1
10.2	146.8	157.2	18.6	264.0	280.7	27.0	381.0	404.0
10.8	152.8	163.2	19.2	269.9	286.6	27.6	387.1	410.1

4. 钢檩条每平方米屋盖水平投影面积参考质量

钢檩条每平方米屋盖水平投影面积的参考质量见表 7-33。

表 7-33　　　　钢檩条每平方米屋盖水平投影面积质量参考表

屋架间距 /m	屋 面 荷 重 /(N/m²)					附注：
	1000	2000	3000	4000	5000	1. 檩条间距为 1.8～2.5m
	每平方米屋盖檩条质量/kg					2. 本表不包括檩条间支撑量,如有支撑,每平方米增加：圆钢制成 1.0kg,角钢制成 1.8kg
4.5	5.63	8.70	10.50	12.50	14.70	
6.0	7.10	12.50	14.70	17.00	22.00	
7.0	8.70	14.70	17.00	22.20	25.00	3. 如有组合断面构成之屋檐时,则檩条之质量应增加 $\frac{36}{L}$ (L 为屋架跨度)
8.0	10.50	17.00	22.20	25.00	28.00	
9.0	12.59	19.50	22.20	28.00		

5. 每根轻钢檩条参考质量

每根轻钢檩条的参考质量见表 7-34。

表 7-34　　　　每根轻型钢檩条质量参考表

檩长 /m	钢材规格		质量 /(kg/根)	檩长 /m	钢材规格		质量 /(kg/根)
	下弦	上弦			下弦	上弦	
2.4	1ϕ8	2ϕ10	9.0	4.0	1ϕ10	1ϕ12	20.0
3.0	1ϕ16	∟45×4	16.4	5.0	1ϕ12	1ϕ14	25.6
3.3	1ϕ10	2ϕ12	14.5	5.3	1ϕ12	1ϕ14	27.0
3.6	1ϕ10	2ϕ12	15.8	5.7	1ϕ12	1ϕ14	32.0
3.75	1ϕ10	∟50×5	18.8	6.0	1ϕ14	2∟25×2	31.6
4.00	1ϕ16	∟50×5	23.5	6.0	1ϕ14	2ϕ16	38.5

6. 每米钢平台(带栏杆)参考质量

每米钢平台(带护栏)的参考质量见表 7-35。

表 7-35　　　　每米钢平台(带护栏)质量参考表

平台宽度/m	3m 长平台	4m 长平台	5m 长平台
	每米质量/kg		
0.6	54	60	65
0.8	67	74	81
1.0	78	84	97
1.2	87	100	107

注：表中栏杆为单面,如两面均有,每米平台增加 10.2kg。

7. 每米钢护栏及扶手参考质量

每米钢护栏及扶手的参考质量见表 7-36。

表 7-36　　　　　每米钢护栏及扶手质量参考表

项目	钢护栏			钢扶手		
	角钢	圆钢	扁钢	钢管	圆钢	扁钢
	每米质量/kg					
护栏及扶手制作	15	12	10	14	9.5	7.7

8. 每米扶梯参考质量

每米扶梯的参考质量见表 7-37。

表 7-37　　　　　每米扶梯(垂直投影)质量参考表

项目	扶梯(垂直投影长)			
	踏步式		爬式	
	圆钢	钢板	扁钢	圆钢
	每米质量/kg			
扶梯制作	35	42	28.2	7.8

9. 每平方米笼式平台参考质量

每平方米笼式平台的参考质量见表 7-38。

表 7-38　　　　每平方米笼式平台(圆钢为主)质量参考表

项目	单位	笼式(圆钢为主)
笼式平台制作	kg/m²	160

10. 每个钢车挡参考质量

每个钢车挡的参考质量见表 7-39。

表 7-39　　　　　　每个钢车挡质量参考表

项目	吊车吨位/t						
	3	5	10	15	20	30	50
	每个质量/kg						
车挡制作	38	57	102	138	138	232	239

三、钢构件工程量计算规则

按《房屋建筑与装饰工程工程量计算规范》(GB 50854—2013)规定,

钢构件工程量清单项目设置及工程量计算规则见表 7-40。

表 7-40　　　　　　　　　　钢构件

项目编码	项目名称	项目特征	计量单位	工程量计算规则	工作内容
010606001	钢支撑、钢拉条	1. 钢材品种、规格 2. 构件类型 3. 安装高度 4. 螺栓种类 5. 探伤要求 6. 防火要求	t	按设计图示尺寸以质量计算,不扣除孔眼的质量,焊条、铆钉、螺栓等不另增加质量	1. 拼装 2. 安装 3. 探伤 4. 补刷油漆
010606002	钢檩条	1. 钢材品种、规格 2. 构件类型 3. 单根质量 4. 安装高度 5. 螺栓种类 6. 探伤要求 7. 防火要求			
010606003	钢天窗架	1. 钢材品种、规格 2. 单榀质量 3. 安装高度 4. 螺栓种类 5. 探伤要求 6. 防火要求			
010606004	钢挡风架	1. 钢材品种、规格 2. 单榀质量 3. 螺栓种类 4. 探伤要求 5. 防火要求			
010606005	钢墙架				
010606006	钢平台	1. 钢材品种、规格 2. 螺栓种类 3. 防火要求			
010606007	钢走道				
010606008	钢梯	1. 钢材品种、规格 2. 钢梯形式 3. 螺栓种类 4. 防火要求			
010606009	钢护栏	1. 钢材品种、规格 2. 防火要求			

续表

项目编码	项目名称	项目特征	计量单位	工程量计算规则	工作内容
010606010	钢漏斗	1. 钢材品种、规格 2. 漏斗、天沟形式 3. 安装高度 4. 探伤要求	t	按设计图示尺寸以质量计算,不扣除孔眼的质量,焊条、铆钉、螺栓等不另增加质量,依附漏斗或天沟的型钢并入漏斗或天沟工程量内	1. 拼装 2. 安装 3. 探伤 4. 补刷油漆
010606011	钢板天沟				
010606012	钢支架	1. 钢材品种、规格 2. 安装高度 3. 防火要求		按设计图示尺寸以质量计算,不扣除孔眼的质量,焊条、铆钉、螺栓等不另增加质量	
010606013	零星钢构件	1. 构件名称 2. 钢材品种、规格			

注:1. 钢墙架项目包括墙架柱、墙架梁和连接杆件。
2. 钢支撑、钢拉条类型指单式、复式;钢檩条类型指型钢式、格构式;钢漏斗形式指方形、圆形;天沟形式指矩形沟或半圆形沟。
3. 加工铁件等小型构件,按表中零星钢构件项目编码列项。

第七节 金属制品工程量计算

按《房屋建筑与装饰工程工程量计算规范》(GB 50854—2013)规定,金属制品工程量清单项目设置及工程量计算规则见表 7-41。

表 7-41　　　　　　　　　　金属制品

项目编码	项目名称	项目特征	计量单位	工程量计算规则	工作内容
010607001	成品空调金属百页护栏	1. 材料品种、规格 2. 边框材质	m^2	按设计图示尺寸以框外围展开面积计算	1. 安装 2. 校正 3. 预埋铁件及安螺栓

续表

项目编码	项目名称	项目特征	计量单位	工程量计算规则	工作内容
010607002	成品栅栏	1. 材料品种、规格 2. 边框及立柱型钢品种、规格	m²	按设计图示尺寸以框外围展开面积计算	1. 安装 2. 校正 3. 预埋铁件 4. 安螺栓及金属立柱
010607003	成品雨篷	1. 材料品种、规格 2. 雨篷宽度 3. 凉衣杆品种、规格	1. m 2. m²	1. 以米计量,按设计图示接触边以米计算 2. 以平方米计量,按设计图示尺寸以展开面积计算	1. 安装 2. 校正 3. 预埋铁件及安螺栓
010607004	金属网栏	1. 材料品种、规格 2. 边框及立柱型钢品种、规格	m²	按设计图示尺寸以框外围展开面积计算	1. 安装 2. 校正 3. 安螺栓及金属立柱
010607005	砌块墙钢丝网加固	1. 材料品种、规格 2. 加固方式	m²	按设计图示尺寸以面积计算	1. 铺贴 2. 铆固
010607006	后浇带金属网				

注:金属构件的切边,不规则及多边形钢板发生的损耗在综合单价中考虑。

第八节 保温、隔热、防腐工程工程量计算

一、保温、隔热、防腐工程相关知识

保温隔热屋面是一种集防水和保温隔热于一体的防水屋面,防水是基本功能,同时兼顾保温隔热。

保温层可采用松散材料保温层、板状保温层或整体保温层；隔热层可采用架空隔热层、蓄水隔热层、种植隔热层等。

1. 保温隔热材料

(1)保温隔热材料的分类。

1)按材料成分分类。屋面保温隔热材料分有机类保温隔热材料、无机类保温隔热材料。

①有机类保温隔热材料。指植物类秸秆及其制品。如稻草、高粱秆、玉米秸。此类材料来源广、容重轻、价格低廉，但吸湿性大，容易腐烂，高温下易分解和燃烧。

②无机类保温隔热材料。指矿物类、化学合成聚酯类和合成橡胶类及其制品。矿物类有矿棉、膨胀珍珠岩、膨胀蛭石、浮石、硅藻土石膏、炉渣、加气混凝土、泡沫混凝土、浮石混凝土等；化学合成聚酯类和合成橡胶类有聚氯乙烯、聚苯乙烯、聚乙烯、聚氨酯、脲醛塑料和泡沫硬脂酸等。此类材料不腐烂，耐高温，部分吸湿性大，价格较高。

2)按材料形状分类。屋面保温隔热材料按其形状和施工做法分为松散保温隔热材料、板状保温隔热材料、整体保温隔热材料。

①松散保温隔热材料。用炉渣、膨胀蛭石、水渣、膨胀珍珠岩、矿物棉、锯末等干铺而成，但不宜于用在受震动的围护结构之上。

②板状保温隔热材料。用松散保温隔热材料或化学合成聚酯与合成橡胶类材料加工制成。如泡沫混凝土板、蛭石板、矿物棉板、软木板及有机纤维板(木丝板、刨花板、甘蔗板)等。它具有松散保温材料的性能，加工简单、施工方便。

③整体保温隔热材料。用松散保温材料做骨料，水泥或沥青做胶结料，经搅拌浇注而成。如膨胀珍珠岩混凝土、水泥膨胀蛭石混凝土、黏土陶粒混凝土、页岩陶粒混凝土、粉煤灰陶粒混凝土、沥青膨胀珍珠岩、沥青膨胀蛭石等。其中水泥膨胀蛭石混凝土和水泥珍珠岩混凝土选用较多。此类材料仍具有松散保温隔热材料的性能，但整体性比前两种材料为好，施工也较方便。

(2)保温隔热材料的性能。

1)保温隔热材料品种、性能及适用范围见表7-42。

表 7-42　保温隔热材料的品种、性能及适用范围

材料名称	主要性能及特点	适用范围
炉渣	炉渣为工业废料,可就地取材,使用方便。 炉渣有高炉炉渣、水渣及锅炉炉渣。使用粒径 5～40mm,表观密度为 500～1000kg/m^3,导热系数为 0.163～0.25W/(m·K)。 炉渣不能含有有机杂质和未烧尽的煤块,以及白灰块、土块等物。如粒径过大应先破碎再使用	屋面找平、找坡层
浮石	浮石为一种天然资源,在我国分布较广,蕴藏量较大,内蒙古、山西、黑龙江均是著名浮石产地。 浮石堆积密度一般为 500～800kg/m^3,孔隙率为 45%～56%,浮石混凝土的导热系数为 0.116～0.21W/(m·K)	屋面保温层
膨胀蛭石	膨胀蛭石是以蛭石为原料,经烘干、破碎、熔烧而成,为一种金黄色或灰白色颗粒状物料。 膨胀蛭石堆积密度约为 80～300kg/m^3,导热系数应小于 0.14W/(m·K)。 膨胀蛭石为无机物,因此不受菌类侵蚀,不腐烂,不变质,但耐碱不耐酸,因此不宜用于有酸性侵蚀处	屋面保温隔热层
膨胀珍珠岩	膨胀珍珠岩是以珍珠岩(松脂岩、黑曜岩)矿石为原料,经过破碎、熔烧而成一种白色或灰白色的砂状材料。 膨胀珍珠岩呈蜂窝泡沫状,堆积密度小于 120kg/m^3,导热系数小于 0.07W/(m·K),具有容重轻、保温性能好,无毒、无味、不腐、不燃、耐酸、耐碱等特点	屋面保温隔热层
泡沫塑料	保温、吸声、防震材料。它的种类较多,有聚苯乙烯泡沫塑料、聚乙烯泡沫塑料、聚氯乙烯泡沫塑料等。 特点为质轻、隔热、保温、吸声、吸水性小、耐酸、耐碱、防震性能好	屋面保温隔热层
微孔硅酸钙	微孔硅酸钙是以二氧化硅粉状材料、石灰、纤维增强材料和水经搅拌,凝胶化成形,蒸压养护、干燥等工序制作而成。 它具有容重轻、导热系数小、耐水性好,防火性能强等特点	用作房屋内墙、外墙、平顶的防火覆盖材料
泡沫混凝土	泡沫混凝土为一种人工制造的保温隔热材料。一种是水泥加入泡沫剂和水,经搅拌、成形、养护而成。另一种是用粉煤灰加入适量石灰、石膏及泡沫剂和水拌制而成,又称为硅酸盐泡沫混凝土。这两种混凝土具有多孔、轻质、保温、隔热、吸声等性能。其表观密度为 350～400kg/m^3,抗压强度为 0.3～0.5MPa,导热系数在 0.088～0.116W/(m·K)之间	屋面保温隔热层

2)常用保温材料导热系数见表7-43。

表7-43　　　　　常用保温材料导热系数

材料名称	干密度/(kg/m³)	导热系数/[W/(m·K)]	材料名称	干密度/(kg/m³)	导热系数/[W/(m·K)]
钢筋混凝土碎石、卵石混凝土	2500 2300 2100	1.74 1.51 1.28	矿棉、岩板、玻璃板板	80以下 80~200	0.95 0.045
			矿棉、岩板、玻璃棉毡	70以下 70~200	0.05 0.045
膨胀矿渣珠混凝土	2000 1800 1600	0.77 0.63 0.53	聚乙烯泡沫塑料	100	0.047
自然煤矸石、炉渣混凝土	1700 1500 1300	1.00 0.76 0.56	聚苯乙烯泡沫塑料	30	0.042
			聚氨酯硬泡沫塑料	30	0.033
煤煤灰陶粒混凝土	700 1500 1300 1100	0.95 0.70 0.57 0.44	聚氯乙烯硬泡沫塑料	130	0.048
			钙塑	120	0.49
黏土陶粒混凝土	1600 1400 1200	0.84 0.70 0.53	泡沫玻璃	140	0.058
			水泥砂浆	1800	0.93
加气混凝土、泡沫混凝土	700 500	0.22 0.19	水泥白灰砂浆	1700	0.87
			石灰砂浆	1600	0.81
膨胀珍珠岩	120 80	0.07 0.058	保温砂浆	800	0.29
水泥膨胀珍珠岩	800 600 400	0.26 0.21 0.16	重砂浆砌筑黏土砖砌体	1800	0.081
			轻砂浆砌筑黏土砖砌体	1700	0.76
沥青、乳化沥青膨胀珍珠岩	400 300	0.12 0.093	高炉炉渣	900	0.26
水泥膨胀蛭石	350	0.14	浮石、凝灰岩	600	0.23

续表

材料名称	干密度/(kg/m³)	导热系数/[W/(m·K)]	材料名称	干密度/(kg/m³)	导热系数/[W/(m·K)]
膨胀蛭石	300 200	0.14 0.10	沥青油毡,油毡纸	600	0.17
硅藻土	200	0.076	沥青混凝土	2100	1.05
泡沫石灰	300	0.116	石油沥青	1400 1050	0.27 0.17
炭化泡沫石灰	400	0.14	加草黏土	1600 1400	0.76 0.58
木屑	250	0.093			
稻壳	120	0.06	轻质黏土	1200	0.47

注:本表数据摘自《民用建筑热工设计规范》(GB 50176—1993)。

3) 屋面板状保温材料性能见表 7-44。

表 7-44 屋面板状保温材料性能表

序号	材料名称	表观密度/(kg/m³)	导热系数/[W/(m·K)]	强度/MPa	吸水率(%)	使用温度/℃
1	松散膨胀珍珠岩	40~250	0.03~0.04		250	−200~800
2	水泥珍珠岩 1:8	510	0.073	0.5	120~220	
3	水泥珍珠岩 1:10	390	0.069	0.4	120~220	
4	水泥珍珠岩制品	300	0.08~0.12	0.3~0.8	120~220	650
5	水泥珍珠岩制品	500	0.063	0.3~0.8	120~220	650
6	憎水珍珠岩制品	200~250	0.056~0.08	0.5~0.7	憎水	−20~650
7	沥青珍珠岩	500	0.1~0.2	0.6~0.8		
8	松散膨胀蛭石	80~200	0.04~0.07		200	1000
9	水泥蛭石	400~600	0.08~0.12	0.3~0.6	120~220	650
10	微孔硅酸钙	250	0.06~0.068	0.5	87	650
11	矿棉保温板	130	0.035~0.047			600
12	加气混凝土	400~800	0.14~0.18	3	35~40	200
13	水泥聚苯板	240~350	0.04~0.1	0.3	30	
14	水泥泡沫混凝土	350~400	0.1~0.16			

续表

序号	材料名称	表观密度 /(kg/m³)	导热系数 /[W/(m·K)]	强度 /MPa	吸水率 (%)	使用温度/℃
15	模压聚苯乙烯泡沫板	15~30	0.041	10%压缩后 0.06~0.15	2~6	−80~75
16	挤压聚氨酯泡沫板	≥32	0.03	10%压缩后 0.15	≤1.5	−80~75
17	硬质聚氨酯泡沫塑料	≥30	0.027	10%压缩后 0.15	≤3	−200~130
18	泡沫玻璃	≥150	0.062	≥0.4	≤0.5	−200~500

注：15~18项是独立闭孔、低吸水率材料。

2. 沥青胶泥施工配合比

沥青胶泥施工配合比见表7-45。

表7-45　　　沥青胶泥施工配合比

沥青软化点 /℃	配合比（质量比）			胶泥软化点 /℃	适用部位
	沥青	粉料	石棉		
75	100	30	5	75	隔离层用
90~110	100	30	5	95~110	
75	100	80	5	95	灌缝用
90~110	100	80	5	110~115	
75	100	100	5	95	铺砌平面板块材用
90~110	100	100	10~15	120	
65~75	100	150	5	105~110	铺砌立面板块材用
90~110	100	150	10~5	125~135	
65~75	100	200	5	120~145	灌缝法铺砌平面结合层用
90~110	100	200	10~5	>145	
75	100		25	70~90	铺贴卷材

注：1. 配制耐热稳定性大于70℃的沥青胶泥，可采用掺加沥青用量5%左右的硫磺提高沥青软化点。
　　2. 沥青胶泥的比重为1.35~1.48。

3. 沥青砂浆和沥青混凝土施工配合比

沥青砂浆和沥青混凝土施工配合比见表7-46。

表 7-46　　　　　　　　沥青砂浆和沥青混凝土施工配合比

种类	配合比(质量比)								适用部位
	石油沥青			粉料	石棉	砂子	碎石/mm		
	30 号	10 号	55 号				5～20	20～40	
沥青砂浆	100	—	—	166	—	466			砌筑用
	100	—	—	100	5～8	100～200			涂抹用
	—	100	—	150		583			砌筑用
	—	50	50	142		567			面层用
	—	—	100			400			砌筑用
沥青混凝土	100	—	—	90		360	140	310	作面层用
	100	—	—	67		244	266		
	—	100	—	100		500	300		
	—	50	50	84		333	417		
	—	—	—	33		400	300		

注:涂抹立面的沥青砂浆,抗压强度可不受限制。

4. 环氧胶泥、砂浆、玻璃钢胶料施工配合比

环氧胶泥、砂浆、玻璃钢胶料施工配合比见表 7-47。

表 7-47　　环氧胶泥、砂浆、玻璃钢胶料施工配合比(质量比)

材料名称		胶结料	稀释剂	固化剂	增韧剂		粉料	细集料	其他
		环氧树脂	丙酮(或二甲苯)	乙二胺	乙二胺丙酮溶液	邻苯二甲酸二丁酯	石英粉或瓷粉		砂子
环氧胶泥		100	0～20	(6～8)	12～16	(10)	150～250	—	
环氧胶泥		100	(20)	(6～8)	12～16	10～12	(80～170)	—	
环氧砂浆		100	10～30	(6～8)	12～16	10	250～290	500～600	
环氧玻璃钢	打底料	水泥砂浆混凝土钢材 100	60～100	(6～8)	12～16	—	0～20		
		100	40～50	(6～8)	12～16	—	0～20		
	腻子料	100	0～10	(6～8)	12～16	—	120～180		
	衬布料、面层料	100	10～15	(6～8)	12～16	—	15～20		

注:1. 表中括号内数据为亦可选用的数据。
　　2. 乙二胺纯度按 100%计。石英粉可用辉绿岩粉代用。腐蚀介质为氢氟酸时,粉料应选用硫酸钡粉。
　　3. 环氧胶泥技术性能:抗压强度 45～80MPa;抗拉强度 4.5～8MPa;黏结强度:与混凝土 2.7MPa;与瓷板 3.8MPa;与花岗岩 3.0～3.85MPa;密度 1.4～1.54g/cm³;渗水性 2.8MPa;使用温度 95℃。

5. 水玻璃胶泥、砂浆、混凝土施工配合比

水玻璃胶泥、砂浆、混凝土施工配合比见表 7-48。

表 7-48　　水玻璃胶泥、砂浆、混凝土施工配合比

材料名称	配合比（质量比）						
	水玻璃	氟硅酸钠	辉绿岩粉（或石英粉）	69号耐酸灰	辉绿岩粉：石英粉=1:1	砂子	碎石
水玻璃胶泥	1.0	0.15~0.18	2.55~2.7	—	—	—	—
	1.0	0.15~0.18	—	2.4~2.6	—	—	—
	1.0	0.15~0.18	1.25~1.3	1.25~1.3	—	—	—
	1.0	0.15~0.18	(2.0~2.2)	—	—	—	—
	1.0	0.15~0.18	—	—	2.2~2.4	—	—
水玻璃砂浆	1.0	0.15~0.17	2.0~2.2	—	—	2.5~2.7	—
	1.0	0.15~0.17	1.0~1.4	—	—	1.7~1.9	—
	1.0	0.15~0.17	—	2.0~2.4	—	2.5~2.6	—
	1.0	0.15~0.17	—	—	2.0~2.2	2.5~2.6	—
水玻璃混凝土	1.0	0.15~0.16	2.0~2.2	—	—	2.3	3.2
	1.0	0.15~0.16	—	—	1.8~2.2	2.4~2.5	3.2~3.3
	1.0	0.15~0.16	—	2.1~2.0	—	2.5~2.7	3.2~3.3

注：1. 氟硅酸钠纯度按 100% 计，不足 100% 时掺量按比例增加。

2. 氟硅酸钠用量计算按下式：

$$G = 1.5 \frac{N_1}{N_2} \times 100$$

式中　G——氟硅酸钠用量占水玻璃用量的百分率（%）；

N_1——水玻璃中含氧化钠的百分率（%）；

N_2——氟硅酸钠的纯度（%）。

6. 改性水玻璃混凝土配合比

改性水玻璃混凝土配合比见表 7-49。

表 7-49　　改性水玻璃混凝土配合比(质量比)

改性水玻璃溶液					氟硅酸钠	辉绿岩粉	石英砂	石英碎石
水玻璃	糠醇	六羟树脂	NNO	木钙				
100	3～5	—	—	—	15	180	250	320
100	—	7～8	—	—	15	190	270	345
100	—	—	10	—	15	190	270	345
100	—	—	—	2	15	210	230	320

注：1. 糠醇为淡黄色或微棕色液体,要求纯度 95% 以上;六羟树脂为微黄色透明液体,要求固体含量 40%,游离醛不大于 2%～3%,NNO 呈粉状,要求硫酸钠含量小于 3%,pH 值 7～9;木钙为黄棕色粉末,碱木素含量大于 55%,pH 值为 4～6。

2. 糠醇改性水玻璃溶液另加糠醇用量 3%～5% 的催化剂盐酸苯胺,盐酸苯胺要求纯度 98% 以上,细度通过 0.25mm 筛孔。NNO 配成 1∶1 水溶液使用;木钙加 9 份水配成溶液使用,表中为溶液掺量。氟硅酸钠纯度按 100% 计。

7. 呋喃胶泥和砂浆施工配合比

呋喃胶泥和砂浆施工配合比见表 7-50。

表 7-50　　呋喃胶泥和砂浆施工配合比(质量比)

材料名称	呋喃树脂	10号石油沥青	二甲苯或甲苯	硫酸乙酯(3∶1)	石英粉(或辉绿岩粉)	石英粉(或硫酸钡粉)	石英砂	备注
呋喃胶泥	100	—	5～10	12	100			灌缝用
	100	—	5～10	12	80	20		灌缝用
	100	—	5～10	12		50	50	灌缝用
	100(90)	(10)	5～10	12	180			铺砌与嵌缝用
	100(90)	(100)	5～10	12	140	50		铺砌与嵌缝用
	100(90)	(10)	5～10	12		90	90	铺砌与嵌缝用
呋喃砂浆	100	—	10～15	12～14	75～125		225～375	铺砌用

注：1. 表中括号内数据为配制改性呋喃沥青胶泥时树脂与沥青的比例,其他材料均相同。介质为氢氟酸时,材料应选用石墨粉与硫酸钡粉。

2. 呋喃胶泥技术性能:抗压强度 45～80MPa,抗拉强度 418MPa;黏结强度:与瓷板 0.09MPa,与铸石板 0.84MPa,花岗岩 1.35MPa;呋喃沥青胶泥黏结强度:与瓷板 0.26MPa,与铸石板 1.19MPa,与花岗岩 1.21MPa;呋喃胶泥耐热性为 180～200℃;呋喃沥青胶泥耐热温度为 175℃。

8. 酚醛胶泥、玻璃钢胶料施工配合比

酚醛胶泥、玻璃钢胶料施工配合比见表7-51。

表 7-51　　　　酚醛胶泥、玻璃钢胶料施工配合比（质量比）

材料名称		胶结料	稀释剂		固化剂		改进剂	粉料
		酚醛树脂	丙酮	乙醇	苯磺酰氯	对甲苯磺酰氯：硫酸乙酯=7:3	桐油钙松等	石英粉或瓷粉
酚醛胶泥		100	(0~10)	0~10	6~10	(8~12)	10	150~200
酚醛玻璃钢	腻子料衬布料、面层料	100 100	(0~10) (10~15)	0~10 10~15	8~10 8~10	— —	— —	120~180 10~15

注：1. 表中括号内数据为亦可选用数据。
　　2. 硫酸乙酯为硫酸：乙醇=1：(2~3)。
　　3. 酚醛玻璃钢打底料同环氧玻璃钢打底料。
　　4. 酚醛胶泥技术性能：抗压强度37.8~84MPa；抗拉强度3.9~5.4MPa；黏结强度：与瓷板1.1~1.2MPa；与铸石板1.3~1.7MPa；与钢1.5MPa，收缩率0.16%~0.42%。耐热温度120℃以下。

9. 聚酯胶泥、砂浆、玻璃钢胶料施工配合比

聚酯胶泥、砂浆、玻璃钢胶料施工配合比见表7-52。

表 7-52　　　聚酯胶泥、砂浆、玻璃钢胶料施工配合比（质量比）

材料名称		胶结料	稀释剂	引发剂	促进剂	粉料	细集料
		不饱和聚酯树脂	苯乙烯	过氧化环己酮	萘酸钴	石英粉或瓷粉	石英粉
聚酯胶泥		100	0~10	3~4	2~4	200~400	—
聚酯砂浆		100	0~10	3~4	2~4	70~200	340~400
聚酯玻璃钢	打底料	100	20~40	3~4	1.5~2	—	—
	腻子料	100	0~10	3~4	1.5~2	120~180	—
	衬布料、面层料	100	0~10	3~4	1.5~2	10~20	—

注：介质为氢氟酸时，粉料、细骨料改用硫酸钡填料。

10. 硫磺胶泥、砂浆、混凝土施工配合比

硫磺胶泥、砂浆、混凝土施工配合比见表7-53。

表 7-53 硫磺胶泥、砂浆、混凝土施工配合比

材料名称	配合比(质量比)									
	硫磺	石英粉	辉绿岩粉	石墨粉	石棉绒	石英砂	聚硫橡胶	聚氯乙烯粉	萘	碎石
硫磺胶泥	58~60	38~40	—	—	0~1	—	1~2	—	—	—
	60	19.5	19.5	—	—	—	1.5	—	—	—
	70~72	—	—	26~28	0~1	—	1~2	—	—	—
	54~60	35~42	—	—	—	—	—	3~5	—	—
	60~35	35	—	—	—	—	—	—	3	—
硫磺砂浆	50	17~18	—	—	0~1	30	2~3	—	—	—
硫磺混凝土	40~50(硫磺胶泥或硫磺砂浆)								60~50	

注：1. 硫磺胶泥的技术性能：抗拉强度 5.2~7.2MPa、抗压强度 37~64MPa、抗折强度 9.4~10.4MPa。黏结强度：与瓷板 1.5MPa；与铸石板 1.8~2.0MPa；与水泥砂浆 2.4MPa。弹性模量为 499.9MPa，密度为 2200~2300kg/m³，体积收缩率约 4%，热膨胀系数为 $1.6 \times 10.5 \sim 1.5 \times 10.5$，吸水率为 0.14%~0.48%。

2. 硫磺混凝土弹性模量 262.6MPa，密度 2400~2500kg/m³。

11. 常用聚氯乙烯黏结剂施工配合比及技术性能

常用聚氯乙烯黏结剂施工配合比及技术性能见表 7-54。

表 7-54 常用聚氯乙烯黏结剂施工配合比及技术性能

黏结剂名称	施工配合比(质量比)	黏结强度/MPa	耗用量/(kg/m³)	备注
聚氨酯黏结剂(乌利当胶)	甲组：乙组=100：(10~15) 甲组(弹性体 30%，丙酮 51%，醋酸乙酯 19%) 乙组(多异氰酸酯固体含量 75%)	64.5~83.5	—	黏结硬板用，有商品供应
过氯乙烯黏结剂(601 塑料黏结剂)	(1)过氯乙烯树脂：二氯乙烷=13：87 (2)过氯乙烯树脂：丙酮=20：80 (3)过氯乙烯树脂：环己酮：二氯甲烷=13：15：72	10	0.2~0.3	黏结软板用，有商品供应

第七章 钢结构工程工程量计算

续表

黏结剂名称	施工配合比(质量比)	黏结强度/MPa	耗用量/(kg/m³)	备注
氯丁酚醛黏结剂(FN—303胶、88号胶、F—234胶、熊猫牌303树脂、202胶)	氯丁橡胶(氯丁橡胶：氧化锌：氧化镁：氯丁酚甲醛树脂＝100：10：10：5)：氯丁酚甲醛树脂：醋酸乙酯：汽油＝113：100：272：136	13	0.8	黏结软板用,有商品供应
氯丁橡胶黏结剂	氯丁橡胶：氧化锌：氧化镁：碳酸钙：防老剂D：苯：汽油：丙酮：醋酸乙酯＝100：10：8：(120～140)：2：36：72：36：36	7	0.6	黏结软板用,有商品供应
沥青橡胶黏结剂	10号石油沥青：滑石粉：生橡胶：硫磺粉：汽油＝60：12：0.9：0.1：27～适量	3	0.5～1.2	黏结软板用,自行配制
沥青胶泥	10号石油沥青：填料：6～7级石棉＝100：(100～200)：5	—	—	黏结软板用,自行配制

注：1. 聚氨酯黏结剂乙组为固化剂,采用热砂法时,在2～3h后,可固化,在固化前严禁与水接触,以免失效。

2. 氯丁酚醛黏结剂,括号内四种材料以125份配好后,作为113份再与后三种材料配合。

12. 各种胶泥、砂浆、混凝土、玻璃钢用料计算

各种胶泥、砂浆、混凝土、玻璃钢用料按下列公式计算(均按质量比计算)。

(1)统一计算公式：设甲、乙、丙三种材料密度分别为 A、B、C,配合比分别为 $a:b:c$,则单位用量 $G=\dfrac{1}{a+b+c}$

甲材料用量(质量)＝$G \times a$

乙材料用量(质量)＝$G \times b$

丙材料用量(质量)＝$G \times c$

配合后 $1m^3$ 砂浆(胶泥)质量＝$\dfrac{1}{\dfrac{G \times a}{A}+\dfrac{G \times b}{B}+\dfrac{G \times c}{C}}$ (kg)

$1m^3$ 砂浆(胶泥)需要各种材料质量分别为：

甲材料$(kg)=1m^3$ 砂浆(胶泥)质量$\times G \times a$

乙材料$(kg)=1m^3$ 砂浆(胶泥)质量$\times G \times b$

丙材料$(kg)=1m^3$ 砂浆(胶泥)质量$\times G \times c$

(2)例如：耐酸沥青砂浆(铺设压实)用配合比(质量比)1.3∶2.6∶7.4,即沥青∶石英粉∶石英砂的配合比。

$$单位用量 G = \frac{1}{1.3+2.6+7.4} = 0.0885$$

沥青$=1.3\times 0.0885=0.115$

石英粉$=2.6\times 0.0885=0.23$

石英砂$=7.4\times 0.0885=0.655$

$$1m^3 \text{ 砂浆质量} = \frac{100}{\frac{0.115}{1.1}+\frac{0.23}{2.7}+\frac{0.655}{2.7}} = 2326 kg$$

$1m^3$ 砂浆材料用量：

沥　青$=2326\times 0.115=267 kg$(另加损耗)

石英粉$=2326\times 0.23=535 kg$(另加损耗)

石英砂$=2326\times 0.655=1524 kg$(另加损耗)

注：树脂胶泥中的稀释剂：如丙酮、乙醇、二甲苯等在配合比计算中未有比例成分,而是按取定值(表 7-55)直接算入。

表 7-55　　　　　　树脂胶泥中的稀释剂参考取定值

材料名称 \ 种类	环氧胶泥	酚醛胶泥	环氧酚醛胶泥	环氧呋喃胶泥	环氧煤焦油胶泥	环氧打底材料
丙酮	0.1		0.06	0.06	0.04	1
乙醇		0.06				
乙二胺苯磺酰氯	0.08		0.05	0.05	0.04	0.07
二甲苯		0.08			0.10	

13. 玻璃钢类用料计算

根据一般作法,环氧玻璃钢、环氧酚醛玻璃钢、环氧呋喃玻璃钢、酚醛玻璃钢、环氧煤焦油玻璃钢项目,其计算如下：

(1)底漆：各种玻璃钢底漆均用环氧树脂胶料,其用量为$0.116 kg/m^2$,另加 2.5%的损耗量,石英粉的损耗量为 1.5%。

(2)腻子:各种玻璃钢腻子所用树脂与底漆相同,均为环氧树脂,其用量为底漆的30%。

(3)贴布一层:各种玻璃钢,均为各底漆一层耗用树脂量的150%,玻璃布厚为0.2mm。

(4)面漆一层:均与各该底漆一层所需用树脂量相同。

(5)各层的其他材料:其耗用量均按各种玻璃钢各层的配合比计算取得。

(6)各种玻璃钢各层次所用的稀释剂,其用量除按配合比所需计算外,每层按照100m²另加2.5kg洗刷工具的耗用量。

(7)各种玻璃钢各层次每增一层的各种材料,与该层次一层的耗用量相同。

(8)沥青胶泥不带填充料,每立方米用30号石油沥青1155kg。

14. 块料面层用料计算

(1)块料:

$$每100m^2 块料用量 = \frac{100}{(块料长+灰缝宽)\times(块料宽+灰缝宽)}$$
$$= 块数(另加损耗)$$

(2)胶料(各种胶泥或砂浆):

$$计算量 = 结合层数量 + 灰缝胶料计算量(另加损耗)$$

其中:每100m² 灰缝胶料计算量=(100-块料长×块料宽×块数)×灰缝深度。

(3)水玻璃胶料基层涂稀胶泥用量为 $0.2m^3/(100m^2)$。

(4)表面擦拭用的丙酮,按 $0.1kg/m^2$ 计算。

(5)其他材料费按每100m² 用棉纱2.4kg计算。

15. 保温隔热材料计算

(1)胶结料的消耗量按隔热层不同部件、缝厚的要求按实计算。

(2)熬制1kg沥青损耗用木柴为0.46kg。

(3)关于稻壳损耗率问题,只包括了施工损耗2%,晾晒损耗5%,共计7%。施工后墙体、屋面松散稻壳的自然沉陷损耗,未包括在定额内。露天堆放损耗约4%(包括运输损耗),应计算在稻壳的预算价格内。

16. 每100m² 胶结料(沥青)参考消耗量

每100m² 胶结料(沥青)参考消耗量见表7-56。

表 7-56　　　　　　　　每 100m² 胶结料(沥青)参考消耗量　　　　　　　　kg

隔热材料名称	缝厚 /mm	墙体、柱子、吊顶				楼地面	
		独立墙体		附墙、柱子、吊顶		基本层厚	
		基本层厚100	基本层厚200	基本层厚100	基本层厚200	100	200
软木板	4	47.41					
软木板	5			93.50		115.50	
聚苯乙烯泡沫塑料	4	47.41					
聚苯乙烯泡沫塑料	5			93.50		115.50	
加气混凝土块	5		34.10		60.50		
膨胀珍珠岩板	4			93.50			60.50
稻壳板	4			93.50			

注：1. 表内沥青用量未加损耗。

2. 独立板材墙体、吊顶的木框架及龙骨所占体积已按设计扣除。

二、保温、隔热、防腐工程工程量计算规则

1. 基础定额工程量计算规则

(1) 防腐工程项目应区分不同防腐材料种类及其厚度,按设计实铺面积以 m² 计算。应扣除凸出地面的构筑物、设备基础等所占的面积,砖垛等突出墙面部分按展开面积计算并计入墙面防腐工程量之内。

(2) 踢脚板按实铺长度乘以高度以平方米计算,应扣除门洞所占面积并相应增加侧壁展开面积。

(3) 平面砌筑双层耐酸块料时,按单层面积乘以系数 2 计算。

(4) 防腐卷材接缝、附加层、收头等人工材料,已计入定额中,不再另行计算。

(5) 保温隔热层应区别不同保温隔热材料,除另有规定者外,均按设计实铺厚度以 m³ 计算。

(6) 保温隔热层的厚度按隔热材料(不包括胶结材料)净厚度计算。

(7) 地面隔热层按围护结构墙体间净面积乘以设计厚度以 m³ 计算,不扣除柱、垛所占的体积。

(8) 墙体隔热层,外墙按隔热层中心线、内墙按隔热层净长乘以图示尺寸的高度及厚度以 m³ 计算。应扣除冷藏门洞口和管道穿墙洞口所占的体积。

(9)柱包隔热层,按图示柱的隔热层中心线的展开长度乘以图示尺寸高度及厚度以 m^3 计算。

(10)其他保温隔热。

1)池槽隔热层按图示池槽保温隔热层的长、宽及其厚度以 m^3 计算。其中池壁按墙面计算,池底按地面计算。

2)门洞口侧壁周围的隔热部分,按图示隔热层尺寸以 m^3 计算,并入墙面的保温隔热工程量内。

3)柱帽保温隔热层按图示保温隔热层体积并入天棚保温隔热层工程量内。

2. 基础定额工程量计算说明

(1)整体面层、隔离层适用于平面、立面的防腐耐酸工程,包括沟、坑、槽。

(2)块料面层以平面砌为准,砌立面者按平面砌相应项目,人工乘以系数1.38,踢脚板人工乘以系数1.56,其他不变。

(3)各种砂浆、胶泥、混凝土材料的种类、配合比及各种整体面层的厚度,如设计与定额不同时,可以换算,但各种块料面层的结合层砂浆或胶泥厚度不变。

(4)防腐、隔热保温工程定额的各种面层,除软聚氯乙烯塑料地面外,均不包括踢脚板。

(5)花岗岩板以六面剁斧的板材为准。如底面为毛面者,水玻璃砂浆增加 $0.38m^3$,耐酸沥青砂浆增加 $0.44m^3$。

(6)防腐、隔热保温工程定额适用于中、低温及恒温的工业厂(库)房隔热工程,以及一般保温工程。

(7)防腐、隔热保温工程定额只包括保温隔热材料的铺贴,不包括隔气防潮、保护层或衬墙等。

(8)隔热层铺贴,除松散稻壳、玻璃棉、矿渣棉为散装外,其他保温材料均以石油沥青(30号)作胶结材料。

(9)稻壳已包括装前的筛选、除尘工序,稻壳中如需增加药物防虫时,材料另行计算,人工不变。

(10)玻璃棉、矿渣棉包装材料和人工均已包括在定额内。

(11)墙体铺贴块体材料,包括基层涂沥青一遍。

【例7-1】 有两根直径为0.5m的圆柱,上带柱帽,尺寸如图7-100所示,采用软木保温,试计算工程量。

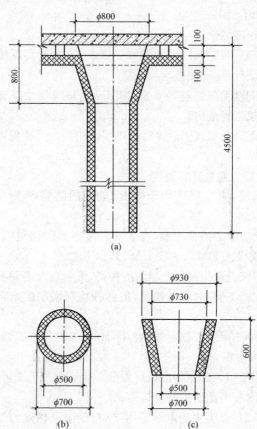

图 7-100 柱保温层结构图

【解】 (1)柱身保温层工程量。

$$V_1 = 0.6\pi \times (4.5 - 0.8) \times 0.1 \times 2 = 1.395 \text{m}^3$$

(2)柱帽保温层工程量,按空心圆锥体计算。

$$V_2 = \frac{1}{2}\pi(0.7 + 0.73) \times 0.6 \times 0.1 \times 2 = 0.269 \text{m}^3$$

3. 清单项目工程量计算规则

(1)保温、隔热工程量计算规则。

第七章 钢结构工程工程量计算

按《房屋建筑与装饰工程工程量计算规范》(GB 50854—2013)规定，保温、隔热工程量清单项目设置及工程量计算规则见表 7-57。

表 7-57　　　　　　　　　　　保温、隔热

项目编码	项目名称	项目特征	计量单位	工程量计算规则	工作内容
011001001	保温隔热屋面	1. 保温隔热材料品种、规格、厚度 2. 隔气层材料品种、厚度 3. 粘结材料种类、做法 4. 防护材料种类、做法	m^2	按设计图示尺寸以面积计算。扣除面积 $>0.3m^2$ 孔洞及占位面积	1. 基层清理 2. 刷粘结材料 3. 铺粘保温层 4. 铺、刷(喷)防护材料
011001002	保温隔热天棚	1. 保温隔热面层材料品种、规格、性能 2. 保温隔热材料品种、规格及厚度 3. 粘结材料种类及做法 4. 防护材料种类及做法		按设计图示尺寸以面积计算。扣除面积 $>0.3m^2$ 上柱、垛、孔洞所占面积，与天棚相连的梁按展开面积，计算并入天棚工程量内	
011001003	保温隔热墙面	1. 保温隔热部位 2. 保温隔热方式 3. 踢脚线、勒脚线保温做法 4. 龙骨材料品种、规格 5. 保温隔热面层材料品种、规格、性能 6. 保温隔热材料品种、规格及厚度 7. 增强网及抗裂防水砂浆种类 8. 粘结材料种类及做法 9. 防护材料种类及做法	m^2	按设计图示尺寸以面积计算。扣除门窗洞口以及面积 $>0.3m^2$ 梁、孔洞所占面积；门窗洞口侧壁以及与墙相连的柱，并入保温墙体工程量内	1. 基层清理 2. 刷界面剂 3. 安装龙骨 4. 填贴保温材料 5. 保温板安装 6. 粘贴面层 7. 铺设增强格网、抹抗裂、防水砂浆面层 8. 嵌缝 9. 铺、刷(喷)防护材料
011001004	保温柱、梁			按设计图示尺寸以面积计算 1. 柱按设计图示柱断面保温层中心线展开长度乘保温层高度以面积计算，扣除面积 $>0.3m^2$ 梁所占面积 2. 梁按设计图示梁断面保温层中心线展开长度乘保温层长度以面积计算	

续表

项目编码	项目名称	项目特征	计量单位	工程量计算规则	工作内容
011001005	保温隔热楼地面	1. 保温隔热部位 2. 保温隔热材料品种、规格、厚度 3. 隔气层材料品种、厚度 4. 粘结材料种类、做法 5. 防护材料种类、做法	m²	按设计图示尺寸以面积计算。扣除面积＞0.3m²柱、梁、孔洞等所占面积。门洞、空圈、暖气包槽、壁龛的开口部分不增加面积	1. 基层清理 2. 刷粘结材料 3. 铺粘保温层 4. 铺、刷(喷)防护材料
011001006	其他保温隔热	1. 保温隔热部位 2. 保温隔热方式 3. 隔气层材料品种、厚度 4. 保温隔热面层材料品种、规格、性能 5. 保温隔热材料品种、规格及厚度 6. 粘结材料种类及做法 7. 增强网及抗裂防水砂浆种类 8. 防护材料种类及做法		按设计图示尺寸以展开面积计算。扣除面积＞0.3m²孔洞及占位面积	1. 基层清理 2. 刷界面剂 3. 安装龙骨 4. 填贴保温材料 5. 保温板安装 6. 粘贴面层 7. 铺设增强格网、抹抗裂防水砂浆面层 8. 嵌缝 9. 铺、刷(喷)防护材料

注:1. 保温隔热装饰面层,按《房屋建筑与装饰工程工程量计算规范》(GB 50854—2013)附录 L、M、N、P、Q 中相关项目编码列项;仅做找平层按《房屋建筑与装饰工程工程量计算规范》(GB 50854—2013)附录 L 楼地面装饰工程"平面砂浆找平层"或附录 M 墙、柱面装饰与隔断、幕墙工程"立面砂浆找平层"项目编码列项。

2. 柱帽保温隔热应并入天棚保温隔热工程量内。

3. 池槽保温隔热应按其他保温隔热项目编码列项。

4. 保温隔热方式:指内保温、外保温、夹心保温。

5. 保温柱、梁适用于不与墙、天棚相连的独立柱、梁。

(2)防腐面层工程量计算规则。

按《房屋建筑与装饰工程工程量计算规范》(GB 50854—2013)规定,防腐面层工程量清单项目设置及工程量计算规则见表 7-58。

第七章 钢结构工程工程量计算

表 7-58　　防腐面层

项目编码	项目名称	项目特征	计量单位	工程量计算规则	工作内容
011002001	防腐混凝土面层	1. 防腐部位 2. 面层厚度 3. 混凝土种类 4. 胶泥种类、配合比	m²	按设计图示尺寸以面积计算 1. 平面防腐：扣除凸出地面的构筑物、设备基础等以及面积＞0.3m²孔洞、柱、垛等所占面积，门洞、空圈、暖气包槽、壁龛的开口部分不增加面积 2. 立面防腐：扣除门、窗、洞口以及面积＞0.3m²孔洞、梁所占面积，门、窗、洞口侧壁、垛突出部分按展开面积并入墙面积内	1. 基层清理 2. 基层刷稀胶泥 3. 混凝土制作、运输、摊铺、养护
011002002	防腐砂浆面层	1. 防腐部位 2. 面层厚度 3. 砂浆、胶泥种类、配合比			1. 基层清理 2. 基层刷稀胶泥 3. 砂浆制作、运输、摊铺、养护
011002003	防腐胶泥面层	1. 防腐部位 2. 面层厚度 3. 胶泥种类、配合比			1. 基层清理 2. 胶泥调制、摊铺
011002004	玻璃钢防腐面层	1. 防腐部位 2. 玻璃钢种类 3. 贴布材料的种类、层数 4. 面层材料品种			1. 基层清理 2. 刷底漆、刮腻子 3. 胶浆配制、涂刷 4. 粘布、涂刷面层
011002005	聚氯乙烯板面层	1. 防腐部位 2. 面层材料品种、厚度 3. 粘结材料种类			1. 基层清理 2. 配料、涂胶 3. 聚氯乙烯板铺设
011002006	块料防腐面层	1. 防腐部位 2. 块料品种、规格 3. 粘结材料种类 4. 勾缝材料种类			1. 基层清理 2. 铺贴块料 3. 胶泥调制、勾缝

续表

项目编码	项目名称	项目特征	计量单位	工程量计算规则	工作内容
011002007	池、槽块料防腐面层	1. 防腐池、槽名称、代号 2. 块料品种、规格 3. 粘结材料种类 4. 勾缝材料种类	m²	按设计图示尺寸以展开面积计算	1. 基层清理 2. 铺贴块料 3. 胶泥调制、勾缝

注：防腐踢脚线，应按《房屋建筑与装饰工程工程量计算规范》(GB 50854—2013)附录L中"踢脚线"项目编码列项。

(3) 其他防腐工程量计算规则。

按《房屋建筑与装饰工程工程量计算规范》(GB 50854—2013) 规定，其他防腐工程量清单项目设置及工程量计算规则见表 7-59。

表 7-59　　　　　　　　　其他防腐

项目编码	项目名称	项目特征	计量单位	工程量计算规则	工作内容
011003001	隔离层	1. 隔离层部位 2. 隔离层材料品种 3. 隔离层做法 4. 粘贴材料种类	m²	按设计图示尺寸以面积计算 1. 平面防腐：扣除凸出地面的构筑物、设备基础等以及面积>0.3m² 孔洞、柱、垛等所占面积，门洞、空圈、暖气包槽、壁龛的开口部分不增加面积 2. 立面防腐：扣除门、窗、洞口以及面积>0.3m² 孔洞、梁所占面积，门、窗、洞口侧壁、垛突出部分按展开面积并入墙面积内	1. 基层清理、刷油 2. 煮沥青 3. 胶泥调制 4. 隔离层铺设
011003002	砌筑沥青浸渍砖	1. 砌筑部位 2. 浸渍砖规格 3. 胶泥种类 4. 浸渍砖砌法	m³	按设计图示尺寸以体积计算	1. 基层清理 2. 胶泥调制 3. 浸渍砖铺砌

续表

项目编码	项目名称	项目特征	计量单位	工程量计算规则	工作内容
011003003	防腐涂料	1. 涂刷部位 2. 基层材料类型 3. 刮腻子的种类、遍数 4. 涂料品种、刷涂遍数	m²	按设计图示尺寸以面积计算 1. 平面防腐：扣除凸出地面的构筑物、设备基础等以及面积＞0.3m² 孔洞、柱、垛等所占面积，门洞、空圈、暖气包槽、壁龛的开口部分不增加面积 2. 立面防腐：扣除门、窗、洞口以及面积＞0.3m² 孔洞、梁所占面积，门、窗、洞口侧壁、垛突出部分按展开面积并入墙面积内	1. 基层清理 2. 刮腻子 3. 刷涂料

注：浸渍砖指平砌、立砌。

第九节 钢构件运输及安装工程工程量计算

一、钢构件运输及安装相关知识

(一)钢构件运输

1. 道路要求

(1)构件运输前，应组织运输司机及有关人员沿途勘察运输线路和道路平整、坡度情况，转弯半径，有无电线等障碍物，过桥涵洞净空尺寸是否够高等。

(2)运输道路应平整坚实，保证有足够的路面宽度和转弯半径。对载重汽车的单行道宽度不得小于3.5m，拖挂车的单行道宽度不小于4m，并应有适当的会车点；双行道的宽度不小于6m。转弯半径：载重汽车不得小于10m，半拖挂车不小于15m；全拖挂车不小于20m。运输道路要经常检查和养护。

(3)公路运输构件装运的高度极限为4m，如需通过隧道时，则高度极限为3.8m。

(4)如需修筑现场运输道路，应按装运构件车辆载重量大小、车体长宽尺寸，确定修筑临时道路的标准等级、路面宽度及路基、路面结构要求，修筑通入现场的运输道路。

2. 构件要求

(1)清点构件包括构件的型号和数量，按构件吊装顺序核对，确定构件装运的先后顺序,并编号。

(2)构件的外观检查和修饰。发现存在缺陷和损伤,如裂缝、麻面、破边、焊缝高度不够,长度小,焊缝有灰渣或气孔等,经修饰和补焊后才可运输和使用。

(3)构件运输时,屋架和薄壁构件强度应达到100%。

(4)对高宽比大的构件或多层叠放装运构件,应根据构件外形尺寸、质量,设置工具式支承框架、固定架、支撑,或用倒链等予以固定,以防倾倒。严禁采取悬挂式堆放运输。对支承钢运输架应进行设计计算,保证足够的强度和刚度,支承稳固牢靠和装卸方便。

(5)在各构件之间应用隔板或垫木隔开,构件上下支承垫木应在同一直线上,并加垫楞木或草袋等物使其紧密接触,用钢丝绳和花篮螺栓连成一体并拴牢于车厢上,以免构件在运输时滑动变形或互碰损伤。

(6)检查钢结构连接焊缝情况。包括焊缝尺寸、外观及连接节点是否符合设计和规范要求,超出允许误差应采取相应有效的措施进行处理。

(7)检查构件,包括尺寸和几何形状、埋设件及吊环位置和牢固性,安装孔的位置和预留孔的贯通情况等。

3. 装载要求

(1)构件运输前,应根据钢构件的基本形式,结合现场起重设备和运输车辆的具体条件,制订切实可行、经济实用的装运方案。

(2)构件运输支承架应根据构件的质量、外形尺寸进行制作,要求构造简单,装运受力合理、稳定,重心低,质量轻,节约钢材,能适应多种类型构件通用,装拆方便。

(3)装车时,支承点水平放置在车辆弹簧上的荷载要均匀对称,构件应保持重心平衡。构件的装载中心须与车辆的中心重合,固定要牢靠,对刚度大的构件也可平卧放置。

(4)构件的支承点和装卸车时的吊点应尽可能接近设计支承状态或设计要求的吊点;如支承吊点受力状态改变,应对构件进行抗裂度验算,裂缝宽度不能满足要求时,应进行适当加固。

(5)对高宽比较大的构件或层叠装运构件,应根据构件外形尺寸、质量,设置工具式支承框架、固定架、支撑或倒链等加以固定,以防倾倒,严禁采取悬挂式堆放运输。

对支承钢运输架应进行设计计算,保证足够的强度和刚度,支承稳固

第七章　钢结构工程工程量计算

牢靠和装卸方便。

(6)大型构件采用拖挂车运输构件,在构件支承处应设有转向装置,使其能自由转动,同时应根据吊装方法及运输方向确定装车方向,以免现场调头困难。

(7)在各构件之间应用隔板或木板隔开,构件上下支承垫木应在同一直线上,并加垫楞木或草袋等物使其紧密接触,用钢丝绳和花篮螺栓连成一体并拴牢于车厢上,以免构件在运输时滑动变形或互碰损伤。

(8)装卸车起吊构件应轻起轻放,严禁甩掷,运输中严防碰撞或冲击。

4. 技术要求

(1)全面熟悉掌握施工图纸、设计变更。并掌握吊装构件的数量、单体质量和安装就位高度以及连接板、螺栓等吊装铁件数量;熟悉构件间的连接方法。

(2)了解已选定的起重、运输及其他辅助机械设备的性能及使用要求。

(3)组织编制吊装工程施工组织设计或作业设计(内容包括工程概况,选择吊装机械设备,确定吊装程序、方法、进度、构件制作、堆放平面布置、构件运输方法、劳动组织、构件和物资机具供应计划,保证质量安全技术措施等)。

(4)进行细致的技术交流,包括任务、施工组织设计或作业设计,技术要求,施工条件措施,现场环境(如原有建筑物、构筑物、障碍物、高压线、电缆线路、水道、道路等)情况,内外协作配合关系等。

5. 临时设施要求

(1)整平场地、修筑构件运输和起重吊装开行的临时道路,并做好现场排水设施。

(2)清除工程吊装范围内的障碍物,如旧建筑物、地下电缆管线等。

(3)敷设吊装。如供水、供电、供气及通信线路。

(4)修建临时建筑物,如工地办公室,材料,机具仓库,工具房,电焊机房,工人休息室,开水房等。

6. 运输要求

(1)构件运输时,应根据构件的类型、尺寸、质量、工期要求、运距、费用和效率以及现场具体条件,选择合适的运输工具和装卸机具。

(2)必要时,可将装运最大尺寸的构件的运输架安装在车辆上,模拟构件尺寸,沿运输道路试运行。

(3)选定运输车辆及起重工具。根据构件的形状、几何尺寸及质量、工地运输起重工具、道路条件以及经济效益,确定合适的运输车辆和吊车型号、台数和装运方式。

(4)准备装运工具和材料。如钢丝绳扣、倒链、卡环、花篮螺栓、千斤顶、信号旗、垫木、木板、汽车旧轮胎等。

(5)构件运输应配套,应按吊装顺序、方式、流向组织装运,按平面布置卸车就位、堆放,先吊的先运,避免混乱和二次倒运。

(6)根据路面情况好坏掌握构件运输的行驶速度,行车必须平稳。

(7)公路运输构件装运的高度极限为4m,如需通过隧道时,则高度极限为3.8m。

(8)构件装运时的支撑点和装卸车时的吊点应尽可能接近设计支承状态或设计要求的吊点,如支承吊点受力状态改变,应对构件进行抗裂度验算,裂缝宽度不能满足要求时,应进行适当加固。

(9)钢柱运输。

1)对于8m以内的小型钢柱,多采用载重汽车装运[图7-101(a)];8m以上的小型钢柱,则采用半拖挂车或全拖挂车装运[图7-101(b)];大型钢柱采用载重汽车、炮车、半拖挂车或全拖挂车(图7-102)或用铁路平台车装运。全拖挂车一次可运输6m钢柱2根;对于12m长钢柱只可运1根,并且还应设置运输支架,如图7-102(a)所示。

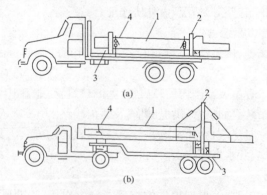

图7-101 小型钢柱的汽车运输示意图
(a)汽车运输短柱;(b)半拖挂运输柱子
1—柱;2—钢支架;3—垫木;4—钢丝绳、倒链捆紧

2)对于10m以上的重型柱,可采用全拖挂车运输,如图7-102(b)所示。

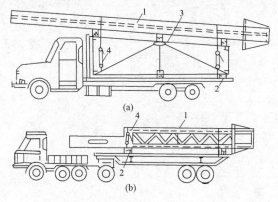

图 7-102　大型钢柱的汽车运输示意图
(a)汽车运输6m钢柱(每次2根);(b)全拖挂车运输10m以上重型柱(每次2根)
1—钢柱;2—垫木;3—钢运输支架;4—钢丝绳、倒链拉紧

(10)吊车梁运输。6m吊车梁采用载重汽车装运,每车装4~5根;9m,12m吊车梁采用8t以上载重汽车、半拖挂车或全拖挂车装运,平板上设钢支架,每车装3~4根,根据吊车梁侧向刚度情况,采取平放或立放,如图7-103和图7-104所示。

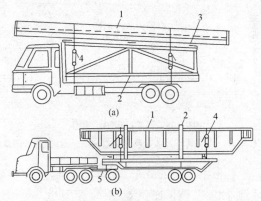

图 7-103　钢吊车梁的运输示意图(一)
(a)载重汽车运输18m长钢吊车梁;
(b)全拖挂车运输长24m、重12t的钢吊车梁或托架(每次3根)
1—钢吊车梁或梁;2—钢运输支架;3—废轮胎片;4—钢丝绳、倒链拉紧;5—垫木

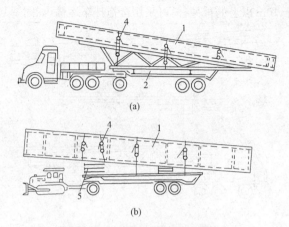

图 7-104 钢吊车梁的运输示意图(二)

(a)全拖挂上设钢运输支架运输长 24m、重 55t 箱形钢吊车梁(或托梁);

(b)半拖挂运输长 24m、重 22t 钢吊车梁或托梁

1—钢吊车梁或梁;2—钢运输支架;3—废轮胎片;4—钢丝绳、倒链拉紧;5—垫木

(11)托架运输。钢托架采用半拖挂车或全拖挂车运输,采取正立装车,拖车板上垫以(300~400)mm×(300~400)mm 截面大方木支承,每车装 6~8 榀,托架间用木方塞紧,用钢丝绳扣、倒链捆牢拉紧封车,如图 7-105 所示。

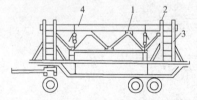 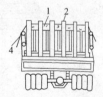

图 7-105 托架的运输示意图

1—托架;2—钢支架;3—大方木或枕木;4—钢丝绳、倒链拉紧

(12)屋架运输。根据屋架的外形、几何尺寸、跨度和质量大小,采用汽车或拖挂车运输,因屋架侧向刚度差,对跨度 15m、18m 的整榀屋架及跨度 24~35m 的半榀屋架可采用 12t 或 12t 以上的载重汽车,在车厢板上安装钢运输架运输;跨度 21~24m 的整榀屋架则采用半拖挂车或全拖挂车上装钢运架装运,视路面情况,用拖车头、拖拉机或推土机牵引,如图 7-106 所示。

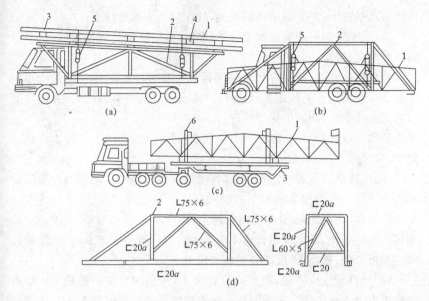

图 7-106 钢屋架的运输示意图

(a)汽车设钢运输架顶部运输 21m 钢屋架；
(b)汽车设钢运输架侧向运输 21m 钢屋架；
(c)全拖挂车运输 24m 钢屋架；(d)钢运输支架构造
1—钢屋架；2—钢运输支架；3—垫木或枕木；4—废轮胎片；
5—钢丝绳、倒链拉紧；6—钢支撑架

7. 构件堆放要求

(1)构件堆放场地应平整紧实，排水良好，以防因地面不均匀下沉造成构件裂缝或倾倒损坏。

(2)构件应按型号、编号、吊装平面布置规定，并应在起重机回转半径范围将内先吊的放在靠近起重机一侧，后吊的依次分类配套堆放。堆放位置应按吊装顺序、方向依次排放；并考虑到吊装和装车方向，避免吊装时转向和二次倒运，影响效率且易于损坏构件。

(3)堆放高度应根据构件形状特点、质量、外形尺寸和堆垛的稳定性决定，一般柱子不宜超过 2 层，梁不宜超过 3 层，大型屋面板、圆孔板不宜超过 8 层，楼板、楼梯板不宜超过 6 层。钢屋架平放不超过 3 层，钢檩条不超过 6 层，钢结构堆垛高度一般不超过 2m，堆垛间需留 2m 宽通道。成垛堆放或叠层堆放构件，应以 10cm×10cm 方木板隔开，各层垫木支点应在同一水平面上,并紧靠吊环的外侧,且在同一条垂直线上。

(4)屋架运到安装地点就位排放(堆放)或二次倒运就位排放,可采用斜向或纵向排放。

当单机吊装时,屋架应靠近柱列排放。相邻屋架间的净距保持不小于0.5m,屋架间在上弦用8号钢丝、方木或木杆连接绑扎固定,并与柱适当绑扎连接固定,使屋架保持稳定。

当采用双机抬吊时,屋架应与柱列成斜角排放,在地上埋设木杆稳定屋架,埋设深80~100cm,数目为3~4根。

(5)构件堆放应有一定挂钩、绑扎操作净距和净空。相邻构件的间距不得小于0.2m,与建筑物相距2.0~2.5m,构件堆垛每隔2~3垛应有一条纵向通道,每隔25m留一道横向通道,宽应不小于0.7m。堆放场应修筑环行运输道路,其宽度单行道不少于4m,双行道不少于6m。钢结构堆放应靠近公路、铁路,并配必要的装卸机械。

(6)构件堆放应平稳,底部应设置垫木,避免搁空而引起翘曲。垫点应接近设计支承位置。等截面构件垫点位置可设在离端部$0.207l$(l为构件长度)处;柱子堆放应注意防止小柱断裂,支承点宜设在距牛腿30~40cm处。

对侧向刚度较差、重心较高、支承面较窄的构件,如屋架、托架薄腹屋面梁等,宜直立放置,除两端设垫木支承外,应在两侧加设撑木,或将数榀构件与方木、8号钢丝绑扎连在一起,使其稳定。支撑及连接处不得少于3处。

(二)钢构件组装要求及安装

1. 钢构件组装要求

(1)钢构件预组装比例应符合施工合同和设计要求,一般按实际平面情况预装10%~20%。

(2)组装构件一般应设拼装工作台,如在现场组装,则应放在较坚硬的场地上用水平仪找平。

(3)各支承点的水平度应符合下列规定:当拼装总面积为300~1000m^2时,允许偏差≤2mm;当拼装总面积在1000~5000m^2时,允许偏差<3mm;单构件支承点不论柱、梁、支撑,应不少于2个支承点。

(4)应根据金属结构的实际情况,选用或制作相应的装配胎具(如组装平台、铁凳、胎架等)和工(夹)具,如简易手动杠杆夹具、螺栓千斤顶、螺栓拉紧器、楔子矫正夹具和丝杆卡具等,应尽量避免在结构上焊接临时固定件、支撑件。工夹具及吊耳必须焊接固定在构件上时,材质与焊接材料应与该构件相同,用后需除掉时,不得用锤强力打击,应用气割去掉。对于残留痕迹应进行打磨、修整。

(5)为减少大件组装焊接的变形,一般应先采取小件组焊,经矫正后,再大部件组装。胎具及装出的首个成品须经过严格检验,方可大批进行组装工作。组装前,连接表面及焊缝每边30~50mm范围内的铁锈、毛刺和油污及潮气等必须清除干净,并露出金属光泽。

(6)除工艺要求外板叠上所有螺栓孔、铆钉孔等应采用量规检查,其通过率应符合的规定:用比孔的直径小1.0mm的量规检查,应通过每组孔数的85%;用比螺栓公称直径大0.2~0.3mm的量规检查应全部通过;量规不能通过的孔,应经施工图编制单位同意后,方可扩钻或补焊后重新钻孔。扩钻后的孔径不得大于原设计孔径2.0mm;补孔应制定焊补工艺方案并经过审查批准,用与母材强度相应的焊条补焊,不得用钢块填塞,处理后应做出记录。

(7)构件在制作、组装、吊装中所用的钢尺应统一,且必须经计量检验,并相互核对,测量时间以在早晨日出前、下午日落后最佳。

(8)所有需要进行组装的构件制作完毕后,必须经专业质检员验收,并应符合质量标准的要求。相同构件可以互换,但不得影响构件整体几何尺寸。

2. 钢构件安装

(1)安装准备工作。

1)编制好钢结构安装施工组织设计,经审批后贯彻执行。钢结构的安装程序,必须确保结构的稳定性和不导致永久性的变形。

2)经总包检查,安装支座或基础验收的合格资料。

3)安装前,应按照构件明细表核对进场的构件,查验质量证明书和设计更改文件;工厂预装的大型构件在现场组装时,应根据预组装的合格记录进行;构件交工所必需的技术资料以及大型构件预装排版图应齐备。

4)钢结构构件应按安装程序保证成套供应。现场堆放场地应能满足现场拼装及顺序安装的需要。屋架分片堆放,在现场进行拼配组装时准备拼装好工作台。构件分类堆放,刚度较大的构件可以铺垫木水平堆放。多层叠放时垫木应在一条垂线上。屋架宜立放,紧靠立柱,绑扎牢固。

5)构件在工地制孔、组装、焊接和铆接以及涂层等的质量要求均应符合有关规定。

6)检查构件在装卸、运输及堆放中有无损坏或变形。损坏和变形的构件应予矫正或重新加工。被碰损的防腐底漆应补涂,并再次检查办理验收合格。

7)对构件的外形几何尺寸、制孔、组装、焊接、摩擦面等进行检查,并做出记录。

8)钢结构安装应具备下列设计文件:钢结构设计图、建筑图、相关基础图、钢结构施工总图、各分部工程施工详图、其他有关图纸及技术文件。

9)钢结构安装前,应进行图纸自审和会审。

(2)吊装方法的选择。常用吊装方法见表7-60。

表7-60 常用吊装方法

序号	吊装方法	详述	优点	缺点	适用范围
1	节间吊装法	起重机在厂房内一次开行中,依次吊完一个节间各类型构件,即先吊完节间柱,并立即校正、固定、灌浆,然后接着吊装地梁、柱间支撑、墙梁(连续梁)、吊车梁、走道板、柱头系杆、托架(托梁)、屋架、天窗架、屋面支撑系统、屋面板和墙板等构件。一个(或几个)节间的构件全部吊装完后,起重机再向前移至下一个(或几个)节间,再吊装下一个(或几个)节间全部构件,直至吊装完成	起重机开行路线短,停机一次至少吊完一个节间,不影响其他工序,可进行交叉平行流水作业,缩短工期;构件制作和吊装误差能及时发现并纠正;吊完一节间,校正固定一节间,结构整体稳定性好,有利于保证工程质量	需用起重量大的起重机同时吊各类构件,不能充分发挥起重机的效率,无法组织单一构件连续作业;各类构件必须交叉配合,场地构件堆放过密,吊具、索具更换频繁,准备工作复杂;校正工作零碎、困难;柱子固定需一定时间,难以组织连续作业,拖长吊装时间,吊装效率较低;操作面窄,较易发生安全事故	适于采用回转式桅杆进行吊装,或特殊要求的结构(如门式框架)或某种原因局部特殊需要(如紧急施工地下设施)时采用

续表一

序号	吊装方法	详述	优点	缺点	适用范围
2	分件吊装法	将构件按其结构特点、几何形状及其相互联系进行分类。同类构件按顺序一次吊装完后,再进行另一类构件的安装,如起重机第一次开行中先吊装厂房内所有柱子,待校正、固定灌浆后,依次按顺序吊装地梁、柱间支撑、墙梁、吊车梁、托架(托梁)、屋架、天窗架、屋面支撑和墙板等构件,直至整个建筑物吊装完成。屋面板的吊装有时在屋面上单独用1~2台桅杆式起重机或屋面小吊车来进行	起重机在一次开行中仅吊装一类构件,吊装内容单一,准备工作简单,校正方便,吊装效率高;柱子有较长的固定时间,施工较安全;与节间法相比,可选用起重量小一些的起重机吊装,可利用改变起重臂杆长度的方法,分别满足各类构件吊装起重量和起升高度的要求,能有效发挥起重机的效率;构件可分类在现场顺序预制、排放,场外构件可按先后顺序组织供应;构件预制吊装、运输、排放条件好,易于布置	起重机开行频繁,增加机械台班费;起重臂长度改换需一定时间,不能按节间及早为下道工序创造工作面,阻碍了工序的穿插,相对应的吊装工期较长;屋面板吊装需有辅助机械设备	适用于一般中、小型厂房的吊装

续表二

序号	吊装方法	详述	优点	缺点	适用范围
3	综合吊装法	此法是将全部或一个区段的柱头以下部分的构件用分件法吊装，即柱子吊装完毕并校正固定，待柱杯口二次灌浆混凝土达到70%强度后，再按顺序吊装地梁、柱间支撑、吊车梁走道板、墙梁、托架(托梁)，接着一个节间一个节间地综合吊装屋面结构构件，包括屋架、天窗架、屋面支撑系统和屋面板等构件。整个吊装过程按三次流水进行，根据不同的结构特点有时采用两次流水，即先吊柱子，后分节间吊装其他构件。吊装通常采用2台起重机，一台起重量大的承担柱子、吊车梁、托架和屋面结构系统的吊装，一台吊装柱间支撑、走道板、地梁、墙梁等构件并承担构件卸车和就位排放	本法保持了节间吊装法和分件吊装法的优点，能最大限度地发挥起重机的能力和效率		本法为实践中广泛采用的一种方法

(3)起重机的选择。

1)选用起重机时，应考虑起重机的性能(工作能力)、使用方便性、吊装效率、吊装工程量和工期等要求，能适应现场道路、吊装平面布置和设

第七章 钢结构工程工程量计算

备、机具等条件,能充分发挥其技术性能。

2)能保证吊装工程质量、安全施工和有一定的经济效益。避免使用大起重能力的起重机吊小构件,起重能力小的起重机超负荷吊装大的构件,或选用改装的未经过实际负荷试验的起重机进行吊装,或使用台班费用高的设备。

3)在选择时,如起重机的起重量不能满足要求,可采取以下措施:增加支腿或增长支腿,以增大倾覆边缘距离,减少倾覆力矩来提高起重能力;后移或增加起重机的配重,以增加抗倾覆力矩,提高起重能力;对于不变幅、不旋转的臂杆,在其上端增设拖拉绳或增设一钢管或格构式脚手架或人字支撑桅杆,以增强稳定性和提高起重性能。

4)一般吊装多按履带式、轮胎式、汽车式、塔式的顺序选用,一般是:对高度不大的中、小型厂房,应先考虑使用起重量大、可全回转使用、移动方便的100~150kN履带式起重机和轮胎式起重机吊装主体结构;大型工业厂房主体结构的高度和跨度较大、构件较重,宜采用500~750kN履带式起重机和350~1000kN汽车式起重机吊装;大跨度又很高的重型工业厂房的主体结构吊装,宜选用塔式起重机吊装。

5)对厂房大型构件,可采用重型塔式起重机和塔桅起重机吊装。

6)缺乏起重设备或吊装工作量不大、厂房不高,可考虑采用独脚桅杆、人字桅杆、悬臂桅杆及回转式桅杆(桅杆式起重机吊装)等吊装,其中回转式桅杆最适于单层钢结构厂房进行综合吊装;对重型厂房亦可采用塔桅式起重机进行吊装。

7)若厂房位于狭窄地段,或厂房采取敞开式施工方案(厂房内设备基础先施工),宜采用双机抬吊吊装厂房屋面结构,或单机在设备基础上铺设枕木垫道吊装。

8)对起重臂杆的选用,一般柱吊车梁吊装宜选用较短的起重臂杆;屋面构件吊装宜选用较长的起重臂杆,且选择应以屋架、天窗架的吊装为主。

二、钢构件运输及安装工程量计算规则

1. 基础定额工作内容

(1)构件运输。钢构件运输工作内容包括按技术要求装车、绑扎、运输、按指定地卸车堆放。

(2)钢屋架、钢网架、钢托架等拼装。钢屋架、钢网架、钢托架等安装工作内容包括搭拆拼装台、将工厂制作的榀、段、片拼装成整体、校正、焊

接或螺栓固定。

(3)钢屋架、钢网架、钢托架等安装。钢屋架、钢网架、钢托架等安装工作内容包括构件加固、吊装校正、拧紧螺栓、电杆固定、翻身就位。

(4)其他钢构件安装。其他钢构件安装工作内容包括构件加固、吊装校正、拧紧螺栓、电杆固定、翻身就位。

2. 基础定额一般规定

(1)构件运输。定额综合考虑了城镇、现场运输道路等级、重车上下坡等各种因素,不得因道路条件不同而修改定额。

构件运输过程中,如遇路桥限载(限高)而发生的加固、拓宽等费用及有电车线路和公安交通管理部门的保安护送费用,应另行处理。

(2)构件安装。

1)定额是按单机作业制定的。

2)定额是按机械起吊点中心回转半径 15m 以内的距离计算的。超出 15m 时,应另按构件 1km 运输定额项目执行。

3)每一工作循环中均包括机械的必要位移。

4)定额是按履带式起重机、轮胎式起重机、塔式起重机分别编制的。如使用汽车式起重机时,按轮胎式起重机相应定额项目计算,乘以系数 1.05。

5)定额不包括起重机械、运输机械行驶道路的修整、铺垫工作的人工、材料和机械。

6)柱接柱定额未包括钢筋焊接。

7)小型构件安装是指单体小于 $0.1m^3$ 的构件安装。

8)定额内未包括金属构件拼接和安装所需的连接螺栓。

9)钢屋架单榀质量在 1t 以下者,按轻钢屋架定额计算。

10)钢柱、钢屋架、天窗架安装定额中,不包括拼装工序,如需拼装时,按拼装定额项目计算。

11)凡单位一栏中注有"%"者,均指该项费用占本项定额总价的百分数。

12)定额中的塔式起重机台班均已包括在垂直运输机械费定额中。

13)单层房屋盖系统构件必须在跨外安装时,按相应的构件安装定额的人工、机械台班乘系数 1.18,用塔式起重机、卷扬机时,不乘此系数。

14)定额综合工日不包括机械驾驶人工工日。

15)钢柱安装在混凝土柱上,其人工、机械乘以系数 1.43。

16)钢构件的安装螺栓均为普通螺栓,若使用其他螺栓时,应按有关规定进行调整。

17)预制混凝土构件、钢构件,若需跨外安装时,其人工、机械乘以系数1.18。

18)钢网架拼装定额不包括拼装后所用材料,使用定额时,可按实际施工方案进行补充。

19)钢网架定额是按焊接考虑的,安装是按分体吊装考虑的,若施工方法与定额不同时,可另行补充。

3. 基础定额工程量计算规则

(1)构件运输。钢构件按构件设计图示尺寸以吨计算,所需螺栓、电焊条等质量不另计算。

(2)金属构件安装。

1)钢筋构件安装按图示构件钢材质量以吨计算。

2)依附于钢柱上的牛腿及悬臂梁等,并入柱身主材质量计算。

3)金属结构中所用钢板,设计为多边形者,按矩形计算,矩形的边长以设计尺寸中互相垂直的最大尺寸为准。

第十节 钢结构垂直运输工程工程量计算

一、钢结构垂直运输工程相关知识

工程起重机械是各种工程建设广泛应用的重要起重设备。它适用于工业与民用建筑和工业设备安装等工程中的结构与设备的安装工作,以及建筑材料、建筑构件的垂直运输、短距离水平运输和装卸工作。它对减轻劳动强度、节省人力、降低建设成本、提高劳动生产率、加快建设速度、实现工程施工机械化起着十分重要的作用。

根据中华人民共和国国家标准,起重机械分塔式起重机、汽车式起重机、轮胎式起重机、履带式起重机、桅杆式起重机、缆索起重机、施工升降机、建筑卷扬机等8大类29种。

各类起重机通常由动力装置、工作机构、金属结构和控制系统4部分组成。动力装置是起重机做功的能源,分电动机和内燃机两种。工作机构是实现起重机不同运动要求而设置的,分为起升、变幅、回转和行走四大机构。金属结构是起重机的骨架,它承受起重机的自重以及作业时的各种外载荷。控制系统包括操纵装置和安全装置,其中设有离合器、制动器、停止器、液压传动中的各种阀,以及各种类型的调速装置和安全装置等,通过控制系统以实现各机构的启动、调速、换向、制动和停止,从而达到起重机作业所要求的各种动作。

二、钢结构垂直运输工程量计算规则

1. 基础定额工作内容

(1)20m(6层)以内卷扬机施工包括单位工程在合理工期内完成全部工程项目所需的卷扬机台班。

(2)20m(6层)以内塔式起重机施工包括单位工程在合理工期内完成全部工程项目所需的塔吊、卷扬机台班。

(3)20m(6层)以上塔式起重机施工包括单位工程在合理工期内完成全部工程项目所需的塔吊、卷扬机、外用电梯和通信步话机以及通信联络配备的人工。

(4)构筑物的垂直运输包括单位工程在合理工期内完成全部工程项目所需要的塔吊、卷扬机。

2. 基础定额一般规定

(1)建筑物垂直运输。

1)檐高是指设计室外地坪至檐口的高度,突出主体建筑屋顶的电梯间、水箱间等不计入檐口高度之内。

2)定额工作内容,包括单位工程在合理工期内完成全部工程项目所需的垂直运输机械台班,不包括机械的场外往返运输、一次安拆及路基铺垫和轨道铺拆等的费用。

3)同一建筑物多种用途(或多种结构),按不同用途或结构分别计算。分别计算后的建筑物檐高均应以该建筑物总檐高为准。

4)定额中现浇框架是指柱、梁全部为现浇的钢筋混凝土框架结构,如部分现浇时按现浇框架定额乘以 0.96 系数,如楼板也为现浇的钢筋混凝土时,按现浇框架定额乘以 1.04 系数。

5)预制钢筋混凝土柱、钢屋架的单层厂房按预制排架定额计算。

6)单身宿舍按住宅定额乘以 0.9 系数。

7)定额是按Ⅰ类厂房为准编制的,Ⅱ类厂房定额乘以 1.14 系数。厂房分类见表 7-61。

第七章 钢结构工程工程量计算

表 7-61 厂房分类

Ⅰ类	Ⅱ类
机加工、机修、五金缝纫、一般纺织(粗纺、制条、洗毛等)及无特殊要求的车间	厂房内设备基础及工艺要求较复杂、建筑设备或建筑标准较高的车间。如铸造、锻压、电镀、酸碱、电子、仪表、手表、电视、医药、食品等车间

8)服务用房是指城镇、街道、居民区具有较小规模综合服务功能的设施,其建筑面积不超过 1000m^2,层数不超过三层的建筑,如副食、百货、饮食店等。

9)檐高 3.6m 以内的单层建筑,不计算垂直运输机械台班。

10)定额项目划分是以建筑物的檐高及层数两个指标同时界定的,凡檐高达到上限而层数未达到时,以檐高为准;如层数达到上限而檐高未达到时,以层数为准。

11)定额是按全国统一《全国统一建筑安装工程工期定额》中规定的Ⅱ类地区标准编制的,Ⅰ、Ⅱ类地区按相应定额乘以表 7-62 规定的系数。

表 7-62 定额系数表

项目	Ⅰ类地区	Ⅱ类地区
建筑物	0.95	1.10
构筑物	1	1.11

(2)构筑物垂直运输。构筑物的高度,从设计室外地坪至构筑物的顶面高度为准。

3. 基础定额工程量计算规则

(1)建筑物垂直运输机械台班用量,区分不同建筑物的结构类型及高度按建筑面积以平方米计算。建筑面积按建筑面积计算规则规定计算。

(2)构筑物垂直运输机械台班以座计算。超过规定高度时,按每增高 1m 定额项目计算,其高度不足 1m 时,亦按 1m 计算。

4. 清单项目工程量计算规则

按《房屋建筑与装饰工程工程量计算规范》(GB 50854—2013)的规定,垂直运输工程工程量清单项目设置及工程量计算规则见表 7-63。

表 7-63　　　　　　　　　　垂直运输

项目编码	项目名称	项目特征	计量单位	工程量计算规则	工作内容
011703001	垂直运输	1. 建筑物建筑类型及结构形式 2. 地下室建筑面积 3. 建筑物檐口高度、层数	1. m² 2. 天	1. 按建筑面积计算 2. 按施工工期日历天数计算	1. 垂直运输机械的固定装置、基础制作、安装 2. 行走式垂直运输机械轨道的铺设、拆除、摊销

注:1. 建筑物的檐口高度是指设计室外地坪至檐口滴水的高度(平屋顶是指屋面板底高度),突出主体建筑物屋顶的电梯机房、楼梯出口间、水箱间、瞭望塔、排烟机房等不计入檐口高度。

2. 垂直运输指施工工程在合理工期内所需垂直运输机械。

3. 同一建筑物有不同檐高时,按建筑物的不同檐高做纵向分割,分别计算建筑面积,以不同檐高分别编码列项。

第十一节　建筑物超高增加人工、机械工程量计算

一、建筑物超高增加人工、机械工程量相关知识

人工降效和机械降效是指当建筑物超过六层或檐高超过 20m 时,由于操作工人的工效降低、垂直运输距离加长影响的时间,以及因操作工人降效而影响机械台班的降效等。加压用水泵是指因高度增加考虑到自来水的水压不足,而需增压所用的加压水泵台班。

二、建筑物超高增加人工、机械工程量计算规则

1. 基础定额内容

(1)定额适用于建筑物檐高 20m(层数 6 层)以上的工程。

(2)檐高是指设计室外地坪至檐口的高度。突出主体建筑屋顶的电梯间、水箱间等不计入檐高之内。

(3)同一建筑物高度不同时,按不同高度的建筑面积,分别按相应项目计算。

(4)加压水泵选用电动多级离心清水泵,其规格见表 7-64。

第七章 钢结构工程工程量计算

表 7-64　　　　　　电动多级离心清水泵规格

建筑物檐高	水泵规格
20m 以上～40m 以内	ϕ50mm 以内
40m 以上～80m 以内	ϕ100mm 以内
80m 以上～120m 以内	ϕ150mm 以内

(5)建筑物超高人工、机械降效工作内容包括：

1)人工上下班降低工效、上楼工作前休息及自然休息增加的时间。

2)垂直运输影响的时间。

3)由于人工降效引起的机械降效。

(6)建筑物超高加压水泵台班工作内容包括由于水压不足所发生的加压用水泵台班。

2. 基础定额工程量计算规则

(1)超高费的计算。

1)适用于超过 6 层或檐高超过 20m 的建筑物。

2)超高费包括人工超高费、吊装机械超高费及其他机械超高费。

①人工超高费等于基础以上全部工程项目的人工费乘以人工降效率,但不包括垂直运输、各类构件的水平运输及各项脚手架。人工超高费并入工程的人工费内。

②吊装机械超高费等于吊装项目的全部机械费乘以吊装机械降效率。吊装机械超高费并入工程的机械费内。

③其他机械超高费等于其他机械(不包括吊装机械)的全部机械费乘以其他机械降效率。其他机械超高费并入工程的机械费内。

3)建筑物超高人工、机械降效率见表 7-65。

表 7-65　　　　　　建筑物超高人工、机械降效率

项目	单位	檐高(层数)				
		30m (7～10) 以内	40m (11～13) 以内	50m (14～16) 以内	60m (17～19) 以内	70m (20～22) 以内
人工降效	%	3.33	6.00	9.00	13.33	17.86
吊装机械降效	%	7.67	15.00	22.20	34.00	46.43
其他机械降效	%	3.33	6.00	9.00	13.33	17.86

续表

项目	单位	檐高(层数)				
		80m (23~25) 以内	90m (26~28) 以内	100m (29~31) 以内	110m (32~34) 以内	120m (35~37) 以内
人工降效	%	22.50	27.22	35.20	40.91	45.83
吊装机械降效	%	59.25	72.33	85.60	99.00	112.50
其他机械降效	%	22.50	27.22	35.20	40.91	45.83

(2)加压用水泵台班费的计算。

1)适用于超过6层或檐高超过20m的建筑物。

2)加压用水泵台班费包括加压用水泵使用台班费和加压用水泵停滞台班费。

①水泵使用台班费=建筑面积×水泵使用台班定额×水泵台班单价

②水泵停滞台班费=建筑面积×水泵停滞台班定额×水泵台班单价

3)建筑物超高加压水泵台班定额见表7-66。

表 7-66　　　　建筑物超高加压水泵台班定额

项　目	单位	檐高(层数)				
		30m (7~10) 以内	40m (11~13) 以内	50m (14~16) 以内	60m (17~19) 以内	70m (20~22) 以内
加压用水泵使用	台班	1.14	1.74	2.14	2.48	2.77
加压用水泵停滞	台班	1.14	1.74	2.14	2.48	2.77
项　目	单位	檐高(层数)				
		80m (23~25) 以内	90m (26~28) 以内	100m (29~31) 以内	110m (32~34) 以内	120m (35~37) 以内
加压用水泵使用	台班	3.02	3.26	3.57	3.80	4.01
加压用水泵停滞	台班	3.02	3.26	3.57	3.80	4.01

3. 清单项目工程量计算规则

按《房屋建筑与装饰工程工程量计算规范》(GB 50854—2013)的规定,超高施工增加工程量清单项目设置及工程量计算规则见表7-67。

第七章 钢结构工程工程量计算

表7-67 超高施工增加

项目编码	项目名称	项目特征	计量单位	工程量计算规则	工作内容
011704001	超高施工增加	1. 建筑物建筑类型及结构形式 2. 建筑物檐口高度、层数 3. 单层建筑物檐口高度超过20m，多层建筑物超过6层部分的建筑面积	m²	按建筑物超高部分的建筑面积计算	1. 建筑物超高引起的人工工效降低以及由于人工工效降低引起的机械降效 2. 高层施工用水加压水泵的安装、拆除及工作台班 3. 通信联络设备的使用及摊销

注：1. 单层建筑物檐口高度超过20m，多层建筑物超过6层时，可按超高部分的建筑面积计算超高施工增加。计算层数时，地下室不计入层数。

2. 同一建筑物有不同檐高时，可按不同高度的建筑面积分别计算建筑面积，以不同檐高分别编码列项。

第十二节 钢结构房屋修缮工程工程量计算

一、钢结构房屋修缮定额内容

金属结构的制作定额包括钢板矫正、放样、画线、切断、平直、钻孔、撼弯、焊接、成品检验、捆扎、编号、码放等全部制作工序；金属结构的安装定额包括构件临时拉固、场内运输、吊装就位、临时支撑、校正、紧固螺栓、电焊固定、检验、拆卸临时支撑等全部安装工序；抗震加固工程的金属结构制作包括钢材调直、画线、切割、焊接、打眼、制作螺栓、锚件、配件、成品检验等全部制作工序；抗震加固工程的金属结构安装包括定位、墙体打眼、掏堵墙洞、埋设锚件，加固铁件的就位安装、坚固焊接、检验等工序；金属制品加固烟囱、水塔工程包括环箍竖铁及其配件的制作、定位排挡、剔凿墙洞、埋设锚件、加固件的安装就位、焊接紧固、检验等全部工序。

二、钢结构房屋修缮工程量计算规则

1. 基础定额相关规定

(1)定额金属结构制作是按现场或建筑企业内部加工条件编制的。

(2)金属结构制作定额按焊接考虑,包括分段制作和整体预装配的工料及机械台班;整体预装配使用的螺栓及锚固螺栓均已包括在定额内。

(3)金属结构制作安装定额中已包括钢材配制损耗,未包括杆配件的除锈、油漆的工程内容。

(4)凡定额中的项目,因设计要求进行车、铣、刨床加工的铁件,按照图示折算质量,执行精加工铁件价格,其工料费为每千克 11.08 元。

(5)金属结构安装未包括多孔、气割和校正弯曲。当实际发生时,另行计算。

(6)施工单位外购的成品件,按购入成品价格与安装工料费之和调整相应定额项目工料费计算。

(7)金属结构制作安装未包括铆钉、轴承、轴杆及配重件,实际发生时,另列项目计算。

2. 工程量计算规则

(1)金属结构制作按图示的主材几何尺寸以"t"为单位计算。工程量计算时,不扣除孔眼、切脚、切边的质量;在计算不规则或多边形钢板质量时,均按图示尺寸的最小外接矩形面积计算。

(2)金属结构安装(包括抗震加固工程)按制成品质量以"t"为单位计算。

(3)加固及抗震加固工程的金属结构制造安装均按图示规格、尺寸折合成质量,以"t"为单位计算,其安装所用的零星铁件不另计算。

第八章 施工合同管理与索赔

第一节 建设工程施工合同管理

一、建设工程合同管理基本内容

合同生命期从签订之日起到双方权利义务履行完毕而自然终止。工程合同管理的生命期和项目建设期有关,主要有合同策划、招标采购、合同签订和合同履行等阶段的合同管理,各阶段合同管理主要内容如下:

1. 合同策划阶段

合同策划是在项目实施前对整个项目合同管理方案预先做出科学合理的安排和设计,从合同管理组织、方法、内容、程序和制度等方面预先做出计划的方案,以保证项目所有合同的圆满履行,减少合同争议和纠纷,从而保证整个项目目标的实现。该阶段合同管理内容主要包括以下方面:

(1)合同管理组织机构设置及专业合同管理人员配备。
(2)合同管理责任及其分解体系。
(3)采购模式和合同类型选择和确定。
(4)结构分解体系和合同结构体系设计,包括合同打包、分解或合同标段划分等。
(5)招标方案和招标文件设计。
(6)合同文件和主要内容设计。
(7)主要合同管理流程设计,包括投资控制、进度控制、质量控制、设计变更、支付与结算、竣工验收、合同索赔和争议处理等流程。

2. 招标采购阶段

合同管理并不是在合同签订之后才开始的,招投标过程中形成的文件基本上都是合同文件的组成部分。在招投标阶段应保证合同条件的完整性、准确性、严格性、合理性与可行性。该阶段合同管理的主要内容有:

(1)编制合理的招标文件,严格投标人的资格预审,依法组织招标。
(2)组织现场踏勘,投标人编制投标方案和投标文件。
(3)做好开标、评标和定标工作。
(4)合同审查工作。
(5)组织合同谈判和签订。
(6)履约担保等。

3. 合同履行阶段

合同履行阶段是合同管理的重点阶段,包括履行过程和履行后的合同管理工作,主要内容有:
(1)合同总体分析与结构分解。
(2)合同管理责任体系及其分解。
(3)合同工作分析和合同交底。
(4)合同成本控制、进度控制、质量控制及安全、健康、环境管理等。
(5)合同变更管理。
(6)合同索赔管理。
(7)合同争议管理等。

二、建设工程施工合同基本内容

1. 施工合同概念

建设工程施工合同是发包人与承包人就完成具体工程项目的建筑施工、设备安装、设备调试、工程保修等工作内容,确定双方权利和义务的协议。施工合同是建设工程合同的一种,它与其他建设工程合同一样是双务有偿合同,在订立时应遵守自愿、公平、诚实信用等原则。

建设工程施工合同是建设工程的主要合同之一,其标的是将设计图纸变为满足功能、质量、进度、投资等发包人投资预期目的的建筑产品。

履行施工合同具有以下几方面作用:

(1)明确建设单位和施工企业在施工中的权利和义务。施工合同一经签订,即具有法律效力,是合同双方在履行合同中的行为准则,双方都应以施工合同作为行为的依据。

(2)它是进行监理的依据和推行监理制度的需要。在监理制度中,行政干预的作用被淡化了,建设单位(业主)、施工企业(承包商)、监理单位三者的关系是通过工程建设监理合同和施工合同来确立的。国内外实践经验表明,工程建设监理的主要依据是合同。监理人在工程监理过程中要做到坚持按合同办事,坚持按规范办事,坚持按程序办事。监理人必须根据合同秉公办事,监督业主和承包商都履行各自的合同义务,因此承发包双方签订一个内容合法,条款公平、完备,适应建设监理要求的施工合同是监理人实施公正监理的根本前提条件,也是推行建设监理制的内在要求。

(3)有利于对工程施工的管理。合同当事人对工程施工的管理应以合同为依据。有关的国家机关、金融机构对施工的监督和管理,也是以施工合同为其重要依据的。

(4)有利于建筑市场的培育和发展。随着社会主义市场经济新体制的建立,建设单位和施工单位将逐渐成为建筑市场的合格主体,建设项目实行真正的业主负责制,施工企业参与市场公平竞争。在建筑商品交换过程中,双方都要利用合同这一法律形式,明确规定各自的权利和义务,以最大限度地实现自己的经济目的和经济效益。施工合同作为建筑商品交换的基本法律形式,贯穿于建筑交易的全过程。建设工程合同的依法签订和全面履行,是建立一个完善的建筑市场的最基本条件。

2. 施工合同的特点

(1)合同标的的特殊性。施工合同的标的是各类建筑产品,建筑产品是不动产,建造过程中往往受到各种因素的影响。这就决定了每个施工合同的标的物不同于工厂批量生产的产品,具有单件性的特点。所谓"单件性"指不同地点建造的相同类型和级别的建筑,施工过程中所遇到的情况不尽相同,在甲工程施工中遇到的困难在乙工程中不一定发生,而在乙工程施工中可能出现甲工程中没有发生过的问题。这就决定了每个施工合同的标的都是特殊的,相互间具有不可替代性。

(2)合同履行期限的长期性。由于建筑产品体积庞大、结构复杂、施工周期都较长,施工工期少则几个月,一般都是几年甚至十几年,在合同实施过程中不确定影响因素多,受外界自然条件影响大,合同双方承担的风险高,当主观和客观情况变化时,就有可能造成施工合同的变化,因此施工合同的变更愈频繁,施工合同争议和纠纷就愈多。

(3)合同内容的多样性和复杂性。与大多数合同相比较,施工合同的履行期限长、标的额大,涉及的法律关系则包括了劳动关系、保险关系、运输关系、购销关系等,具有多样性和复杂性。这就要求施工合同的条款应当尽量详尽。

(4) 合同管理的严格性。合同管理的严格性主要体现在以下几个方面：对合同签订管理的严格性；对合同履行管理的严格性；对合同主体管理的严格性。

施工合同的这些特点，使得施工合同无论在合同文本结构，还是合同内容上，都要反映相适应的特点，符合工程项目建设客观规律的内在要求，以保护施工合同当事人的合法权益，促使当事人严格履行自己的义务和职责，提高工程项目的综合社会效益、经济效益。

三、建设工程施工合同文件的组成

施工合同一般由合同协议书、通用合同条款和专用合同条款三部分组成。组成合同的各项文件应互相解释，互为说明。除专用合同条款另有约定外，解释合同文件的优先顺序一般如下：

1. 合同协议书

合同协议书是施工合同的总纲性法律文件，经过双方当事人签字盖章后合同即成立，具有最高的合同效力。《建设工程施工合同（示范文本）》(GF-2013-0201)（以下简称《示范文本》）合同协议书共计13条，主要包括工程概况、合同工期、质量标准、签约合同价与合同价格形式、项目经理、合同文件构成、承诺、词语含义、签订时间、签订地点、合同生效、合同份数等重要内容，集中约定了合同当事人基本的合同权利义务。

2. 通用合同条款

通用合同条款是合同当事人根据《中华人民共和国建筑法》、《中华人民共和国合同法》等法律法规的规定，就工程建设的实施及相关事项，对合同当事人的权利义务做出的原则性约定。

通用合同条款共计20条，具体条款分别为：一般约定、发包人、承包人、监理人、工程质量、安全文明施工与环境保护、工期和进度、材料与设备、试验与检验、变更、价格调整、合同价格、计量与支付、验收和工程试车、竣工结算、缺陷责任与保修、违约、不可抗力、保险、索赔和争议解决。前述条款安排既考虑了现行法律法规对工程建设的有关要求，也考虑了建设工程施工管理的特殊需要。

3. 专用合同条款

专用合同条款是对通用合同条款原则性约定的细化、完善、补充、修改或另行约定的条款。合同当事人可以根据不同建设工程的特点及具体情况,通过双方的谈判、协商对相应的专用合同条款进行修改补充。在使用专用合同条款时,应注意以下事项:

(1)专用合同条款的编号应与相应的通用合同条款的编号一致。

(2)合同当事人可以通过对专用合同条款的修改,满足具体建设工程的特殊要求,避免直接修改通用合同条款。

(3)在专用合同条款中有横道线的地方,合同当事人可针对相应的通用合同条款进行细化、完善、补充、修改或另行约定;如无细化、完善、补充、修改或另行约定,则填写"无"或划"/"。

四、建设工程施工合同的类型

发包人和承包人应在合同协议书中选择下列一种合同价格形式。

1. 单价合同

单价合同是指合同当事人约定以工程量清单及其综合单价进行合同价格计算、调整和确认的建设工程施工合同,在约定的范围内合同单价不作调整。单价合同是施工合同类型中最主要的一类合同类型。就招标投标而言,采用单价合同时一般由招标人提供详细的工程量清单,列出各分部分项工程项目的数量和名称,投标人按照招标文件和统一的工程量清单进行报价。

单价合同适用的范围较为广泛,其风险分配较为合理,并且能够鼓励承包人通过提高工效、管理水平等手段从节约成本中提高利润。单价合同的关键在于双方对单价和工程量的计算和确认,其一般原则是"量变价不变"。量,工程量清单所提供的量是投标人投标报价的基础,并不是工程结算的依据;工程结算时的量,是承包人实际完成的工程数量,但不包括承包人超出设计图纸范围和因承包人原因造成返工的实际工程量。价,是中标人在工程量清单中所填报的单价(费率),在一般情况下不可改变。工程结算时,按照实际完成的工程量和工程量清单中所填报的单价(费率)办理。

按照单价的固定性,单价合同又可以分为固定单价合同和可调单价合同,其区别主要在于风险的分配不同。固定单价合同,承包人承担的风险较大,不仅包括了市场价格的风险,而且包括工程量偏差情况下对施工成本的风险。可调单价合同,承包人仅承担一定范围内的市场价格风险和工程量偏差对施工成本影响的风险;超出上述范围的,按照合同约定进行调整。

2. 总价合同

总价合同是指合同当事人约定以施工图、已标价工程量清单或预算书及有关条件进行合同价格计算、调整和确认的建设工程施工合同,在约定的范围内合同总价不作调整。采用总价合同类型招标,评标委员会评标时易于确定报价最低的投标人,评标过程较为简单,评标结果客观;发包人易于进行工程造价的管理和控制,易于支付工程款和办理竣工结算。总价合同仅适用于工程量不大且能够精确计算、工期较短、技术不太复杂、风险不大的项目。采用总价合同类型,要求发包人应提供详细而全面的设计图纸,以及各项相关技术说明。

3. 成本加酬金合同

成本加酬金合同是由发包人向承包人支付工程项目的实际成本,并按照事先约定的某一种方式支付酬金的合同类型。对于酬金的约定一般有两种方式:一是固定酬金,合同明确一定额度的酬金,无论实际成本大小,发包人都按照约定的酬金额度进行支付;二是按照实际成本的比率计取酬金。

采用成本加酬金合同,发包人需要承担项目实际发生的一切费用,承担几乎全部的风险;而承包人,除了施工风险和安全风险外,几乎无风险,其报酬往往也较低。这类合同的主要缺点在于发包人对工程造价不易控制,承包人也不注意降低项目成本,不利于提高工程投资效益。成本加酬金合同主要适用于以下3类项目:

(1)需要立即开展工作的项目,如震后的救灾工作。

(2)新型的工程项目,或者对项目内容及技术经济指标未确定的项目。

(3)风险很大的项目。

五、建设工程施工合同文本主要条款

1. 发包人

(1)许可或批准。发包人应遵守法律,并办理法律规定由其办理的许可、批准或备案,包括但不限于建设用地规划许可证、建设工程规划许可

第八章 施工合同管理与索赔

证、建设工程施工许可证、施工所需临时用水、临时用电、中断道路交通、临时占用土地等许可和批准。发包人应协助承包人办理法律规定的有关施工证件和批件。

因发包人原因未能及时办理完毕许可、批准或备案，由发包人承担由此增加的费用和(或)延误的工期，并支付承包人合理的利润。

(2)发包人代表。发包人应在专用合同条款中明确其派驻施工现场的发包人代表的姓名、职务、联系方式及授权范围等事项。发包人代表在发包人的授权范围内，负责处理合同履行过程中与发包人有关的具体事宜。发包人代表在授权范围内的行为由发包人承担法律责任。发包人更换发包人代表的，应提前7天书面通知承包人。

发包人代表不能按照合同约定履行其职责及义务，并导致合同无法继续正常履行的，承包人可以要求发包人撤换发包人代表。

不属于法定必须监理的工程，监理人的职权可以由发包人代表或发包人指定的其他人员行使。

(3)发包人人员。发包人应要求在施工现场的发包人人员遵守法律及有关安全、质量、环境保护、文明施工等规定，并保障承包人免于承受因发包人人员未遵守上述要求给承包人造成的损失和责任。

发包人人员包括发包人代表及其他由发包人派驻施工现场的人员。

(4)提供施工现场。除专用合同条款另有约定外，发包人应最迟于开工日期7天前向承包人移交施工现场。

(5)提供施工条件。除专用合同条款另有约定外，发包人应负责提供施工所需要的条件，包括：

1)将施工用水、电力、通信线路等施工所必需的条件接至施工现场内。

2)保证向承包人提供正常施工所需要的进入施工现场的交通条件。

3)协调处理施工现场周围地下管线和邻近建筑物、构筑物、古树名木的保护工作，并承担相关费用。

4)按照专用合同条款约定应提供的其他设施和条件。

(6)提供基础资料。发包人应当在移交施工现场前向承包人提供施工现场及工程施工所必需的毗邻区域内供水、排水、供电、供气、供热、通信、广播电视等地下管线资料，气象和水文观测资料，地质勘查资料，相邻建筑物、构筑物和地下工程等有关基础资料,并对所提供资料的真实性、准确性和完整性负责。

按照法律规定确需在开工后方能提供的基础资料,发包人应尽其努力及时地在相应工程施工前的合理期限内提供,合理期限应以不影响承包人的正常施工为限。

(7)逾期提供的责任。因发包人原因未能按合同约定及时向承包人提供施工现场、施工条件、基础资料的,由发包人承担由此增加的费用和(或)延误的工期。

(8)资金来源证明及支付担保。除专用合同条款另有约定外,发包人应在收到承包人要求提供资金来源证明的书面通知后28天内,向承包人提供能够按照合同约定支付合同价款的相应资金来源证明。

除专用合同条款另有约定外,发包人要求承包人提供履约担保的,发包人应当向承包人提供支付担保。支付担保可以采用银行保函或担保公司担保等形式,具体由合同当事人在专用合同条款中约定。

(9)支付合同价款。发包人应按合同约定向承包人及时支付合同价款。

(10)组织竣工验收。发包人应按合同约定及时组织竣工验收。

(11)现场统一管理协议。发包人应与承包人、由发包人直接发包的专业工程的承包人签订施工现场统一管理协议,明确各方的权利义务。施工现场统一管理协议作为专用合同条款的附件。

2. 承包人

(1)承包人的一般义务。承包人在履行合同过程中应遵守法律和工程建设标准规范,并履行以下义务:

1)办理法律规定应由承包人办理的许可和批准,并将办理结果书面报送发包人留存。

2)按法律规定和合同约定完成工程,并在保修期内承担保修义务。

3)按法律规定和合同约定采取施工安全和环境保护措施,办理工伤保险,确保工程及人员、材料、设备和设施的安全。

4)按合同约定的工作内容和施工进度要求,编制施工组织设计和施工措施计划,并对所有施工作业和施工方法的完备性和安全可靠性负责。

5)在进行合同约定的各项工作时,不得侵害发包人与他人使用公用道路、水源、市政管网等公共设施的权利,避免对邻近的公共设施产生干扰。承包人占用或使用他人的施工场地,影响他人作业或生活的,应承担相应责任。

6)按照合同约定负责施工场地及其周边环境与生态的保护工作。

7)按照合同约定采取施工安全措施,确保工程及其人员、材料、设备和设施的安全,防止因工程施工造成的人身伤害和财产损失。

8)将发包人按合同约定支付的各项价款专用于合同工程,且应及时支付其雇用人员工资,并及时向分包人支付合同价款。

9)按照法律规定和合同约定编制竣工资料,完成竣工资料立卷及归档,并按专用合同条款约定的竣工资料的套数、内容、时间等要求移交发包人。

10)应履行的其他义务。

(2)项目经理。

1)项目经理应为合同当事人所确认的人选,并在专用合同条款中明确项目经理的姓名、职称、注册执业证书编号、联系方式及授权范围等事项,项目经理经承包人授权后代表承包人负责履行合同。项目经理应是承包人正式聘用的员工,承包人应向发包人提交项目经理与承包人之间的劳动合同,以及承包人为项目经理缴纳社会保险的有效证明。承包人不提交上述文件的,项目经理无权履行职责,发包人有权要求更换项目经理,由此增加的费用和(或)延误的工期由承包人承担。

项目经理应常驻施工现场,且每月在施工现场的时间不得少于专用合同条款约定的天数。项目经理不得同时担任其他项目的项目经理。项目经理确需离开施工现场时,应事先通知监理人,并取得发包人的书面同意。项目经理的通知中应当载明临时代行其职责的人员的注册执业资格、管理经验等资料,该人员应具备履行相应职责的能力。

承包人违反上述约定的,应按照专用合同条款的约定,承担违约责任。

2)项目经理按合同约定组织工程实施。在紧急情况下为确保施工安全和人员安全,在无法与发包人代表和总监理工程师及时取得联系时,项目经理有权采取必要的措施保证与工程有关的人身、财产和工程的安全,但应在48小时内向发包人代表和总监理工程师提交书面报告。

3)承包人需要更换项目经理的,应提前14天书面通知发包人和监理人,并征得发包人书面同意。通知中应当载明继任项目经理的注册执业资格、管理经验等资料,继任项目经理继续履行上述"1)"中约定的职责。未经发包人书面同意,承包人不得擅自更换项目经理。承包人擅自更换项目经理的,应按照专用合同条款的约定承担违约责任。

4)发包人有权书面通知承包人更换其认为不称职的项目经理,通知中应当载明要求更换的理由。承包人应在接到更换通知后14天内向发包人提出书面的改进报告。发包人收到改进报告后仍要求更换的,承包人应在接到第二次更换通知的28天内进行更换,并将新任命的项目经理的注册执业资格、管理经验等资料书面通知发包人。继任项目经理继续履行上述"1)"项中约定的职责。承包人无正当理由拒绝更换项目经理的,应按照专用合同条款的约定承担违约责任。

5)项目经理因特殊情况授权其下属人员履行其某项工作职责的,该下属人员应具备履行相应职责的能力,并应提前7天将上述人员的姓名和授权范围书面通知监理人,并征得发包人书面同意。

(3)承包人人员。

1)除专用合同条款另有约定外,承包人应在接到开工通知后7天内,向监理人提交承包人项目管理机构及施工现场人员安排的报告,其内容应包括合同管理、施工、技术、材料、质量、安全、财务等主要施工管理人员名单及其岗位、注册执业资格等,以及各工种技术工人的安排情况,并同时提交主要施工管理人员与承包人之间的劳动关系证明和缴纳社会保险的有效证明。

2)承包人派驻到施工现场的主要施工管理人员应相对稳定。施工过程中如有变动,承包人应及时向监理人提交施工现场人员变动情况的报告。承包人更换主要施工管理人员时,应提前7天书面通知监理人,并征得发包人书面同意。通知中应当载明继任人员的注册执业资格、管理经验等资料。

特殊工种作业人员均应持有相应的资格证明,监理人可以随时检查。

3)发包人对于承包人主要施工管理人员的资格或能力有异议的,承包人应提供资料证明被质疑人员有能力完成其岗位工作或不存在发包人所质疑的情形。发包人要求撤换不能按照合同约定履行职责及义务的主要施工管理人员的,承包人应当撤换。承包人无正当理由拒绝撤换的,应

第八章 施工合同管理与索赔

按照专用合同条款的约定承担违约责任。

4)除专用合同条款另有约定外,承包人的主要施工管理人员离开施工现场每月累计不超过5天的,应报监理人同意;离开施工现场每月累计超过5天的,应通知监理人,并征得发包人书面同意。主要施工管理人员离开施工现场前应指定一名有经验的人员临时代行其职责,该人员应具备履行相应职责的资格和能力,且应征得监理人或发包人的同意。

5)承包人擅自更换主要施工管理人员,或前述人员未经监理人或发包人同意擅自离开施工现场的,应按照专用合同条款约定承担违约责任。

(4)承包人现场查勘。

承包人应对基于发包人按照合同提交的基础资料所做出的解释和推断负责,但因基础资料存在错误、遗漏导致承包人解释或推断失实的,由发包人承担责任。

承包人应对施工现场和施工条件进行查勘,并充分了解工程所在地的气象条件、交通条件、风俗习惯以及其他与完成合同工作有关的其他资料。因承包人未能充分查勘、了解前述情况或未能充分估计前述情况所可能产生后果的,承包人承担由此增加的费用和(或)延误的工期。

(5)分包。

1)分包的一般约定。承包人不得将其承包的全部工程转包给第三人,或将其承包的全部工程肢解后以分包的名义转包给第三人。承包人不得将工程主体结构、关键性工作及专用合同条款中禁止分包的专业工程分包给第三人,主体结构、关键性工作的范围由合同当事人按照法律规定在专用合同条款中予以明确。承包人不得以劳务分包的名义转包或违法分包。

2)分包的确定。承包人应按专用合同条款的约定进行分包,确定分包人。已标价工程量清单或预算书中给定暂估价的专业工程,按照合同中约定的暂估价确定分包人。按照合同约定进行分包的,承包人应确保分包人具有相应的资质和能力。工程分包不减轻或免除承包人的责任和义务,承包人和分包人就分包工程向发包人承担连带责任。除合同另有约定外,承包人应在分包合同签订后7天内向发包人和监理人提交分包合同副本。

3)分包管理。承包人应向监理人提交分包人的主要施工管理人员表,并对分包人的施工人员进行实名制管理,包括但不限于进出场管理、登记造册以及各种证照的办理。

4)分包合同价款。

①除下述"②"约定的情况或专用合同条款另有约定外,分包合同价款由承包人与分包人结算,未经承包人同意,发包人不得向分包人支付分包工程价款。

②生效法律文书要求发包人向分包人支付分包合同价款的,发包人有权从应付承包人工程款中扣除该部分款项。

5)分包合同权益的转让。分包人在分包合同项下的义务持续到缺陷责任期届满以后的,发包人有权在缺陷责任期届满前,要求承包人将其在分包合同项下的权益转让给发包人,承包人应当转让。除转让合同另有约定外,转让合同生效后,由分包人向发包人履行义务。

(6)工程照管与成品、半成品保护。

1)除专用合同条款另有约定外,自发包人向承包人移交施工现场之日起,承包人应负责照管工程及工程相关的材料、工程设备,直到颁发工程接收证书之日止。

2)在承包人负责照管期间,因承包人原因造成工程、材料、工程设备损坏的,由承包人负责修复或更换,并承担由此增加的费用和(或)延误的工期。

3)对合同内分期完成的成品和半成品,在工程接收证书颁发前,由承包人承担保护责任。因承包人原因造成成品或半成品损坏的,由承包人负责修复或更换,并承担由此增加的费用和(或)延误的工期。

(7)履约担保。发包人需要承包人提供履约担保的,由合同当事人在专用合同条款中约定履约担保的方式、金额及期限等。履约担保可以采用银行保函或担保公司担保等形式,具体由合同当事人在专用合同条款中约定。

因承包人原因导致工期延长的,继续提供履约担保所增加的费用由承包人承担;非因承包人原因导致工期延长的,继续提供履约担保所增加的费用由发包人承担。

(8)联合体。

1)联合体各方应共同与发包人签订合同协议书。联合体各方应为履行合同向发包人承担连带责任。

2) 联合体协议经发包人确认后作为合同附件。在履行合同过程中，未经发包人同意，不得修改联合体协议。

3) 联合体牵头人负责与发包人和监理人联系，并接受指示，负责组织联合体各成员全面履行合同。

3. 监理人

(1) 监理人的一般规定。工程实行监理的，发包人和承包人应在专用合同条款中明确监理人的监理内容及监理权限等事项。监理人应当根据发包人授权及法律规定，代表发包人对工程施工相关事项进行检查、查验、审核、验收，并签发相关指示，但监理人无权修改合同，且无权减轻或免除合同约定的承包人的任何责任与义务。

除专用合同条款另有约定外，监理人在施工现场的办公场所、生活场所由承包人提供，所发生的费用由发包人承担。

(2) 监理人员。发包人授予监理人对工程实施监理的权利由监理人派驻施工现场的监理人员行使，监理人员包括总监理工程师及监理工程师。监理人应将授权的总监理工程师和监理工程师的姓名及授权范围以书面形式提前通知承包人。更换总监理工程师的，监理人应提前7天书面通知承包人；更换其他监理人员，监理人应提前48小时书面通知承包人。

(3) 监理人的指示。监理人应按照发包人的授权发出监理指示。监理人的指示应采用书面形式，并经其授权的监理人员签字。紧急情况下，为了保证施工人员的安全或避免工程受损，监理人员可以口头形式发出指示，该指示与书面形式的指示具有同等法律效力，但必须在发出口头指示后24小时内补发书面监理指示，补发的书面监理指示应与口头指示一致。

监理人发出的指示应送达承包人项目经理或经项目经理授权接收的人员。因监理人未能按合同约定发出指示、指示延误或发出了错误指示而导致承包人费用增加和(或)工期延误的，由发包人承担相应责任。除专用合同条款另有约定外，总监理工程师不应将合同约定应由总监理工程师做出确定的权力授权或委托给其他监理人员。

承包人对监理人发出的指示有疑问的，应向监理人提出书面异议，监理人应在 48 小时内对该指示予以确认、更改或撤销,监理人逾期未回复的,承包人有权拒绝执行上述指示。

监理人对承包人的任何工作、工程或其采用的材料和工程设备未在约定的或合理期限内提出意见的,视为批准,但不免除或减轻承包人对该工作、工程、材料、工程设备等应承担的责任和义务。

(4)商定或确定。合同当事人进行商定或确定时,总监理工程师应当会同合同当事人尽量通过协商达成一致,不能达成一致的,由总监理工程师按照合同约定审慎做出公正的确定。

总监理工程师应将确定以书面形式通知发包人和承包人,并附详细依据。合同当事人对总监理工程师的确定没有异议的,按照总监理工程师的确定执行。任何一方合同当事人有异议,按照合同约定处理。争议解决前,合同当事人暂按总监理工程师的确定执行;争议解决后,争议解决的结果与总监理工程师的确定不一致的,按照争议解决的结果执行,由此造成的损失由责任人承担。

4. 工程质量

(1)质量要求。

1)工程质量标准必须符合现行国家有关工程施工质量验收规范和标准的要求。有关工程质量的特殊标准或要求由合同当事人在专用合同条款中约定。

2)因发包人原因造成工程质量未达到合同约定标准的,由发包人承担由此增加的费用和(或)延误的工期,并支付承包人合理的利润。

3)因承包人原因造成工程质量未达到合同约定标准的,发包人有权要求承包人返工直至工程质量达到合同约定的标准为止,并由承包人承担由此增加的费用和(或)延误的工期。

(2)质量保证措施。

1)发包人的质量管理。发包人应按照法律规定及合同约定完成与工程质量有关的各项工作。

2)承包人的质量管理。承包人按照合同约定向发包人和监理人提交工程质量保证体系及措施文件,建立完善的质量检查制度,并提交相应的工程质量文件。对于发包人和监理人违反法律规定和合同约定的错误指示,承包人有权拒绝实施。

承包人应对施工人员进行质量教育和技术培训,定期考核施工人员的劳动技能,严格执行施工规范和操作规程。

承包人应按照法律规定和发包人的要求,对材料、工程设备以及工程的所有部位及其施工工艺进行全过程的质量检查和检验,并作详细记录,编制工程质量报表,报送监理人审查。此外,承包人还应按照法律规定和发包人的要求,进行施工现场取样试验、工程复核测量和设备性能检测,提供试验样品、提交试验报告和测量成果以及其他工作。

3)监理人的质量检查和检验。

监理人按照法律规定和发包人授权对工程的所有部位及其施工工艺、材料和工程设备进行检查和检验。承包人应为监理人的检查和检验提供方便,包括监理人到施工现场,或制造、加工地点,或合同约定的其他地方进行察看和查阅施工原始记录。监理人为此进行的检查和检验,不免除或减轻承包人按照合同约定应当承担的责任。

监理人的检查和检验不应影响施工正常进行。监理人的检查和检验影响施工正常进行的,且经检查检验不合格的,影响正常施工的费用由承包人承担,工期不予顺延;经检查检验合格的,由此增加的费用和(或)延误的工期由发包人承担。

(3)隐蔽工程检查。

1)承包人自检。承包人应当对工程隐蔽部位进行自检,并经自检确认是否具备覆盖条件。

2)检查程序。除专用合同条款另有约定外,工程隐蔽部位经承包人自检确认具备覆盖条件的,承包人应在共同检查前48小时书面通知监理人检查,通知中应载明隐蔽检查的内容、时间和地点,并应附有自检记录和必要的检查资料。

监理人应按时到场并对隐蔽工程及其施工工艺、材料和工程设备进行检查。经监理人检查确认质量符合隐蔽要求,并在验收记录上签字后,承包人才能进行覆盖。经监理人检查质量不合格的,承包人应在监理人指示的时间内完成修复,并由监理人重新检查,由此增加的费用和(或)延误的工期由承包人承担。

除专用合同条款另有约定外,监理人不能按时进行检查的,应在检查前24小时向承包人提交书面延期要求,但延期不能超过48小时,由此导致工期延误的,工期应予以顺延。监理人未按时进行检查,也未提出延期要求的,视为隐蔽工程检查合格,承包人可自行完成覆盖工作,并作相应记录报送监理人,监理人应签字确认。监理人事后对检查记录有疑问的,可按下述"3)"的约定重新检查。

3)重新检查。承包人覆盖工程隐蔽部位后,发包人或监理人对质量有疑问的,可要求承包人对已覆盖的部位进行钻孔探测或揭开重新检查,承包人应遵照执行,并在检查后重新覆盖恢复原状。经检查证明工程质量符合合同要求的,由发包人承担由此增加的费用和(或)延误的工期,并支付承包人合理的利润;经检查证明工程质量不符合合同要求的,由此增加的费用和(或)延误的工期由承包人承担。

4)承包人私自覆盖。承包人未通知监理人到场检查,私自将工程隐蔽部位覆盖的,监理人有权指示承包人钻孔探测或揭开检查,无论工程隐蔽部位质量是否合格,由此增加的费用和(或)延误的工期均由承包人承担。

(4)工程不合格的处理。

1)因承包人原因造成工程不合格的,发包人有权随时要求承包人采取补救措施,直至达到合同要求的质量标准,由此增加的费用和(或)延误的工期由承包人承担。无法补救的,按照合同约定执行。

2)因发包人原因造成工程不合格的,由此增加的费用和(或)延误的工期由发包人承担,并支付承包人合理的利润。

(5)质量争议检测。合同当事人对工程质量有争议的,由双方协商确定的工程质量检测机构鉴定,由此产生的费用及因此造成的损失,由责任方承担。

合同当事人均有责任的,由双方根据其责任分别承担。合同当事人无法达成一致的,按照上述"3.(4)"执行。

5. 工期和进度

(1)施工组织设计。

1)施工组织设计应包含以下内容:

①施工方案。

②施工现场平面布置图。

③施工进度计划和保证措施。

第八章 施工合同管理与索赔

④劳动力及材料供应计划。
⑤施工机械设备的选用。
⑥质量保证体系及措施。
⑦安全生产、文明施工措施。
⑧环境保护、成本控制措施。
⑨合同当事人约定的其他内容。

2)施工组织设计的提交和修改。除专用合同条款另有约定外,承包人应在合同签订后 14 天内,但至迟不得晚于下述"(3)、2)"载明的开工日期前 7 天,向监理人提交详细的施工组织设计,并由监理人报送发包人。除专用合同条款另有约定外,发包人和监理人应在监理人收到施工组织设计后 7 天内确认或提出修改意见。对发包人和监理人提出的合理意见和要求,承包人应自费修改完善。根据工程实际情况需要修改施工组织设计的,承包人应向发包人和监理人提交修改后的施工组织设计。

施工进度计划的编制和修改按照下述"(2)"执行。

(2)施工进度计划。

1)施工进度计划的编制。承包人应按照上述"(1)"约定提交详细的施工进度计划,施工进度计划的编制应当符合国家法律规定和一般工程实践惯例,施工进度计划经发包人批准后实施。施工进度计划是控制工程进度的依据,发包人和监理人有权按照施工进度计划检查工程进度情况。

2)施工进度计划的修订。施工进度计划不符合合同要求或与工程的实际进度不一致的,承包人应向监理人提交修订的施工进度计划,并附具有关措施和相关资料,由监理人报送发包人。除专用合同条款另有约定外,发包人和监理人应在收到修订的施工进度计划后 7 天内完成审核和批准或提出修改意见。发包人和监理人对承包人提交的施工进度计划的确认,不能减轻或免除承包人根据法律规定和合同约定应承担的任何责任或义务。

(3)开工。

1)开工准备。除专用合同条款另有约定外,承包人应按照上述"(1)"约定的期限,向监理人提交工程开工报审表,经监理人报发包人批准后执行。开工报审表应详细说明按施工进度计划正常施工所需的施工道路、临时设施、材料、工程设备、施工设备、施工人员等落实情况以及工程的进度安排。除专用合同条款另有约定外,合同当事人应按约定完成开工准备工作。

2)开工通知。发包人应按照法律规定获得工程施工所需的许可。经发包人同意后,监理人发出的开工通知应符合法律规定。监理人应在计划开工日期7天前向承包人发出开工通知,工期自开工通知中载明的开工日期起算。

除专用合同条款另有约定外,因发包人原因造成监理人未能在计划开工日期之日起90天内发出开工通知的,承包人有权提出价格调整要求,或者解除合同。发包人应当承担由此增加的费用和(或)延误的工期,并向承包人支付合理利润。

(4)测量放线。

1)除专用合同条款另有约定外,发包人应在至迟不得晚于上述"(3)、2)"载明的开工日期前7天通过监理人向承包人提供测量基准点、基准线和水准点及其书面资料。发包人应对其提供的测量基准点、基准线和水准点及其书面资料的真实性、准确性和完整性负责。

承包人发现发包人提供的测量基准点、基准线和水准点及其书面资料存在错误或疏漏的,应及时通知监理人。监理人应及时报告发包人,并会同发包人和承包人予以核实。发包人应就如何处理和是否继续施工做出决定,并通知监理人和承包人。

2)承包人负责施工过程中的全部施工测量放线工作,并配置具有相应资质的人员、合格的仪器、设备和其他物品。承包人应矫正工程的位置、标高、尺寸或准线中出现的任何差错,并对工程各部分的定位负责。

施工过程中对施工现场内水准点等测量标志物的保护工作由承包人负责。

(5)工期延误。

1)因发包人原因导致工期延误。在合同履行过程中,因下列情况导致工期延误和(或)费用增加的,由发包人承担由此延误的工期和(或)增加的费用,且发包人应支付承包人合理的利润:

①发包人未能按合同约定提供图纸或所提供图纸不符合合同约定的。

②发包人未能按合同约定提供施工现场、施工条件、基础资料、许可、

批准等开工条件的。

③发包人提供的测量基准点、基准线和水准点及其书面资料存在错误或疏漏的。

④发包人未能在计划开工日期之日起7天内同意下达开工通知的。

⑤发包人未能按合同约定日期支付工程预付款、进度款或竣工结算款的。

⑥监理人未按合同约定发出指示、批准等文件的。

⑦专用合同条款中约定的其他情形。

因发包人原因未按计划开工日期开工的,发包人应按实际开工日期顺延竣工日期,确保实际工期不低于合同约定的工期总日历天数。因发包人原因导致工期延误需要修订施工进度计划的,按照上述"(2)、2)"执行。

2)因承包人原因导致工期延误。因承包人原因造成工期延误的,可以在专用合同条款中约定逾期竣工违约金的计算方法和逾期竣工违约金的上限。承包人支付逾期竣工违约金后,不免除承包人继续完成工程及修补缺陷的义务。

(6)不利物质条件。不利物质条件是指有经验的承包人在施工现场遇到的不可预见的自然物质条件、非自然的物质障碍和污染物,包括地表以下物质条件和水文条件以及专用合同条款约定的其他情形,但不包括气候条件。

承包人遇到不利物质条件时,应采取克服不利物质条件的合理措施继续施工,并及时通知发包人和监理人。通知应载明不利物质条件的内容以及承包人认为不可预见的理由。监理人经发包人同意后应当及时发出指示,指示构成变更的,按合同约定执行。承包人因采取合理措施而增加的费用和(或)延误的工期由发包人承担。

(7)异常恶劣的气候条件。异常恶劣的气候条件是指在施工过程中遇到的,有经验的承包人在签订合同时不可预见的,对合同履行造成实质性影响的,但尚未构成不可抗力事件的恶劣气候条件。合同当事人可以在专用合同条款中约定异常恶劣的气候条件的具体情形。

承包人应采取克服异常恶劣的气候条件的合理措施继续施工,并及时通知发包人和监理人。监理人经发包人同意后应当及时发出指示,指示构成变更的,按合同约定办理。承包人因采取合理措施而增加的费用和(或)延误的工期由发包人承担。

(8)暂停施工。

1)发包人原因引起的暂停施工。因发包人原因引起暂停施工的,监理人经发包人同意后,应及时下达暂停施工指示。情况紧急且监理人未及时下达暂停施工指示的,按照下述"4)"执行。

因发包人原因引起的暂停施工,发包人应承担由此增加的费用和(或)延误的工期,并支付承包人合理的利润。

2)承包人原因引起的暂停施工。因承包人原因引起的暂停施工,承包人应承担由此增加的费用和(或)延误的工期,且承包人在收到监理人复工指示后84天内仍未复工的,视为承包人无法继续履行合同的情形。

3)指示暂停施工。监理人认为有必要时,并经发包人批准后,可向承包人做出暂停施工的指示,承包人应按监理人指示暂停施工。

4)紧急情况下的暂停施工。因紧急情况需暂停施工,且监理人未及时下达暂停施工指示的,承包人可先暂停施工,并及时通知监理人。监理人应在接到通知后24小时内发出指示,逾期未发出指示,视为同意承包人暂停施工。监理人不同意承包人暂停施工的,应说明理由,承包人对监理人的答复有异议,按照合同约定处理。

5)暂停施工后的复工。暂停施工后,发包人和承包人应采取有效措施积极消除暂停施工的影响。在工程复工前,监理人会同发包人和承包人确定因暂停施工造成的损失,并确定工程复工条件。当工程具备复工条件时,监理人应经发包人批准后向承包人发出复工通知,承包人应按照复工通知要求复工。

承包人无故拖延和拒绝复工的,承包人承担由此增加的费用和(或)延误的工期;因发包人原因无法按时复工的,按照上述"(5)、1)"约定办理。

6)暂停施工持续56天以上。监理人发出暂停施工指示后56天内未向承包人发出复工通知,除该项停工属于上述"2)"及合同约定不可抗力的情形外,承包人可向发包人提交书面通知,要求发包人在收到书面通知后28天内准许已暂停施工的部分或全部工程继续施工。发包人逾期不予批准的,则承包人可以通知发包人,将工程受影响的部分视为可取消工作。

暂停施工持续 84 天以上不复工的,且不属于上述"2)"及合同约定不可抗力的情形,并影响到整个工程以及合同目的实现的,承包人有权提出价格调整要求,或者解除合同。

7)暂停施工期间的工程照管。暂停施工期间,承包人应负责妥善照管工程并提供安全保障,由此增加的费用由责任方承担。

8)暂停施工的措施。暂停施工期间,发包人和承包人均应采取必要的措施确保工程质量及安全,防止因暂停施工扩大损失。

9)提前竣工。

①发包人要求承包人提前竣工的,发包人应通过监理人向承包人下达提前竣工指示,承包人应向发包人和监理人提交提前竣工建议书,提前竣工建议书应包括实施的方案、缩短的时间、增加的合同价格等内容。发包人接受该提前竣工建议书的,监理人应与发包人和承包人协商采取加快工程进度的措施,并修订施工进度计划,由此增加的费用由发包人承担。承包人认为提前竣工指示无法执行的,应向监理人和发包人提出书面异议,发包人和监理人应在收到异议后 7 天内予以答复。任何情况下,发包人不得压缩合理工期。

②发包人要求承包人提前竣工,或承包人提出提前竣工的建议**能够**给发包人带来效益的,合同当事人可以在专用合同条款中约定提前竣工的奖励。

6. 变更

(1)变更的范围。除专用合同条款另有约定外,合同履行过程中发生以下情形的,应按照本条约定进行变更:

1)增加或减少合同中任何工作,或追加额外的工作。

2)取消合同中任何工作,但转由他人实施的工作除外。

3)改变合同中任何工作的质量标准或其他特性。

4)改变工程的基线、标高、位置和尺寸。

5)改变工程的时间安排或实施顺序。

(2)变更权。发包人和监理人均可以提出变更。变更指示均通过监理人发出,监理人发出变更指示前应征得发包人同意。承包人收到经发包人签认的变更指示后,方可实施变更。未经许可,承包人不得擅自对工程的任何部分进行变更。

涉及设计变更的,应由设计人提供变更后的图纸和说明。如变更超过原设计标准或批准的建设规模时,发包人应及时办理规划、设计变更等审批手续。

(3)变更程序。

1)发包人提出变更。发包人提出变更的,应通过监理人向承包人发出变更指示,变更指示应说明计划变更的工程范围和变更的内容。

2)监理人提出变更建议。监理人提出变更建议的,需要向发包人以书面形式提出变更计划,说明计划变更工程范围和变更的内容、理由,以及实施该变更对合同价格和工期的影响。发包人同意变更的,由监理人向承包人发出变更指示。发包人不同意变更的,监理人无权擅自发出变更指示。

3)变更执行。承包人收到监理人下达的变更指示后,认为不能执行,应立即提出不能执行该变更指示的理由。承包人认为可以执行变更的,应当书面说明实施该变更指示对合同价格和工期的影响,且合同当事人应当按照下述"(4)"约定变更估价。

(4)变更估价。

1)变更估价原则。除专用合同条款另有约定外,变更估价按照本款约定处理:

①已标价工程量清单或预算书有相同项目的,按照相同项目单价认定。

②已标价工程量清单或预算书中无相同项目,但有类似项目的,参照类似项目的单价认定。

③变更导致实际完成的变更工程量与已标价工程量清单或预算书中列明的该项目工程量的变化幅度超过15%的,或已标价工程量清单或预算书中无相同项目及类似项目单价的,按照合理的成本与利润构成的原则,由合同当事人按照上述"3.(4)"约定变更工作的单价。

2)变更估价程序。承包人应在收到变更指示后14天内,向监理人提交变更估价申请。监理人应在收到承包人提交的变更估价申请后7天内审查完毕并报送发包人,监理人对变更估价申请有异议,通知承包人修改后重新提交。发包人应在承包人提交变更估价申请后14天内审批完毕。

发包人逾期未完成审批或未提出异议的,视为认可承包人提交的变更估价申请。

因变更引起的价格调整应计入最近一期的进度款中支付。

(5)承包人的合理化建议。承包人提出合理化建议的,应向监理人提交合理化建议说明,说明建议的内容和理由,以及实施该建议对合同价格和工期的影响。

除专用合同条款另有约定外,监理人应在收到承包人提交的合理化建议后7天内审查完毕并报送发包人,发现其中存在技术上的缺陷,应通知承包人修改。发包人应在收到监理人报送的合理化建议后7天内审批完毕。合理化建议经发包人批准的,监理人应及时发出变更指示,由此引起的合同价格调整按照上述"(4)"约定执行。发包人不同意变更的,监理人应书面通知承包人。

合理化建议降低了合同价格或者提高了工程经济效益的,发包人可对承包人给予奖励,奖励的方法和金额在专用合同条款中约定。

(6)变更引起的工期调整。因变更引起工期变化的,合同当事人均可要求调整合同工期,由合同当事人按照上述"3.(4)"并参考工程所在地的工期定额标准确定增减工期天数。

(7)暂估价。暂估价专业分包工程、服务、材料和工程设备的明细由合同当事人在专用合同条款中约定。

1)依法必须招标的暂估价项目。对于依法必须招标的暂估价项目,采取以下第1种方式确定。合同当事人也可以在专用合同条款中选择其他招标方式。

第1种方式:对于依法必须招标的暂估价项目,由承包人招标,对该暂估价项目的确认和批准按照以下约定执行:

①承包人应当根据施工进度计划,在招标工作启动前14天将招标方案通过监理人报送发包人审查,发包人应当在收到承包人报送的招标方案后7天内批准或提出修改意见。承包人应当按照经过发包人批准的招标方案开展招标工作。

②承包人应当根据施工进度计划,提前14天将招标文件通过监理人报送发包人审批,发包人应当在收到承包人报送的相关文件后7天内完成审批或提出修改意见;发包人有权确定招标控制价并按照法律规定参

加评标。

③承包人与供应商、分包人在签订暂估价合同前,应当提前7天将确定的中标候选供应商或中标候选分包人的资料报送发包人,发包人应在收到资料后3天内与承包人共同确定中标人;承包人应当在签订合同后7天内,将暂估价合同副本报送发包人留存。

第2种方式:对于依法必须招标的暂估价项目,由发包人和承包人共同招标确定暂估价供应商或分包人的,承包人应按照施工进度计划,在招标工作启动前14天通知发包人,并提交暂估价招标方案和工作分工。发包人应在收到后7天内确认。确定中标人后,由发包人、承包人与中标人共同签订暂估价合同。

2)不属于依法必须招标的暂估价项目。除专用合同条款另有约定外,对于不属于依法必须招标的暂估价项目,采取以下第1种方式确定:

第1种方式:对于不属于依法必须招标的暂估价项目,按本项约定确认和批准:

①承包人应根据施工进度计划,在签订暂估价项目的采购合同、分包合同前28天向监理人提出书面申请。监理人应当在收到申请后3天内报送发包人,发包人应当在收到申请后14天内给予批准或提出修改意见,发包人逾期未予批准或提出修改意见的,视为该书面申请已获得同意。

②发包人认为承包人确定的供应商、分包人无法满足工程质量或合同要求的,发包人可以要求承包人重新确定暂估价项目的供应商、分包人。

③承包人应当在签订暂估价合同后7天内,将暂估价合同副本报送发包人留存。

第2种方式:承包人按照依法必须招标的暂估价项目约定的第1种方式确定暂估价项目。

第3种方式:承包人直接实施的暂估价项目。

承包人具备实施暂估价项目的资格和条件的,经发包人和承包人协商一致后,可由承包人自行实施暂估价项目,合同当事人可以在专用合同条款约定具体事项。

3)因发包人原因导致暂估价合同订立和履行迟延的,由此增加的费用和(或)延误的工期由发包人承担,并支付承包人合理的利润。因承包人原因导致暂估价合同订立和履行迟延的,由此增加的费用和(或)延误的工期由承包人承担。

(8)暂列金额。暂列金额应按照发包人的要求使用,发包人的要求应通过监理人发出。合同当事人可以在专用合同条款中协商确定有关事项。

(9)计日工。需要采用计日工方式的,经发包人同意后,由监理人通知承包人以计日工计价方式实施相应的工作,其价款按列入已标价工程量清单或预算书中的计日工计价项目及其单价进行计算;已标价工程量清单或预算书中无相应的计日工单价的,按照合理的成本与利润构成的原则,由合同当事人按照上述"3.(4)"约定变更工作的单价。

采用计日工计价的任何一项工作,承包人应在该项工作实施过程中,每天提交以下报表和有关凭证报送监理人审查:

1)工作名称、内容和数量。

2)投入该工作的所有人员的姓名、专业、工种、级别和耗用工时。

3)投入该工作的材料类别和数量。

4)投入该工作的施工设备型号、台数和耗用台时。

5)其他有关资料和凭证。

计日工由承包人汇总后,列入最近一期进度付款申请单,由监理人审查并经发包人批准后列入进度付款。

7. 竣工验收

(1)竣工验收条件。工程具备以下条件的,承包人可以申请竣工验收:

1)除发包人同意的甩项工作和缺陷修补工作外,合同范围内的全部工程以及有关工作,包括合同要求的试验、试运行以及检验均已完成,并符合合同要求。

2)已按合同约定编制了甩项工作和缺陷修补工作清单以及相应的施工计划。

3)已按合同约定的内容和份数备齐竣工资料。

(2)竣工验收程序。除专用合同条款另有约定外,承包人申请竣工验收的,应当按照以下程序进行:

1)承包人向监理人报送竣工验收申请报告,监理人应在收到竣工验收申请报告后14天内完成审查并报送发包人。监理人审查后认为尚不具备验收条件的,应通知承包人在竣工验收前承包人还需完成的工作内容,承包人应在完成监理人通知的全部工作内容后,再次提交竣工验收申请报告。

2)监理人审查后认为已具备竣工验收条件的,应将竣工验收申请报告提交发包人,发包人应在收到经监理人审核的竣工验收申请报告后28天内审批完毕并组织监理人、承包人、设计人等相关单位完成竣工验收。

3)竣工验收合格的,发包人应在验收合格后14天内向承包人签发工程接收证书。发包人无正当理由逾期不颁发工程接收证书的,自验收合格后第15天起视为已颁发工程接收证书。

4)竣工验收不合格的,监理人应按照验收意见发出指示,要求承包人对不合格工程返工、修复或采取其他补救措施,由此增加的费用和(或)延误的工期由承包人承担。承包人在完成不合格工程的返工、修复或采取其他补救措施后,应重新提交竣工验收申请报告,并按本项约定的程序重新进行验收。

5)工程未经验收或验收不合格,发包人擅自使用的,应在转移占有工程后7天内向承包人颁发工程接收证书;发包人无正当理由逾期不颁发工程接收证书的,自转移占有后第15天起视为已颁发工程接收证书。

除专用合同条款另有约定外,发包人不按照本项约定组织竣工验收、颁发工程接收证书的,每逾期一天,应以签约合同价为基数,按照中国人民银行发布的同期同类贷款基准利率支付违约金。

(3)竣工日期。工程经竣工验收合格的,以承包人提交竣工验收申请报告之日为实际竣工日期,并在工程接收证书中载明;因发包人原因,未在监理人收到承包人提交的竣工验收申请报告42天内完成竣工验收,或完成竣工验收不予签发工程接收证书的,以提交竣工验收申请报告的日期为实际竣工日期;工程未经竣工验收,发包人擅自使用的,以转移占有工程之日为实际竣工日期。

(4)拒绝接收全部或部分工程。对于竣工验收不合格的工程,承包人完成整改后,应当重新进行竣工验收,经重新组织验收仍不合格的且无法采取措施补救的,则发包人可以拒绝接收不合格工程,因不合格工程导致其他工程不能正常使用的,承包人应采取措施确保相关工程的正常使用,由此增加的费用和(或)延误的工期由承包人承担。

(5)移交、接收全部与部分工程。除专用合同条款另有约定外,合同当事人应当在颁发工程接收证书后7天内完成工程的移交。

发包人无正当理由不接收工程的,发包人自应当接收工程之日起,承担工程照管、成品保护、保管等与工程有关的各项费用,合同当事人可以在专用合同条款中另行约定发包人逾期接收工程的违约责任。

承包人无正当理由不移交工程的,承包人应承担工程照管、成品保护、保管等与工程有关的各项费用,合同当事人可以在专用合同条款中另行约定承包人无正当理由不移交工程的违约责任。

8. 违约

(1)发包人违约。

1)发包人违约的情形。在合同履行过程中发生的下列情形,属于发包人违约:

①因发包人原因未能在计划开工日期前7天内下达开工通知的。

②因发包人原因未能按合同约定支付合同价款的。

③发包人违反上述"6.(1)、2)"的约定,自行实施被取消的工作或转由他人实施的。

④发包人提供的材料、工程设备的规格、数量或质量不符合合同约定,或因发包人原因导致交货日期延误或交货地点变更等情况的。

⑤因发包人违反合同约定造成暂停施工的。

⑥发包人无正当理由没有在约定期限内发出复工指示,导致承包人无法复工的。

⑦发包人明确表示或者以其行为表明不履行合同主要义务的。

⑧发包人未能按照合同约定履行其他义务的。

发包人发生除上述"⑦"以外的违约情况时,承包人可向发包人发出通知,要求发包人采取有效措施纠正违约行为。发包人收到承包人通知后28天内仍不纠正违约行为的,承包人有权暂停相应部位工程施工,并通知监理人。

2)发包人违约的责任。发包人应承担因其违约给承包人增加的费用和(或)延误的工期,并支付承包人合理的利润。此外,合同当事人可在专用合同条款中另行约定发包人违约责任的承担方式和计算方法。

3) 因发包人违约解除合同。除专用合同条款另有约定外,承包人按上述"1)"约定暂停施工满 28 天后,发包人仍不纠正其违约行为并致使合同目的不能实现的,或出现上述"1)、⑦"约定的违约情况的,承包人有权解除合同,发包人应承担由此增加的费用,并支付承包人合理的利润。

4) 因发包人违约解除合同后的付款。承包人按照本款约定解除合同的,发包人应在解除合同后 28 天内支付下列款项,并解除履约担保:

① 合同解除前所完成工作的价款。

② 承包人为工程施工订购并已付款的材料、工程设备和其他物品的价款。

③ 承包人撤离施工现场以及遣散承包人人员的款项。

④ 按照合同约定在合同解除前应支付的违约金。

⑤ 按照合同约定应当支付给承包人的其他款项。

⑥ 按照合同约定应退还的质量保证金。

⑦ 因解除合同给承包人造成的损失。

合同当事人未能就解除合同后的结清达成一致的,按照合同中争议解决的约定处理。

承包人应妥善做好已完工程和与工程有关的已购材料、工程设备的保护和移交工作,并将施工设备和人员撤出施工现场,发包人应为承包人撤出提供必要条件。

(2) 承包人违约。

1) 承包人违约的情形。在合同履行过程中发生的下列情形,属于承包人违约:

① 承包人违反合同约定进行转包或违法分包的。

② 承包人违反合同约定采购和使用不合格的材料和工程设备的。

③ 因承包人原因导致工程质量不符合合同要求的。

④ 承包人违反合同的约定,未经批准,私自将已按照合同约定进入施工现场的材料或设备撤离施工现场的。

⑤ 承包人未能按施工进度计划及时完成合同约定的工作,造成工期延误的。

⑥ 承包人在缺陷责任期及保修期内,未能在合理期限对工程缺陷进行修复,或拒绝按发包人要求进行修复的。

⑦承包人明确表示或者以其行为表明不履行合同主要义务的。

⑧承包人未能按照合同约定履行其他义务的。

承包人发生除上述"⑦"约定以外的其他违约情况时,监理人可向承包人发出整改通知,要求其在指定的期限内改正。

2)承包人违约的责任。承包人应承担因其违约行为而增加的费用和(或)延误的工期。此外,合同当事人可在专用合同条款中另行约定承包人违约责任的承担方式和计算方法。

3)因承包人违约解除合同。除专用合同条款另有约定外,出现上述"1)⑦"约定的违约情况时,或监理人发出整改通知后,承包人在指定的合理期限内仍不纠正违约行为并致使合同目的不能实现的,发包人有权解除合同。合同解除后,因继续完成工程的需要,发包人有权使用承包人在施工现场的材料、设备、临时工程、承包人文件和由承包人或以其名义编制的其他文件,合同当事人应在专用合同条款约定相应费用的承担方式。发包人继续使用的行为不免除或减轻承包人应承担的违约责任。

4)因承包人违约解除合同后的处理。因承包人原因导致合同解除的,则合同当事人应在合同解除后28天内完成估价、付款和清算,并按以下约定执行:

①合同解除后,按上述"3.(4)"约定承包人实际完成工作对应的合同价款,以及承包人已提供的材料、工程设备、施工设备和临时工程等的价值。

②合同解除后,承包人应支付的违约金。

③合同解除后,因解除合同给发包人造成的损失。

④合同解除后,承包人应按照发包人要求和监理人的指示完成现场的清理和撤离。

⑤发包人和承包人应在合同解除后进行清算,出具最终结清付款证书,结清全部款项。

因承包人违约解除合同的,发包人有权暂停对承包人的付款,查清各项付款和已扣款项。发包人和承包人未能就合同解除后的清算和款项支付达成一致的,按照合同中争议解决的约定处理。

5)采购合同权益转让。因承包人违约解除合同的,发包人有权要求承包人将其为实施合同而签订的材料和设备的采购合同的权益转让给发包人,承包人应在收到解除合同通知后14天内,协助发包人与采购合同的供应商达成相关的转让协议。

(3)第三人造成的违约。在履行合同过程中,一方当事人因第三人的原因造成违约的,应当向对方当事人承担违约责任。一方当事人和第三人之间的纠纷,依照法律规定或者按照约定解决。

9. 不可抗力

(1)不可抗力的确认。不可抗力是指合同当事人在签订合同时不可预见,在合同履行过程中不可避免且不能克服的自然灾害和社会性突发事件,如地震、海啸、瘟疫、骚乱、戒严、暴动、战争和专用合同条款中约定的其他情形。

不可抗力发生后,发包人和承包人应收集证明不可抗力发生及不可抗力造成损失的证据,并及时认真统计所造成的损失。合同当事人对是否属于不可抗力或其损失的意见不一致的,由监理人按上述"3.(4)"的约定处理。发生争议时,按合同中争议解决的约定处理。

(2)不可抗力的通知。合同一方当事人遇到不可抗力事件,使其履行合同义务受到阻碍时,应立即通知合同另一方当事人和监理人,书面说明不可抗力和受阻碍的详细情况,并提供必要的证明。

不可抗力持续发生的,合同一方当事人应及时向合同另一方当事人和监理人提交中间报告,说明不可抗力和履行合同受阻的情况,并于不可抗力事件结束后28天内提交最终报告及有关资料。

(3)不可抗力后果的承担。

1)不可抗力引起的后果及造成的损失由合同当事人按照法律规定及合同约定各自承担。不可抗力发生前已完成的工程应当按照合同约定进行计量支付。

2)不可抗力导致的人员伤亡、财产损失、费用增加和(或)工期延误等后果,由合同当事人按以下原则承担:

①永久工程、已运至施工现场的材料和工程设备的损坏,以及因工程损坏造成的第三人人员伤亡和财产损失由发包人承担。

②承包人施工设备的损坏由承包人承担。

③发包人和承包人承担各自人员伤亡和财产的损失。

④因不可抗力影响承包人履行合同约定的义务,已经引起或将引起工期延误的,应当顺延工期,由此导致承包人停工的费用损失由发包人和

承包人合理分担,停工期间必须支付的工人工资由发包人承担。

⑤因不可抗力引起或将引起工期延误,发包人要求赶工的,由此增加的赶工费用由发包人承担。

⑥承包人在停工期间按照发包人要求照管、清理和修复工程的费用由发包人承担。

不可抗力发生后,合同当事人均应采取措施尽量避免和减少损失的扩大,任何一方当事人没有采取有效措施导致损失扩大的,应对扩大的损失承担责任。

因合同一方迟延履行合同义务,在迟延履行期间遭遇不可抗力的,不免除其违约责任。

(4)因不可抗力解除合同。因不可抗力导致合同无法履行连续超过84天或累计超过140天的,发包人和承包人均有权解除合同。合同解除后,由双方当事人按照上述"3.(4)"约定发包人应支付的款项,该款项包括:

1)合同解除前承包人已完成工作的价款。

2)承包人为工程订购的并已交付给承包人,或承包人有责任接受交付的材料、工程设备和其他物品的价款。

3)发包人要求承包人退货或解除订货合同而产生的费用,或因不能退货或解除合同而产生的损失。

4)承包人撤离施工现场以及遣散承包人人员的费用。

5)按照合同约定在合同解除前应支付给承包人的其他款项。

6)扣减承包人按照合同约定应向发包人支付的款项。

7)双方商定或确定的其他款项。

除专用合同条款另有约定外,合同解除后,发包人应在商定或确定上述款项后28天内完成上述款项的支付。

第二节 工程索赔

一、索赔的概念与特点

1. 索赔的概念

索赔是当事人在合同实施过程中,根据法律、合同规定及惯例,对不应由自己承担责任的情况造成的损失,向合同的另一方当事人提出给予赔偿或补偿要求的行为。

工程索赔通常是指在工程合同履行过程中,合同当事人一方因非自身因素或对方不履行或未能正确履行合同而受到经济损失或权利损害时,通过一定的合法程序向对方提出经济或时间补偿的要求。索赔是一种正当的权利要求,它是发包方、监理人和承包方之间一项正常的、大量发生而且普遍存在的合同管理业务,是一种以法律和合同为依据的、合情合理的行为。

2. 索赔的条件

当合同一方向另一方提出索赔时,应有正当的索赔理由和有效证据,并应符合合同的相关约定。建设工程施工中的索赔是发、承包双方行使正当权利的行为,承包人可向发包人索赔,发包人也可向承包人索赔。任何索赔事件的确立,其前提条件是必须有正当的索赔理由。对正当索赔理由的说明必须具有证据,因为进行索赔主要是靠证据说话。没有证据或证据不足,索赔是难以成功的。

3. 索赔的特点

(1)索赔是双向的,不仅承包人可以向发包人索赔,发包人同样也可以向承包人索赔。

(2)索赔是要求给予补偿(赔偿)的一种权利、主张。

(3)索赔的依据是法律法规、合同文件及工程建设惯例,但主要是合同文件。

(4)索赔是因非自身原因导致的,要求索赔一方没有过错。只有实际发生了经济损失或权利损害,一方才能向对方索赔。

(5)索赔是一种未经对方确认的单方行为。它与我们通常所说的工程签证不同。在施工过程中签证是承发包双方就额外费用补偿或工期延长等达成一致的书面证明材料和补充协议,它可以直接作为工程款结算或最终增减工程造价的依据。而索赔则是单方面行为,对对方尚未形成约束力,这种索赔要求能否得到最终实现,必须要通过确认(如双方协商、谈判、调解或仲裁、诉讼)后才能得知。

(6)与合同相比较,已经发生了额外的经济损失或工期损害。

(7)索赔必须有切实有效的证据。

(8)索赔是单方行为,双方没有达成协议。

二、索赔分类

1. 按索赔目的分类

按索赔目的不同可将索赔分为工期索赔和费用索赔两类。

(1)工期索赔。由于非承包人责任的原因而导致施工进程延误,要求批准顺延合同工期的索赔,称之为工期索赔。工期索赔形式上是对权利的要求,以避免在原定合同竣工日不能完工时,被发包人追究拖期违约责任。一旦获得批准合同工期顺延后,承包人不仅免除了承担拖期违约赔偿费的严重风险,而且可能提前工期得到奖励,最终仍反映在经济收益上。

(2)费用索赔。费用索赔的目的是要求经济补偿。当施工的客观条件改变导致承包人增加开支,要求对超出计划成本的附加开支给予补偿,以挽回不应由其承担的经济损失。

2. 按索赔当事人分类

按索赔当事人分类,可分为承包商与发包人间索赔,承包商与分包商间索赔和分包商与供货商间索赔三类。

(1)承包商与发包人间索赔。这类索赔大都是有关工程量计算、变更、工期、质量和价格方面的争议,也有中断或终止合同等其他违约行为的索赔。

(2)承包商与分包商间索赔。其内容与前一种大致相似,但大多数是分包商向总包商索要付款和赔偿及承包商向分包商罚款或扣留支付款等。

(3)承包商与供货商间索赔。其内容多是商贸方面的争议,如货品质量不符合技术要求、数量短缺、交货拖延、运输损坏等。

3. 按索赔原因分类

按索赔原因分类,可分为工程延误索赔、工程范围变更索赔、施工加速索赔和不利现场条件索赔四类。

(1)工程延误索赔。因发包人未按合同要求提供施工条件,如未及时交付设计图纸、施工现场、道路等,或因发包人指令工程暂停或不可抗力事件等原因造成工期拖延的,承包商对此提出索赔。

(2)工程范围变更索赔。工作范围的索赔是指发包人和承包商对合同中规定工作理解的不同而引起的索赔。

(3)施工加速索赔。施工加速索赔经常是延期或工作范围索赔的结果,有时也被称为"赶工索赔"。而加速施工索赔与劳动生产率的降低关系极大,因此又可称为劳动生产率损失索赔。

(4)不利现场条件索赔。不利现场条件索赔近似于工作范围索赔,然而又不大像大多数工作范围索赔。不利现场条件索赔应归咎于确实不易预知的某个事实。如现场的水文、地质条件在设计时全部弄得一清二楚几乎是不可能的,只能根据某些地质钻孔和土样试验资料来分析和判断。要对现场进行彻底全面的调查将会耗费大量的成本和时间,一般发包人不会这样做,承包商在短短的投标报价时间内更不可能做这种现场调查工作。这种不利现场条件的风险由发包人来承担是合理的。

4. 按索赔合同依据分类

按索赔合同依据分类,可分为合同内索赔、合同外索赔和道义索赔三类。

(1)合同内索赔。此种索赔是以合同条款为依据,在合同中有明文规定的索赔,如工期延误、工程变更、承包人提供的放线数据有误、发包人不按合同规定支付进度款等等。这种索赔由于在合同中有明文规定,往往容易成功。

(2)合同外索赔。此种索赔在合同文件中没有明确的叙述,但可以根据合同文件的某些内容合理推断出可以进行此类索赔,而且此索赔并不违反合同文件的其他任何内容。

(3)道义索赔。道义索赔也称为额外支付。是指承包商在合同内或合同外都找不到可以索赔的合同依据或法律根据,因而没有提出索赔的条件和理由,但承包商认为自己有要求补偿的道义基础,而对其遭受的损失提出具有优惠性质的补偿要求。

5. 按索赔处理方式分类

按索赔处理方式分类,可分为单项索赔和综合索赔两类。

(1)单项索赔。单项索赔是针对某一干扰事件提出的,在影响原合同正常运行的干扰事件发生时或发生后,由合同管理人员立即处理,并在合同规定的索赔有效期内向发包人或监理人提交索赔要求和报告。单项索赔通常原因单一,责任单一,分析起来相对容易,由于涉及的金额一般较小,双方容易达成协议,处理起来也比较简单。因此合同双方应尽可能地用此种方式来处理索赔。

(2)综合索赔。综合索赔又称一揽子索赔,一般在工程竣工前和工程移交前,承包商将工程实施过程中因各种原因未能及时解决的单项索赔集中起来进行综合考虑,提出一份综合索赔报告,由合同双方在工程交付前后进行最终谈判,以一揽子方案解决索赔问题。

三、索赔的基本原则

在工程承包中,索赔应遵循下列原则:

(1)以工程承包合同为依据。工程索赔涉及面广,法律程序严格,参与索赔的人员应熟悉施工的各个环节,通晓建筑合同和法律,并具有一定的财会知识。索赔工作人员必须对合同条件、协议条款有深刻的理解,以合同为依据做好索赔的各项工作。

(2)以索赔证据为准则。索赔工作的关键是证明承包商提出的索赔要求是正确的,还要准确地计算出要求索赔的数额,并证明该数额是合情合理的,而这一切都必须基于索赔证据。索赔证据必须是实施合同过程中存在和发生的;索赔证据应当能够相互关联、相互说明,不能互相矛盾;索赔证据应当具有可靠性,一般应是书面内容,有关的协议、记录均应有当事人的签字认可;索赔证据的取得和提出都必须及时。

(3)及时、合理地处理索赔。索赔发生后,承发包双方应依据合同及时、合理地处理索赔。若多项索赔累积,可能影响承包商资金周转和施工进度,甚至增加双方矛盾。此外,拖到后期综合索赔,往往还牵涉到利息、预期利润补偿等问题,从而使矛盾进一步复杂化,增加了处理索赔的困难。

四、索赔的基本任务

索赔的作用是对自己已经受到的损失进行追索,其任务有:

(1)预测索赔机会。虽然干扰事件产生于工程施工中,但它的根由却在招标文件、合同、设计、计划中,所以,在招标文件分析、合同谈判(包括在工程实施中双方召开变更会议、签署补充协议等)中,承包商应对干扰事件有充分的考虑和防范,预测索赔的可能。

(2)在合同实施中寻找和发现索赔机会。在任何工程中,干扰事件是不可避免的,问题是承包商能否及时发现并抓住索赔机会。承包商应对索赔机会有敏锐的感觉,可以通过对合同实施过程进行监督、跟踪、分析和诊断,以寻找和发现索赔机会。

(3)处理索赔事件,解决索赔争执。一经发现索赔机会,则应迅速做出反应,进入索赔处理过程。在这个过程中有大量的、具体的、细致的索赔管理工作和业务,包括:

1)向工程师和发包人提出索赔意向。

2)进行事态调查、寻找索赔理由和证据、分析干扰事件的影响、计算索赔值、起草索赔报告。

3)向发包人提出索赔报告,通过谈判、调解或仲裁最终解决索赔争执,使自己的损失得到合理补偿。

五、索赔发生的原因

在现代承包工程中,特别在国际承包工程中,索赔经常发生,而且索赔额很大。这主要是由以下几方面原因造成的。

1. 施工延期

施工延期是指由于非承包商的各种原因而造成工程的进度推迟,施工不能按原计划时间进行。施工延期的原因有时是单一的,有时又是多种因素综合交错形成。

施工延期的事件发生后,会给承包商造成两个方面的损失:一项损失是时间上的损失,另一项损失是经济方面的损失。因此,当出现施工延期的索赔事件时,往往在分清责任和损失补偿方面,合同双方易发生争端。常见的施工延期索赔多由于发包人未能及时提交施工场地,以及气候条件恶劣,如连降暴雨,使大部分的工程无法开展等。

2. 合同变更

对于工程项目实施过程来说,变更是客观存在的,只是这种变更必须是指在原合同工程范围内的变更,若属超出工程范围的变更,承包商有权予以拒绝。特别是当工程量变化超出招标时工程量清单的20%以上时,可能会导致承包商的施工现场人员不足,需另雇工人;也可能会导致承包商的施工机械设备失调,工程量的增加,往往要求承包商增加新型号的施工机械设备,或增加机械设备数量等。

3. 合同中存在的矛盾和缺陷

合同矛盾和缺陷常表现为合同文件规定不严谨,合同中有遗漏或错误,这些矛盾常反映为设计与施工规定相矛盾,技术规范和设计图纸不符合或相矛盾,以及一些商务和法律条款规定有缺陷等。

4. 恶劣的现场自然条件

恶劣的现场自然条件是一般有经验的承包商事先无法合理预料的,这需要承包商花费更多的时间和金钱去克服和除掉这些障碍与干扰。因此,承包商有权据此向发包人提出索赔要求。

5. 参与工程建设主体的多元性

由于工程参与单位多,一个工程项目往往会有发包人、总包商、监理人、分包商、指定分包商、材料设备供应商等众多参加单位,各方面的技术、经济关系错综复杂,相互联系又相互影响,只要一方失误,不仅会造成自己的损失,而且会影响其他合作者,造成他人损失,从而导致索赔和争执。

六、索赔证据

1. 索赔证据的要求

一般有效的索赔证据都具有以下几个特征:

(1)及时性:既然干扰事件已发生,又意识到需要索赔,就应在有效时间内提出索赔意向。在规定的时间内报告事件的发展影响情况,在规定时间内提交索赔的详细额外费用计算账单,对发包人或工程师提出的疑问及时补充有关材料。如果拖延太久,将增加索赔工作的难度。

(2)真实性:索赔证据必须是在实际过程中产生,完全反映实际情况,能经得住对方的推敲。由于在工程过程中合同双方都在进行合同管理,收集工程资料,所以双方应有相同的证据。使用不实的、虚假证据是违反商业道德甚至法律的。

(3)全面性:所提供的证据应能说明事件的全过程。索赔报告中所涉及的干扰事件、索赔理由、索赔值等都应有相应的证据,不能凌乱和支离破碎,否则发包人将退回索赔报告,要求重新补充证据。这会拖延索赔的解决,损害承包商在索赔中的有利地位。

(4)关联性:索赔的证据应当能互相说明,相互具有关联性,不能互相矛盾。

(5)法律证明效力:索赔证据必须有法律证明效力,特别对准备递交仲裁的索赔报告更要注意这一点。

1)证据必须是当时的书面文件,一切口头承诺、口头协议不算。

2)合同变更协议必须由双方签署,或以会谈纪要的形式确定,且为决定性决议。一切商讨性、意向性的意见或建议都不算。

3)工程中的重大事件、特殊情况的记录、统计应由工程师签署认可。

2. 索赔证据的种类

(1)招标文件、工程合同、发包人认可的施工组织设计、工程图纸、技术规范等。

(2)工程各项有关的设计交底记录、变更图纸、变更施工指令等。

(3)工程各项经发包人或合同中约定的发包人现场代表或监理人签认的签证。

(4)工程各项往来信件、指令、信函、通知、答复等。

(5)工程各项会议纪要。

(6)施工计划及现场实施情况记录。

(7)施工日报及工长工作日志、备忘录。

(8)工程送电、送水、道路开通、封闭的日期及数量记录。

(9)工程停电、停水和干扰事件影响的日期及恢复施工的日期记录。

(10)工程预付款、进度款拨付的数额及日期记录。

(11)工程图纸、图纸变更、交底记录的送达份数及日期记录。

(12)工程有关施工部位的照片及录像等。

(13)工程现场气候记录,如有关天气的温度、风力、雨雪等。

(14)工程验收报告及各项技术鉴定报告等。

(15)工程材料采购、订货、运输、进场、验收、使用等方面的凭据。

(16)国家和省级或行业建设主管部门有关影响工程造价、工期的文件、规定等。

3. 索赔时效的功能

索赔时效是指合同履行过程中,索赔方在索赔事件发生后的约定期限内不行使索赔权即视为放弃索赔权利,其索赔权归于消灭的制度。其功能主要表现在以下两点。

(1)促使索赔权利人行使权利。"法律不保护躺在权利上睡觉的人",索赔时效是时效制度中的一种,类似于民法中的诉讼时效,即超过法定时间,权利人不主张自己的权利,则诉讼权消灭,人民法院不再对该实体权利强制进行保护。

(2)平衡发包人与承包人的利益。有的索赔事件持续时间短暂,事后难以复原(如异常的地下水位、隐蔽工程等),发包人在时过境迁后难以查找到有力证据来确认责任归属或准确评估所需金额。如果不对时效加以限制,允许承包人隐瞒索赔意图,将置发包人于不利状况。而索赔时效则平衡了发承包双方利益。一方面,索赔时效届满,即视为承包人放弃索赔权利,发包人可以此作为证据的代用,避免举证的困难;另一方面,只有促使承包人及时提出索赔要求,才能警示发包人充分履行合同义务,避免类似索赔事件的再次发生。

七、承包人的索赔及索赔处理

(一)承包人的索赔

根据合同约定,承包人认为有权得到追加付款和(或)延长工期的,应按以下程序向发包人提出索赔。

1. 发出索赔意向通知

承包人应在知道或应当知道索赔事件发生后 28 天内,向监理人递交索赔意向通知书,并说明发生索赔事件的事由;承包人未在前述 28 天内发出索赔意向通知书的,丧失要求追加付款和(或)延长工期的权利。

一般索赔意向通知仅仅是表明意向,应写得简明扼要,涉及索赔内容但不涉及索赔数额。通常包括以下 4 个方面的内容:

(1)事件发生的时间和情况的简单描述。

(2)合同依据的条款和理由。

(3)有关后续资料的提供,包括及时记录和提供事件发展的动态。

(4)对工程成本和工期产生的不利影响的严重程度,以期引起工程师(发包人)的注意。

2. 准备索赔资料

监理人和发包人一般都会对承包人的索赔提出一些质疑,要求承包人做出解释或出具有力的证明材料。主要包括:

(1)施工日志。应指定有关人员现场记录施工中发生的各种情况,包括天气、出工人数、设备数量及使用情况、进度情况、质量情况、安全情况、监理人在现场有什么指示、进行了什么试验、有无特殊干扰施工的情况、遇到了什么不利的现场条件、多少人员参观了现场等等。这种现场记录和日志有利于及时发现和正确分析索赔,可能成为索赔的重要证明材料。

(2)来往信件。对与监理人、发包人和有关政府部门、银行、保险公司的来往信函,必须认真保存,并注明发送和收到的详细时间。

(3)气象资料。在分析进度安排和施工条件时,天气是应考虑的重要因素之一,因此,要保存一份真实、完整、详细的天气情况记录,包括气温、风力、湿度、降雨量、暴风雪、冰雹等。

(4)备忘录。承包人对监理人和发包人的口头指示和电话应随时用书面记录,并签字给予书面确认。事件发生和持续过程中的重要情况也都应有记录。

(5)会议纪要。承包人、发包人和监理人举行会议时要做好详细记录,对其主要问题形成会议纪要,并由会议各方签字确认。

(6)工程照片和工程声像资料。这些资料都是反映工程客观情况的真实写照,也是法律承认的有效证据,对重要工程部位应拍摄有关资料并妥善保存。

(7)工程进度计划。承包人编制的经监理人或发包人批准同意的所有工程总进度、年进度、季进度、月进度计划都必须妥善保管,任何有关工期延误的索赔中,进度计划都是非常重要的证据。

(8)工程核算资料。所有人工、材料、机械设备使用台账,工程成本分析资料,会计报表,财务报表,货币汇率,现金流量,物价指数,收付款票据,都应分类装订成册,这些都是进行索赔费用计算的基础。

(9)工程报告。包括工程试验报告、检查报告、施工报告、进度报告、特别事件报告等。

(10)工程图纸。工程师和发包人签发的各种图纸,包括设计图、施工图、竣工图及其相应的修改图,承包人应注意对照检查和妥善保存。对于设计变更索赔,原设计图和修改图的差异是索赔最有力的证据。

(11)招投标阶段有关现场考察资料,各种原始单据(工资单,材料设备采购单),各种法规文件,证书证明等,都应积累保存,它们都有可能是某项索赔的有力证据。

3. 编写索赔报告

索赔报告是承包人在合同规定的时间内向监理人提交的要求发包人给予一定经济补偿和延长工期的正式书面报告。索赔报告的水平与质量如何,直接关系到索赔的成败与否。

编写索赔报告时,应注意以下几个问题:

(1)索赔报告的基本要求。

1)说明索赔的合同依据。即基于何种理由有资格提出索赔要求。

2)索赔报告中必须有详细准确的损失金额及时间的计算。

3)要证明客观事实与损失之间的因果关系,说明索赔事件前因后果的关联性,要以合同为依据,说明发包人违约或合同变更与引起索赔的必然性联系。如果不能有理有据说明因果关系,而仅在事件的严重性和损失的巨大上花费过多的笔墨,对索赔的成功都无济于事。

(2)索赔报告必须准确。编写索赔报告是一项比较复杂的工作,须有一个专门的小组和各方的大力协助才能完成。索赔报告应有理有据,准确可靠,应注意以下几点:

1)责任分析应清楚、准确。

2)索赔值的计算依据要正确,计算结果应准确。

3)用词应委婉、恰当。

(3)索赔报告的内容。在实际承包工程中,索赔报告通常包括三个部分:

第一部分:承包人或其授权人致发包人或工程师的信。信中简要介绍索赔的事项、理由和要求,说明随函所附的索赔报告正文及证明材料情况等。

第二部分:索赔报告正文。针对不同格式的索赔报告,其形式可能不同,但实质性的内容相似,一般主要包括:

1)题目。简要地说明针对什么提出索赔。

2)索赔事件陈述。叙述事件的起因,事件经过,事件过程中双方的活动,事件的结果,重点叙述我方按合同所采取的行为,对方不符合合同的行为。

3)理由。总结上述事件,同时引用合同条文或合同变更和补充协议条文,证明对方行为违反合同或对方的要求超过合同规定,造成了该项事件,有责任对此造成的损失做出赔偿。

4)影响。简要说明事件对承包人施工过程的影响,而这些影响与上述事件有直接的因果关系。重点围绕由于上述事件原因造成的成本增加和工期延长。

5)结论。对上述事件的索赔问题做出最后总结,提出具体索赔要求,包括工期索赔和费用索赔。

第三部分:附件。该报告中所列举事实、理由、影响的证明文件和各种计算基础、计算依据的证明文件。

4. 递交索赔报告

承包人应在发出索赔意向通知书后28天内,向监理人正式递交索赔报告;索赔报告应详细说明索赔理由以及要求追加的付款金额和(或)延长的工期,并附必要的记录和证明材料;索赔事件具有持续影响的,承包人应按合理时间间隔继续递交延续索赔通知,说明持续影响的实际情况和记录,列出累计的追加付款金额和(或)工期延长天数;在索赔事件影响结束后28天内,承包人应向监理人递交最终索赔报告,说明最终要求索赔的追加付款金额和(或)延长的工期,并附必要的记录和证明材料。

(二)对承包人索赔的处理

1. 索赔审查

索赔的审查,是当事双方在承包合同基础上,逐步分清在某些索赔事件中的权利和责任以使其数量化的过程。监理人应在收到索赔报告后14天内完成审查并报送发包人。

(1)工程师审核承包人的索赔申请。接到承包人的索赔意向通知后,工程师应建立自己的索赔档案,密切关注事件的影响,检查承包人的同期记录时,随时就记录内容提出不同意见或希望应予以增加的记录项目。

在接到正式索赔报告之后,认真研究承包人报送的索赔资料。

1)在不确认责任归属的情况下,客观分析事件发生的原因,重温合同的有关条款,研究承包人的索赔证据,并检查其同期记录。

2)通过对事件的分析,工程师再依据合同条款划清责任界限,必要时还可以要求承包人进一步提供补充资料。

3)再审查承包人提出的索赔补偿要求,剔除其中的不合理部分,拟定自己计算的合理索赔数额和工期顺延天数。

(2)判定索赔成立的原则。工程师判定承包人索赔成立的条件为:

1)与合同相对照,事件已造成了承包人施工成本的额外支出或总工期延误。

2)造成费用增加或工期延误的原因,按合同约定不属于承包人应承担的责任,包括行为责任和风险责任。

3)承包人按合同规定的程序提交了索赔意向通知和索赔报告。

上述三个条件没有先后主次之分,应当同时具备。只有工程师认定索赔成立后,才处理应给予承包人的补偿额。

(3)审查索赔报告。

1)事态调查。通过对合同实施的跟踪、分析了解事件经过、前因后果,掌握事件详细情况。

2)损害事件原因分析。即分析索赔事件是由何种原因引起,责任应由谁来承担。在实际工作中,损害事件的责任有时是多方面原因造成,故必须进行责任分解,划分责任范围,按责任大小承担损失。

3)分析索赔理由。主要依据合同文件判明索赔事件是否属于未履行合同规定义务或未正确履行合同义务导致,是否在合同规定的赔偿范围之内。只有符合合同规定的索赔要求才有合法性,才能成立。

4)实际损失分析。即分析索赔事件的影响,主要表现为工期的延长和费用的增加。如果索赔事件不造成损失,则无索赔可言。损失调查的重点是分析、对比实际和计划的施工进度,工程成本和费用方面的资料,在此基础上核算索赔值。

5)证据资料分析。主要分析证据资料的有效性、合理性、正确性,这也是索赔要求有效的前提条件。如果在索赔报告中提不出证明其索赔理由、索赔事件的影响、索赔值的计算等方面的详细资料,索赔要求是不能成立的。如果工程师认为承包人提出的证据不能足以说明其要求的合理性时,可以要求承包人进一步提交索赔的证据资料。

(4)工程师可根据自己掌握的资料和处理索赔的工作经验就以下问题提出质疑:

1)索赔事件不属于发包人和监理人的责任,而是第三方的责任。

2)事实和合同依据不足。

3)承包人未能遵守意向通知的要求。

4)合同中的开脱责任条款已经免除了发包人补偿的责任。

5)索赔是由不可抗力引起的,承包人没有划分和证明双方责任的大小。

6）承包人没有采取适当措施避免或减少损失。
7）承包人必须提供进一步的证据。
8）损失计算夸大。
9）承包人以前已明示或暗示放弃了此次索赔的要求等等。

2. 出具经发包人签认的索赔处理结果

发包人应在监理人收到索赔报告或有关索赔的进一步证明材料后的28天内，由监理人向承包人出具经发包人签认的索赔处理结果。发包人逾期答复的，则视为认可承包人的索赔要求。

工程师经过对索赔文件的评审，与承包人进行较充分的讨论后，应提出对索赔处理决定的初步意见，并参加发包人和承包人之间的索赔谈判，根据谈判达成索赔最后处理的一致意见。

如果索赔在发包人和承包人之间未能通过谈判得以解决，可将有争议的问题进一步提交工程师决定。如果一方对工程师的决定不满意，双方可寻求其他友好解决方式，如中间人调解、争议评审团评议等。友好解决无效，一方可将争端提交仲裁或诉讼。

（三）提出索赔的期限

（1）承包人按约定接收竣工付款证书后，应被视为已无权再提出在工程接收证书颁发前所发生的任何索赔。

（2）承包人按提交的最终结清申请单中，只限于提出工程接收证书颁发后发生的索赔。提出索赔的期限自接受最终结清证书时终止。

八、发包人的索赔及索赔处理

1. 发包人的索赔

根据合同约定，发包人认为有权得到赔付金额和（或）延长缺陷责任期的，监理人应向承包人发出通知并附有详细的证明。

发包人应在知道或应当知道索赔事件发生后28天内通过监理人向承包人提出索赔意向通知书，发包人未在前述28天内发出索赔意向通知书的，丧失要求赔付金额和（或）延长缺陷责任期的权利。发包人应在发出索赔意向通知书后28天内，通过监理人向承包人正式递交索赔报告。

2. 对发包人索赔的处理

（1）承包人收到发包人提交的索赔报告后，应及时审查索赔报告的内容、查验发包人证明材料。

(2)承包人应在收到索赔报告或有关索赔的进一步证明材料后 28 天内,将索赔处理结果答复发包人。如果承包人未在上述期限内做出答复的,则视为对发包人索赔要求的认可。

(3)承包人接受索赔处理结果的,发包人可从应支付给承包人的合同价款中扣除赔付的金额或延长缺陷责任期;发包人不接受索赔处理结果的,按争议解决约定处理。

九、索赔策略与技巧

1. 索赔策略

(1)确定索赔目标,防范索赔风险。

1)承包人的索赔目标是指承包人对索赔的基本要求,可对要达到的目标进行分解,按难易程度排队,并大致分析它们各自实现的可能性,从而确定最低、最高目标。

2)分析实现目标的风险状况,如能否在索赔有效期内及时提出索赔,能否按期完成合同规定的工程量,按期交付工程,能否保证工程质量,等等。总之,要注意对索赔风险的防范,否则会影响索赔目标的实现。

(2)分析承包人的经营战略。承包人的经营战略直接制约着索赔的策略和计划。在分析发包人情况和工程所在地情况以后,承包人应考虑有无可能与发包人继续进行新的合作,是否在当地继续扩展业务,承包人与发包人之间的关系对在当地开展业务有何影响等等。

这些问题决定着承包人的整个索赔要求和解决的方法。

(3)分析被索赔方的兴趣与利益。分析被索赔方的兴趣和利益所在,要让索赔在友好和谐的气氛中进行。处理好单项索赔和一揽子索赔的关系,对于理由充分而重要的单项索赔应力争尽早解决,对于发包人坚持后未解决的索赔,要按发包人意见认真积累有关资料,为一揽子解决准备充分的材料。要根据对方的利益所在,对双方感兴趣的地方,承包人就在不过多损害自己利益的情况下作适当让步,打破问题的僵局。在责任分析和法律分析方面要适当,在对方愿意接受索赔的情况下,就不要得理不让人,否则反而达不到索赔目的。

(4)分析谈判过程。索赔谈判是承包人要求业主承认自己的索赔,承包人处于很不利的地位,如果谈判一开始就气氛紧张,情绪对立,有可能导致发包人拒绝谈判,使谈判旷日持久,这是最不利于解决索赔问题的。

谈判应从发包人关心的议题入手,从发包人感兴趣的问题开谈,稳扎稳打,并始终注意保持友好和谐的谈判气氛。

(5)分析对外关系。利用同监理人、设计单位、发包人的上级主管部门对发包人施加影响,往往比同发包人直接谈判更有效。承包人要同这些单位搞好关系,取得他们的同情和支持,并与发包人沟通。这就要求承包人对这些单位的关键人物进行分析,同他们搞好关系,利用他们同发包人的微妙关系从中斡旋、调停,使索赔达到十分理想的效果。

2. 索赔技巧

(1)及早发现索赔机会。作为一个有经验的承包人,在投标报价时就应考虑到将来可能要发生索赔的问题,要仔细研究招标文件中的合同条款和规范,仔细查勘施工现场,探索可能索赔的机会,在报价时要考虑索赔的需要。在进行单价分析时,应列入生产效率,把工程成本与投入资源的效率结合起来。这样,在施工过程中论证索赔原因时,可引用效率降低来论证索赔的根据。

(2)商签好合同协议。在商签合同过程中,承包人应对明显把重大风险转嫁给自己的合同条件提出修改的要求,对其达成修改的协议应以"谈判纪要"的形式写出,作为该合同文件的有效组成部分。

(3)对口头变更指令要得到确认。工程师常常乐于用口头形式指令工程变更,如果承包人不对工程师的口头指令予以书面确认,就进行变更工程的施工,一旦有的工程师矢口否认,拒绝承包人的索赔要求,承包人就会有苦难言。

(4)及时发出"索赔通知书"。一般合同都规定,索赔事件发生后的一定时间内,承包人必须送出"索赔通知书",过期无效。

(5)索赔事由论证要充足。承包合同通常规定,承包人在发出"索赔通知书"后,每隔一定时间,应报送一次证据资料,在索赔事件结束后的28日内报送总结性的索赔计算及索赔论证,提交索赔报告。索赔报告一定要令人信服,经得起推敲。

(6)索赔计价方法和款额要适当。索赔计算时采用"附加成本法"容易被对方接受,因为这种方法只计算索赔事件引起的计划外的附加开支,计价项目具体,使经济索赔能较快得到解决。另外索赔计价不能过高,价过高容易让对方发生反感,使索赔报告束之高阁,长期得不到解决。另外还有可能让发包人准备周密的反索赔计价,以高额的反索赔对付高额的索赔,使索赔工作更加复杂化。

(7)力争单项索赔,避免一揽子索赔。单项索赔事件简单,容易解决,而且能及时得到支付。一揽子索赔,问题复杂,金额大,不易解决,往往到工程结束后还得不到付款。

(8)坚持采用"清理账目法"。承包人往往只注意接受发包人按月结算索赔款,而忽略了索赔款的不足部分,没有以文字的形式保留自己今后应获得不足部分款额的权利,等于同意并承认了发包人对该项索赔的付款,以后再无权追索。

(9)力争友好解决,防止对立情绪。索赔争端是难免的,如果遇到争端不能理智地协商讨论问题,就会使一些本来可以解决的问题悬而未决。承包人尤其要头脑冷静,防止对立情绪,力争友好解决索赔争端。

(10)注意同工程师搞好关系。工程师是处理解决索赔问题的公正的第三方,注意同工程师搞好关系,争取工程师的公正裁决,竭力避免仲裁或诉讼。

第九章 工程价款约定与支付管理

第一节 工程合同价款约定

一、一般规定

(1)工程合同价款的约定是建设工程合同的主要内容。根据有关法律条款的规定,实行招标的工程合同价款应在中标通知书发出之日起30天内,由发承包双方依据招标文件和中标人的投标文件在书面合同中约定。

工程合同价款的约定应满足以下几个方面的要求:

1)约定的依据要求:招标人向中标的投标人发出的中标通知书。

2)约定的时间要求:自招标人发出中标通知书之日起30天内。

3)约定的内容要求:招标文件和中标人的投标文件。

4)合同的形式要求:书面合同。

在工程招投标及建设工程合同签订过程中,招标文件应视为要约邀请,投标文件为要约,中标通知书为承诺。因此,在签订建设工程合同时,若招标文件与中标人的投标文件有不一致的地方,应以投标文件为准。

(2)实行招标的工程,合同约定不得违背招标文件中关于工期、造价、资质等方面的实质性内容。所谓合同实质性内容,按照《中华人民共和国合同法》第三十条规定:"有关合同标的、数量、质量、价款或者报酬、履行期限、履行地点和方式、违约责任和解决争议方法等的变更,是对要约内容的实质性变更"。

(3)不实行招标的工程合同价款,应在发承包双方认可的工程价款基础上,由发承包双方在合同中约定。

(4)工程建设合同的形式对工程量清单计价的适用性不构成影响,无论是单价合同、总价合同,还是成本加酬金合同均可以采用工程量清单计价。采用单价合同形式时,经标价的工程量清单是合同文件必不可少的组成内容,其中的工程量一般具备合同约束力(量可调),工程款结算时按照合同中约定应予计量并实际完成的工程量计算进行调整,由招标人提供统一的工程量清单则彰显了工程量清单计价的主要优点。总价合同是指总价包干或总价不变合同,采用总价合同形式,工程量清单中的工程量不具备合同的约束力(量不可调),工程量以合同图纸的标示内容为准,工程量以外的其他内容一般均赋予合同约束力,以方便合同变更的计量和计价。成本加酬金合同是承包人不承担任何价格变化风险的合同。

"13 计价规范"中规定:"实行工程量清单计价的工程,应采用单价合同;建设规模较小,技术难度较低,工期较短,且施工图设计已审查批准的建设工程可采用总价合同;紧急抢险、救灾以及施工技术特别复杂的建设工程可采用成本加酬金合同。"单价合同约定的工程价款中所包含的工程量清单项目综合单价在约定条件内是固定的,不予调整,工程量允许调整。工程量清单项目综合单价在约定的条件外,允许调整。但调整方式、方法应在合同中约定。

二、合同价款约定的内容

(1)发承包双方应在合同条款中对下列事项进行约定:

1)预付工程款的数额、支付时间及抵扣方式。预付款是发包人为解决承包人在施工准备阶段资金周转问题提供的协助。如使用大宗材料,可根据工程具体情况设置工程材料预付款。

2)安全文明施工措施的支付计划,使用要求等。

3)工程计量与支付工程进度款的方式、数额及时间。

4)工程价款的调整因素、方法、程序、支付及时间。

5)施工索赔与现场签证的程序、金额确认与支付时间。

6)承担计价风险的内容、范围以及超出约定内容、范围的调整办法。

7)工程竣工价款结算编制与核对、支付及时间。

8)工程质量保证金的数额、预留方式及时间。

9)违约责任以及发生合同价款争议的解决方法及时间。

10)与履行合同、支付价款有关的其他事项等。

由于合同中涉及工程价款的事项较多,能够详细约定的事项应尽可能具体的约定,约定的用词应尽可能唯一,如有几种解释,最好对用词进行定义,尽量避免因理解上的歧义造成合同纠纷。

(2)合同中没有按照上述第(1)条的要求约定或约定不明的,若发承包双方在合同履行中发生争议由双方协商确定;当协商不能达成一致时,应按"13 计价规范"的规定执行。

第二节 合同价款调整

一、一般规定

(1)下列事项(但不限于)发生,发承包双方应当按照合同约定调整合同价款:

1)法律法规变化。

2)工程变更。

3)项目特征不符。

4)工程量清单缺项。

5)工程量偏差。

6)计日工。

7)物价变化。

8)暂估价。

9)不可抗力。

10)提前竣工(赶工补偿)。

11)误期赔偿。

12)索赔。

13)现场签证。

14)暂列金额。

15)发承包双方约定的其他调整事项。

(2)出现合同价款调增事项(不含工程量偏差、计日工、现场签证、索赔)后的14天内,承包人应向发包人提交合同价款调增报告并附上相关资料;承包人在14天内未提交合同价款调增报告的,应视为承包人对该事项不存在调整价款请求。

此处所指合同价款调增事项不包括工程量偏差,是因为工程量偏差的调整在竣工结算完成之前均可提出;不包括计日工、现场签证和索赔,是因为这三项的合同价款调增时限在"13计价规范"中另有规定。

(3)出现合同价款调减事项(不含工程量偏差、索赔)后的14天内,发包人应向承包人提交合同价款调减报告并附相关资料;发包人在14天内未提交合同价款调减报告的,应视为发包人对该事项不存在调整价款请求。

基于上述第(2)条同样的原因,此处合同价款调减事项中不包括工程量偏差和索赔两项。

(4)发(承)包人应在收到承(发)包人合同价款调增(减)报告及相关资料之日起14天内对其核实,予以确认的应书面通知承(发)包人。当有疑问时,应向承(发)包人提出协商意见。发(承)包人在收到合同价款调增(减)报告之日起14天内未确认也未提出协商意见的,应视为承(发)包人提交的合同价款调增(减)报告已被发(承)包人认可。发(承)包人提出协商意见的,承(发)包人应在收到协商意见后的14天内对其核实,予以确认的应书面通知发(承)包人。承(发)包人在收到发(承)包人的协商意见后14天内既不确认也未提出不同意见的,应视为发(承)包人提出的意见已被承(发)包人认可。

(5)发包人与承包人对合同价款调整的不同意见不能达成一致的,只要对发承包双方履约不产生实质影响,双方应继续履行合同义务,直到其按照合同约定的争议解决方式得到处理。

(6)根据财政部、原建设部印发的《建设工程价款结算暂行办法》(财建[2004]369号)的相关规定,如第十五条:"发包人和承包人要加强施工现场的造价控制,及时对工程合同外的事项如实纪录并履行书面手续。凡由发、承包双方授权的现场代表签字的现场签证以及发、承包双方协商确定的索赔等费用,应在工程竣工结算中如实办理,不得因发、承包双方现场代表的中途变更改变其有效性"。"13计价规范"对发承包双方确定调整的合同价款的支付方法进行了约定,即:"经发承包双方确认调整的合同价款,作为追加(减)合同价款,应与工程进度款或结算款同期支付"。

二、合同价款调整方法

(一)法律法规变化

(1)工程建设过程中,发、承包双方都是国家法律、法规、规章及政策的执行者。因此,在发、承包双方履行合同的过程中,当国家的法律、法规、规章及政策发生变化,国家或省级、行业建设主管部门或其授权的工程造价管理机构据此发布工程造价调整文件,工程价款应当进行调整。"13计价规范"中规定:"招标工程以投标截止日前28天、非招标工程以合同签订前28天为基准日,其后因国家的法律、法规、规章和政策发生变化引起工程造价增减变化的,发承包双方应按照省级或行业建设主管部门或其授权的工程造价管理机构据此发布的规定调整合同价款。"

(2)因承包人原因导致工期延误的,按上述第(1)条规定的调整时间,在合同工程原定竣工时间之后,合同价款调增的不予调整,合同价款调减的予以调整。这就说明由于承包人原因导致工期延误,将按不利于承包人的原则调整合同价款。

(二)工程变更

建设工程施工合同实施过程中,如果合同签订时所依赖的承包范围、设计标准、施工条件等发生变化,则必须在新的承包范围、新的设计标准或新的施工条件等前提下对发承包双方的权利和义务进行重新分配,从而建立新的平衡,追求新的公平和合理。由于施工条件变化和发包人要求变化等原因,往往会发生合同约定的工程材料性质和品种、建筑物结构形式、施工工艺和方法等的变动,此时必须变更才能维护合同的公平。因此,"13 计价规范"中对因分部分项工程量清单的漏项或非承包人原因引起的工程变更,造成增加新的工程量清单项目时,新增项目综合单价的确定原则进行了约定,具体如下:

(1)因工程变更引起已标价工程量清单项目或其工程数量发生变化时,应按照下列规定调整:

1)已标价工程量清单中有适用于变更工程项目的,应采用该项目的单价;但当工程变更导致该清单项目的工程数量发生变化,且工程量偏差超过 15% 时,该项目单价应按照规定进行调整,即当工程量增加 15% 以上时,增加部分的工程量的综合单价应予调低;当工程量减少 15% 以上时,减少后剩余部分的工程量的综合单价应予调高。采用此条进行调整的前提条件是其采用的材料、施工工艺和方法相同,亦不因此增加关键线路上工程的施工时间。

2)已标价工程量清单中没有适用但有类似于变更工程项目的,可在合理范围内参照类似项目的单价。采用此条进行调整的前提条件是其采用的材料、施工工艺和方法基本相似,不增加关键线路上工程的施工时间,则可仅就其变更后的差异部分,参考类似的项目单价由发、承包双方协商新的项目单价。

3)已标价工程量清单中没有适用也没有类似于变更工程项目的,应由承包人根据变更工程资料、计量规则和计价办法、工程造价管理机构发布的信息价格和承包人报价浮动率提出变更工程项目的单价,并应报发包人确认后调整。承包人报价浮动率可按下列公式计算：

招标工程：

　　承包人报价浮动率 $L=(1-中标价/招标控制价)\times 100\%$

非招标工程：

　　承包人报价浮动率 $L=(1-报价/施工图预算)\times 100\%$

4)已标价工程量清单中没有适用也没有类似于变更工程项目，且工程造价管理机构发布的信息价格缺价的，应由承包人根据变更工程资料、计量规则、计价办法和通过市场调查等取得有合法依据的市场价格提出变更工程项目的单价，并应报发包人确认后调整。

(2)工程变更引起施工方案改变并使措施项目发生变化时，承包人提出调整措施项目费的，应事先将拟实施的方案提交发包人确认，并应详细说明与原方案措施项目相比的变化情况。拟实施的方案经发承包双方确认后执行，并应按照下列规定调整措施项目费：

1)安全文明施工费应按照实际发生变化的措施项目依据国家或省级、行业建设主管部门的规定计算。

2)采用单价计算的措施项目费，应按照实际发生变化的措施项目，按上述第(1)条的规定确定单价。

3)按总价(或系数)计算的措施项目费，按照实际发生变化的措施项目调整，但应考虑承包人报价浮动因素，即调整金额按照实际调整金额乘以上述第(1)条规定的承包人报价浮动率计算。

如果承包人未事先将拟实施的方案提交给发包人确认，则应视为工程变更不引起措施项目费的调整或承包人放弃调整措施项目费的权利。

(3)当发包人提出的工程变更因非承包人原因删减了合同中的某项原定工作或工程，致使承包人发生的费用或(和)得到的收益不能被包括在其他已支付或应支付的项目中，也未被包含在任何替代的工作或工程中时，承包人有权提出并应得到合理的费用及利润补偿。这主要是为了维护合同的公平，防止发包人在签约后擅自取消合同中的工作，转而由发包人自己或其他承包人实施而使本合同工程承包人蒙受损失。

(三)项目特征不符

工程量清单的项目特征是确定一个清单项目综合单价不可缺少的主要依据。对工程量清单项目的特征描述具有十分重要的意义，其主要体现包括三个方面：①项目特征是区分清单项目的依据。工程量清单项目特征是用来表述分部分项清单项目的实质内容，用于区分计价规范中同一清单条目下各个具体的清单项目。没有项目特征的准确描述，对于相同或相似的清单项目名称，就无从区分。②项目特征是确定综合单价的前提。由于工程量清单项目的特征决定了工程实体的实质内容，必然直接决定了工程实体的自身价值。因此，工程量清单项目特征描述得准确与否，直接关系到工程量清单项目综合单价的准确确定。③项目特征是履行合同义务的基础。实行工程量清单计价，工程量清单及其综合单价是施工合同的组成部分，因此，如果工程量清单项目特征的描述不清甚至漏项、错误，从而引起在施工过程中的更改，都会引起分歧，导致纠纷。

在按"13 工程计量规范"对工程量清单项目的特征进行描述时，应注意"项目特征"与"工作内容"的区别。"项目特征"是工程项目的实质，决定着工程量清单项目的价值大小，而"工作内容"主要讲的是操作程序，是承包人完成能通过验收的工程项目所必须要操作的工序。在"13 工程计量规范"中，工程量清单项目与工程量计算规则、工作内容具有一一对应的关系，当采用"13 计价规范"进行计价时，工作内容即有规定，无须再对其进行描述。而"项目特征"栏中的任何一项都影响着清单项目的综合单价的确定，招标人应高度重视分部分项工程项目清单项目特征的描述，任何不描述或描述不清，均会在施工合同履约过程中产生分歧，导致纠纷、索赔。例如钢天窗架，按照"13 工程计量规范"编码为 010606003 项目中"项目特征"栏的规定，发包人在对工程量清单项目进行描述时，就必须要对钢天窗架的钢材品种、规格，单榀质量，安装高度，螺栓种类，探伤要求，防火要求等进行详细描述，因为这其中任何一项的不同都直接影响到钢天窗架的综合单价。而在该项"工作内容"栏中阐述了钢天窗架安装应包括拼装、安装、探伤、补刷油漆等施工工序，这些工序即便发包人不提，承包人为安装合格钢天窗架也必然要经过，因而发包人在对工程量清单项目进行描述时就没有必要对钢天窗架安装施工工序对承包人提出规定。

正因如此，在编制工程量清单时，必须对项目特征进行准确而且全面的描述，准确地描述工程量清单的项目特征对于准确地确定工程量清单项目的综合单价具有决定性的作用。

"13 计价规范"中对清单项目特征描述及项目特征发生变化后重新

确定综合单价的有关要求进行了如下约定:

(1)发包人在招标工程量清单中对项目特征的描述,应被认为是准确的和全面的,并且与实际施工要求相符合。承包人应按照发包人提供的招标工程量清单,根据项目特征描述的内容及有关要求实施合同工程,直到项目被改变为止。

(2)承包人应按照发包人提供的设计图纸实施合同工程,若在合同履行期间出现设计图纸(含设计变更)与招标工程量清单任一项目的特征描述不符,且该变化引起该项目工程造价增减变化的,应按照实际施工的项目特征,按前述"(二)"中的有关规定重新确定相应工程量清单项目的综合单价,并调整合同价款。

(四)工程量清单缺项

导致工程量清单缺项的原因主要包括:①设计变更;②施工条件改变;③工程量清单编制错误。由于工程量清单的增减变化必然使合同价款发生增减变化。

(1)合同履行期间,由于招标工程量清单中缺项,新增分部分项工程清单项目的,应按照前述"(二)"中的第(1)条的有关规定确定单价,并调整合同价款。

(2)新增分部分项工程清单项目后,引起措施项目发生变化的,应按照前述"(二)"中的第(2)条的有关规定,在承包人提交的实施方案被发包人批准后调整合同价款。

(3)由于招标工程量清单中措施项目缺项,承包人应将新增措施项目实施方案提交发包人批准后,按照前述"(二)"中的第(1)、(2)条的有关规定调整合同价款。

(五)工程量偏差

施工过程中,由于施工条件、地质水文、工程变更等变化以及招标工程量清单编制人专业水平的差异,往往会造成实际工程量与招标工程量清单出现偏差,工程量偏差过大,对综合成本的分摊带来影响。如突然增加太多,仍按原综合单价计价,对发包人不公平;如突然减少太多,仍按原综合单价计价,对承包人不公平。并且,这给有经验的承包人的不平衡报价打开了大门。为维护合同的公平,"13计价规范"中进行了如下规定:

(1)合同履行期间,当应予计算的实际工程量与招标工程量清单出现偏差,且符合下述第(2)、(3)条规定时,发承包双方应调整合同价款。

(2) 对于任一招标工程量清单项目,当因工程量偏差和前述"(二)"中规定的工程变更等原因导致工程量偏差超过15%时,可进行调整。当工程量增加15%以上时,增加部分的工程量的综合单价应予调低;当工程量减少15%以上时,减少后剩余部分的工程量的综合单价应予调高。调整后的某一分部分项工程费结算价可参照以下公式计算:

1) 当 $Q_1 > 1.15Q_0$ 时:
$$S = 1.15Q_0 \times P_0 + (Q_1 - 1.15Q_0) \times P_1$$

2) 当 $Q_1 < 0.85Q_0$ 时:
$$S = Q_1 \times P_1$$

式中 S——调整后的某一分部分项工程费结算价;

Q_1——最终完成的工程量;

Q_0——招标工程量清单中列出的工程量;

P_1——按照最终完成工程量重新调整后的综合单价;

P_0——承包人在工程量清单中填报的综合单价。

由上述两式可以看出,计算调整后的某一分部分项工程费结算价的关键是确定新的综合单价 P_1。确定的方法,一是发承包双方协商确定,二是与招标控制价相联系,当工程量偏差项目出现承包人在工程量清单中填报的综合单价与发包人招标控制价相应清单项目的综合单价偏差超过15%时,工程量偏差项目综合单价的调整可参考以下公式确定:

1) 当 $P_0 < P_2 \times (1-L) \times (1-15\%)$ 时,该类项目的综合单价 P_1 按 $P_2 \times (1-L) \times (1-15\%)$ 进行调整。

2) 当 $P_0 > P_2 \times (1+15\%)$ 时,该类项目的综合单价 P_1 按 $P_2 \times (1+15\%)$ 进行调整。

3) 当 $P_0 > P_2 \times (1-L) \times (1-15\%)$ 或 $P_0 < P_2 \times (1+15\%)$ 时,可不进行调整。

以上各式中 P_0——承包人在工程量清单中填报的综合单价;

P_2——发包人招标控制价相应项目的综合单价;

L——承包人报价浮动率。

【例 9-1】 某工程项目投标报价浮动率为8%,各项目招标控制价及投标报价的综合单价见表9-1,试确定当招标工程量清单中工程量偏差超过15%时,其综合单价是否应进行调整? 应怎样调整。

【解】 该工程综合单价调整情况见表9-1。

第九章　工程价款约定与支付管理

表 9-1　　　　　　　　工程量偏差项目综合单价调整

项目	综合单价/元 招标控制价 P_2	综合单价/元 投标报价 P_0	投标报价浮动率 L	综合单价偏差	$P_2\times(1-L)\times(1-15\%)$	$P_2\times(1+15\%)$	结论
1	540	432	8%	20%	422.28	—	由于 $P_0>422.28$ 元,故当该项目工程量偏差超过 15% 时,其综合单价不予调整
2	450	531	8%	18%	—	517.5	由于 $P_0>517.5$ 元,故当该项目工程量偏差超过 15% 时,其综合单价应调整为 517.5 元

【例 9-2】 若【例 9-1】中某工程,其招标工程量清单中项目 1 的工程数量为 500m,施工中由于设计变更调整为 410m;招标工程量清单中项目 2 的工程数量为 785m²,施工中由于设计变更调整为 942m²。试确定其分部分项工程费结算价应怎样进行调整。

【解】 该工程分部分项工程费结算价调整情况见表 9-2。

表 9-2　　　　　　　　分部分项工程费结算价调整

项目	工程量数量 清单数量 Q_0	工程量数量 调整后数量 Q_1	工程量偏差	调整后的综合单价①	调整后的分部分项工程结算价
1	500	410	18%	432	$S=410\times432=177120$ 元
2	785	942	20%	517.5	$S=1.15\times785\times531+(942-1.15\times785)\times517.5=499672.13$ 元

注:调整后的综合单价取自例 9-1。

(3)如果工程量出现变化引起相关措施项目相应发生变化时,按系数或单一总价方式计价的,工程量增加的措施项目费调增,工程量减少的措施项目费调减。反之,如未引起相关措施项目发生变化,则不予调整。

(六)计日工

(1)发包人通知承包人以计日工方式实施的零星工作,承包人应予执行。

(2)采用计日工计价的任何一项变更工作,在该项变更的实施过程中,承包人应按合同约定提交下列报表和有关凭证送发包人复核:

1)工作名称、内容和数量。

2)投入该工作所有人员的姓名、工种、级别和耗用工时。

3)投入该工作的材料名称、类别和数量。

4)投入该工作的施工设备型号、台数和耗用台时。

5)发包人要求提交的其他资料和凭证。

(3)任一计日工项目持续进行时,承包人应在该项工作实施结束后的24小时内向发包人提交有计日工记录汇总的现场签证报告一式三份。发包人在收到承包人提交现场签证报告后的2天内予以确认并将其中一份返还给承包人,作为计日工计价和支付的依据。发包人逾期未确认也未提出修改意见的,应视为承包人提交的现场签证报告已被发包人认可。

(4)任一计日工项目实施结束后,承包人应按照确认的计日工现场签证报告核实该类项目的工程数量,并应根据核实的工程数量和承包人已标价工程量清单中的计日工单价计算,提出应付价款;已标价工程量清单中没有该类计日工单价的,由发承包双方按前述"(二)"中的相关规定商定计日工单价计算。

(5)每个支付期末,承包人应按规定向发包人提交本期间所有计日工记录的签证汇总表,并应说明本期间自己认为有权得到的计日工金额,调整合同价款,列入进度款支付。

(七)物价变化

1. 物价变化合同价款调整方法

(1)价格指数调整价格差额。

1)价格调整公式。因人工、材料和设备等价格波动影响合同价格时,根据投标函附录中的价格指数和权重表约定的数据,按以下公式计算差额并调整合同价格:

$$P = P_0 \left[A + \left(B_1 \times \frac{F_{t1}}{F_{01}} + B_2 \times \frac{F_{t2}}{F_{02}} + B_3 \times \frac{F_{t3}}{F_{03}} + \cdots + B_n \times \frac{F_{tn}}{F_{0n}} \right) - 1 \right]$$

式中 P——需调整的价格差额;

P_0——约定的付款证书中承包人应得到的已完成工程量

第九章 工程价款约定与支付管理

的金额;此项金额应不包括价格调整、不计质量保证金的扣留和支付、预付款的支付和扣回;约定的变更及其他金额已按现行价格计价的,也不计在内;

A——定值权重(即不调部分的权重);

B_1、B_2、B_3…B_n——各可调因子的变值权重(即可调部分的权重),为各可调因子在投标函投标总报价中所占的比例;

F_{t1}、F_{t2}、F_{t3}…F_{tn}——各可调因子的现行价格指数,指约定的付款证书相关周期最后一天的前42天的各可调因子的价格指数;

F_{01}、F_{02}、F_{03}…F_{0n}——各可调因子的基本价格指数,指基准日期的各可调因子的价格指数。

以上价格调整公式中的各可调因子、定值和变值权重,以及基本价格指数及其来源在投标函附录价格指数和权重表中约定。价格指数应首先采用有关部门提供的价格指数,缺乏上述价格指数时,可采用有关部门提供的价格代替。

2)暂时确定调整差额。在计算调整差额时得不到现行价格指数的,可暂用上一次价格指数计算,并在以后的付款中再按实际价格指数进行调整。

3)权重的调整。约定的变更导致原定合同中的权重不合理时,由监理人与承包人和发包人协商后进行调整。

4)承包人工期延误后的价格调整。由于承包人原因未在约定的工期内竣工的,则对原约定竣工日期后继续施工的工程,在使用上述第1)条的价格调整公式时,应采用原约定竣工日期与实际竣工日期的两个价格指数中较低的一个作为现行价格指数。

5)若人工因素已作为可调因子包括在变值权重内,则不再对其进行单项调整。

【例9-3】 某工程项目合同约定采用价格指数调整价格差额,由发承包双方确认的《承包人提供主要材料和工程设备一览表》见表9-3。已知本期完成合同价款为589073元,其中包括已按现行价格计算的计日工价款2600元,发承包双方确认应增加的索赔金额2879元。试对此工程项目该期应调整的合同价款差额进行计算。

表 9-3　　　　　承包人提供主要材料和工程设备一览表
（适用于价格指数调整法）

工程名称：某工程　　　　　　　　标段：　　　　　　　　第1页 共1页

序号	名称、规格、型号	变值权重 B	基本价格指数 F_0	现行价格指数 F_t	备注
1	人工费	0.15	120%	128%	
2	钢材	0.23	4500 元/t	4850 元/t	
3	水泥	0.11	420 元/t	445 元/t	
4	烧结普通砖	0.05	350 元/千块	320 元/千块	
5	施工机械费	0.08	100%	110%	
	定值权重 A	0.38	—	—	
	合　计	1	—	—	

【解】 1）本期完成的合同价款应扣除已按现行价格计算的计日工价款和双方确认的索赔金额，即

$$P_0 = 589073 - 2600 - 2879 = 583594 \text{ 元}$$

2）按公式计算应调整的合同价款差额。

$$\Delta P = 583594 \times \left[0.38 + \begin{pmatrix} 0.15 \times \dfrac{128}{120} + 0.23 \times \dfrac{4850}{4500} + 0.11 \times \dfrac{445}{420} + 0.05 \\ \times \dfrac{320}{350} + 0.08 \times \dfrac{110}{100} \end{pmatrix} - 1 \right]$$

$$= 583594 \times 0.038$$

$$= 22264.57 \text{ 元}$$

即本期应增加合同价款 22264.57 元。

若本期合同价款中人工费单独按有关规定进行调整，则应扣除人工费所占变值权重，将其列入定值权重，即

$$\Delta P = 583594 \times \left[(0.38 + 0.15) + \begin{pmatrix} 0.23 \times \dfrac{4850}{4500} + 0.11 \times \dfrac{445}{420} + 0.05 \\ \times \dfrac{320}{350} + 0.08 \times \dfrac{110}{100} \end{pmatrix} - 1 \right]$$

$$= 583594 \times 0.028$$

$$= 16428.63 \text{ 元}$$

即本期应增加合同价款 16428.63 元。

(2)造价信息调整价格差额。

1)施工期内,因人工、材料和工程设备、施工机械台班价格波动影响合同价格时,人工、机械使用费按照国家或省、自治区、直辖市建设行政管理部门、行业建设管理部门或其授权的工程造价管理机构发布的人工成本信息、机械台班单价或机械使用费系数进行调整;需要进行价格调整的材料,其单价和采购数应由发包人复核,发包人确认需调整的材料单价及数量,作为调整合同价款差额的依据。

2)人工单价发生变化且该变化因省级或行业建设主管部门发布的人工费调整文件所致时,承包双方应按省级或行业建设主管部门或其授权的工程造价管理机构发布的人工成本文件调整合同价款。人工费调整时应以调整文件的时间为界限进行。

3)材料、工程设备价格变化按照发包人提供的《承包人提供主要材料和工程设备一览表(适用于造价信息差额调整法)》,由发承包双方约定的风险范围按下列规定调整合同价款。

①承包人投标报价中材料单价低于基准单价。施工期间材料单价涨幅以基准单价为基础超过合同约定的风险幅度值,或材料单价跌幅以投标报价为基础超过合同约定的风险幅度值时,其超过部分按实调整。

②承包人投标报价中材料单价高于基准单价。施工期间材料单价跌幅以基准单价为基础超过合同约定的风险幅度值,或材料单价涨幅以投标报价为基础超过合同约定的风险幅度值时,其超过部分按实调整。

③承包人投标报价中材料单价等于基准单价。施工期间材料单价涨、跌幅以基准单价为基础超过合同约定的风险幅度值时,其超过部分按实调整。

④承包人应在采购材料前将采购数量和新的材料单价报送发包人核对,确认用于本合同工程时,发包人应确认采购材料的数量和单价。发包人在收到承包人报送的确认资料后 3 个工作日不予答复的视为已经认可,作为调整合同价款的依据。如果承包人未报经发包人核对即自行采购材料,再报发包人确认调整合同价款的,如发包人不同意,则不作调整。

4)施工机械台班单价或施工机械使用费发生变化超过省级或行业建设主管部门或其授权的工程造价管理机构规定的范围时,按其规定调整合同价款。

2. 物价变化合同价款调整要求

(1)合同履行期间,因人工、材料、工程设备、机械台班价格波动影响合同价款时,应根据合同约定,按上述"1."中介绍的方法之一调整合同价款。

(2)承包人采购材料和工程设备的,应在合同中约定主要材料、工程设备价格变化的范围或幅度;当没有约定,且材料、工程设备单价变化超过5%时,超过部分的价格应按照上述"1."中介绍的方法计算调整材料、工程设备费。

(3)发生合同工程工期延误的,应按照下列规定确定合同履行期的价格调整:

1)因非承包人原因导致工期延误的,计划进度日期后续工程的价格,应采用计划进度日期与实际进度日期两者的较高者。

2)因承包人原因导致工期延误的,计划进度日期后续工程的价格,应采用计划进度日期与实际进度日期两者的较低者。

(4)发包人供应材料和工程设备的,不适用上述第(1)和第(2)条规定,应由发包人按照实际变化调整,列入合同工程的工程造价内。

(八)暂估价

(1)按照《工程建设项目货物招标投标办法》(国家发改委、建设部等七部委27号令)第五条规定:"以暂估价形式包括在总承包范围内的货物达到国家规定规模标准的,应当由总承包中标人和工程建设项目招标人共同依法组织招标"。若发包人在招标工程量清单中给定暂估价的材料、工程设备属于依法必须招标的,应由发承包双方以招标的方式选择供应商,确定价格,并应以此为依据取代暂估价,调整合同价款。

所谓共同招标,不能简单理解为发承包双方共同作为招标人,最后共同与招标人签订合同。恰当的做法应当是仍由总承包中标人作为招标人,采购合同应当由总承包人签订。建设项目招标人参与的所谓共同招标可以通过恰当的途径体现建设项目招标人对这类招标组织的参与、决策和控制。建设项目招标人约束总承包人的最佳途径就是通过合同约定相关的程序。建设项目招标人的参与主要体现在对相关项目招标文件、评标标准和方法等能够体现招标目的和招标要求的文件进行审批,未经审批不得发出招标文件;评标时建设项目招标人也可以派代表进入评标委员会参与评标,否则,中标结果对建设项目招标人没有约束力,并且,建设项目招标人有权拒绝对相应项目拨付工程款,对相关工程拒绝验收。

(2)发包人在招标工程量清单中给定暂估价的材料、工程设备不属于依法必须招标的,应由承包人按照合同约定采购,经发包人确认单价后取代暂估价,调整合同价款。暂估材料或工程设备的单价确定后,在综合单价中只应取代暂估单价,不应再在综合单价中涉及企业管理费或利润等其他费用的变动。

(3)发包人在工程量清单中给定暂估价的专业工程不属于依法必须招标的,应按照前述"(二)"中的相关规定确定专业工程价款,并应以此为依据取代专业工程暂估价,调整合同价款。

(4)发包人在招标工程量清单中给定暂估价的专业工程,依法必须招标的,应当由发承包双方依法组织招标选择专业分包人,并接受有管辖权的建设工程招标投标管理机构的监督,还应符合下列要求:

1)除合同另有约定外,承包人不参加投标的专业工程发包招标,应由承包人作为招标人,但拟定的招标文件、评标工作、评标结果应报送发包人批准。与组织招标工作有关的费用应当被认为已经包括在承包人的签约合同价(投标总报价)中。

2)承包人参加投标的专业工程发包招标,应由发包人作为招标人,与组织招标工作有关的费用由发包人承担。同等条件下,应优先选择承包人中标。

3)应以专业工程发包中标价为依据取代专业工程暂估价,调整合同价款。

(九)不可抗力

(1)因不可抗力事件导致的人员伤亡、财产损失及其费用增加,发承包双方应按下列原则分别承担并调整合同价款和工期:

1)合同工程本身的损害、因工程损害导致第三方人员伤亡和财产损失以及运至施工场地用于施工的材料和待安装的设备的损害,应由发包人承担。

2)发包人、承包人人员伤亡应由其所在单位负责,并应承担相应费用。

3)承包人的施工机械设备损坏及停工损失,应由承包人承担。

4)停工期间,承包人应发包人要求留在施工场地的必要的管理人员及保卫人员的费用应由发包人承担。

5)工程所需清理、修复费用,应由发包人承担。

(2)不可抗力解除后复工的,若不能按期竣工,应合理延长工期。发包人要求赶工的,赶工费用应由发包人承担。

(十)提前竣工(赶工补偿)

《建设工程质量管理条例》第十条规定:"建设工程发包单位不得迫使承包方以低于成本的价格竞标,不得任意压缩合理工期"。因此为了保证工程质量,承包人除了根据标准规范、施工图纸进行施工外,还应当按照科学合理的施工组织设计,按部就班地进行施工作业。

(1)招标人应依据相关工程的工期定额合理计算工期,压缩的工期天数不得超过定额工期的20%,超过者,应在招标文件中明示增加赶工费用。赶工费用主要包括:①人工费的增加,如新增加投入人工的报酬,不经济使用人工的补贴等;②材料费的增加,如可能造成不经济使用材料而导致损耗过大,材料运输费的增加等;③机械费的增加,例如可能增加机械设备投入,不经济地使用机械等。

(2)发包人要求合同工程提前竣工的,应征得承包人同意后与承包人商定采取加快工程进度的措施,并应修订合同工程进度计划。发包人应承担承包人由此增加的提前竣工(赶工补偿)费用,除合同另有约定外,提前竣工补偿的金额可为合同价款的5%。

(3)发承包双方应在合同中约定提前竣工每日历天应补偿额度,此项费用应作为增加合同价款列入竣工结算文件中,应与结算款一并支付。

(十一)误期赔偿

(1)如果承包人未按照合同约定施工,导致实际进度迟于计划进度的,承包人应加快进度,实现合同工期。即使承包人采取了赶工措施,赶工费用仍应由承包人承担。如合同工程仍然误期,承包人应赔偿发包人由此造成的损失,并按照合同约定向发包人支付误期赔偿费,除合同另有约定外,误期赔偿可为合同价款的5%。即使承包人支付误期赔偿费,也不能免除承包人按照合同约定应承担的任何责任和应履行的任何义务。

(2)发承包双方应在合同中约定误期赔偿费,并应明确每日历天应赔额度。误期赔偿费应列入竣工结算文件中,并应在结算款中扣除。

(3)在工程竣工之前,合同工程内的某单项(位)工程已通过了竣工验收,且该单项(位)工程接收证书中表明的竣工日期并未延误,而是合同工程的其他部分产生了工期延误时,误期赔偿费应按照已颁发工程接收证书的单项(位)工程造价占合同价款的比例幅度予以扣减。

(十二)索赔

当合同一方向另一方提出索赔时,应有正当的索赔理由和有效证据,并应符合合同的相关约定。

1. 承包人的索赔

(1)若承包人认为非承包人原因发生的事件造成了承包人的损失,承包人应在确认该事件发生后,持证明索赔事件发生的有效证据和依据正当的索赔理由,按合同约定的时间向发包人发出索赔通知。发包人应按合同约定的时间对承包人提出的索赔进行答复和确认。发包人在收到最终索赔报告后并在合同约定时间内,未向承包人做出答复,视为该项索赔已经认可。

这种索赔方式称之为单项索赔,即在每一件索赔事项发生后,递交索赔通知书,编报索赔报告书,要求单项解决支付,不与其他的索赔事项混在一起。单项索赔是施工索赔通常采用的方式。它避免了多项索赔的相互影响制约,所以解决起来比较容易。

当施工过程中受到非常严重的干扰,以致承包人的全部施工活动与原来的计划不大相同,原合同规定的工作与变更后的工作相互混淆,承包人无法为索赔保持准确而详细的成本记录资料,无法采用单项索赔的方式,而只能采用综合索赔。综合索赔俗称一揽子索赔。即对整个工程(或某项工程)中所发生的数起索赔事项,综合在一起进行索赔。采取这种方式进行索赔,是在特定的情况下被迫采用的一种索赔方法。

采取综合索赔时,承包人必须提出以下证明:①承包商的投标报价是合理的;②实际发生的总成本是合理的;③承包商对成本增加没有任何责任;④不可能采用其他方法准确地计算出实际发生的损失数额。

(2)承包人要求赔偿时,可以选择下列一项或几项方式获得赔偿:

1)延长工期。

2)要求发包人支付实际发生的额外费用。

3)要求发包人支付合理的预期利润。

4)要求发包人按合同的约定支付违约金。

(3)索赔事件发生后,在造成费用损失时,往往会造成工期的变动。当索赔事件造成的费用损失与工期相关联时,承包人应根据发生的索赔事件向发包人提出费用索赔要求的同时,提出工期延长的要求。发包人在批准承包人的索赔报告时,应将索赔事件造成的费用损失和工期延长联系起来,综合做出批准费用索赔和工期延长的决定。

(4)发承包双方在按合同约定办理了竣工结算后,应被认为承包人已无权再提出竣工结算前所发生的任何索赔。承包人在提交的最终结清申请中,只限于提出竣工结算后的索赔,提出索赔的期限应自发承包双方最终结清时终止。

2. 发包人的索赔

(1)根据合同约定,发包人认为由于承包人的原因造成发包人的损失,宜按承包人索赔的程序进行索赔。

(2)发包人要求赔偿时,可以选择下列一项或几项方式获得赔偿:

1)延长质量缺陷修复期限。

2)要求承包人支付实际发生的额外费用。

3)要求承包人按合同的约定支付违约金。

(3)承包人应付给发包人的索赔金额可从拟支付给承包人的合同价款中扣除,或由承包人以其他方式支付给发包人。

(十三)现场签证

由于施工生产的特殊性,施工过程中往往会出现一些与合同工程或合同约定不一致或未约定的事项,这时就需要发承包双方用书面形式记录下来,这就是现场签证。签证有多种情形,一是发包人的口头指令,需要承包人将其提出,由发包人转换成书面签证;二是发包人的书面通知如涉及工程实施,需要承包人就完成此通知需要的人工、材料、机械设备等内容向发包人提出,取得发包人的签证确认;三是合同工程招标工程量清单中已有,但施工中发现与其不符,比如土方类别、出现流砂等,需承包人及时向发包人提出签证确认,以便调整合同价款;四是由于发包人原因未按合同约定提供场地、材料、设备或停水、停电等造成承包人停工,需承包人及时向发包人提出签证确认,以便计算索赔费用;五是合同中约定材料、设备等价格,由于市场发生变化,需承包人向发包人提出采纳数量及其单价,以便发包人核对后取得发包人的签证确认;六是其他由于施工条件、合同条件变化需现场签证的事项等。

(1)承包人应发包人要求完成合同以外的零星项目、非承包人责任事件等工作的,发包人应及时以书面形式向承包人发出指令,并应提供所需的相关资料;承包人在收到指令后,应及时向发包人提出现场签证要求。

(2)承包人应在收到发包人指令后的 7 天内向发包人提交现场签证报告,发包人应在收到现场签证报告后的 48 小时内对报告内容进行核实,予以确认或提出修改意见。发包人在收到承包人现场签证报告后的

48小时内未确认也未提出修改意见的,应视为承包人提交的现场签证报告已被发包人认可。

(3)现场签证的工作如已有相应的计日工单价,现场签证中应列明完成该类项目所需的人工、材料、工程设备和施工机械台班的数量。

如现场签证的工作没有相应的计日工单价,应在现场签证报告中列明完成该签证工作所需的人工、材料设备和施工机械台班的数量及单价。

(4)合同工程发生现场签证事项,未经发包人签证确认,承包人便擅自施工的,除非征得发包人书面同意,否则发生的费用应由承包人承担。

(5)按照财政部、原建设部印发的《建设工程价款结算办法》(财建[2004]369号)等十五条的规定:"发包人和承包人要加强施工现场的造价控制,及时对工程合同外的事项如实纪录并履行书面手续。凡由发、承包双方授权的现场代表签字的现场签证以及发、承包双方协商确定的索赔等费用,应在工程竣工结算中如实办理,不得因发、承包双方现场代表的中途变更改变其有效性。","13计价规范"规定:"现场签证工作完成后的7天内,承包人应按照现场签证内容计算价款,报送发包人确认后,作为增加合同价款,与进度款同期支付。"此举可避免发包方变相拖延工程款以及发包人以现场代表变更而不承认某些索赔或签证的事件发生。

(6)在施工过程中,当发现合同工程内容因场地条件、地质水文、发包人要求等不一致时,承包人应提供所需的相关资料,并提交发包人签证认可,作为合同价款调整的依据。

(十四)暂列金额

(1)已签约合同价中的暂列金额应由发包人掌握使用。

(2)暂列金额虽然列入合同价款,但并不属于承包人所有,也并不必然发生。只有按照合同约定实际发生后,才能成为承包人的应得金额,纳入工程合同结算价款中,发包人按照前述相关规定与要求进行支付后,暂列金额余额仍归发包人所有。

第三节 合同价款期中支付

一、预付款

(1)预付款是发包人为解决承包人在施工准备阶段资金周转问题提供的协助,预付款用于承包人为合同工程施工购置材料、工程设备,购置或租赁施工设备以及组织施工人员进场。预付款应专用于合同工程。

（2）按照财政部、原建设部印发的《建设工程价款结算暂行办法》的相关规定,"13计价规范"中对预付款的支付比例进行了约定:包工包料工程的预付款的支付比例不得低于签约合同价(扣除暂列金额)的10%,不宜高于签约合同价(扣除暂列金额)的30%。预付款的总金额,分期拨付次数,每次付款金额、付款时间等应根据工程规模、工期长短等具体情况,在合同中约定。

（3）承包人应在签订合同或向发包人提供与预付款等额的预付款保函(如有)后向发包人提交预付款支付申请。

（4）发包人应在收到支付申请的7天内进行核实,向承包人发出预付款支付证书,并在签发支付证书后的7天内向承包人支付预付款。

（5）发包人没有按合同约定按时支付预付款的,承包人可催告发包人支付;发包人在预付款期满后的7天内仍未支付的,承包人可在付款期满后的第8天起暂停施工。发包人应承担由此增加的费用和延误的工期,并应向承包人支付合理利润。

（6）当承包人取得相应的合同价款时,预付款应从每一个支付期应支付给承包人的工程进度款中扣回,直到扣回的金额达到合同约定的预付款金额为止。通常约定承包人完成签约合同价款的比例在20%～30%时,开始从进度款中按一定比例扣还。

（7）承包人的预付款保函(如有)的担保金额根据预付款扣回的数额相应递减,但在预付款全部扣回之前一直保持有效。发包人应在预付款扣完后的14天内将预付款保函退还给承包人。

二、安全文明施工费

（1）财政部、国家安全生产监督管理总局印发的《企业安全生产费用提取和使用管理办法》(财企[2012]16号)第十九条规定:"建设工程施工企业安全费用应当按照以下范围使用:

1) 完善、改造和维护安全防护设施设备支出(不含'三同时'要求初期投入的安全设施),包括施工现场临时用电系统、洞口、临边、机械设备、高处作业防护、交叉作业防护、防火、防爆、防尘、防毒、防雷、防台风、防地质灾害、地下工程有害气体监测、通风、临时安全防护等设施设备支出。

2) 配备、维护、保养应急救援器材、设备支出和应急演练支出。

3) 开展重大危险源和事故隐患评估、监控和整改支出。

4)安全生产检查、评价(不包括新建、改建、扩建项目安全评价)、咨询和标准化建设支出。

5)配备和更新现场作业人员安全防护用品支出。

6)安全生产宣传、教育、培训支出。

7)安全生产适用的新技术、新标准、新工艺、新装备的推广应用支出。

8)安全设施及特种设备检测检验支出。

9)其他与安全生产直接相关的支出。"

由于工程建设项目因专业及施工阶段的不同,对安全文明施工措施的要求也不一致,因此"13 工程计量规范"针对不同的专业工程特点,规定了安全文明施工的内容和包含的范围。在实际执行过程中,安全文明施工费包括的内容及使用范围,既应符合国家现行有关文件的规定,也应符合"13 工程计量规范"中的规定。

(2)发包人应在工程开工后的 28 天内预付不低于当年施工进度计划的安全文明施工费总额的 60%,其余部分应按照提前安排的原则进行分解,并应与进度款同期支付。

(3)发包人没有按时支付安全文明施工费的,承包人可催告发包人支付;发包人在付款期满后的 7 天内仍未支付的,若发生安全事故,发包人应承担相应责任。

(4)承包人对安全文明施工费应专款专用,在财务账目中应单独列项备查,不得挪作他用,否则发包人有权要求其限期改正;逾期未改正的,造成的损失和延误的工期应由承包人承担。

三、进度款

(1)发承包双方应按照合同约定的时间、程序和方法,根据工程计量结果,办理期中价款结算,支付进度款。

(2)发包人支付工程进度款,其支付周期应与合同约定的工程计量周期一致。工程量的正确计量是发包人向承包人支付工程进度款的前提和依据。计量和付款周期可采用分段或按月结算的方式。

1)按月结算与支付。即实行按月支付进度款,竣工后结算的办法。合同工期在两个年度以上的工程,在年终进行工程盘点,办理年度结算。

2)分段结算与支付。即当年开工、当年不能竣工的工程按照工程形象进度,划分不同阶段,支付工程进度款。

当采用分段结算方式时,应在合同中约定具体的工程分段划分,付款周期应与计量周期一致。

(3)已标价工程量清单中的单价项目,承包人应按工程计量确认的工程量与综合单价计算;综合单价发生调整的,以发承包双方确认调整的综合单价计算进度款。

(4)已标价工程量清单中的总价项目和采用经审定批准的施工图纸及其预算方式发包形成的总价合同应由承包人根据施工进度计划和总价构成、费用性质、计划发生时间和相应的工程量等因素按计量周期进行分解,分别列入进度款支付申请中的安全文明施工费和本周期应支付的总价项目的金额中,并形成进度款支付分解表,在投标时提交,非招标工程在合同洽商时提交。在施工过程中,由于进度计划的调整,发承包双方应对支付分解进行调整。

1)已标价工程量清单中的总价项目进度款支付分解方法可选择以下之一(但不限于):

①将各个总价项目的总金额按合同约定的计量周期平均支付。

②按照各个总价项目的总金额占签约合同价的百分比,以及各个计量支付周期内所完成的单价项目的总金额,以百分比方式均摊支付。

③按照各个总价项目组成的性质(如时间、与单价项目的关联性等)分解到形象进度计划或计量周期中,与单价项目一起支付。

2)采用经审定批准的施工图纸及其预算方式发包形成的总价合同,除由于工程变更形成的工程量增减予以调整外,其工程量不予调整。因此,总价合同的进度款支付应按照计量周期进行支付分解,以便进度款有序支付。

(5)发包人提供的甲供材料金额,应按照发包人签约提供的单价和数量从进度款支付中扣除,列入本周期应扣减的金额中。

(6)承包人现场签证和得到发包人确认的索赔金额应列入本周期应增加的金额中。

(7)进度款的支付比例按照合同约定,按期中结算价款总额计,不低于 60%,不高于 90%。

(8)承包人应在每个计量周期到期后的 7 天内向发包人提交已完工程进度款支付申请一式四份,详细说明此周期认为有权得到的款额,包括分包人已完工程的价款。支付申请应包括下列内容:

1)累计已完成的合同价款。

2) 累计已实际支付的合同价款。
3) 本周期合计完成的合同价款。
① 本周期已完成单价项目的金额。
② 本周期应支付的总价项目的金额。
③ 本周期已完成的计日工价款。
④ 本周期应支付的安全文明施工费。
⑤ 本周期应增加的金额。
4) 本周期合计应扣减的金额。
① 本周期应扣回的预付款。
② 本周期应扣减的金额。
5) 本周期实际应支付的合同价款。

上述"本周期应增加的金额"中包括除单价项目、总价项目、计日工、安全文明施工费外的全部应增金额,如索赔、现场签证金额,"本周期应扣减的金额"包括除预付款外的全部应减金额。

由于进度款的支付比例最高不超过 90%,而且根据原建设部、财政部印发的《建设工程质量保证金管理暂行办法》第七条规定:"全部或者部分使用政府投资的建设项目,按工程价款结算总额 5%左右的比例预留保证金"。因此,"13 计价规范"未在进度款支付中要求扣减质量保证金,而是在竣工结算价款中预留保证金。

(9) 发包人应在收到承包人进度款支付申请后的 14 天内,根据计量结果和合同约定对申请内容予以核实,确认后向承包人出具进度款支付证书。若发承包双方对部分清单项目的计量结果出现争议,发包人应对无争议部分的工程计量结果向承包人出具进度款支付证书。

(10) 发包人应在签发进度款支付证书后的 14 天内,按照支付证书列明的金额向承包人支付进度款。

(11) 若发包人逾期未签发进度款支付证书,则视为承包人提交的进度款支付申请已被发包人认可,承包人可向发包人发出催告付款的通知。发包人应在收到通知后的 14 天内,按照承包人支付申请的金额向承包人支付进度款。

(12) 发包人未按照规定支付进度款的,承包人可催告发包人支付,并有权获得延迟支付的利息;发包人在付款期满后的 7 天内仍未支付的,承包人可在付款期满后的第 8 天起暂停施工。发包人应承担由此增加的费用和延误的工期,向承包人支付合理利润,并应承担违约责任。

(13)发现已签发的任何支付证书有错、漏或重复的数额,发包人有权予以修正,承包人也有权提出修正申请。经发承包双方复核同意修正的,应在本次到期的进度款中支付或扣除。

第四节　竣工结算价款支付

一、结算款支付

(1)承包人应根据办理的竣工结算文件向发包人提交竣工结算款支付申请。申请应包括下列内容:

1)竣工结算合同价款总额。

2)累计已实际支付的合同价款。

3)应预留的质量保证金。

4)实际应支付的竣工结算款金额。

(2)发包人应在收到承包人提交竣工结算款支付申请后7天内予以核实,向承包人签发竣工结算支付证书。

(3)发包人签发竣工结算支付证书后的14天内,应按照竣工结算支付证书列明的金额向承包人支付结算款。

(4)发包人在收到承包人提交的竣工结算款支付申请后7天内不予核实,不向承包人签发竣工结算支付证书的,视为承包人的竣工结算款支付申请已被发包人认可;发包人应在收到承包人提交的竣工结算款支付申请7天后的14天内,按照承包人提交的竣工结算款支付申请列明的金额向承包人支付结算款。

(5)工程竣工结算办理完毕后,发包人应按合同约定向承包人支付工程价款。发包人按合同约定应向承包人支付而未支付的工程款视为拖欠工程款。根据《最高人民法院关于审理建设工程施工合同纠纷案件适用法律问题的解释》(法释[2004]14号)第十七条:"当事人对欠付工程价款利息计付标准有约定的,按照约定处理;没有约定的,按照中国人民银行发布的同期同类贷款利率信息。发包人应向承包人支付拖欠工程款的利息,并承担违约责任。"和《中华人民共和国合同法》第二百八十六条:"发包人未按照合同约定支付价款的,承包人可以催告发包人在合理期限内支付价款。发包人逾期不支付的,除按照建设工程的性质不宜折价、拍卖的以外,承包人可以与发包人协议将该工程折价,也可以申请人民法院将该工程依法拍卖。建设工程的价款就该工程折价或者拍卖的价款优先受偿。"等规定,"13 计价规范"中指出:"发包人未按照上述第(3)条和第(4)条规定支付竣工结算款的,承包人可催告发包人支付,并有权获得延迟支付的利息。发包人在竣工结算支付证书签发后或者在收到承包人提交的竣工结算款支付申请 7 天后的 56 天内仍未支付的,除法律另有规定外,承包人可与发包人协商将该工程折价,也可直接向人民法院申请将该工程依法拍卖。承包人应就该工程折价或拍卖的价款优先受偿。"

所谓优先受偿,最高人民法院在《关于建设工程价款优先受偿权的批复》(法释[2002]16 号)中规定如下:

1)人民法院在审理房地产纠纷案件和办理执行案件中,应当依照《中华人民共和国合同法》第二百八十六条的规定,认定建筑工程的承包人的优先受偿权优于抵押权和其他债权。

2)消费者交付购买商品房的全部或者大部分款项后,承包人就该商品房享有的工程价款优先受偿权不得对抗买受人。

3)建筑工程价款包括承包人为建设工程应当支付的工作人员报酬、材料款等实际支出的费用,不包括承包人因发包人违约所造成的损失。

4)建设工程承包人行使优先权的期限为六个月,自建设工程竣工之日或者建设工程合同约定的竣工之日起计算。

二、质量保证金

(1)发包人应按照合同约定的质量保证金比例从结算款中预留质量保证金。质量保证金用于承包人按照合同约定履行属于自身责任的工程缺陷修复义务的,为发包人有效监督承包人完成缺陷修复提供资金保证。原建设部、财政部印发的《建设工程质量保证金管理暂行办法》(建质[2005]7 号)第七条规定:"全部或者部分使用政府投资的建设项目,按工程价款结算总额 5% 左右的比例预留保证金。社会投资项目采用预留保证金方式的,预留保证金的比例可参照执行。"

(2)承包人未按照合同约定履行属于自身责任的工程缺陷修复义务的,发包人有权从质量保证金中扣除用于缺陷修复的各项支出。经查验,工程缺陷属于发包人原因造成的,应由发包人承担查验和缺陷修复的费用。

(3)在合同约定的缺陷责任期终止后,发包人应按照规定,将剩余的质量保证金返还给承包人。原建设部、财政部印发的《建设工程质量保证金管理暂行办法》(建质[2005]7号)第九条规定："缺陷责任期内,承包人认真履行合同约定的责任,到期后,承包人向发包人申请返还保证金。"

三、最终结清

(1)缺陷责任期终止后,承包人已完成合同约定的全部承包工作,但合同工程的财务账目需要结清,因此承包人应按照合同约定向发包人提交最终结清支付申请。发包人对最终结清支付申请有异议的,有权要求承包人进行修正和提供补充资料。承包人修正后,应再次向发包人提交修正后的最终结清支付申请。

(2)发包人应在收到最终结清支付申请后的14天内予以核实,并应向承包人签发最终结清支付证书。

(3)发包人应在签发最终结清支付证书后的14天内,按照最终结清支付证书列明的金额向承包人支付最终结清款。

(4)发包人未在约定的时间内核实,又未提出具体意见的,应视为承包人提交的最终结清支付申请已被发包人认可。

(5)发包人未按期最终结清支付的,承包人可催告发包人支付,并有权获得延迟支付的利息。

(6)最终结清时,承包人被预留的质量保证金不足以抵减发包人工程缺陷修复费用的,承包人应承担不足部分的补偿责任。

(7)承包人对发包人支付的最终结清款有异议的,应按照合同约定的争议解决方式处理。

第五节　合同解除的价款结算与支付

合同解除是合同非常态的终止,为了限制合同的解除,法律规定了合同解除制度。根据解除权来源划分,可分为协议解除和法定解除。鉴于建设工程施工合同的特性,为了防止社会资源浪费,法律不赋予发承包人享有任意单方解除权,因此,除了协议解除,按照《最高人民法院关于审理建设工程施工合同纠纷案件适用法律问题的解释》第八条、第九条的规定,施工合同的解除有承包人根本违约的解除和发包人根本违约的解除两种。

(1)发承包双方协商一致解除合同的,应按照达成的协议办理结算和支付合同价款。

第九章 工程价款约定与支付管理

(2)由于不可抗力致使合同无法履行解除合同的,发包人应向承包人支付合同解除之日前已完成工程但尚未支付的合同价款,此外,还应支付下列金额:

1)招标文件中明示应由发包人承担的赶工费用。

2)已实施或部分实施的措施项目应付价款。

3)承包人为合同工程合理订购且已交付的材料和工程设备货款。

4)承包人撤离现场所需的合理费用,包括员工遣送费和临时工程拆除、施工设备运离现场的费用。

5)承包人为完成合同工程而预期开支的任何合理费用,且该项费用未包括在本款其他各项支付之内。

发承包双方办理结算合同价款时,应扣除合同解除之日前发包人应向承包人收回的价款。当发包人应扣除的金额超过了应支付的金额,承包人应在合同解除后的86天内将其差额退还给发包人。

(3)由于承包人违约解除合同的,对于价款结算与支付应按以下规定处理:

1)发包人应暂停向承包人支付任何价款。

2)发包人应在合同解除后28天内核实合同解除时承包人已完成的全部合同价款以及按施工进度计划已运至现场的材料和工程设备货款,按合同约定核算承包人应支付的违约金以及造成损失的索赔金额,并将结果通知承包人。发承包双方应在28天内予以确认或提出意见,并办理结算合同价款。如果发包人应扣除的金额超过了应支付的金额,则承包人应在合同解除后的56天内将其差额退还给发包人。

3)发承包双方不能就解除合同后的结算达成一致的,按照合同约定的争议解决方式处理。

(4)由于发包人违约解除合同的,对于价款结算与支付应按以下规定处理:

1)发包人除应按照上述第(2)条的有关规定向承包人支付各项价款外,应按合同约定核算发包人应支付的违约金以及给承包人造成损失或损害的索赔金额费用。该笔费用由承包人提出,发包人核实后与承包人协商确定后的7天内向承包人签发支付证书。

2)发承包双方协商不能达成一致的,按照合同约定的争议解决方式处理。

第六节 合同价款争议的解决

施工合同履行过程中出现争议是在所难免的,解决合同履行过程中争议的主要方法包括协商、调解、仲裁和诉讼四种。当发承包双方发生争议后,可以先进行协商和解从而达到消除争议的目的,也可以请第三方进行调解;若争议继续存在,发承包双方可以继续通过仲裁或诉讼的途径解决,当然,也可以直接进入仲裁或诉讼程序解决争议。不论采用何种方式解决发承包双方的争议,只有及时并有效的解决施工过程中的合同价款争议,才是工程建设顺利进行的必要保证。

一、监理或造价工程师暂定

从我国现行施工合同示范文本、监理合同示范文本、造价咨询合同示范文本的内容可以看出,合同中一般均会对总监理工程师或造价工程师在合同履行过程中发承包双方的争议如何处理有所约定。为使合同争议在施工过程中就能够由总监理工程师或造价工程师予以解决,"13 计价规范"对总监理工程师或造价工程师的合同价款争议处理流程及职责权限进行了如下约定:

(1)若发包人和承包人之间就工程质量、进度、价款支付与扣除、工期延期、索赔、价款调整等发生任何法律上、经济上或技术上的争议,首先应根据已签约合同的规定,提交合同约定职责范围内的总监理工程师或造价工程师解决,并应抄送另一方。总监理工程师或造价工程师在收到此提交件后 14 天内应将暂定结果通知发包人和承包人。发承包双方对暂定结果认可的,应以书面形式予以确认,暂定结果成为最终决定。

(2)发承包双方在收到总监理工程师或造价工程师的暂定结果通知之后的 14 天内未对暂定结果予以确认也未提出不同意见的,应视为发承包双方已认可该暂定结果。

(3)发承包双方或一方不同意暂定结果的,应以书面形式向总监理工程师或造价工程师提出,说明自己认为正确的结果,同时抄送另一方,此时该暂定结果成为争议。在暂定结果对发承包双方当事人履约不产生实质影响的前提下,发承包双方应实施该结果,直到按照发承包双方认可的争议解决办法被改变为止。

二、管理机构的解释和认定

(1)合同价款争议发生后,发承包双方可就工程计价依据的争议以书面形式提请工程造价管理机构对争议以书面文件进行解释或认定。工程造价管理机构是工程造价计价依据、办法以及相关政策的制定和管理机构。对发包人、承包人或工程造价咨询人在工程计价中,对计价依据、办法以及相关政策规定发生的争议进行解释是工程造价管理机构的职责。

(2)工程造价管理机构应在收到申请的 10 个工作日内就发承包双方提请的争议问题进行解释或认定。

(3)发承包双方或一方在收到工程造价管理机构书面解释或认定后仍可按照合同约定的争议解决方式提请仲裁或诉讼。除工程造价管理机构的上级管理部门做出了不同的解释或认定,或在仲裁裁决或法院判决中不予采信的外,工程造价管理机构做出的书面解释或认定应为最终结果,并应对发承包双方均有约束力。

三、协商和解

(1)合同价款争议发生后,发承包双方任何时候都可以进行协商。协商达成一致的,双方应签订书面和解协议,并明确和解协议对发承包双方均有约束力。

(2)如果协商不能达成一致协议,发包人或承包人都可以按合同约定的其他方式解决争议。

四、调解

按照《中华人民共和国合同法》的规定,当事人可以通过调解解决合同争议,但在工程建设领域,目前的调解主要出现在仲裁或诉讼中,即所谓司法调解;有的通过建设行政主管部门或工程造价管理机构处理,双方认可,即所谓行政调解。司法调解耗时较长,且增加了诉讼成本;行政调解受行政管理人员专业水平、处理能力等的影响,其效果也受到限制。因此,"13 计价规范"提出了由发承包双方约定相关工程专家作为合同工程争议调解人的思路,类似于国外的争议评审或争端裁决,可定义为专业调解,这在我国合同法的框架内,为有法可依,使争议尽可能在合同履行过程中得到解决,确保工程建设顺利进行。

(1)发承包双方应在合同中约定或在合同签订后共同约定争议调解

人,负责双方在合同履行过程中发生争议的调解。

(2)合同履行期间,发承包双方可协议调换或终止任何调解人,但发包人或承包人都不能单独采取行动。除非双方另有协议,在最终结清支付证书生效后,调解人的任期应即终止。

(3)如果发承包双方发生了争议,任何一方可将该争议以书面形式提交调解人,并将副本抄送另一方,委托调解人调解。

(4)发承包双方应按照调解人提出的要求,给调解人提供所需要的资料、现场进入权及相应设施。调解人应被视为不是在进行仲裁人的工作。

(5)调解人应在收到调解委托后28天内或由调解人建议并经发承包双方认可的其他期限内提出调解书,发承包双方接受调解书的,经双方签字后作为合同的补充文件,对发承包双方均具有约束力,双方都应立即遵照执行。

(6)当发承包双方中任一方对调解人的调解书有异议时,应在收到调解书后28天内向另一方发出异议通知,并应说明争议的事项和理由。但除非并直到调解书在协商和解或仲裁裁决、诉讼判决中做出修改,或合同已经解除,承包人应继续按照合同实施工程。

(7)当调解人已就争议事项向发承包双方提交了调解书,而任一方在收到调解书后28天内均未发出表示异议的通知时,调解书对发承包双方应均具有约束力。

五、仲裁、诉讼

(1)发承包双方的协商和解或调解均未达成一致意见,其中的一方已就此争议事项根据合同约定的仲裁协议申请仲裁,应同时通知另一方。进行协议仲裁时,应遵守《中华人民共和国仲裁法》的有关规定,如第四条:"当事人采用仲裁方式解决纠纷,应当双方自愿,达成仲裁协议。没有仲裁协议,一方申请仲裁的,仲裁委员会不予受理";第五条:"当事人达成仲裁协议,一方向人民法院起诉的,人民法院不予受理,但仲裁协议无效的除外";第六条:"仲裁委员会应当由当事人协议选定。仲裁不实行级别管辖和地域管辖"。

(2)仲裁可在竣工之前或之后进行,但发包人、承包人、调解人各自的义务不得因在工程实施期间进行仲裁而有所改变。当仲裁是在仲裁机构要求停止施工的情况下进行时,承包人应对合同工程采取保护措施,由此增加的费用应由败诉方承担。

(3)在前述"一、"至"四、"中规定的期限之内,暂定或和解协议或调解书已经有约束力的情况下,当发承包中一方未能遵守暂定或和解协议或调解书时,另一方可在不损害他可能具有的任何其他权利的情况下,将未能遵守暂定或不执行和解协议或调解书达成的事项提交仲裁。

(4)发包人、承包人在履行合同时发生争议,双方不愿和解、调解或者和解、调解不成,又没有达成仲裁协议的,可依法向人民法院提起诉讼。

第十章 钢结构工程工程量清单及计价编制实例

第一节 工程量清单编制实例

___××厂房钢结构___ 工程

招标工程量清单

招　标　人：_____××_____
（单位公章）

造价咨询人：_____××_____
（单位公章）

年　月　日

××厂房钢结构 工程

招 标 工 程 量 清 单

招 标 人: ×××　　　　工程造价咨 询 人: ×××
　　　（单位盖章）　　　　　　　　　（单位资质专用章）

法定代表人　　　　　　　法定代表人
或其授权人: ×××　　　或其授权人: ×××
　　（签字或盖章）　　　　　　　（签字或盖章）

编 制 人: ×××　　　　　复 核 人: ×××
　（造价人员签字盖专用章）　　　（造价工程师签字盖专用章）

编制时间: 年 月 日　　　复核时间: 年 月 日

扉-1

总 说 明

工程名称：××厂房钢结构工程　　　　　　　　　　第 页 共 页

1. 工程概况：建筑面积 3500m² 的单层工业厂房，主跨 30m，地理位置及施工要求详见图纸和招标文件相关章节。
2. 招标范围：钢结构工程。
3. 工期：60 天。
4. 工程量清单编制依据：
　4.1 由××市建筑工程设计事务所设计的施工图 1 套；
　4.2 由××公司编制的《××厂房钢结构工程施工招标书》、《××厂房钢结构工程招标答疑》；
　4.3 工程量清单计量按照国家标准《建设工程工程量清单计价规范》编制；
　4.4 因工程质量要求优良，故所有材料必须持有市以上有关部门颁发的《产品合格证书》及价格在中档以上的建筑材料。
　4.5 工程量清单计费列表参考如下：(略)
　4.6 税金按 3.413% 计取。
其他（略）

表-01

分部分项工程和单价措施项目清单与计价表

工程名称：××厂房钢结构工程　　标段：　　　　　第 页 共 页

序号	项目编码	项目名称	项目特征描述	计量单位	工程量	金额/元 综合单价	合价	其中 暂估价
			F 金属结构工程					
1	010603001001	实腹钢柱	H 型实腹钢柱，H400×240×6×10，底板 440×280×20；其中：工字钢占 0.825%，其余 Q235B 钢板；二级标准 X 光探伤	t	2.142			
2	010603001002	实腹钢柱	H 型实腹钢柱，H400×240×6×10，底板 440×280×20；柱顶 TG 下 I 18 挑梁长 390；其中：工字钢占 0.825%，其余 Q235B 钢板；二级标准 X 光探伤	t	9.574			

第十章 钢结构工程工程量清单及计价编制实例

续表

序号	项目编码	项目名称	项目特征描述	计量单位	工程量	金额/元		
						综合单价	合价	其中 暂估价
3	010603001003	实腹钢柱	H型实腹钢柱,H400×240×6×10,底板440×280×20;柱顶TG下I18挑梁长390;其中:工字钢占0.825%,其余Q235B钢板;二级标准X光探伤;涂SB—2防火涂层,耐火极限2.5h	t	0.765			
4	010603001004	实腹钢柱	H型实腹钢柱,H400×240×6×10,底板440×290×20,柱顶外挑TG1H(320~200)×200×4×6,净长1.5m;其中:工字钢占1.14%,角钢占0.35%,其余Q235B钢板;二级标准X光探伤	t	77.662			
5	010603001005	实腹钢柱	H型实腹钢柱,Q235B钢板;H300×200×5×8,底板260×340×20;二级标准X光探伤;涂SB—2防火涂层,耐火极限2.5h	t	0.305			
6	010603001006	实腹钢柱	H型实腹钢柱,Q235B钢板;H300×200×5×8,底板260×340×20;二级标准X光探伤	t	0.305			
7	010604001001	钢梁	H型钢屋面梁,H(500~300)×200×6×8,Q235B钢板;每根梁节点连接共32只M20摩擦型10.9级高强度螺栓;二级标准X光探伤	t	43.525			
8	010604001002	钢梁	H型钢屋面梁,H(120~650)×200×8×12,Q235B钢板(总量其中角钢0.025t);每根梁节点连接共46只M20摩擦型10.9级高强度螺栓;二级标准X光探伤	t	85.965			

续表

序号	项目编码	项目名称	项目特征描述	计量单位	工程量	金额/元		
						综合单价	合价	其中暂估价
9	010604001003	钢梁	XC—1上滑触线钢梁,I 18,长度6m,底标高9.3m	t	7.533			
10	010606001001	柱间钢支撑	柱间钢支撑(ZC—1),$\phi 20$ 圆钢,长7.86m;每副4只半圆楔形垫块;边跨下柱,安装高度4.8m	t	0.388			
11	010606001002	柱间钢支撑	(ZC—2),$\phi 20$ 圆钢,长8.7m;每副4只半圆楔形垫块;中跨下柱,安装高度6.08m	t	0.429			
12	010606001003	柱间钢支撑	(ZC—3)$\phi 20$ 圆钢,长7.61m;每副4只半圆楔形垫块;中跨上柱,安装高度4.8m	t	0.376			
13	010606001004	屋面水平支撑	屋面水平支撑(SC—1),$\phi 20$ 圆钢,长9.634m;每副4只半圆楔形垫块;边跨钢架梁间,安装高度平均6m	t	0.951			
14	010606001005	屋面水平支撑	(SC—2),$\phi 20$ 圆钢,长7.92m;每副4只半圆楔形垫块;中跨钢架梁间,安装高度平均12.5m	t	0.391			
15	010606001006	屋面水平支撑	(SC—3),$\phi 20$ 圆钢,长8.51m;每副4只半圆楔形垫块;中跨钢架梁间,安装高度平均13.2m	t	0.840			
16	010606001007	屋面水平支撑	水平系杆,$\phi 102 \times 2.5$ 钢管,长5.34m;每根一230×160×10连接板2块,M20摩擦型10.9级高强度螺栓4只;安装高度平均6.1m	t	4.393			
17	010606002001	钢檩条	实腹式檩条,Z形钢	t	2.300			
18	010606011001	钢板天沟	(Ⓑ、Ⓒ轴外TG);3厚钢板,展开宽920,沟内衬—3×40×294扁钢@700;排水坡0.5%,坡长6m;沟外侧包0.5厚彩钢板展开宽550;沟内二道红丹防锈漆、二道氯磺化聚乙烯防腐涂料	m²	287.860			

续表

序号	项目编码	项目名称	项目特征描述	计量单位	工程量	综合单价	合价	其中暂估价
19	010606011002	钢板天沟	(Ⓐ/①～⑬轴外 TG2);3 厚钢板,展开宽 1070,沟内衬—3×40×384 扁钢@700,沟底通长 180×70×20×2.2C 型钢一根;沟外侧包 0.5 厚彩钢板展开宽 870;沟内二道红丹防锈漆、二道氯磺化聚乙烯防腐涂料	m²	76.880			
20	010606011003	钢板天沟	(Ⓐ/⑬～㉗轴外 TG2);3 厚钢板,展开宽 1070,沟内衬—3×40×384 扁钢@700;沟外侧包 0.5 厚彩钢板展开宽 710;沟内二道红丹防锈漆、二道氯磺化聚乙烯防腐涂料	m²	90.750			
21	010606011004	钢板天沟	(Ⓓ轴外 TG3);3 厚钢板,展开宽 950,沟内衬—3×40×294 扁钢@700;沟顶通长 0.5 厚镀锌白铁泛水,宽 150,膨胀螺栓@800 固定墙上,内嵌密封油膏 20×40;沟内二道红丹防锈漆、二道氯磺化聚乙烯防腐涂料	m²	148.620			
			分部小计					
			J 屋面及防水工程					
22	010901002001	型材屋面	0.6 厚蓝色 YX35—125—750 型彩钢压型板,穿透式连接;C200×70×20×2.2 檩条(LT2);└50×4 斜撑(YC4～8);φ12 圆钢拉条(T1、T3、T5);φ12 圆钢、φ33×2 钢管撑杆(T4、C2)	m²	6111.680			
23	010901002002	型材屋面	型材屋面(Ⓒ～Ⓓ轴),0.6 厚蓝色 YX35—125—750 型彩钢压型板,穿透式连接;C180×70×20、2.2 檩条(LT1);└50×4 斜撑(YC1～4a);φ12 圆钢拉条(T1～T3);φ12 圆钢、φ33×2 钢管撑杆(C1、C2)	m²	2337.780			

续表

序号	项目编码	项目名称	项目特征描述	计量单位	工程量	金额/元		
						综合单价	合价	其中 暂估价
24	010901002003	型材屋面	型材屋面(Ⓐ～Ⓑ/①～⑬轴),0.6厚蓝色 YX35—125—750 型彩钢压型板,穿透式连接;C180×70×20×2.2 檩条(LT1);∟50×4 斜撑(YC1～4a);φ12 圆钢拉条(T1～3、TB);φ12 圆钢、φ33×2 钢管撑杆(C1、C2)	m²	1148.230			
25	010901002004	型材屋面	型材屋面(Ⓐ～Ⓑ/⑬～㉗轴),穿透式连接 0.6 厚蓝色 YX35—125—750 型彩钢压型板+50 厚玻璃棉+250×250 钢丝网;C180×70×20×2.2 檩条(LT1);∟50×4 斜撑(YC1—4a);φ12 圆钢拉条(T1～3、TB);φ12 圆钢、φ33×2 钢管撑杆(C1、C2)	m²	1327.645			
26	010902004001	屋面排水管	Ⓑ～Ⓒ轴,φ110UPVC 白色塑料排水管;每根一只 UPVC 落水头子、一只塑料雨水斗;排至低屋面上加接 1.5m 平段,出口处加 1500×1500×1 厚钢板(共 0.495t),金属面刷红丹防锈漆二道,氯磺化聚乙烯防腐漆二道	m	199.020			
27	010902004002	屋面排水管	Ⓐ、Ⓓ轴,φ110UPVC 白色塑料排水管;每根一只 UPVC 落水头子、一只塑料雨水斗;排至地面上接一只 45°弯头后接至室外散水面	m	331.360			
			S 措施项目					
28	011701001001	综合脚手架		m²	2000.00			
29	011705001001	大型机械设备进出场及安、拆		台次	10.00			
30	011703001001	垂直运输		天	60			
			分部小计					
			合计					

表-08

第十章 钢结构工程工程量清单及计价编制实例

总价措施项目清单与计价表

工程名称：××厂房钢结构工程　　　　标段：　　　　　　　　第　页共　页

序号	项目编码	项目名称	计算基础	费率(%)	金额/元	调整费率(%)	调整后金额/元	备注
1	011707001001	安全文明施工费						
2	011707002001	夜间施工增加费						
3	011707004001	二次搬运费						
4	011707005001	冬雨季施工增加费						
5	011707007001	已完工程及设备保护费						
		合计						

编制人（造价人员）：　　　　　　　　复核人（造价工程师）：

表-11

其他项目清单与计价汇总表

工程名称：　　　　　　　　标段：　　　　　　　　第　页共　页

序号	项目名称	金额/元	结算金额/元	备注
1	暂列金额	100000.00		明细详见表-12-1
2	暂估价	50000.00		
2.1	材料（工程设备）暂估价	—		明细详见表-12-2
2.2	专业工程暂估价	50000.00		明细详见表-12-3
3	计日工			明细详见表-12-4
4	总承包服务费			明细详见表-12-5
	合　　计	150000.00		—

表-12

暂列金额明细表

工程名称：××厂房钢结构工程　　　　标段：　　　　　　　　第　页共　页

序号	项目名称	计量单位	暂列金额/元	备注
1	政策性调整和材料价格风险	项	75000.00	
2	工程量清单中工程量变更和设计变更	项	20000.00	
3	其他	项	5000.00	
	合计		100000.00	

表-12-1

材料(工程设备)暂估单价及调整表

工程名称：　　　　　　　　　　标段：　　　　　　　　　　　　第　页共　页

序号	材料(工程设备)名称、规格、型号	计量单位	数量		暂估/元		确认/元		差额±/元		备注
			暂估	确认	单价	合价	单价	合价	单价	合价	
1	钢板 Q235B 中厚综合	t	5		5000.00	25000.00					用于实腹钢柱项目
2	C型钢 Q235B 冷弯薄壁 C200×70×20×2.2	t	23.7		5000.00	118500.00					用于型材屋面项目
3											
	合计					143500.00					

表-12-2

专业工程暂估价及结算价表

工程名称：××厂房钢结构工程　　　　标段：　　　　　　　　　第　页共　页

序号	工程名称	工程内容	暂估金额/元	结算金额/元	差额±/元	备注
1	屋面防水	合同图纸中标明的及相关技术规范和技术要求中规定的屋面防水层铺设工作	50000			
		合计	50000			

表-12-3

第十章 钢结构工程工程量清单及计价编制实例

计日工表

工程名称：××厂房钢结构工程　　　　标段：　　　　　　　　　第 页共 页

编号	项目名称	单位	暂定数量	实际数量	综合单价/元	合价/元 暂定	合价/元 实际
一	人工						
1	配合工	工日	30				
2	吊装工	工日	10				
3	电焊工	工日	10				
4	水、电工	工日	5				
5	其他技术工	工日	5				
	人工小计						
二	材料						
1	焊条	kg	35.00				
2	氯磺化聚乙烯防腐涂料	kg	10.00				
3	彩钢板（维护用）	kg	320.00				
4	脚手架、维护钢板	kg	600.00				
	材料小计						
三	施工机械						
1	载重汽车（8t内）	台班	20				
2	金属切割机	台班	35				
3	电焊机（32kW）	台班	25				
4	起重机	台班	30				
	施工机械小计						
四、企业管理费和利润							
	总计						

表-12-4

总承包服务费计价总表

工程名称:××厂房钢结构工程　　　　标段:　　　　　　第 页共 页

序号	项目名称	项目价值/元	服务内容	计算基础	费率(%)	金额/元
1	发包人发包专业工程	50000	1. 按专业工程承包人的要求提供施工并对施工现场统一管理,对竣工资料统一汇总整理。2. 为专业工程承包人提供垂直运输机械和焊接电源接入点,并承担运输费和电费			
2	发包人供应材料	143500.00	对发包人供应的材料进行验收及保管和使用发放			
			合计			

表-12-5

规费、税金项目计价表

工程名称:　　　　　　标段:　　　　　　第 页共 页

序号	项目名称	计算基础	计算基数	计算费率(%)	金额/元
1	规费	定额人工费			
1.1	社会保险费	定额人工费			
(1)	养老保险费	定额人工费			
(2)	失业保险费	定额人工费			
(3)	医疗保险费	定额人工费			
(4)	工伤保险费	定额人工费			
(5)	生育保险费	定额人工费			
1.2	住房公积金	定额人工费			
1.3	工程排污费	按工程所在地环境保护部门收取标准,按实计入			
2	税金	分部分项工程费+措施项目费+其他项目费+规费一按规定不计税的工程设备金额			
		合计			

编制人(造价人员):　　　　　　复核人(造价工程师):

表-13

第二节 竣工结算总价编制实例

_____××厂房钢结构_____工程

竣工结算书

发 包 人：_____×××_____
（单位盖章）

承 包 人：_____×××_____
（单位盖章）

造价咨询人：_____×××_____
（单位盖章）

××××年××月××日

××厂房钢结构 工程

竣 工 结 算 总 价

签约合同价(小写)：3330320.69
　　(大写)：叁佰叁拾叁万零叁佰贰拾元陆角玖分

竣工结算价(小写)：4048454.09
　　(大写)：肆佰零肆万捌仟肆佰伍拾肆元零玖分

发包人：×××　　　承包人：×××　　　工程造价咨询人：×××
　(单位盖章)　　　　　(单位盖章)　　　　(单位资质专用章)

法定代表人　　　　法定代表人　　　　法定代表人
或其授权人：×××　或其授权人：×××　或其授权人：×××
　(签字或盖章)　　　　(签字或盖章)　　　　(签字或盖章)

编制时间：××××年××月××日　　核对时间：××××年××月××日

第十章　钢结构工程工程量清单及计价编制实例

总　说　明

工程名称：××厂房钢结构工程　　　　　　　　　　　　　第　页　共　页

1. 工程概况：建筑面积 3500m² 的单层工业厂房，主跨 30m，地理位置及施工要求详见图纸和招标文件相关章节。合同工期为 60 天，实际施工工期 58 天。
2. 竣工结算依据。
(1) 承包人报送的竣工结算。
(2) 施工合同、投标文件、招标文件。
(3) 竣工图、发包人确认的实际完成工程量和索赔及现场签证资料。
(4) 省建设主管部门颁发的计价定额和计价管理办法及相关计价文件。
(5) 省工程造价管理机构发布人工费调整文件。
3. 核对情况说明：(略)
4. 结算价分析说明：(略)

表-01

建设项目竣工结算汇总表

工程名称：××厂房钢结构工程　　　　　　　　　　　　　第　页　共　页

序号	单项工程名称	金额/元	其中:/元	
			安全文明施工费	规费
1	××厂房钢结构工程	4048454.09	254716.68	290877.01
	合计	4048454.09	254716.68	290877.01

表-05

单项工程竣工结算汇总表

工程名称：××厂房钢结构工程　　　　　　　　　　　　　第　页共　页

序号	单位工程名称	金额/元	其中:/元	
			安全文明施工费	规费
1	××厂房钢结构工程	4048454.09	254716.68	290877.01
	合计	4048454.09	254716.68	290877.01

表-06

单位工程竣工结算汇总表

工程名称：××厂房钢结构工程　　　　标段：　　　　第　页共　页

序号	汇总内容	金额/元
1	分部分项	3113958.49
	F 金属结构工程	2687923.34
	J 屋面及防水工程	426035.15
2	措施项目	388832.88
2.1	其中:安全文明施工费	254716.68
3	其他项目	121285.78
3.1	其中:专业工程结算价	51800.00
3.2	其中:计日工	59928.28
3.3	其中:总承包服务费	4057.50
3.4	其中:索赔与现场签证	5500.00
4	规费	290877.01
5	税金	133499.94
	竣工结算合计＝1＋2＋3＋4＋5	4048454.09

表-07

第十章 钢结构工程工程量清单及计价编制实例

分部分项工程和单价措施项目清单与计价表

工程名称：××厂房钢结构工程　　　　标段：　　　　　　　第 页共 页

序号	项目编码	项目名称	项目特征描述	计量单位	工程量	金额/元		
						综合单价	合价	其中 暂估价
			F 金属结构工程					
1	010603001001	实腹钢柱	H型实腹钢柱，H400×240×6×10，底板440×280×20；其中：工字钢占0.825%，其余Q235B钢板；二级标准X光探伤	t	2.142	11245.00	24086.79	
2	010603001002	实腹钢柱	H型实腹钢柱，H400×240×6×10，底板440×280×20；柱顶TG下I18挑梁长390；其中：工字钢占0.825%，其余为Q235B钢板；二级标准X光探伤	t	9.574	11150.00	106750.10	
3	010603001003	实腹钢柱	H型实腹钢柱，H400×240×6×10，底板440×280×20；柱顶TG下I18挑梁长390；其中：工字钢占0.825%，其余为Q235B钢板；二级标准X光探伤；涂SB—2防火涂层，耐火极限2.5h	t	0.765	11120.00	8506.80	
4	010603001004	实腹钢柱	H型实腹钢柱，H400×240×6×10，底板440×290×20，柱顶外挑TG1H(320～200)×200×4×6，净长1.5m；其中：工字钢占1.14%，角钢占0.35%，其余为Q235B钢板；二级标准X光探伤	t	77.662	11300.00	877580.60	

续表

序号	项目编码	项目名称	项目特征描述	计量单位	工程量	金额/元		其中
						综合单价	合价	暂估价
5	010603001005	实腹钢柱	H型实腹钢柱,Q235B钢板;H300×200×5×8,底板260×340×20;二级标准X光探伤;涂SB—2防火涂层,耐火极限2.5h	t	0.305	11340.00	3458.70	
6	010603001006	实腹钢柱	H型实腹钢柱,Q235B钢板;H300×200×5×8,底板260×340×20;二级标准X光探伤	t	0.305	11400.00	3477.00	
7	010604001001	钢梁	H型钢屋面梁,H(500~300)×200×6×8,Q235B钢板;每根梁节点连接共32只M20摩擦型10.9级高强度螺栓;二级标准X光探伤	t	43.525	11300.00	491829.70	
8	010604001002	钢梁	H型钢屋面梁,H(120~650)×200×8×12,Q235B钢板(总量其中角钢0.025t);每根梁节点连接共46只M20摩擦型10.9级高强度螺栓;二级标准X光探伤	t	85.965	11400.00	980001.00	
9	010604001003	钢梁	XC—1上滑触线钢梁,工18,长度6m,底标高9.3m	t	7.533	11250.00	84746.25	
10	010606001001	柱间钢支撑	柱间钢支撑(ZC—1),ϕ20圆钢,长7.86m;每副4只半圆楔形垫块;边跨下柱,安装高度4.8m	t	0.388	11360.00	4407.68	

第十章 钢结构工程工程量清单及计价编制实例

续表

序号	项目编码	项目名称	项目特征描述	计量单位	工程量	金额/元		其中
						综合单价	合价	暂估价
11	010606001002	柱间钢支撑	(ZC—2),ϕ20圆钢,长8.7m;每副4只半圆楔形垫块;中跨下柱,安装高度6.08m	t	0.429	11320.00	4856.28	
12	010606001003	柱间钢支撑	(ZC—3),ϕ20圆钢,长7.61m;每副4只半圆楔形垫块;中跨上柱,安装高度4.8m	t	0.376	11320.00	4256.32	
13	010606001004	屋面水平支撑	屋面水平支撑(SC—1),ϕ20圆钢,长9.634m;每副4只半圆楔形垫块;边跨钢架梁间,安装高度平均6m	t	0.951	10950.00	10413.45	
14	010606001005	屋面水平支撑	(SC—2),ϕ20圆钢,长7.92m;每副4只半圆楔形垫块;中跨钢架梁间,安装高度平均12.5m	t	0.391	11240.00	4394.84	
15	010606001006	屋面水平支撑	(SC—3),ϕ20圆钢,长8.51m;每副4只半圆楔形垫块;中跨钢架梁间,安装高度平均13.2m	t	0.840	11200.00	9408.00	
16	010606001007	屋面水平支撑	水平系杆,ϕ102×2.5钢管,长5.34m;每根—230×160×10连接板2块、M20摩擦型10.9级高强度螺栓4只;安装高度平均6.1m	t	4.393	11150.00	48981.95	
17	010606002001	钢檩条	实腹式檩条,Z形钢	t	2.300	3162.32	7273.34	
18	010606011001	钢板天沟	(Ⓑ、Ⓒ轴外TG),展开宽920,沟内衬—3×40×294扁钢@700;排水坡0.5%,坡长6m;沟外侧包0.5厚彩钢板展开宽550;沟内二道红丹防锈漆、二道氯磺化聚乙烯防腐涂料	m²	287.860	21.44	6171.72	

续表

序号	项目编码	项目名称	项目特征描述	计量单位	工程量	金额/元		其中
						综合单价	合价	暂估价
19	010606011002	钢板天沟	(Ⓐ/①～⑬轴外TG2);3厚钢板,展开宽1070,沟内衬3×40×384扁钢@700,沟底通长180×70×20×2.2C型钢一根;沟外侧包0.5厚彩钢板展开宽870;沟内二道红丹防锈漆、二道氯磺化聚乙烯防腐涂料	m²	76.880	22.42	1723.65	
20	010606011003	钢板天沟	(Ⓐ/⑬～㉗轴外TG2);3厚钢板,展开宽1070,沟内衬3×40×384扁钢@700,沟外侧包0.5厚彩钢板展开宽710;沟内二道红丹防锈漆、二道氯磺化聚乙烯防腐涂料	m²	90.750	22.56	2047.32	
21	010606011004	钢板天沟	(Ⓓ轴外TG3);3厚钢板,展开宽950,沟内衬3×40×294扁钢@700;沟顶通长0.5厚镀锌白铁泛水,宽150,膨胀螺栓@800固定墙上,内嵌密封油膏20×40;沟内二道红丹防锈漆、二道氯磺化聚乙烯防腐涂料	m²	148.620	23.88	3549.05	
			分部小计				2687923.34	
			J 屋面及防水工程					
22	010901002001	型材屋面	0.6厚蓝色YX35—125—750型彩钢压型板,穿透式连接;C200×70×20×2.2檩条(LT2);∟50×4斜撑(YC4～8);φ12圆钢拉条(T1、T3、T5);φ12圆钢,φ33×2钢管撑杆(T4、C2)	m²	6111.680	38.26	233832.88	

第十章 钢结构工程工程量清单及计价编制实例

续表

序号	项目编码	项目名称	项目特征描述	计量单位	工程量	金额/元		其中 暂估价
						综合单价	合价	
23	010901002002	型材屋面	型材屋面(ⓒ～Ⓓ轴),0.6厚蓝色YX35—125—750型彩钢压型板,穿透式连接;C180×70×20×2.2檩条(LT1);∟50×4斜撑(YC1～4a);φ12圆钢拉条(T1～T3);φ12圆钢,φ33×2钢管撑杆(C1、C2)	m²	2337.780	37.20	86965.42	
24	010901002003	型材屋面	型材屋面(Ⓐ～Ⓑ/①～⑬轴),0.6厚蓝色YX35—125—750型彩钢压型板,穿透式连接C180×70×20×2.2檩条(LT1);∟50×4斜撑(YC1—4a);φ12圆钢拉条(T1～3,TB);φ12圆钢,φ33×2钢管撑杆(C1、C2)	m²	1148.230	38.20	43862.39	
25	010901002004	型材屋面	型材屋面(Ⓐ～Ⓑ/⑬～㉗轴),穿透式连接0.6厚蓝色YX35—125—750型彩钢压型板+50厚玻璃棉+250×250钢丝网C180×70×20×2.2檩条(LT1);∟50×4斜撑(YC1—4a);φ12圆钢拉条(T1～3、TB);φ12圆钢,φ33×2钢管撑杆(C1、C2)	m²	1327.645	36.12	47954.54	

续表

序号	项目编码	项目名称	项目特征描述	计量单位	工程量	金额/元		其中
						综合单价	合价	暂估价
26	010902004001	屋面排水管	ⓑ~ⓒ轴，φ110 UPVC白色塑料排水管；每根一只UPVC落水头子、一只塑料雨水斗；排至低屋面上加接1.5m平段，出口处加1500×1500×1厚钢板（共0.495t），金属面刷红丹防锈漆二道，氯磺化聚乙烯防腐漆二道	m	199.020	25.24	5023.26	
27	010902004002	屋面排水管	ⓐ、ⓓ轴，φ110 UPVC白色塑料排水管；每根一只UPVC落水头子、一只塑料雨水斗；排至地面上接一只45°弯头后接至室外散水面	m	331.360	25.34	8396.66	
			分部小计				426035.15	
			S措施项目					
28	011701001001	综合脚手架		m²	2000.00	23.00	46000.00	
29	011705001001	大型机械设备进出场及安、拆		台次	10.00	600.00	6000.00	
30	011703001001	垂直运输		天	60	300.00	18000.00	
			分部小计				70000.00	
			合计				3183958.49	

注：为计取取等使用可在表中增设其中：定额人工费。

表-08

第十章 钢结构工程工程量清单及计价编制实例

综合单价分析表

工程名称：××厂房钢结构工程　　　　　标段：　　　　　第　页共　页

项目编码	010606002001	项目名称	钢檩条	计量单位	t	工程量	2.300

清单综合单价组成明细								
定额编号	定额项目名称	定额单位	数量	单价 人工费	单价 材料费	单价 机械费	单价 管理费和利润	合价 人工费
12—31	钢檩条	t	1.000	104.02	2279.89	276.30	212.56	104.02
6—449	檩条安装	t	1.000	18.56	78.30	31.25	72.15	18.56
11—575	檩条刷油漆	t	1.000	50.10	32.89		6.30	50.10

（续）合价列：

定额编号	材料费	机械费	管理费和利润
12—31	2279.89	276.30	212.56
6—449	78.30	31.25	72.15
11—575	32.89		6.30

人工单价	小计	172.68	2391.08	307.55	291.01
42元/工日	未计价材料费				
清单项目综合单价			3162.32		

材料明细	主要材料名称、规格、型号	单位	数量	单价/元	合价/元	暂估单价/元	暂估合价/元
	螺栓	kg	0.76	7	5.32		
	角钢∟70×6	kg	397.390	4.26	1692.881		
	电焊条	kg	22.270	6.14	136.7378		
	钢板	kg	63.480	5.23	332.0004		
	防锈漆	kg	5.040	9.70	48.888		
	汽油	kg	1.304	2.85	3.7164		
	乙炔气	m³	1.165	7.50	8.7375		
	氧气	m³	2.680	4.50	12.06		
	镀锌铁丝	kg	0.039	4.24	0.16536		
	二等板方材(杉)	m³	0.00087	1116.96	0.971755		
	麻绳	kg	0.022	5.17	0.11374		
	杉杆	m³	0.00044	530.00	0.2332		
	垫铁	kg	2.170	68.78	149.2526		
	其他材料费			—		—	
	材料费小计				2391.08		

注：1. 如不使用省级或行业建设主管部门发布的计价依据，可不填定额项目、编号等。
　　2. 招标文件提供了暂估单价的材料，按暂估的单价填入表内"暂估单价"栏及"暂估合价"栏。

表-09

总价措施项目清单与计价表

工程名称： 标段： 第 页共 页

序号	项目编码	项目名称	计算基础	费率/(%)	金额/元	调整费率(%)	调整后金额/元	备注
1	011707001001	安全文明施工费	人工费	25	238796.89	25	254716.68	
2	011707002001	夜间施工增加费	人工费	3	28655.63	3	30566.00	
3	011707004001	二次搬运费	人工费	2	19103.75	2	20377.33	
4	011707005001	冬雨季施工增加费	人工费	1	9551.88	1	10188.67	
5	011707007001	已完工程及设备保护费			2984.20		2984.20	
		合计			299092.35		318832.88	

编制人(造价人员)： 复核人(造价工程师)：

表-11

其他项目清单与计价汇总表

工程名称：××厂房钢结构工程 标段： 第 页共 页

序号	项目名称	金额/元	结算金额/元	备注
1	暂列金额		—	明细详见表-12-1
2	暂估价	50000.00	51800.00	
2.1	材料(工程设备)结算价	—	—	明细详见表-12-2
2.2	专业工程结算价	50000.00	51800.00	明细详见表-12-3
3	计日工	54373.00	59928.28	明细见表-12-4
4	总承包服务费	3935.00	4057.50	明细见表-12-5
5	索赔与现场签证		5500.00	明细见表-12-6
	合计		121285.78	

注：材料暂估单价进入清单项目综合单价，此处不汇总。

表-12

第十章 钢结构工程工程量清单及计价编制实例

材料(工程设备)暂估单价及调整表

工程名称：××厂房钢结构工程　　　　　　标段：　　　　　　　　　第　页共　页

序号	材料(工程设备)名称、规格、型号	计量单位	数量 暂估	数量 确认	暂估/元 单价	暂估/元 合价	确认/元 单价	确认/元 合价	差额/元 单价	差额/元 合价	备注
1	钢板 Q235B 中厚综合	t	5	6.3	5000	25000	5300	33390	300	8390	用于实腹钢柱项目
2	C型钢 Q235B冷弯薄壁 C200×70×20×2.2	t	23.7	22.8	5000	118500	4950	112860	−50	−5640	用于型材屋面项目
合计						143500		146250		2750	

表-12-2

专业工程暂估价及结算价表

工程名称：××厂房钢结构工程　　　　　　标段：　　　　　　　　　第　页共　页

序号	工程名称	工程内容	暂估金额/元	结算金额/元	差额±/元	备注
1	屋面防水	合同图纸中标明的及相关技术规范和技术要求中规定的屋面防水层铺设工作	50000	51900	1900	
合计			50000	51900	1900	

表-12-3

计日工表

工程名称：××厂房钢结构工程　　　　标段：　　　　　　　　　　第　页共　页

编号	项目名称	单位	暂定数量	实际数量	综合单价/元	合价/元 暂定	合价/元 实际
一	人工						
1	配合工	工日	30	35	48.00	1440.00	1680.00
2	吊装工	工日	10	20	58.00	580.00	1160.00
3	电焊工	工日	10	15	58.00	580.00	870.00
4	水、电工	工日	5	6	58.00	290.00	348.00
5	其他技术工	工日	5	4	58.00	290.00	232.00
	人工小计						4290.00
二	材料						
1	焊条	kg	35.00	58.00	6.16	215.60	357.28
2	氯磺化聚乙烯防腐涂料	kg	10.00	18.00	11.80	118.00	212.40
3	彩钢板（维护用）	kg	320.00	350.00	52.00	146640.00	18200.00
4	脚手架、维护钢板	kg	600.00	720.00	4.62	2772.00	3326.40
	材料小计					19745.60	22096.08
三	施工机械						
1	载重汽车(8t内)	台班	20	21	280.00	5600.00	5880.00
2	金属切割机	台班	35	30	115.00	4025.00	3450.00
3	电焊机(32kW)	台班	25	28	130.00	325.00	3640.00
4	起重机	台班	30	33	600.00	18000.00	19800.00
	施工机械小计					30875.00	32770.00
四、企业管理费和利润(按人工费的18%计算)						572.40	772.20
	总计					54373.00	59928.28

表-12-4

第十章 钢结构工程工程量清单及计价编制实例

总承包服务费计价总表

工程名称:××厂房钢结构工程　　　　　标段:　　　　　第　页共　页

序号	项目名称	项目价值	服务内容	计算基础	费率(%)	金额(元)
1	发包人发包专业工程	51900	1. 按专业工程承包人的要求提供施工并对施工现场统一管理,对竣工资料统一汇总整理。 2. 为专业工程承包人提供垂直运输机械和焊接电源接入点,并承担运输费和电费	项目价值	5	2595.00
2	发包人供应材料	146250	对发包人供应的材料进行验收及保管和使用发放	项目价值	1	1462.50
	合计					4057.50

表-12-5

索赔与现场签证计价汇总表

工程名称:××厂房钢结构工程　　　　　标段:　　　　　第　页共　页

序号	签证及索赔项目名称	计量单位	数量	单价/元	合价/元	索赔及签证依据
1	暂停施工				3500.00	001
2	踏步式钢楼梯	t	0.194	10309.28	2000.00	002
	本页小计				5500.00	—
	合计				5500.00	—

注:签证及索赔依据是指经双方认可的签证单和索赔依据的编号。

表-12-6

费用索赔申请(核准)表

工程名称:××厂房钢结构工程　　　标段:　　　　　　编号:001

致:××公司　　　　　　　　　　　　　　　　　　　(发包人全称)

根据施工合同条款第　12　条的约定,由于　你方工作需要　原因,我方要求索赔金额(大写)叁仟伍佰元(小写)3500元,请予核准。

附:1. 费用索赔的详细理由和依据:(详见附件1)
　　2. 索赔金额的计算:(详见附件2)
　　3. 证明材料:(现场监理工程师现场人数确认)

造价人员　×××××　　　　　　　　　承包人(章)
承包人代表　×××××　　　　　　　　日　　期　×年×月×日

复核意见: 　　根据施工合同条款第　12　条的约定,你方提出的费用索赔申请经复核: 　　□不同意此项索赔,具体意见见附件。 　　☑同意此项索赔,索赔金额的计算,由造价工程师复核。 　　　　　监理工程师　××× 　　　　　日　　期×年×月×日	复核意见: 　　根据施工合同条款第　12　条的约定,你方提出的费用索赔申请经复核,索赔金额为(大写)叁仟伍佰元(小写)3500元。 　　　　　造价工程师　××× 　　　　　日　　期×年×月×日

审核意见:
　　□不同意此项索赔。
　　☑同意此项索赔,与本期进度款同期支付。

　　　　　　　　　　　　　　　　　　　　　　发包人(章)
　　　　　　　　　　　　　　　　　　　　　　发包人代表　×××
　　　　　　　　　　　　　　　　　　　　　　日　　期×年×月×日

表-12-7

第十章 钢结构工程工程量清单及计价编制实例

现场签证表

工程名称:××厂房钢结构工程　　标段:　　　　　　编号:002

施工部位	指定位置	日期	×年×月×日

致:××公司　　　　　　　　　　　　　　　　(发包人全称)
　　根据××_____(指令人姓名)×年×月×日的口头指令,我方要求完成此项工作应支付价款金额为(大写)<u>贰仟</u>元(小写)<u>2000</u>元,请予核准。
附:1. 签证事由及原因:为便于上下吊车梁,增加一个踏步式钢楼梯
　　2. 附图及计算式:(略)

造价人员×××　　　　　　　　　　　　　　　　承包人(章)
承包人代表×××　　　　　　　　　　　　　　　日　　期×年×月×日

复核意见:	复核意见:
你方提出的此项签证申请经复核:	☑此项签证按承包人中标的计日工单价计算,金额为(大写)<u>贰仟</u>元(小写<u>2000</u>元)。
□不同意此项签证,具体意见见附件。	□此项签证因无计日工单价,金额为(大写)_____元(小写_____元)。
☑同意此项签证,签证金额的计算,由造价工程师复核。	
监理工程师×××	造价工程师　×××
日　　期×年×月×日	日　　期×年×月×日

审核意见:
□不同意此项签证。
☑同意此项签证,价款与本期进度款同期支付。

　　　　　　　　　　　　　　　　　　　　　　　发包人(章)
　　　　　　　　　　　　　　　　　　　　　　　发包人代表__×××__
　　　　　　　　　　　　　　　　　　　　　　　日　　期×年×月×日

表-12-8

规费、税金项目计价表

工程名称：　　　　　　　　标段：　　　　　　　　第　页共　页

序号	项目名称	计算基础	计算基数	计算费率（%）	金额/元
1	规费	定额人工费			290877.01
1.1	社会保险费	定额人工费			229245.01
(1)	养老保险费	定额人工费		14	142641.34
(2)	失业保险费	定额人工费		2	20377.33
(3)	医疗保险费	定额人工费		6	61132.00
(4)	工伤保险费	定额人工费		0.25	2547.17
(5)	生育保险费	定额人工费		0.25	2547.17
1.2	住房公积金	定额人工费		6	61132.00
1.3	工程排污费	按工程所在地环境保护部门收取标准，按实计入			500.00
2	税金	分部分项工程费＋措施项目费＋其他项目费＋规费－按规定不计税的工程设备金额		3.41	133499.94
		合计			424376.95

编制人(造价人员)：　　　　　　　复核人(造价工程师)：

表-13

第十章 钢结构工程工程量清单及计价编制实例

进度款支付申请(核准)表

工程名称:××厂房钢结构工程　　　　标段:　　　　　　　　编号:

致:××公司　　　　　　　　　　　　　　　　　　　　　　(发包人全称)

我方于 ×× 至 ×× 期间已完成了金属结构工程工作,根据施工合同的约定,现申请支付本期的工程款额为(大写)陆拾万元,(小写)600000 元,请予核准。

序号	名称	实际金额/元	申请金额/元	复核金额/元	备注
1	累计已完成的合同价款	2700000.00			
2	累计已实际支付的合同价款	2100000.00			
3	本周期合计完成的合同价款	600000.00			
3.1	本周期已完成单价项目的金额				
3.2	本周期应支付的总价项目的金额				
3.3	本周期已完成的计日工价款				
3.4	本周期应支付的安全文明施工费				
3.5	本周期应增加的合同价款				
4	本周期合计应扣减的金额				
4.1	本周期应抵扣的预付款				
4.2	本周期应扣减的金额				
5	本周期应支付的合同价款	600000.00			

附:上述 3、4 详见附件清单。
承包人(章)
造价人员 ×××　　　　承包人代表 ×××　　　　日　期 ×年×月×日

复核意见: □与实际施工情况不相符,修改意见见附件。 ☑与实际施工情况相符,具体金额由造价工程师复核。 　　监理工程师 ××× 　　日　期 ×年×月×日	复核意见: 你方提出的支付申请经复核,本期间已完成合同款额为(大写)陆拾万元,(小写600000元)。本期间应支付金额为(大写)陆拾万元,(小写600000元)。 　　造价工程师 ××× 　　日　期 ×年×月×日

审核意见:
□不同意。
☑同意,支付时间为本表签发后的 15 天内。
　　　　　　　　　　　　　　　　　　　　　　　发包人(章)
　　　　　　　　　　　　　　　　　　　　　　　发包人代表 ×××
　　　　　　　　　　　　　　　　　　　　　　　日　期 ×年×月×日

表-17

附件 1

关于停工通知

××项目部：

为使考生有一个安静的复习、休息和考试环境，为响应国家环保总局和省环保局"关于加强中高考期间环境噪声监督管理"的有关规定，请你们在高考期间(6月7日～6月8日)2天暂停施工。期间并配合上级主管部门进行工程质量检查工作。

××厂房钢结构工程指挥办公室
××年×月×日

附件 2

索赔费用计算

编号：第××号

一、人工费

1. 技工 11 人　10 人×65 元/工日×2 天＝1300 元
2. 焊工工 13 人　10 人×75 元/工日×2 天＝1500 元

小计：2800 元

二、管理费

2800 元×25％＝700 元

小计：700 元

三、合计

索赔费用合计：3500 元

参 考 文 献

[1] 中华人民共和国住房和城乡建设部. GB 50500—2013 建设工程工程量清单计价规范[S]. 北京:中国计划出版社,2013.
[2] 中华人民共和国住房和城乡建设部. GB 50854—2013 房屋建筑与装饰工程工程量计算规范[S]. 北京:中国计划出版社,2013.
[3] 规范编制组. 2013 建设工程计价计量规范辅导[S]. 北京:中国计划出版社,2013.
[4] 全国造价工程师执业资格考试培训教材编审委员会. 工程造价计价与控制[M]. 北京:中国计划出版社,2007.
[5] 中国建设工程造价管理协会. 建设工程造价与定额名词解释[M]. 北京:中国建筑工业出版社,2004.
[6] 李宏扬. 建筑工程预算(识图、工程量计算与定额应用)[M]. 北京:中国建材工业出版社,1997.

中国建材工业出版社
China Building Materials Press

我们提供

图书出版、图书广告宣传、企业/个人定向出版、设计业务、企业内刊等外包、代选代购图书、团体用书、会议、培训,其他深度合作等优质高效服务。

编辑部	图书广告	出版咨询	图书销售	设计业务
010-68343948	010-68361706	010-68343948	010-68001605	010-88376510转1008

邮箱:jccbs-zbs@163.com　　网址:www.jccbs.com.cn

发展出版传媒　　服务经济建设
传播科技进步　　满足社会需求

(版权专有,盗版必究。未经出版者预先书面许可,不得以任何方式复制或抄袭本书的任何部分。举报电话:010-68343948)